◉江苏高校哲学社会科学研究重大项目“新时代江苏丝绸艺术创新研
（项目编号：2020SJZDA036）
◉江苏高校优势学科建设工程资助项目

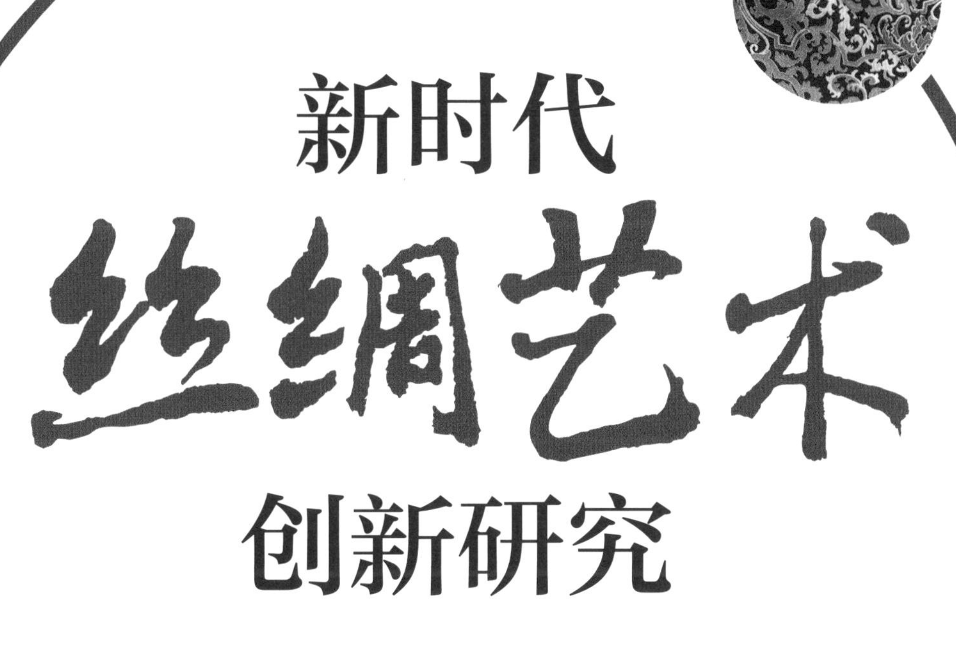

新时代丝绸艺术创新研究

李　正　王小萌　李潇鹏◎著

中国纺织出版社有限公司

内 容 提 要

本书依托江苏高校哲学社会科学研究重大项目，以新时代丝绸艺术创新为研究对象，以新时代丝绸艺术创新概貌，新时代丝绸艺术创新分类、创新需求、创新原则及价值构成为中心进行论述，基于艺术学学科特性，把握新时代内涵，构建“新时代丝绸艺术创新”理论与实践体系。本书的核心内容是对新时代丝绸艺术创新概貌、创新分类、创新需求、创新原则以及价值构成的研究。在此基础上，针对新时代江苏丝绸艺术创新提出应用对策，探析新时代丝绸艺术创新路径。

本书框架体系完整、行文流畅，可作为丝绸相关专业师生及丝绸行业从业者的参考工具书使用。

图书在版编目（CIP）数据

新时代丝绸艺术创新研究 / 李正，王小萌，李潇鹏著 . -- 北京：中国纺织出版社有限公司，2024.8.

ISBN 978-7-5229-1871-6

Ⅰ. TS145.3

中国国家版本馆 CIP 数据核字第 20247CG762 号

责任编辑：宗　静　苗　苗　　责任校对：寇晨晨

责任印制：王艳丽

中国纺织出版社有限公司出版发行

地址：北京市朝阳区百子湾东里 A407 号楼　邮政编码：100124

销售电话：010—67004422　传真：010—87155801

http://www.c-textilep.com

中国纺织出版社天猫旗舰店

官方微博 http://weibo.com/2119887771

北京华联印刷有限公司印刷　各地新华书店经销

2024 年 8 月第 1 版第 1 次印刷

开本：889 × 1194　1/16　印张：21.5

字数：365 千字　定价：298.00 元

凡购本书，如有缺页、倒页、脱页，由本社图书营销中心调换

PREFACE 序

当代中国丝绸艺术的传承与创新

早在新石器时代中后期，华夏大地上的先民们就已经开始驯化桑蚕，缫丝织绸。到了商代，丝绸生产已经初具规模，显示出了较高的工艺水平。丝绸丝滑如水、轻柔如云的特质与悬垂飘逸的优美体态本身就是一种形态艺术。丝绸既可以用来裁衣穿用、美化人体（即服饰美艺术），又可以作画书墨来彰显书画艺术，其魅力无穷。

高站位、大格局传承中国丝绸艺术具有特殊的民族文化价值，可以很好地推动与践行中华民族传统文化的复兴，提振国人对于中国丝绸艺术的认同感与自豪感。民族自信是强势文化不可或缺的重要因素，只有做到自己真正爱自己，才有可能赢得他人的尊重与爱。这就需要我们要具有一定的能力来理解自己文明国度丝绸艺术文化的伟大，有能力传承、弘扬，这样必定可以建立与增强更高段位的民族文化自信。试想，一个不自信的人，或者一个不自信的民族，会积极地继承自己民族的传统艺术吗？能创造出什么先进的艺术吗？不自信就是一种落后，是一种悲哀，是对自己民族传统文化的一种怀疑。当然，自信需要实力的支持，需要独立的民族认知来维护。

传承中国丝绸艺术，不仅可以向世界传播中国丝绸艺术原本的文明与伟大，更重要的是，可以加深世界人民对于中国当代丝绸艺术之美的主观印象，逐步将中国丝绸艺术国际化，并且赋予其国际化高品位、高价值的美。那么，如何让世界对于我们的丝绸艺术给予心理上的认可，并且是一种自觉的、高度的认可？这就需要我们首先要具有足够的华夏文明的自信，坚持传承、传递、弘扬、影响、辐射。现当代过度认可欧美、日韩的一些纺织品品牌的大有人在，甚至盲目追捧，崇洋媚外，这要引起警觉。国人要善于分析造成这种现象的主要原因，要逻辑地思考问题，最终发展民族文化，壮大民族艺术品牌，由此振兴中国的丝绸艺术与经济。

当今是百年未遇大力传承与发展中国丝绸艺术的最佳历史时期。“一带一路”（The Belt and Road，缩写B&R），即“丝绸之路经济带”和“21世纪海上丝绸之路”，就是从国家层面上重视丝绸艺术的历史概念与当今的丝绸概念政治、丝绸概念经济、丝绸概念文化的艺术发展。国家顶层的发展设计与具体概念的提出，在客观上与主观上都为我们发展传统的丝绸艺术提供了一次大的历史机遇与思想动力，同时也为我们在丝绸艺术上的创新提出了新的挑战与期望。因此，研究与传承中国传统丝绸艺术与坚持当今的丝绸艺术创新，不仅是一个政治正确表达，也是积极为国家丝绸艺术与丝绸经济作贡献的主观表达。

当代中国丝绸艺术传承与创新主要包括丝绸书画艺术、丝绸服饰艺术、丝绸装饰艺术、丝绸书籍装帧艺术、丝绸文创设计艺术、丝绸陈设艺术等。从古至今，丝绸艺术从来就为人们所重视，尤其是皇室贵族阶层更是钟爱，并且人为地赋予了丝绸特殊的地位价值与尊贵价值，将丝绸艺术推向了权力与财富的象征。丝绸艺术尊贵与华丽的附加值就这样在历朝历代权贵们的推波助澜下逐渐形成了。除了丝绸本身的优美与触感爽滑可亲的高价值以外的附加值，在一定程度上的确也有力地推动了中国传统丝绸艺术的发展。

丝绸书画艺术是丝绸材质与书画家的艺术思维才能以及作画技能融为一体的一种艺术表达形式。在纸张被广泛使用之前，丝绸作为写字作画的理想材料曾贵比黄金。顾恺之的《洛神赋图》，张择端的《清明上河图》，仇英的《汉宫春晓图》，阎立本的《步辇图》，周昉的《唐宫仕女图》《挥扇仕女图》，顾闳中的《韩熙载夜宴图》，王希孟的《千里江山图》等传世名作都是绢本画。这些古代众多的书画艺术作品就是丝绸材质与书画内容融合的艺术表现形式，丝绸就是艺术的重要组成与表达。这些传统的绘画艺术风格与表现形式就是丝绸艺术的传统问题，需要我们在今天加以认真研究其一切正能量的价值，积极传承与弘扬我们中华民族的丝绸艺术与丝绸文化的精粹。

丝绸服饰艺术既是一门技术与产业又是一门实用艺术，从广义上讲丝绸服饰艺术是一门高层次的实用艺术。在农耕文明的中国历史上，重农轻商是中国古代一直贯穿的一种习惯思维，在很长一段时期里，朝廷官方明令禁止商人不得穿用绫、罗、绸、缎等丝绸质地的服饰，原因就是丝绸代表着一种尊严与权贵。譬如，在明代确实存在对商人穿着丝绸的官方法令限制。洪武皇帝在1381年下令禁止商人穿用丝绸，这是为了限制商人在公共场所显示财富，从而抑制商人的社会力量与地位。《大明律法》中也明文规定，商人不得穿纻罗绸缎，违反者将以“僭越”罪受到重刑。此外，汉代也有类似的规定，在两汉时期，商人是被严格限制穿戴丝绸服饰的。这里只是略举几个例子，用以说明在中国古代历史中，丝绸艺术的社会地位之高，享用丝绸是一种尊严与等级的象征。

2023年世界时尚艺术界的马面裙风波就是一种丝绸艺术传承与积极创新的具体案例。不少相关文章在网络上发酵，比如，“Dior事件马面裙卖疯了——华夏精髓激发市场狂潮与传统文化焕发新生”“马面裙风波的背后——西方曾大规模抄袭中国，如今却不予承认”“从马面裙争议看文化挪用与尊重”“新春战袍——马面裙为啥这么火爆”，等等。这个事件的闹腾（发酵）是有一定现实意义的，首先这个现象就是一种服饰传承的客观呈现，在传承中创新也是一种客观表达。其次就是中华丝绸服饰之马面裙（或许马面裙不全是真丝绸材质的）如今非常好地活化了，沸腾了。这个现象背后有没有什么谋划推手的噱头不是我想说的内容，我这里只是想说：让中华丝绸艺术来熏染人们的爱美心理，用丝绸艺术服饰的美感来打动更多的受众，让中华丝绸服饰艺术在沸腾的争议中“腾飞”，这就是驱动心理认同的重要源泉。有争议不是坏事，被抄袭也不全是坏事，关键是我们要从什么样的角度来看待这次“马面裙风波”的正向意义。从这个意义上来讲，传承中国丝绸服饰艺术就是一种历史赋予我们的时代责任，也是振兴中国丝绸服饰艺术时代的呼唤。

当代传承中国丝绸服饰艺术需要我们的民族自信与民族审美能力作为有力的底气。关于丝绸艺术品是否美观，没有统一的标准，也不可能有统一的标准，因为美是一种主观的感受，是因人而异的。就中国新时代的国家综合实力与文化自信方面来说，我们完全有综合能力与能量来很好地传承中国丝绸时尚服饰艺术，在传承中进行设计创新，在创新中继承传统丝绸艺术文化，最终为当代中国丝绸艺术之美献计、献策、献力。用丝绸服饰艺术市场来推动经济力量的升级，从经济的视角作为一个重要的切入点来创新丝绸艺术。时代需要丝绸服饰艺术的创新与发展，因为经济的繁荣才是能够可持续发展的最直接驱动力，也是传承与创新丝绸艺术的保证。如果没有经济这个坚强后盾的力挺，单靠官方给予某种文化需求而下发一些政策性的文件，这只是政府的一种政策导向与态度，要做到可持续性的发展与繁荣还是比较困难的。比如，依靠政府财政补贴来推动的某些非物质文化遗产等，最终还是需要民间与社会企业力量来实现市场化。也只有市场化，才可以真正地活化丝绸服饰艺术，日趋壮大其在世界的影响力，从而融入世界的大市场，使丝绸服饰艺术规模性地走出国门，成为当代国际丝绸艺术的主流之一。

当代高品质的生活需要丝绸装饰艺术与丝绸文创产品的助力与融合。古代丝绸装饰艺术具有浓厚的民族特色、色彩艳丽、图案精美、用途广泛与价值高昂的特点。特别是在文化内涵与艺术美感方面特别丰富，一直具有东方独有的一种“千呼万唤始出来，犹抱琵琶半遮面”的含蓄韵味。这些都是中国丝绸装饰艺术的优良传统，传承民族丝绸装饰艺术的精髓不仅是一种生活与文化的需要，同时也是一个民族的道德需要，因为传统是基因问题，是不可或缺的民族文化组成部分。在继承优良的丝绸装饰艺术上要坚持创新与发展，用创新的思路来进行丝绸艺术的发展，没有创新的思路多半是一种危险与倒退。市场经济需要传统更需要在传承中创新，只有创新，才会有更好的发展与弘扬，也只有坚持“扬弃”的继承才是正确的思维。

当今的丝绸艺术文创产品已经成为整个艺术文创产品中的一匹黑马，正在以趣味性的美感影响着我们的日常艺术生活。当今丝绸艺术文创产品的繁荣与发展与国家顶层设计的“一带一路”概念有着直接的关系，特别是在“一带一路”概念的强大影响力下已经极大地点燃了国人的丝绸文化自信与丝绸艺术创新的冲动。这也是新时代响亮的号角——“丝绸之路经济带”和“21世纪海上丝绸之路”为当代中国丝绸文创产品艺术的传承与创新提供的最佳历史契机，我们要抓住今天这个百年未有之大变局来“借题发挥”，大力创新中国的丝绸艺术，从政治角度、经济角度、文化角度、艺术角度、历史角度、科技角度等来认识丝绸艺术文创产品的重要性。丝绸、茶叶等在历史上曾经多次为中华民族作出过极大的经济贡献，产生过深远的大国影响力。那么，在当今我们既要回顾历史，更要立足今天，智慧地开创未来，为今天中国丝绸艺术的繁荣而知行合一，智慧前行，再创历史辉煌。

丝绸艺术的创新不仅需要心理上的大力支持与认同，在经济物质层面更需要大力助推，需要社会经济力量的融入，因此我们需要从经济的视角研究当代中国丝绸艺术。无论是丝绸书画艺术、丝绸服饰艺术、丝绸装饰艺术，还是丝绸书籍装帧艺术、丝绸文创产品设计艺术、丝绸陈设艺术等，这些丝绸艺术的立足与发展都需要经济与市场需求的支撑。经济是一切艺术产品可持续发展的基础，没有经济基础支撑的艺术产品往往是会走向衰败的，靠政府的政策支持只能是有限的一段历史。丝绸艺术产品是具有一定商品属性的，丝绸艺术作品是要服务于广大人民群众，只有走进人民群众当中才能发挥其最大的价值。无论是经济价值还是艺术价值，丝绸艺术的价值都应该扎根于人民，服务于人民。最大的丝绸艺术市场就是人民群众参与的市场，人民群众认可的市场，丝绸艺术为人民的指导思想是当代的主流思想不可动摇。

经济与市场的能量是巨大的，它可以验证人们高品质生活对于丝绸艺术的需求程度，因为市场是一个有效的检验过程。要创新发展丝绸艺术就需要了解生活，了解人们的物质需求与精神需求。

首先，用中国的刺绣艺术来解析丝绸艺术的传承与创新问题。当代刺绣艺术的实际状况是一个什么样子呢，这个样子不仅是指丝绸艺术的文化内涵，还包括丝绸艺术的技艺水准，也包括刺绣艺术市场的样子，人们生活中对其需求的样子，刺绣艺术的社会地位的样子等。例如，苏绣艺术在长三角的发展势头是可喜的，人们的认可度是很高的，很多家庭或办公场所都能看到刺绣艺术作品，其美学价值正在得到有力的弘扬。在许多场合、许多家庭都能够看到刺绣艺术作品，这说明刺绣的市场是繁荣的，是受到人们喜爱的。其次，再从缂丝艺术来解析当代丝绸艺术的另一个区域。缂丝，也可以叫“刻丝”，是中国传统丝绸艺术品中的精华。缂丝艺术是中国丝织艺术中最传统的一种挑经显纬，极具欣赏装饰性的丝织品艺术。苏州缂丝画与杭州丝织画、永春纸织画、四川竹帘画并称为中国的“四大家织”。2006年5月，苏州缂丝织造技艺入选第一批国家级非物质文化遗产名录；2009年9月，缂丝又作为中国蚕桑丝织技艺入选世界非物质文化遗产。缂丝艺术作品的创作过程需要艺术构思，往往很费工夫和时间，为了完成一件优秀的作品需要作者几个月乃至几年的时间，所以，一件缂丝作品的完成是需要花费大量的时间与艺术思维的。由此可以说，优秀的缂丝艺术是一种生活的“奢侈”。最后，绢本画、书籍的丝绸装帧设计，各类丝绸质地的文创产品等，都是当代丝绸艺术的表达，都需要在传承的基础上加以创新，走市场之路且弘扬丝绸艺术的辉煌。

丝绸艺术的创新需要从当代审美需求的视角进行研究。过于超时代的审美与落后于时代的审美都不是真正的美，过期的审美已经过期，遥远未来的审美还没有到来，这都带有某种不切实际的虚幻性，用今天的话说就是“不接地气”。超时代的审美是指比较遥远未来可能的审美性，至少是指数百年之后的审美可能；过期的审美也是指较遥远过去式的历史审美观，至少是指清代及其以前的历史审美标准。丝绸艺术的审美同其他的艺术形式一样是具有时代性的，我们要在观念上认可这个时代审美存在的必然性，要善于从时代审美需求的逻辑来创作出符合今天审美情趣的丝绸艺术作品。要让丝绸艺术作品经得起市场的检验，要符合人民性，要具有鲜明的时代特色与美学价值。

苏州当代的滴滴绣就是一种丝绸技艺的创新，技艺的创新在一定程度上为丝绸艺术的创新提供了新的可能。比如，苏州绣工用“非遗”苏绣大师独创的滴滴绣针法，耗时四年、刺绣三百余万针，1：1复绣出了流失于大英博物馆的唐代巨幅刺绣《凉州瑞像图》，这是当代手法表现的古代丝绸绘画艺术。从宏观角度来说，我们今天在谈论的古代丝绸艺术，其就是已经存活在当代了。广东佛山当代植物染的香云纱（也叫响云纱）也是一种丝绸艺术的创新，在今天致力于解决响云纱的植物染色的牢固性问题，这是一个了不起的创举，其为丝绸艺术的创新提供了极好的材料，当然，染色云纱工艺本身就是一种色彩构成艺术。这都是当代丝绸艺术创新的客观案例，这类创新的案例还有很多。现在的问题是，我们要如何将这些创新的艺术进行留存与发展，让这些创新的丝绸艺术具有时代艺术的生命力，让这些创新的丝绸艺术为国人，甚至为世界人民带来一种新文化、新美感。最终目的就是，要人们发自内心地喜欢她、爱她，愿意为她消费、愿意融入与欣赏、愿意穿戴与陈设。创新丝绸艺术要思考人们的实际需求，思考丝绸艺术的价值是什么，思考如何展示与发挥丝绸的艺术价值为人类的生活幸福而创新。

由于中国丝绸艺术是中华民族的优秀文化遗产及艺术美学的产业财富，同样是人类的优秀艺术财富，所以传承中国丝绸艺术是一种文化道德。中国四大名绣、南京的织锦、江南的缂丝等都是传统的丝绸艺术与中华文化。四大名绣是中国刺绣艺术的突出代表，代表着中国历史上刺绣艺术的最高水准。无论是苏绣、湘绣、粤绣、蜀绣，还是南京的织锦、苏州的缂丝等，这类丝绸艺术文化都是中华民族的特殊符号，这些类丝绸艺术不仅在历史上为中国的经济作出过重大的贡献，也为本民族的品质生活起着重要的作用，丝绸之路就是丝绸文化艺术盛世历史的见证之一。如果只谈传承而忽略了创新问题就是一个很麻烦的问题，因为继承是一个道德问题，是一个民族的自觉行为，也是文化基因问题。所以，我们应该在丝绸艺术的创新方面多加研究，引起足够重视，为中国的丝绸艺术、中国的丝绸艺术品牌国际化、高品质化出谋划策。

经济基础决定上层建筑，经济是一切发展的基础，需要是一切发展的核心动力。没有一定的经济基础就没有优秀艺术的上层建筑，没有人类需要的主观与客观，那就只能是被动的、短暂的存在，没有任何主动的意义。而丝绸艺术的可持续创新才是真正传承中华丝绸艺术的根本保证。坚持在传承中创新丝绸艺术的逻辑要从两个方面考虑：一是人们生活的物质需要，二是生活的文化精神需要。创造性地继承丝绸艺术是智慧的传承，也是活化的继承，是物质层面的具象问题，也是可持续传承的保证。所以，传承中国丝绸艺术需要接地气的市场与商业价值给予其可持续发展的生命力，同时我们要懂得：传承中国丝绸艺术就是中华文化自信的一种表现，这也是我们中国艺术精神的需要。

李正

2024年6月

FOREWORD 前言

丝绸艺术既是中国古老的一门艺术又是当代中国艺术的一个流派，丝绸既是艺术又是产业类。从文化的角度来研究丝绸，她就是一门艺术；从绘画、书法、缂丝、刺绣、实用设计类等方面研究，她也是艺术；从市场与商业的角度来研究丝绸，丝绸就是一个产业，是民族经济的一个重要支柱。从具体的形态与功能来研究，丝绸最终的具体形态主要包括丝绸服饰、丝绸家用软装产品、丝绸陈设品、丝绸绘画辅助材料、丝绸各类装帧工艺品、丝绸文创产品等，丝绸就是实用艺术，是生活中的艺术产品。本著作研究解析了丝绸艺术的前世今生，对于丝绸艺术历史脉络进行了有序的梳理与归类，也包括其他国家的丝绸艺术文化现象。

研究丝绸艺术对于中国人来说具有特别的意义与价值，因为茶叶、陶瓷与丝绸对于中国人有着不可忘怀的历史记忆与文化内涵。外国人将中国称为China，我们将中国古代与中亚、西亚、欧洲等地区进行贸易和文化交流的通道，即连接亚、欧、非三大洲之间的重要文明之路称为“丝绸之路”，这里的丝绸又从另一个视角代表了中国古代的文明。

正因为丝绸产业与丝绸艺术对于华夏文明的意义重大，丝绸又是等级与尊贵的象征，为了探究其历史价值与艺术文明价值，江苏省高校哲学社会科学研究重大项目课题组成员一致认为：要为项目撰写一本有价值的专著《新时代丝绸艺术创新研究》。本课题组成员主要包括王小萌、李潇鹏、卞泽天、唐甜甜、岳满、余巧玲、刘婷婷、李正等。

本著作是为江苏高校哲学社会科学研究重大项目，项目编号：2020SJZDA036，项目名称“新时代江苏丝绸艺术创新研究”；同时也是“江苏高校优势学科建设工程资助项目”。

第一章“新时代丝绸艺术概貌”从新时代丝绸艺术创新的使命担当为切入点，

对于新时代丝绸艺术创新的文化传承与新时代丝绸艺术创新的体系建构进行了全面的论述、解析。第二章“新时代丝绸艺术创新分类”主要对于新时代丝绸艺术文创产品的创新、新时代丝绸艺术纺织品的创新、新时代丝绸艺术空间装饰的创新、新时代丝绸艺术数字化创新等进行了多角度的阐释。第三章“新时代丝绸艺术创新需求”将民生需求为引入点，包括生理与生存需求、安全需求、社交需求、道德需求与自我实现需求等。本章还从文化需求方面、艺术需求方面、市场需求方面较为全面地、系统地给予了研究与解读。第四章“新时代丝绸艺术创新原则”是本书的重要内容，在艺术创新原则方面具有独立的思考与自己的逻辑创新。本章不仅强调了守正创新原则，还将科技创新原则、可持续发展原则、美学时尚原则、文化叙事原则等都比较全面地进行了专业创新论述。第五章“新时代丝绸艺术创新价值构成”包括社会价值构成、文化价值的构成、艺术价值的构成、美学价值的构成。第六章“新时代江苏丝绸艺术创新对策”的核心内容有：江苏丝绸艺术创新发展中存在的问题、江苏丝绸艺术现代性转化与创新策略。第七章“新时代丝绸艺术创新路径”从新时代丝绸艺术创新的现实困境、新时代丝绸艺术创新的解决路径进行了专业研究。

由于时间仓促，书中疏漏之处在所难免，恳请各位读者批评指正。

著者

2024年6月

CONTENTS 目录

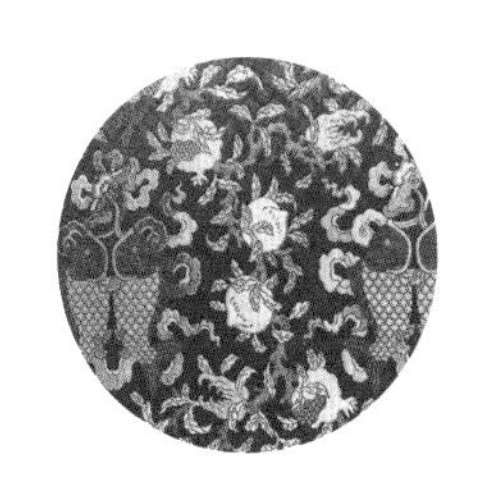

绪论

新时代
丝绸艺术
创新研究

一、研究缘起

我国种桑养蚕、缫丝制绸工艺举世闻名，作为桑树的发源地和丝绸技术的摇篮，在全球蚕桑丝绸产业中具有无可替代的地位。数千年来，中国丝绸艺术与中华文明相伴而生、相互依存，不断地蓬勃发展，以卓越精美的品质、丰富多彩的花色、浓郁深厚的艺术文化特色，为世界人类文明历史谱写了华美的锦绣篇章。恢宏秀丽的丝绸之路，始于长安，沿着丝路古道一路前行，不仅为欧洲带去了光彩夺目的丝绸，更是传递了古老璀璨的中国艺术文化。此后，丝绸也逐步成为神秘东方的经典代表作。但是，如何继承与发展、创新数千年的中国丝绸艺术，以及在新时期如何探索丝绸艺术创新发展的新路径，是目前我国丝绸艺术创新领域最值得探讨的新议题。

日出东方万匹绸，锦绣天下姑苏城。古往今来，苏州就被称为“丝绸之府”，苏罗等更是名扬四海。正是由于“丝绸”这张靓丽的名片，苏州也因此诞生了一所享誉全国的“丝绸学府”。在经历了多次辗转变化后，这所学府于1960年正式由国务院批准定名为“苏州丝绸工学院”，隶属于中国纺织工业部（今中国纺织工业联合会）。苏州丝绸工学院成立之初，致力于推进蚕桑养殖等生产事业，并在苏州吴江区、盛泽镇、震泽镇等地区形成了新的蚕桑产业链，苏州周边地区蚕桑生产状况也得到了根本改善。笔者1989年毕业于中央工艺美术学院（今清华大学美术学院）服装设计系，同年进入苏州丝绸工学院（今苏州大学艺术学院）任教，就这样与“丝绸”结下了“缘分”。岁月悠悠，白驹过隙，20世纪90年代末，苏州丝绸工学院历经数次调整，丝绸教育从此开始了一段新的征程，积淀了百年历史的“丝绸教育”已融入每个“丝绸人”的血液里。越来越多的“丝绸人”秉承着历史使命与时代信念，不断前行，再创辉煌。

踏上新的征程后，虽然面临不少困难和挑战，但是，实现中华民族伟大复兴的中国梦是党和国家长期奋斗的历史使命，也是中华民族的共同心愿与现实目标。面对这样一个振奋人心、肩负重任的新时代，中国丝绸艺术如何以高度的文化自信与文化自觉担负起自己的职责使命[1]？作为新时代的青年，在重大挑战面前，要有背水一战、攻坚克难的决心和破解重大矛盾的本领，更要学会知难而进，做有担当精神的新时代青年。新时期的学术研究者，必须具备为中国式现代化发展与实践提供知识增量、理论支撑和价值关怀的担当精神，要始终“明使命、担责任、当先锋”。在学术研究期间，不仅要创造智慧，陶冶品格，更重要的是为人类奉献，履职尽

[1] 仲呈祥. 党的正确领导是文艺繁荣的根本保证 [J]. 音乐传播，2019(Z1)：1–6.

责，做到有的放矢，开拓思路。有必要为时代明德，绘声绘色地描绘出这一时代的心路历程，做一名兼具社会责任与担当的新时代学者。

开展哲学社会科学研究工作时，标志性概念的提炼有助于明确研究的核心议题和方向，而新的表述方式则能够提供更加准确、清晰和富有创新性的学术交流平台。通过不断地推陈出新，能够提升学术研究的品质和影响力，为学科的发展和知识的传播作出积极贡献。因此要不断创造新的表述，使之在国际上易于被接受，通过这样的方式引导国际学术界开展学术研究和研讨。其中，开展这项工作的首要任务便是要从学科建设入手，目的是使每个学科都构建出科学合理的学科概念与学科体系。当前，多元文化的碰撞融合、探索改革的生动实践以及“新时代丝绸艺术创新”领域的生产方式、观念形态正随着工业化、城镇化、信息化的快速推进而发生嬗变。新时代的中国正是探索这一研究创新发展的丰富源泉，相关研究者应担负起构建具有新时代特色的丝绸艺术创新体系的责任，并以理论与实践创新来印证。要勇于研究新时期丝绸艺术创新中的大钻研、大学问，以宽厚扎实的学科素养，找出带有普遍性的解题思路。

2020年9月18日，中华人民共和国工业和信息化部、农业农村部、商务部、文化和旅游部、国家市场监督管理总局和国家知识产权局联合印发的《蚕桑丝绸产业高质量发展行动计划（2021—2025）》中提出，要加强传承与大力弘扬传统丝绸艺术，保护和利用丝绸艺术文化遗产，支持和加强丝绸产业国际合作的新模式、新高度。自国务院发布相关政策开始，已过去三年多的时光，至今仍未有研究“新时代丝绸艺术”的著作问世。有关新时代丝绸艺术创新的研究迫在眉睫，需要引起相关领域专家的重视。本研究就是从这里开始，纵观新时代丝绸艺术概貌，思考新时代丝绸艺术的分类与创新本质核心究竟是什么，新时代丝绸艺术创新的需求、价值主要集中在哪些方面等。笔者力求从这些方面剖析新时代丝绸艺术创新中的现实问题，以思考、延续“新时代丝绸艺术创新”的大国风范。笔者长期致力于对新时代丝绸艺术领域的考察研究，在不断思考中有了一些收获。因此，希望通过这样一部系统性的著作全面呈现，但由于研究条件有限、研究资料不足，疏漏之处在所难免，敬请专家指正。

二、研究现状

目前，国内对这一领域的研究还处在探索阶段，且以探讨丝绸历史文化为主。对于新时期丝绸艺术问题，至今没有学者从艺术学的角度做过系统的研究。因此，现有阶段性研究成果虽为本著作奠定了一定基础，但若要最终形成成熟的研究成果，需要更具系统性与创新性的研究工作。

由国家级丝绸专家钱小萍、白伦所撰《中国古今蚕桑丝绸技艺精华》、朱新予所撰《中国丝绸史》、赵丰所撰《丝绸艺术史》等著作在丝绸艺术历史研究领域最具代表性。如《中华古今蚕桑丝绸技艺精华》通过对自古以来的桑蚕育种、蚕丝技艺、品种设计、丝织器具、染整工艺等生产要素进行系统整理、分类分析、全面讲解，在充分关注蚕丝技艺发展与时代进步互动现象的同时，对其技术精髓进行了深入挖掘。为广大蚕丝爱好者揭示我国社会发展和文明进步过程中这一古老文明所发挥的作用和价值，为弘扬和传承中华丝绸文明承担了一份责任，充分展示了蚕丝丰富的文化底蕴、艺术情操和科学内涵。作者在书中从全局的角度总结和概括了中国丝绸艺术的历史背景、人文环境和变迁历程，强调了丝绸艺术所承载的人文价值。上述著作从宏观角度对我国丝绸艺术发展的历史背景、人文环境及演变轨迹进行了归纳与总结，对丝绸艺术的人文价值进行了强调。虽对丝绸历史脉络的梳理有一定帮助，但缺少对新时代丝绸艺术的针对性深入研究。再如，由罗永平所著《江苏丝绸史》，从起源到近现代，全面论述了江苏丝绸产业的发展历程，依据的是珍贵的史料和文献。其中，部分内容为本书提供了相关参考依据，但涉及丝绸艺术产业现状与创新发展的内容较少。此外，钱小萍的《中国宋锦》、王宝林的《南京云锦》、林锡旦的《苏州刺绣》等著作，全面探讨了宋锦、云锦、苏绣等源自江苏地区的丝绸艺术，深入研究了它们的起源、工艺和文化发展历程，为本书第六章的研究提供了丰富的文献资料。

综上所述，目前本研究领域相关著述主要呈现两种趋势：一是以中国丝绸史、中国丝绸艺术史为基准的历史性研究；二是以地域化主题为对象的专项研究。考虑到相关内容分散性较大，尚未形成系统的研究成果，缺乏相应的理论依据和实践分析。因此，新时代丝绸艺术创新研究还处于初步探索阶段。

由周赳、李启正、李加林所撰《丝绸产品传承与创新的“桑果”理论建构探索》一文最具代表性，文章秉承以丝绸产品创新驱动产业发展的理念，依据丝绸产业所具备的“一因双果、跨越三产”特性，提出了一种适用于丝绸产品历史传承与创新的“桑果”理论[1]。程金城在《丝绸之路艺术的意义与价值——兼及“丝绸之路艺术学”刍议》一文中探讨了丝绸之路上的新型艺术样态，并根据丝绸之路的纵深拓展提出新兴交叉学科“丝绸之路艺术学”的设想，指出丝绸艺术应以一种新型艺术创作形式去展现，使其成为当代艺术、时尚、潮流的媒介[2]。以上研究成果主要

[1] 周赳，李加林，李启正．丝绸产品传承与创新的“桑果”理论建构探索 [J]．丝绸，2022，59(1)：109-118.

[2] 程金城．丝绸之路艺术的意义与价值——兼及“丝绸之路艺术学”刍议 [J]．兰州大学学报(社会科学版)，2017，45(2)：63-68.

从宏观视角进行研究，具有一定的启示作用。冯远、卢禹舜、牛克诚、吴洪亮、于新、金新所著《新时代中国画的传承与发展研究报告》，白藕所著《新时代文创产品设计》等，虽然主要是探讨中国画的传承与发展、新时代文创产品的特色与风格，但是他们的学说观点对于本书的研究工作起到了重要的指导作用。其他的有关新时代丝绸艺术的学术论著，包括相关课题的论文，如王欣所撰《当代苏绣艺术研究》，李斌所撰《中国长三角地区染织类非物质文化遗产研究》等博士论文，均使笔者获得了一些有益的启发。

与本书相关的论文研究现状主要呈现三个趋势：一是提出相应的见解和应用对策，以宏观视野审视我国丝绸艺术的发展现状；二是从多元化研究方向入手，对丝绸艺术相关品类、手工技艺、创新应用等方面提出一些对策；三是根据国际化发展趋势，通过丝绸艺术与品牌实际建设进行相关总结与归纳。当下以新时代丝绸艺术创新研究为主题的论文成果仍处于探索阶段，尚未形成系统化的理论成果。因此，需要通过对现有相关成果的整合与梳理，结合新时代丝绸精神传承意蕴，为中国丝绸艺术的创新发展开辟一片崭新的天地。相信通过新时代“一带一路”倡议的大力推进，未来将会有众多国内外学者逐步对我国丝绸艺术产业进行一定深度的研究与探索。

在新时代背景下，我国许多省、市以弘扬传统文化为己任，将丝绸艺术作为打造世界强势品牌的重要武器。江浙两省（市、区）就是其中最典型的代表，通过对省内老字号丝绸艺术品牌进行创新整改，使其突破传统局限，再现新活力。如江苏苏州上久楷丝绸科技文化有限公司秉承“以文化助推产业，以产业反哺文化”的发展理念，投资建设中国宋锦文化产业园，它是中国第一个以“宋锦”为主题，集文化展示和科普教育于一体的宋锦文化产业园。园内恢复保留传统手工艺，为参观者现场演示宋锦织造过程，带徒授艺，培养“非遗”传承人才。2023年，在浙江杭州亚运会期间，民营企业万事利以丝为媒，运用高科技和手艺人的“一针一线”，把杭州故事讲给世界听。透过“智能丝绸”，展现“诗画江南”文化韵味。但是，我国部分地区的丝绸艺术产业发展还比较缓慢，相关创新实践成果较少，行业体系还不够健全，在一些规范性上仍有所欠缺。因此，这就使丝绸艺术的创新和发展受到了一定的制约。当下若能适时把握机遇，前瞻思考，在实践中凝心聚力，破解难题，定能加快发展，重振中国丝绸艺术雄风。

在丝绸艺术创新实践方面，已有众多中西方设计师及服装品牌都曾以丝绸艺术为灵感进行系列设计创作，如清华大学美术学院李薇教授对中国丝绸博物馆的馆藏宋代纹样进行活化设计。李薇教授潜心研究了数十年“非遗”传统手工技艺，将传统手工染色、织造工艺运用在服装设计作品之中，以传统手工技艺为媒介对东方丝绸艺术进行创新性思考，弘扬中华美学精神，守护传统丝绸艺术神韵，以国际化视角和格局展现中国丝绸之美。再如，英国著名服装设计师约翰·加利亚诺（John Galliano）在其担任迪奥（DIOR）品牌首席设计师的十五年中，多次将东方元素融入设计中，运用传统的“中国风”真丝面料，结合盘扣、立领、流苏、云肩等中式元素，呈现丝绸面料的经纬特质，彰显女性的优雅身姿。

当下实践方面研究现状及趋势发展主要集中在两个方面：一是国际化视域下丝绸艺术的中西方交融与传播；二是以国际知名设计师、艺术家为代表的丝绸艺术设计实践。基于新时代背景，本书将聚焦丝绸艺术的传承与创新，致力于向海外推广中国丝绸艺术，并根据当前国际发展趋势，全力提升中国丝绸艺术的国际影响力。

三、研究方法

早期的艺术学科研究主要是运用本学科领域的相关研究方法。随着时代的发展进步，过于单一且局限的传统研究方法已不能满足艺术学科研究工作的需要，现今对艺术学科的研究开始有了更为广泛的交叉学科要求。研究工作者必须要以综合化、国际化、未来化的视野进行高度、广度、深度的分析。

2020年8月，教育部发布增设“交叉学科”的通知，“交叉学科”成为继哲学、经济学、法学、教育学、文学、历史学、理学、工学、农学、医学、军事学、管理学、艺术学之后的第14个学科门类。学科交叉融合是未来科学发展的必然趋势，也是推动科技创新的重要力量。随着科学技术的快速发展和知识领域的不断扩大，学科之间的交叉融合已成为学术界关注的焦点。通过跨学科的研究合作与交流，能够产生新的思想、理论和观点，进一步推动科技创新的步伐。

本书主要从建构理论体系与实践创新这两个层面来进行新时代丝绸艺术的研究工作，分别运用文献查阅法、田野调查法、模拟设计法与比较借鉴法。其一，查阅和分析新时代丝绸艺术创新的发展历程、研究现状、基本特征等各类文献、数据，找到支撑本书研究理论的相关文献与研究成果，为随后的实践创新提供理论依据。其二，通过对国内著名丝绸艺术专家、相关丝绸艺术人才及部分丝绸企业进行实地调研与访谈，深入分析新时代丝绸艺术产业特点、存在的问题及未来发展趋势，为后期实践研究提供相关数据资料。其三，围绕研究核心主旨，运用Illustrator、Photoshop、AIGC等计算机辅助设计软件进行相关设计创作，如新时代丝绸艺术服饰创新设计、新时代丝绸艺术文创产品设计等。其四，通过部分丝绸强省、强市的系统类比获得启发，在对比中发现问题，并提出相应的解决办法。其五，笔者对国内外三十余家专业博物馆进行了深度调研，如中国丝绸博物馆、中国南京云锦博物馆、中国刺绣艺术馆、南京江南丝绸文化博物馆、苏州丝绸博物馆、苏州苏扇博物馆、英国伦敦国家博物馆（British Museum）、英国伦敦杜尔维治美术馆（Dulwich picture gallery）、英国伦敦维多利亚与艾尔伯特博物馆（V&A Museum）、英国伦敦雷顿之家博物馆（Leighton House Museum）、英国伦敦时尚和纺织品博物馆（Fashion and Textile Museum）、德国柏林国家博物馆（Staatliche Museen zu Berlin）、法国里昂丝绸博物馆（Musée des Tissus et des Arts Décoratifs）等。这些博物馆的调研内容为本书提供了丰富的案例资料，使笔者在撰写过程中能够更全面、更深入地了解丝绸艺术的创新设计发展状况。

新时代丝绸艺术创新研究是一项交叉性极为广泛的学术研究，目前已然蔚成气象。在此基础上，有必要邀请更多学者参与尚未涉及或研究不足的丝绸艺术领域，从不同角度审视和探讨新时代丝绸艺术的创新发展。作为一名艺术研究工作者，本书对新时代丝绸艺术创新的研究只是初步尝试，仅为抛砖引玉，为相关学术研究提供启示和研究思路。

四、相关概念界定

（一）新时代

“时代”是指在人类历史范围内，根据人类社会发展的不同阶段性特点及呈现的主要矛盾而划分的时间分期。根据党的十九大报告精神，众多学者通常从三个“意味着”和五个“是”出发，对“新时代”进行解读。贺新元认为，“新时代”是在历史性变革与成就、主要矛盾转化中而发生的转换，是“历史与现实的统一”，是书写新辉煌的新起点。“新时代”是基于实际情况，以富强为目标，将“以人民为中心”作为价值导向，并将其融入发展实践的新时代。在这个时代，深刻认识到人民主体的重要性，深信人民的力量，更加关注中国乃至世界人民的发展与福祉。这一时代的特点在于将人民置于发展的核心地位，强调人民的主体性和参与性，通过推动社会公正、民主和可持续发展，实现人民对美好生活的向往和追求。强调国际合作与共赢，积极推动全球发展与治理体系的变革和完善，为世界人民的福祉作出贡献[1]。

中国特色社会主义进入新时代的这一重大判断反映了马克思主义中国化的最新成果，也是中国实践对于马克思主义理论的进一步发展与丰富。它不仅是中国自身发展的里程碑，也标志着马克思主义在全球范围内的重要地位与影响力的进一步巩

[1] 贺新元. 准确深刻理解新时代 [N]. 人民日报，2023-4-12.

固。深入理解这一重大判断的科学性，对于准确把握当代中国的历史方位，以坚定的自信开启新时代中国特色社会主义建设的伟大征程，具有深远的意义[1]。

第一，从历史进程的角度来看，中国特色社会主义进入新时代预示着中华民族伟大复兴的曙光已经初现。不仅是中华民族在物质层面的崛起，更是在精神层面、文化层面和制度层面取得的长足进步。这一时代背景为中华民族提供了宝贵的历史机遇，也提出了前所未有的挑战。因此要以更加开放的视野和更加进取的心态，迎接未来的发展与变革。

第二，从科学社会主义发展的视角来看，中国特色社会主义迈入了一个崭新的时代，不仅是中国自身发展的里程碑，更是对科学社会主义理论和实践的巨大贡献。它表明，科学社会主义理论在面对全球化、信息化的新挑战时，仍然具有强大的生命力和适应性。中国特色社会主义的发展，不仅为世界社会主义事业注入了新的活力，也为其他发展中国家提供了可资借鉴的发展模式和经验。

第三，从人类历史进程的角度来看，中国特色社会主义进入新时代，揭示了中国特色社会主义在道路、理论与实践、制度与规范、文化与艺术等方面的持续发展。这不仅体现了中国社会的进步，也反映了人类文明的不断演进。在这个过程中，中国特色社会主义的优越性在不同历史条件下得以充分展现。中国的发展经验也为其他国家提供了一种有益的借鉴，为推动全球治理体系的完善和发展贡献了中国智慧和方案。

第四，在近现代中国历史的背景下，标志着中华民族伟大复兴的历史进程已经迈入了一个新的阶段，预示着中国梦的实现已经不再是遥不可及的梦想，而是逐渐成为现实的可能性。中国在国际舞台上的地位和影响力也不断提升，预示着中华民族伟大复兴的中国梦终将实现，科学社会主义将焕发新的光彩。中国必将崛起为一个民主、富强、和谐、文明的社会主义现代化强国。

（二）丝绸与丝绸艺术

1. 丝绸

丝织品的起源最早可追溯到五千年前的新石器时代，此后在中国长江、黄河两大流域都曾出现过丝织品的曙光。相传，嫘祖是中国种桑养蚕的始祖。据《通鉴·纲目外传》记载：先祖“始教民育蚕，治丝茧以供衣裳，而天下无皴瘃之患，后世祀为先蚕”。商周时，已有罗绮、绮、锦缎、绣花等品种出现。秦汉以后，丝绸的制作已经形成完整的工艺体系。唐宋之际，随着中外文化的交流和经济重心的

[1] 杜伟伟.新时代基层共青团的组织力提升研究[D].呼和浩特：内蒙古大学，2021.

南移，无论是丝绸工艺技术，还是生产地域，都发生了明显的变化。明清两代丝绸制作趋向专业化，面料品种更加丰富且艳丽。

丝绸是中国文化中不可或缺的一部分，它与中国的礼仪制度、艺术民俗和科学技术等方面都有着深厚的联系。这种联系不仅是表面的，更是深入到了中华文明的各个方面。丝绸不仅是一种物质产品，更是一种文化的载体，它承载着中华民族的智慧和创造力[1]。古时候，丝绸是由蚕丝（主要指的是桑蚕丝，但也包含一些柞蚕丝与木薯蚕丝）织造而成的纺织品。随着纺织原料的不断拓展，如今，所有经由人造或天然长丝纤维编织而成的纺织品均可被归类为广义的"丝织品"。而由纯桑蚕丝织成的丝织品，又有"真丝"之称。丝绸的原料分为天然纤维与人造纤维，其中天然纤维主要包括桑蚕丝、柞蚕丝、蓖麻蚕丝、木薯蚕丝等，是人类最早利用的动物纤维之一。在现代工业丝绸中，将人造纤维添加到丝绸中，主要是为了使丝绸具有防皱、防蛀、更易保存等功能。在纺织服装和其他生产领域，人造纤维的历史仅有百年。在此之前，人类主要依赖天然纤维，如棉、毛、丝、麻等进行生产。然而，从20世纪50年代开始，合成纤维开始出现，极大地丰富了纺织纤维的种类和用途，与天然纤维形成了激烈的竞争。

常见的丝绸品类有两种分类方法：第一种是依据织物的基本组织、经纬线之间的不同组合、加工制作工艺及呈现形态进行分类。在纱、罗、绒这三种类型的纺织品中，不需要去考虑它们的花部和地部组织，对于其他类型的纺织品，则要考虑其地部组织。每一大类绸缎的表面可以呈现素净的效果（如练、漂、染），也可以展现出丰富的花样（如织、印）。十四大类绸缎指的是绫、罗、绸、缎、纺、绉、纱、绒、绡、锦、呢、葛、绨和绢这十四种纺织品。第二种是基于织物表面的表现特征，包括双绉、乔其、碧绉、顺纡、塔夫、电力纺等三十四小类。

2. 丝绸艺术

作为中华民族的伟大发明，我国丝绸技艺已有五千多年的历史，享有世界声誉。丝绸产业是我国在全球竞争中具有优势的重要产业之一，对于国家经济发展至关重要。新石器时代，我国先民就已将野蚕驯化，养在室内，并通过手工缫丝、织绸、缝制衣裳，来达到美化生活的目的。人们在日常生产和实践中创造的物质财富，为丝绸艺术的兴起提供了物质基础。这些物质财富的形成在历史文献、人物传记、诗词文章，以及工艺美术品和刺绣织品等领域得到了充分体现。在农耕时代，中华民族的先祖已具备了种桑养的知识和丝织技术，而丝绸艺术的发展则是在蚕丝技术不断进步的基础上逐渐发展起来的。丝绸艺术是中国传统文化的筋脉，是江南

[1] 官伟波，牛建涛，张小英．"中国丝绸技艺民族文化传承与创新"教学资源库建设实践 [J]. 轻工科技，2018，34（12）：195-197.

地区特色文化典型性代表之一，自其诞生之日起，便与中华文化结下了千丝万缕的情缘。由于江南丝绸具有很高的地位，历来为人们所瞩目，因而有着极其丰硕的研究成果。如彭泽益的《明清江南官营丝织业系统研究》、赵丰的《唐宋杭州绢织业研究》、章楷的《明清江南蚕业研究》等，都为我国丝绸艺术在江南地区的研究打下了坚实的基础。高站位学者对江南丝绸艺术的研究，有助于区域特色文化的融合，促进江南丝绸艺术这一特色产业的发展。因此，江南地区要正确认识自己的优势，利用深厚的历史文化底蕴，通过中华传统文化的弘扬和输出，充分发挥江南丝绸文化的优势，紧紧抓住百年未有的机遇，主动出击，把世界丝绸文化品牌的话语权掌握在自己手中。

长三角地区经济一体化的迅猛发展，极大地推动了江南丝绸艺术产业的升级换代。在“一带一路”倡议下，要致力于发挥中国丝绸文化品牌对世界的引领作用，自觉践行文化自信，包括振兴江南丝绸艺术。江南丝绸艺术包括栽桑、缫丝、织造、染整等技术，也包括江南丝绸蕴含的丰富文化内涵、历史意义和美学价值。但随着时代的进步，江南丝绸艺术的发展也面临着一些机遇与挑战[1]。

本书所说的“丝绸艺术”的概念是特指党的十九大提出“新时代”概念以来有关丝绸艺术创新发展，以及“丝绸艺术”所覆盖的“丝绸强省、强市”等。

（三）守正创新

党的二十大报告指出，必须坚持“守正创新”，继续推进实践基础上的理论创新，不仅是中国共产党的鲜明品格，也是党在百年奋斗中不断形成的重要经验，是中国共产党团结带领中国人民勇毅前行、继往开来的精神密码。“守正创新”也是新时代丝绸艺术创新的新课题，是现实发展的实践指向，为丝绸艺术产业的发展赋予了奋进的时代内涵，蕴含着极具时代价值的理论意义和实践意义[2]。深刻理解、把握“守正创新”与丝绸艺术发展的价值意蕴，这对于整个丝绸艺术产业更好地把准方向、推动理论和实践创新发展至关重要。

第一，“守正创新”彰显了党的理论创新和实践创新的精神品质，是促进新时代丝绸艺术创新长足发展的重要维度，是紧扣新时代背景、紧扣党和国家各项事业发展的新课题和新要求。新征程中，全面建成社会主义现代化强国，要求坚守正道、勇于创新。这是时代赋予的命题，也是推动新时代丝绸艺术创新高质量发展的关键所在。要实现新时代丝绸艺术“守正创新”的发展目标，就需要深刻理解“守正”和“创新”的时代内涵，并把握它们之间的辩证统一关系。无论时代如何变

[1] 李正，岳满．新时代背景下江南丝绸艺术发展研究 [J]．纺织报告，2022，41（4）：110–112.

[2] 冯学珍．习近平社会主义核心价值观研究 [D]．成都：西华大学，2016.

迁，历史的发展都是一个客观的过程。“正”代表着正确的道路，蕴含着事物发展的本质、规律和经验。因此，“守正”意味着坚守正道，把握事物的本质，遵循客观规律，并从历史经验中汲取智慧。坚守正道，就是坚定不移地坚持中国立场，弘扬文化自信，坚定走好中国特色社会主义丝绸艺术创新之路。

第二，创新是发展的源泉。任何事业的发展都离不开创新和创造性的推动。创新是一项有目的的实践活动，旨在取得新的认识和实践成果。而“新”则是“创”的目标，意味着要超越和突破原有的限制，开拓新的领域和境界。党的二十大报告指出了2035年的总体目标，其中的历史与现实，加深了从业者对新时期优质发展桑蚕丝绸产业、丝绸艺术产业的理解，也加深了从业者在继承中创新，在开拓中发展的责任感和使命感。桑蚕丝绸产业、丝绸艺术产业既是促进社会经济发展的特色产业，也是促进高水平对外开放的重要内容，更是促进共建“一带一路”的优质发展道路。推动桑蚕丝绸产业、丝绸艺术产业优质发展，共建“一带一路”优质发展，一定要和中华优秀传统文化结合起来，一定要和我国的具体实际情况结合起来。

丝绸艺术得以“守正创新”发展，首先要深刻认识“守正”和“创新”的关系。守正，可以防止思想和方向的偏离；创新，可以避免守旧和僵化，但守正绝不是墨守成规，创新也不是标新立异。因此，“守正”与“创新”是继承与发展相统一的前进动力，两者是辩证统一的，一方面，充分揭示出马克思主义认识世界和改造世界的原则方法；另一方面，也是百年来中国共产党对马克思主义的继承和发展。

唯物主义强调事物的演变规律是客观存在的，不受人的主观意愿影响。在实践中，创新的发展方向应当遵循这些规律。这种遵循规律的创新具有决定性的因素，决定了创新的方向和进程。为了实现守正创新，必须首先遵循规律，使继承下来的东西能够创造性地发展。这样才能更好地认识和改造事物，推动创新发展。事物的创新发展意味着事物发生了质的变化，实现了某种形式的飞跃，并超越了旧的事物。为了实现丝绸艺术的守正创新发展，需要遵循当前历史条件下的规律和准则，提升认识水平。在此基础上，将新认识转化为新理论，并指导实践创新。只有这样，才能将丝绸艺术创新推向新的发展阶段。

在新时代丝绸艺术的发展过程中，“守正创新”也体现了中国共产党百年来的优良传统。作为思想政治工作的“生命线”，中国共产党始终坚持继承和发扬这一优良作风。回顾党的百年发展历程，“守正”与“创新”是党的思想政治工作经验的两大基石。党的百年思想政治工作经验验证了必须坚持继承与发展相结合，一脉相承和与时俱进相统一。这种经验也充分体现了“守正”与“创新”在共同推进历史进程中的重要性。

党的百年思想政治工作历史经验展现了一种继承与发展的总趋势，充分展现了党领导人民在从救国、富国到强国的奋斗历程中，既保持了一贯的工作作风，又根据不同时期的特点进行了相应的调整和创新。这种“守正创新”的精神，正是伟大历史经验的精髓所在。坚守正道，是创新的前提和基础，因为正道代表着历史的真理和人民的意愿；而创新，则是在坚守正道的前提下，不断开拓进取，实现从无到有的跨越。在新时代的丝绸艺术发展过程中，也要正确处理“守正”与“创新”的关系，既要在传承优秀传统的基础上进行创新，又要在创新的过程中保持对传统的尊重和坚守。只有这样，才能真正做到以史为鉴、开创未来。

第一章 新时代丝绸艺术概貌

丝绸是中华民族对世界文明的杰出贡献，各类丝绸珍品是古人为世人留下的艺术文化瑰宝。这些精美绝伦的丝绸艺术品曾适用于特定时代、身份及环境中。随着岁月更迭，人们的审美需求与物质需求也在不断地变化，多数传统丝绸艺术品已无法满足大众审美需求，人们开始追求独特性、精致化、简洁化的丝绸艺术品。因此，在不同生活方式的社会语境下，丝绸艺术从业者既要有从传统丝绸艺术中萃取灵感元素的能力，立足当下，从新时代的审美需求角度去挖掘传统丝绸艺术之美；又要将其应用于传承与创新领域，使传统丝绸艺术在新时代重生，绽放出新的艺术价值。

过去，丝绸是一种极为珍贵的丝织品。由于受到社会制度与等级森严的约束，丝绸仅仅是帝王将相的专享，并未普及于平民百姓，如今，这些界限都已被打破且荡然无存。当下，许多丝绸艺术领域从业者通过从传统丝绸艺术中凝练设计元素，以融合与创新的形式进行适度取舍，使其变得富有新时代气息，进而形成了独特的设计风格。丝绸艺术需要传承、发展与创新。设计则可以在传统、当代与未来之间架起一座桥梁，以全新的视角展现丝绸艺术的独特魅力。

作为新时代丝绸艺术传播的重要途径和手段，丝绸艺术创新归根结底是“为新时代而创新”。因此，一方面要以研究中国传统丝绸艺术及博物馆丝绸艺术藏品为基础；另一方面要以研究新时代的审美需求、生活方式、行为特征、消费观念等为核心，围绕这一主题，不断探求传统丝绸艺术在新时代丝绸艺术创新语境中的表达问题，建立传统丝绸艺术与新时代丝绸艺术之间的互联与沟通，最终将传统丝绸艺术元素融入新时代丝绸艺术创新之中。

艺术文化是一个国家的血脉和灵魂。文化兴则国运兴，文化强则民族强。中国人具有很强的文化认同感，而丝绸艺术恰恰也是非常容易唤醒人们的民族情感与个人审美意趣的文化产物。古人留下的许多丝绸艺术品、丝织技艺在如今依然受到大众的喜爱。新时代丝绸艺术从业者应深入了解当代丝绸艺术领域的新兴产业特征，充分弘扬丝绸艺术精品原型的文化内涵与特征。运用符合新时代丝绸艺术创新的数字化媒介及多样化的生产方式，为传统丝绸艺术、丝织技艺找寻新时代路径，以此发挥重要的文化教育与宣传作用。

第一节　新时代丝绸艺术创新的使命担当

“文化兴则国运兴，文化强则民族强。”中华儿女是真正的英雄，不仅因为中华民族的历史悠久、文化灿烂，更因为在遭遇各种困境和挫折时，始终秉持着“自强不息”的坚韧精神，这是中华民族最宝贵的品质。这种精神激励着华夏儿女不断前行，不断超越自我，追求更高的目标。在新时代，中国共产党对文化建设在国家总体布局中的定位进行了明确，并设定了建设社会主义文化强国的宏伟目标。强调坚定文化自信，以推动社会主义文化的繁荣与发展。这些理念为中国传统艺术文化在新时代的发展明确了方向与道路。

一、立足新时代，书写中华民族新史诗

中华艺术文化兴盛与中华民族伟大复兴有着密切的内在联系。“文变染乎世情，兴废系乎时序。”文艺最能代表一个时代的风貌，引领一个时代的风气[1]。文艺工作与人民的精神文化生活息息相关，更关系整个国家的精神面貌和中华民族稳定长足的发展。党的十八大以来，我国高度重视社会主义文艺的时代发展及文艺在新时代的重要性，积极鼓励创新创造，以精湛的艺术手法推动文化领域的创新与发展。坚守艺术的原则和理想，以高尚的文艺作品引领社会风尚。进入新时代，丝绸艺术领域从业者应当不负时代使命，与时代同步，关注时代主题，谱写新时代赞歌。

中华民族伟大复兴的新时代，必将带来丝绸艺术创新的高度繁荣与发展。2020~2022年，中国逆势突围，实现了经济增长由负转正，成为全球唯一实现正增长的主要经济体，交出了一份人民满意、世界瞩目、可以载入史册的答卷。这份答卷，书写了中国奇迹，彰显了中国实力。经济强国的稳固基础为丝绸艺术创新的时代发展提供了强有力的经济支撑，营造了浓郁的文化氛围。新时代丝绸艺术创新的历史方位，一方面要求丝绸艺术创新满足人民大众日益增长的美好生活需求；另一方面也召唤新时代丝绸艺术创新在世界丝绸艺术舞台绽放光彩。作为丝绸艺术领域的从业者，应当自觉成为新时代的积极参与者、创作者和表现者。在新的时代背景下，应以丝绸这一独特的媒介来记录、展示和赞美这个时代。要努力创作出真正反映时代价值、人民情感和民族特色的优秀作品。

作为中华艺术文化的重要载体之一，丝绸艺术具有鲜明的时代特征和时代风貌，并与实现中华民族伟大复兴的中国梦紧密相连。民族复兴的总体进程包含了中华艺术文化的伟大复兴，丝绸艺术的兴盛繁荣则是中华艺术文化伟大复兴的重要原动力之一。首先，历久弥新的丝绸艺术为中华民族伟大复兴提供了艺术传承的根源意识，带来了积极奋进的精神力量；其次，蓬勃发展的丝绸艺术通过展现新时代风

[1] 丁国旗．新时代习近平对文艺工作者的新要求 [J]．社会科学辑刊，2021(4)：161-170，2.

貌，提升国家文化软实力，在求知创新中以丝绸艺术之美构筑人类命运的精神共同体；最后，新时代丝绸艺术所蕴含的创新性成果是为全人类共享的，当新时代丝绸艺术创新的魅力映射至全世界的时候，也就是中国丝绸艺术创新为世界丝绸艺术创新作出贡献的时候。

新时代丝绸艺术的创新是将精粹文化进行创新，以艺术引领世界设计，设计引领生活，在创新中求发展。从现今丝绸艺术创新现状来看，已较少出现劣质、污染性较高的低层次成果，丝绸艺术从业者们多表现精美而高端的丝绸面料与积极向上的形象风貌。2019年7月，“锦绣中华——江苏刺绣艺术精品展”在中国美术馆开幕。此次刺绣艺术展是刺绣艺术界文化自信的集中表现，三代刺绣人用努力与汗水，呈现出一个锦绣中华精品展，让观众们看到了“巧、精、美”，展现了江苏文化与丝绸艺术之美，彰显了新时代中国艺术的博大精深。2021年，“庆祝建党100周年——苏州非遗·江南织绣”系列活动，展现了当代江南织绣的技艺与风貌，体现出守正与创新的时代精神。通过巧妙运用吉祥纹样、园林、水乡等元素，以丝绸为载体将江南文化融入生活，以创意诉说艺术工作者的炙热情怀，这些精美的、具有时代精神的作品，产生了很好的社会反响。

中华艺术文化作为长期历史积淀的产物，代表着民族特性和精神风貌，是社会主义核心价值观的文化基因和价值源泉。丝绸艺术与中华文化一脉相承，是中华艺术文化精神的重要表现形式，蕴含着丰富的美学智慧和精湛技艺，更对丝绸艺术创新的语言、意象和呈现方式产生了深远影响。丝绸艺术在从蚕茧、丝线、丝织品到精美艺术品的过程中，充分诠释了东方底蕴。经过数千年的打磨，丝绸艺术形成了独特的艺术媒介、表现形式和审美信念。如同博大精深的中华艺术文化传承一样，丝绸艺术也是历代融合与创造的结晶，在与时俱进中不断创造新价值。丝绸艺术从业者应通过深入思考与实践，将新的思想观念、艺术情怀和设计风格融入创作中，用一丝一线编织出时代的精神，用丝绸艺术谱写中华民族的新史诗。

二、助力新时代，吹响丝绸艺术新号角

丝绸是我国的特色艺术文化之一，也是我国国民经济中一个不可或缺的组成部分。近年来，为持续推进丝绸产业和艺术文化融合，提升产业文化底蕴和文化自信，国家相关部门出台了一系列利好政策。2021年9月，商务部发布《关于茧丝绸行业“十四五”发展的指导意见》，设定了六个发展目标，分别是：促进行业发展取得新成效，加快结构调整取得新进步，推动科技创新实现新突破，提升品牌建设

创造新优势，加强文化传承迈上新台阶，推进绿色发展达到新标准[1]。

助力新时代丝绸艺术创新的具体行动在于要以行业本身为出发点，进行辐射性扩散。2020年以来，中国丝绸行业克服重重困难，持续推进供给侧结构性改革，努力化解了各种风险，工业生产基本稳定，经济效益持续改善，内外贸易恢复性增长，市场活力不断显现，实现了“十四五”良好开局，为稳经济、保民生、促就业、防风险发挥了重要的作用。

科技创新对我国丝绸艺术产业的发展有重要的引领作用。高水平科技自立自强的表层逻辑是发展，发展需要靠产业科技的不断创新来驱动。中国丝绸史可以说是一部丝绸科技不断进步的发展史，汉代马钧发明的新式织绫机、唐代窦师纶创造的陵阳公样，都给丝绸科技工作者留下了自立自强的创新范式。

在助力新时代丝绸艺术创新的进程中，企业家精神是社会财富创造的关键要素，他们的出现增强了社会主义现代化建设的动力和活力。目前丝绸行业先后有江苏太湖雪、浙江万事利等企业成功上市，还有部分企业进入新三板。以它们为代表的企业需要发挥引领作用，做好产业推动者。新时代背景下的丝绸产业需要把“传承”与“创新”两个关键词的内涵参透悟全，把高水平科技自立自强放在自信的基点上。通过不断创新，牢牢掌握产业发展主动权，推进中国丝绸产业的高质量发展，实现“根在丝绸的强国梦”。

科技创新助推我国丝绸艺术产业的良性发展。在丝绸生产过程中，科技创新可以大大提高生产效率和品质。例如，自动化和智能化的生产设备可以减少人工干预，提高生产速度和稳定性，同时降低次品率。数字印花技术可以实现精准的色彩控制和图案复制，提高丝绸产品的美观度和品质感。科技创新可以帮助记录和保存传统工艺的知识和技艺，通过数字化技术和虚拟现实技术，让更多人了解和学习丝绸工艺。这些技术还可以帮助年轻一代更快地掌握复杂的手工技艺，推动传统工艺的创新发展。随着科技的不断发展，丝绸产品的应用领域也在不断扩大。例如，丝绸在医疗、美容、环保等领域的应用逐渐受到关注。未来，科技创新可以帮助开发出更多具有创新性和实用性的丝绸产品，满足新的市场需求，开拓更广阔的市场空间。通过不断发挥科技创新的优势，可以推动丝绸艺术的创新和发展，为中华民族的文化复兴贡献力量。

从科技创新的角度来看，我国丝绸艺术在丝绸产品中的表现力有待提高，缺乏些许活力。中国丝绸承载着悠久的历史、深厚的文化内涵、卓越的品质及高贵的气质，从传统的丝绸生产到与科技创新、文化创意的融合，丝绸已经超越了生活必

[1] 宗文. 茧丝绸行业“十四五”发展指导意见发布[N]. 中国纺织报,2021-09-27(4).

需品的范畴，成为艺术文化传承的重要载体。它不仅装饰了人们五彩斑斓的美好生活，还承载了生活的历史和艺术文化的进程，成为传承和弘扬中华艺术文化的重要媒介。在丝绸之路的交流中，丝绸艺术扮演了重要的文化传播角色，它不仅传递了中国文化的精髓，还深刻地描绘了中国的故事，向世界展示了中国的艺术文化魅力。在科技创新的大力驱动下，凝聚各方力量，共同展现出新时代丝绸艺术的魅力。因此，传承与发展丝绸艺术是新时代的使命和责任。

三、锻造新时代，引领丝绸艺术新风尚

锻造新时代丝绸艺术创新的源头在于要以人民为中心进行创作导向。人民是否接纳决定了新时代丝绸艺术创新的价值取向及创作形式。丝绸艺术创新源泉来自人民。丝绸只是文化的载体，而在人们视线之外的是文化的弘扬、精神的传承，是生命的态度与美学，是精神风貌的热情与坚韧。

中国文艺界存在数量庞大但质量不足的问题，虽然有“高原”但缺乏“高峰”。当下，丝绸艺术创新领域也同样缺少高峰。这一高峰，是相对丝绸艺术历史上的艺术大家的艺术高度而言，也是相对新时代丝绸艺术创新事业的责任高度而言，更是相对新时代人民对丝绸艺术创新高度而言。高峰的缺失是多方面的，既有历史原因，也有现实原因。因此，奋勇筑牢丝绸艺术创新精品高原，攀登丝绸艺术创新高峰便显得尤为重要。

从主体精神看，丝绸之路显然是因丝绸而兴起的，中国丝绸细腻光滑、色彩斑斓、穿着舒适，远远超过麻、葛等作物，是最高档的纺织品之一。古罗马人把中国丝绸当作奢侈品，只有足够豪华的贵族才能使用。新中国成立后，丝绸重新为国家出口换汇作出贡献，丝绸业迎来十年的黄金期。繁荣的背后往往蕴含危机，丝绸价格实行双轨制，政策放开鼓励出口创汇后，在庞大的利润驱使下，为期三年的蚕茧大战爆发了，开始只发生在江浙地区的蚕茧争夺战，极短时间内就席卷全国蚕茧各个主产区。小小一颗蚕茧的价格瞬间就翻了几倍，甚至几十倍。蚕农面对高昂的市场价格，纷纷将手中的蚕茧销售一空，而当面对应该履行的计划收购时，却使用了大量以次充好、以假乱真的蚕茧，破坏了中国丝绸在国际上的信誉。“蚕茧大战”后，中国丝绸业一蹶不振，只能以面料代加工获取微薄利润，很多丝绸企业常在亏损的边缘徘徊。目前中国丝绸行业虽然在积极改变现状，努力研发高端丝绸，但摆在面前的首要难题就是传承问题。由于丝绸行业的不景气，直接影响了丝绸艺术产业的创新发展，年轻人对丝绸艺术了解甚少，一度出现了文化断层，也弱化了人们对丝绸艺术这一民族艺术形式的自信意识。

从创新主体看，浮躁心态制约了丝绸艺术发展。一直以来，丝绸都是我国经济对外出口的重要产品之一，在全球市场舞台上发挥着重要的作用。近年来，国内部分丝绸企业开始不断探寻新型发展道路，分别从丝绸工艺生产、丝绸产品设计、丝绸产品质量以及丝绸品牌形象塑造等方面进行大刀阔斧的改革。尽管成效卓著，但当下整个丝绸行业仍然面临着诸多困难与挑战，丝绸所蕴含的经济价值、文化价值仍未充分发挥，且道路漫漫。如何树立具有世界格局的丝绸企业品牌形象？如何再次振兴丝绸行业的创新与发展？这些问题是眼下丝绸企业最需要解决的，也是未来发展道路上要一直考虑的。

首先，我国江浙地区是丝绸企业的核心聚集区，这里生长着大量丝绸企业，它们也都有较为相似的特征，如规模小、品牌杂等，多以小作坊的形式生存，品牌形象及品质良莠不齐，尚未形成具有规模化和知名度的企业与品牌，这是制约该行业进一步发展的主要因素。其次，中国丝绸行业对于丝绸产品的创新设计能力略显不足，这个方面的问题主要表现为大多数企业喜欢盲目跟风设计，缺乏独立自主的创新设计能力。深入分析来看，不仅仅是盲目跟风国外的设计风格，而且对中华民族传统艺术文化的提炼设计也多是模仿和抄袭，缺乏对历史文化的了解，设计思想常常流于表面。最后，丝绸行业还面临着传统手工艺传承艰难的困境，导致行业发展受到严重阻碍[1]。丝绸艺术领域从业者不能沉下心来学习丝绸历史及传统工艺、打磨丝绸艺术精品，缺乏对古代丝绸历史、社会主义历史与现实的深刻认识与感悟，作品因此立意浅显且无新意。当前一些丝绸艺术作品创作中还存在着程式化、同质化、套路化的倾向，或者抄袭模仿、千篇一律的现象。这样无意义的作品堆砌是无法筑起新时代丝绸艺术创新的高峰的。

从社会环境看，丝绸艺术市场的兴起一方面有助于丝绸产品通过商品的形式进入大众视野，成为消费者日常生活中的重要品类，也因此促进了大众对丝绸艺术的欣赏与审美能力的提高；另一方面，市场也成为一些丝绸企业牟利的工具，助长了丝绸艺术从业者的浮躁心态，造成了丝绸艺术市场的泥沙俱下、良莠不齐，对普通大众的新时代丝绸艺术审美也造成了消极影响。另外，新媒体时代迎来了热火朝天的“微营销”模式，在“一带一路”倡议大背景下，丝绸这个古老的产业又重新被提及，迎来了新的历史发展机遇，拥有丰厚历史传承积淀的丝绸产业仍是非常值得大众去关注、传播、推广和宣扬的。移动互联给大众带来了传播的便利，提供了很好的营销手段。但在当下信息爆炸的时代，产品该如何抢抓住大众的眼球，需要丝绸艺术从业者认真去思考、探索及实践。

[1] 张南燕．以丝绸产品打造中国经济新名片 [N]．国际商报，2017-06-07(A08).

中华民族伟大复兴的新时代为丝绸艺术创新，为丝绸行业铸就高峰创造了最好的时代。丝绸艺术创新高峰需要艺术家个体、政府及社会共同打造。产业发展和转移都有其自身规律，丝绸产业也不例外。丝绸产业在东西部间有序转移，是优化生产力空间布局、维护产业链和供应链安全稳定、加快实现丝绸产业高质量发展的需要。随着西部地区经济加速发展和“一带一路”建设不断推进，丝绸产业链各环节向优势区域、优势企业集聚，形成新的发展趋势。这种梯度转移，不只是空间转换，还是产业格局的重塑。面对扑面而来的新型科技革命与产业变化，丝绸产业发展同样也是挑战与机遇并存。东西部各地资源禀赋不同，条件千差万别，丝绸业做好取长补短才能健康发展。要发挥好东部地区人才、创意、设计等优势，提升西部地区生产、制造综合能力，加强丝绸产业上下游和地区间深层次合作，共同维护产业链、供应链安全稳定。推动东西部协同创新，加快智能化绿色化升级，打造国际一流品牌。不断满足国内外消费者对高品质丝绸的需求，是丝绸业高质量发展的必由之路[1]。

就丝绸艺术主体而言，丝绸艺术的高峰将产生于肩负历史责任、体现新时代精神、反映新时代思想观念及审美情感、实践新时代语言方式的丝绸艺术创新者手中。新时代丝绸艺术从业者应当明确自己的使命担当，自觉领会时代精神，深入体验现实生活，传承传统丝绸艺术，汲取中外视觉审美经验，以优秀的丝绸艺术精品打造时代高峰。不仅要提倡顺应时代发展的新趋势与新特征，深入生活，扎根于人民，走出“小圈子”，置身“大时代”，在传承与创新中体现深刻的社会人文关怀、现实情感与道德情操，还要提倡提高新时代丝绸艺术创新认识的高度、思想的深度、视野的广度、表达的精度，以扎实的基础和深厚的艺术素养作为基石，在丝绸艺术创作中锐意进取，勇攀新时代丝绸艺术高峰。

就政府而言，全国各地在推动文艺繁荣发展上有了比较清晰的认知，并采取了许多措施。但仍然缺乏宏观观照，顶层设计有待加强，尚未突出重点。在未来，中国纺织品商业协会丝绸专业委员会将充分发挥其作为行业组织在政府与企业间的中介作用，促进中国丝绸的高质量发展。具体将包括：时刻关注行业动态和企业需求，确保产业政策的有效实施；进一步强化行业内的自我约束，推动行业诚信体系建设；引导企业规范化运营，保障员工权益，为行业的健康发展提供必要的支持，如行业信息监测、科技创新、品牌推广、标准宣传、市场拓展和国际交流等；积极搭建产业合作与业务对接的平台，以促进业内交流与合作；配合政府有关部门加强知识产权保护，维护市场公平和产业安全；在对外文化交流中，借助政府支持的渠

[1] 李启正．重塑格局激发乘数效应 [N]．中国经济网，2023-07-25.

道，将优秀的丝绸艺术创新作品或产品推向国际艺术的主流平台，让世界更好地了解和感受当代中国的时代精神和文化风采[1]。

就社会环境而言，要把丝绸艺术产品的实用功能与审美功能与人民群众对美好生活的新需要结合起来。这种结合并非单一地通过市场去推广，而是要通过主渠道、主平台、主媒体来更多地向社会传输新时代丝绸艺术的创新成果，更多地讲述新时代丝绸艺术传承与创新发展特色与独特贡献等。要着力打造一种有利于丝绸艺术从业者沉潜研发的社会氛围，尊重丝绸艺术从业者深入生活、努力创新的爱岗敬业精神，鼓励精心打磨的劳动态度，褒扬丝绸艺术从业者在新时代丝绸艺术传承与创新领域的积极探索与贡献。要提升全民美育水平，特别是对新时代丝绸艺术作品的欣赏能力，众多的高水平观赏者、消费者、爱好者将铺筑成新时代丝绸艺术创新高峰的审美基础。

第二节　新时代丝绸艺术创新的文化传承

中华优秀传统文化是中华民族独特的精神标识，具有深厚的历史底蕴和广泛的内涵。作为当代中国文艺的基石，它也是文艺创新的源泉。通过文艺这一重要载体，可以推动中华优秀传统文化的创造性转化和创新性发展，进一步彰显其时代价值和精神魅力[2]。在推动中华优秀传统文化发展的过程中，应使其与当代中国文化相适应，与现代社会相协调，从而实现创造性转化和创新性发展，以更好地满足现代社会的需求和趋势。为了实现这一目标，需要坚定文化自信，坚守中华文化的核心价值，并积极探索创新之路，要让文艺作品成为传统文化最生动的传播媒介，为中国话语和叙事体系的建设提供有力支持。另外，还应当坚守中华文化的核心立场，在世界丝绸艺术领域树立起独具中国特色的气派和风范。这也有助于将中华优秀传统文化作为丝绸艺术创作的源泉，推出更多具有新时代特征的丝绸艺术，有助于将更多优秀的丝绸艺术品类或成果推向国际舞台，以进一步提升新时代丝绸艺术的国际影响力、竞争力和传播力，增强新时代丝绸艺术的国际地位和认可度。

❶范迪安．铸就文艺高峰　凝聚精神力量 [N]．人民政协报，2018-03-12.

❷钱文荣．创新理论与世界文明和中华优秀传统文化的关系 [J]．经济导刊，2017(9)：84-89.

一、中国精神是新时代丝绸艺术创新的灵魂

中国精神是社会主义文艺的灵魂，而文艺事业和文艺战线作为党和人民的重要事业和重要战线，肩负着传承和弘扬中国精神的重要使命。而新时代丝绸艺术创新所要体现的中国精神主要有三个方面。一是社会主义核心价值观；二是中华民族传统美德；三是新时代美学精神。而要做到以上三个方面，对丝绸艺术领域的从业者们自身的思想道德素养、文化自觉使命意识，对丝绸艺术审美方向的把控等都无疑提出了更高的要求。因此，构建具有新时代特色的丝绸艺术创新理论与实践体系，不仅是丝绸艺术发展的内在要求，更符合新时代提出的丝绸艺术创新发展的必然逻辑。坚定与弘扬文化自信、理论自信、实践自信，努力诠释与表达新时代精神、新时代价值、新时代力量是新时代丝绸艺术传承与创新发展的核心内容与必经之路。新时代丝绸艺术传承与创新不仅涉及艺术本体的传承与发展问题，更关涉其所蕴含和传递的新时代精神传承与发展问题。

二、新时代丝绸艺术传承与创新的困惑与挑战

新时代背景下的丝绸艺术在重视传承的同时，需要面对由现实条件、时代需求、使命任务和功能变化等带来的诸多困惑和挑战。作为具有悠久历史的传统丝织艺术，若要融入新时代的潮流，就必须跨越时空的障碍，在传承的基础上进行创新。然而，近百年来，我国丝绸艺术的传承与创新之路充满曲折，其产业根脉受到了一定程度的破坏。传统的丝绸艺术价值体系和内在文化在一定程度上被削弱和动摇，甚至出现了断裂和错位。一段时间内，丝绸艺术产业陷入停滞和迷茫，缺乏文化自信。如今，面对新时代的挑战与机遇，丝绸艺术产业的传承与创新发展态势要求既要赓续传统，又需要构建新时代创新的理论与实践体系。不能仅仅满足于传统的延续，而应该积极探索创新发展的路径，深入研究市场需求和消费者喜好，结合现代科技和设计理念，推动丝绸艺术产业转型升级。同时注重文化的传承与保护，尊重传统文化的精髓和价值，将其融入现代社会的发展中。总之，新时代的丝绸艺术产业需要以一种积极向上的心态去应对挑战和机遇，以创新驱动发展为核心动力，推动产业的转型升级和文化传承。通过不断地探索和实践，相信丝绸艺术一定能够迎来更加繁荣发展的明天。

那么，具体而言，如何应对这些困惑与挑战？笔者认为主要有以下三个方面：首先，传承和弘扬中华优秀传统文化有利于增强和坚定文化自信，有利于增强民族的凝聚力，也有利于提升我国的文化软实力，具有丰富的时代价值。因此，应深入

挖掘中华优秀传统文化的深厚内涵、建立多元化的文化教育体系、创新文化传播的手段和方式以及健全弘扬中华优秀传统文化的保障体系等，全面应对新时代环境下传承和弘扬中华优秀传统文化所面临的问题与挑战，以进一步增强中国特色社会主义文化建设，从而实现中华民族的文化自信与自强。其次，丝绸之路经济带是一个具有划时代意义的伟大构想，它不仅为亚欧国家的经济文化交流带来了新的发展机遇，也给国内院校丝绸艺术产业人才培养带来了新的挑战与机遇。为了实现我国从丝绸大国向丝绸强国的转变，必须认识到科技和人才的核心地位。当前，我国丝绸行业正处于快速发展阶段，但也面临着丝绸科技人才培养的困境。因此，改革现有的人才培养模式对于传承丝绸文化具有重要的意义。最后，从业者对于蚕桑纺织业和传统艺术文化的理解程度，深刻影响着他们对丝绸艺术本质特性的领悟，进而影响其创新所需的综合素养。创作者的学识涵养需要哲学层面的精神指引、历史的明鉴与启迪，以及中华艺术文化的熏陶。作为艺术文化传承的重要途径，教育在丝绸艺术的传承与发展中发挥着至关重要的作用。因而应从实际出发，探索适应新时代的教育方法，以培养具备创新能力的丝绸艺术从业者。

三、实现中华传统文化的创造性转化与创新性发展

实现中华传统文化的创造性转化和创新性发展，需要将文化自信提升至前所未有的高度，深入揭示中华传统文化的独特性质和重要作用，并明确每种文明都是一个国家和民族精神的延续，它需要被一代代地传承和保护，在顺应时代发展的过程中不断创新。丝绸艺术是中华传统艺术文化的重要组成部分，其随时代发展演变的过程也印证了传统艺术文化的创造性转化、创新性发展的过程。作为中华传统艺术文化中最直观、生动的视觉形式之一，丝绸艺术华美高贵的面料是它的显性载体，内在的精神意蕴则是它的重要内容，进入新时代的丝绸艺术，也必然蕴含了其与时代元素相融合、碰撞下所产生的新时代内容。实际上，对传统丝绸艺术的创造性转化与创新性发展，就是将传统中的优秀成分活化为与当代相通、相融、相适应的元素，使传统的血脉以新的姿态融入时代的洪流，绵延不息。为此，在新时代，丝绸艺术做出了多方面的努力，如提升产业自身素质、提升从业者境界意识、拓展内外发展空间、凝练和发展艺术特征以及工艺技术的创新与借鉴等。这种文化传承与发展的内在规律揭示了如何将传统的智慧与现代的价值相结合，如何促进文化创新与守正并行，为我国文化发展开辟了新的境界。

创造性转化是推动传统文化创新发展的关键路径，具体是指将传统文化元素与现代文化元素有机结合，以创新的方式适应现代社会的需求和价值观，保持其独特

的文化精神和内涵。通过这种方式，传统文化能够在现代社会中焕发出新的生机和活力，为文化传承和发展开辟新的道路。这一过程需要基于时代背景与要求，对具有借鉴价值的传统文化内容及表现形式进行创新性的再塑造，对中华优秀传统文化的内涵进行必要的阐释、延展和打磨，以提升其时代适应性和影响力。为了实现文化的融合与创新，应当将古代与现代的文化元素进行有机整合，建立国内与国外文化的联系，积极吸收和借鉴其他国家的优秀文化成果，以促进文化之间的交流与共同进步。在波澜壮阔的实践中，积极发扬中华传统文化，构建以深厚传统为基础、汲取精华、传承创新的宏大格局和气象。

进入新时代的丝绸艺术，应当在正本清源、守正创新的基础上进行文化的传承。就丝绸艺术创新来看，守正守的是丝绸艺术创新的本质内核和中华民族优秀传统艺术文化的正脉；而创新，则是在吸收传统、生活及其他艺术门类或外来艺术文化基础上，充分激发和拓展个体的创造力和创新能力。丝绸艺术创新包含了主观与客观的统一性表达、艺术的形式美与技术的功能美的综合性特质。守正创新应以此作为坚守的基础。另外，除了丝绸艺术产业主体之外，科技、智能制造等方面的介入也是传统艺术文化进行创造性转化、创新性发展不可回避的一个方面。比如，数字艺术作为一种融合视觉与听觉的艺术形式，它也可以为新时代丝绸艺术创新及传播带来新的机遇与挑战。

创新和创造力是文化的核心生命力和本质特征，它们是推动文化发展和进步的重要动力。中华文明具有突出的创新性，决定了中华民族具有进取精神和无畏品格，能够坚守正道，不因循守旧、尊古不复古，勇于接受新事物、迎接新挑战。中国特色社会主义进入新时代，这是一个充满创新和创造力的时代，当代中国的实践创新为文化创新创造提供了强大的动力和广阔的空间。只有创造出属于这个时代的新文化，才能更好地完成新时代的新文化使命。

第三节　新时代丝绸艺术创新的体系建构

丝绸历史理论体系与价值体系有悠久而自足的学术渊源、明确成型的学术研究对象、丰厚专业的文献成果。但是，从宏观的角度来看，丝绸艺术创新的理论体系与价值体系尚未完成科学化、系统化、成熟化的学科转型。在大多数语境场合下，丝绸艺术涵盖的领域较为宽泛，具有极强的包容性，可以理解为是一个涵盖范围极其广泛的学术概念。“新时代丝绸艺术创新理论体系与价值体系”的概念建构在当下是尤为重要的。由于丝绸艺术文本在历史传承中的连续性和时代性特点，在研究新时代的丝绸艺术创新时，实际上需要深入不同类别的丝绸艺术中，梳理其历史脉络。通过在古代与现代、东方与西方的不同维度中，寻找和建立其内在的联系，这样可以更好地理解和创新丝绸艺术。

一、建构新时代丝绸艺术创新的理论体系与价值体系

在《辞海》中，“学科”具有双重含义：一是指学术的分类，即特定科学领域或科学分支；二是指教学科目的简写。对于丝绸艺术学的“学”，其含义更贴近于第一种解释，强调它作为“特定科学领域”的身份。提及一个研究领域能够成为“学科”时，应当意识到这并非仅依赖于教条而存在，其权威性并非来自某个个人或学派，而是基于被广泛接受的方法和真理。从严格意义上讲，“学科”是某一领域内相关知识发展到一定阶段的必然产物，并且具有严格的认知和接受性含义。为了构建适应新时代的丝绸艺术学，首先需要明确其“相关知识的发展程度”。尽管缺乏明确的衡量标准，但可以确定三个构建学科的基本前提条件：知识的历史积淀、知识的现实需求以及知识分类[1]。在知识分类中，根据特定的需求和标准，需要将人类的全部知识划分为不同的知识体系，以揭示其在知识整体中的位置和相互关系。这一过程通过比较各种知识体系之间的异同，进一步深化了人们对知识的理解和组织。其目的是将这些知识按照类别进行整理和组织，建立一个有序化、规范化和系统化的知识体系。丝绸艺术研究经历了多个研究范式的转变，从地理学到历史学，再到文化学和文明学，最终形成了“去情境化”的文化概念。这种研究转向不仅体现了知识的发展和深化，还为丝绸艺术学的研究提供了更为广阔的视野和理论基础。著名历史学家、社会学家、国际政治经济学家伊曼纽·华勒斯坦（Immanuel Wallerstein）认为，人是历史的主体，他们的社会活动构成了历史的对象。这些社会活动及其所蕴含的价值观念都可以被融入文化之中。然而，文化的内涵与边界往往具有模糊性，因此仅以丝绸艺术的文化范畴作为知识分类的标准显得并不够严谨。对于丝绸艺术的知识分类，应基于其时空背景下的概念进行环境重构，并强调地理边界与历史边界的统一。丝绸艺术应被视为一个历史性的地理“区域”范畴，应深入探究这一“丝绸艺术区域”内的人类实践活动、历史规律、文化特征和共性，并将其作为学科知识分类的依据。这种分类方法能够更加准确地界定丝绸艺术

[1] 黄旦．整体转型：关于当前中国新闻传播学科建设的一点想法 [J]．新闻大学，2014(6)：1–8.

的知识领域，为学科的建设与发展提供有力的支撑[1]。

在特定的历史时期，理论体系作为实践发展的产物，充分反映了该时期的内在维度和特点。这种理论体系与实践的互动关系，体现了该时期社会发展的规律和趋势。随着我国从对外开放向全面开放的转变，构建新时代的丝绸艺术创新理论体系已成为客观要求。一个完善、成熟的理论体系应具备系统性、全面性和层次性等特性。要建立新时代的丝绸艺术创新理论体系，需要关注三个核心要素：一是在构建该理论体系时，应当遵循一定的逻辑原则，包括政治逻辑、理论逻辑和实践逻辑的相互关系和统一。这种逻辑遵循能够确保理论体系的内在一致性和完整性，为理论的发展和实践的指导提供坚实的理论基础。二是建立该理论体系的基本架构。三是挖掘该理论体系的当代价值。最后，构建新时代的丝绸艺术创新理论体系是顺应丝绸艺术创新与实践发展的必然选择。其旨在推动国际丝绸艺术创新研究的中国视角，为解决全球化丝绸艺术问题注入“开放、共赢、创新”的中国智慧，并注重坚持以人民为中心的中国理念等多维价值。这种研究导向将有助于提升中国在全球丝绸艺术领域的地位和影响力，并为国际学术界提供有价值的理论贡献和实践经验[2]。

二、建构新时代丝绸艺术创新的评论体系与话语体系

2021年8月，中央宣传部、文化和旅游部、国家广播电视总局、中国文学艺术界联合会、中国作家协会等五部门联合印发了《关于加强新时代文艺评论工作的指导意见》，明确提出，加强新时代文艺评论工作，要以习近平新时代中国特色社会主义思想为指导，全面贯彻“二为”方向和“双百”方针，坚持创造性转化、创新性发展，弘扬中华美学精神，进行科学、全面的文艺评论，发挥价值引导、精神引领、审美启迪作用，推动社会主义文艺健康繁荣发展。

丝绸艺术作为中国古老的文化遗产，其评论体系与话语体系一直都是研究者和鉴赏家关注的重点。这一体系涵盖了多个方面，从历史传承到文化内涵，从工艺技术到美学价值，再到社会文化影响和创新发展评估，最后是国际影响力的评估。一是历史传承方面。它是丝绸艺术评价的重要一环。自古以来，评价者需要考察丝绸艺术的历史背景、发展历程以及其在不同历史时期的表现形式。对于那些能够完好地继承和发扬传统丝绸技艺的作品，则给予其高度的评价。二是文化内涵方面。丝绸艺术的文化内涵体现在其丰富的主题、符号和意象中，评价者需深入挖掘作品所

[1] 魏志江，李策．论中国丝绸之路学科理论体系的构建［J］．新疆师范大学学报（哲学社会科学版），2016，37(2)：1-8，169.

[2] 邱联鸿．新时代中国特色社会主义开放经济理论体系的建构与价值［J］．岭南学刊，2020(5)：121-128.

表达的民族精神、哲学思想和文化价值，以理解其深层的文化意义。三是工艺技术方面。这一方面是评价丝绸艺术的重要标准。评价者需对作品的织造技术、图案设计、色彩搭配等进行细致分析，以判断其工艺水平的高低。那些能够巧妙运用传统工艺，又有所创新的作品，则具有较高的艺术价值。四是美学价值方面。作为丝绸艺术的核心价值之一，评价者需从形式美、意象美、和谐美等多角度审视作品，挖掘其独特的美学特质，能够给观众带来强烈视觉冲击和心灵触动的作品是具有较高美学价值的。五是社会文化影响方面。丝绸艺术的社会文化影响体现在其如何影响社会风俗、习惯以及人们的审美观念。评价者需考察丝绸艺术在社会生活中的作用，以及其对民族文化的贡献，是否对社会产生积极的影响。六是创新和发展方面。它们是丝绸艺术传承的关键。评价者需关注作品在保持传统特色的基础上，是否有所创新，以及这些创新是否具有发展潜力。对于那些能够引领潮流，推动丝绸艺术发展的作品，应给予高度的认可。七是国际影响力方面。国际影响力也是评价丝绸艺术的重要标准之一。评价者需关注丝绸艺术在国际上的认知度和影响力，以及其在跨文化交流中的作用。那些能够向世界展示中华文化独特魅力的作品也彰显了其国际影响力。在现代学术规范的基础上，吸纳将丝绸艺术创新本体或丝绸艺术创新发展方向作为核心的学术及实践研究，是建构新时代丝绸艺术创新的评论体系与话语体系的重点与难点。新时代丝绸艺术评论体系的建构，同样需要严肃客观地评价作品或产品，坚持从作品或产品本身出发，提高文艺评论的专业性和说服力，从而强化丝绸艺术创新本体话语的建构。

构建新时代丝绸艺术创新的评论体系与话语体系需要满足多方面的前提和决定性条件。这些条件主要体现在知识体系、价值意义、独特实践、审美风格及评价标准等多个维度的话语供给上。这些维度的综合作用，为评论体系与话语体系的构建提供了坚实的支撑和指导，确保了其科学性、客观性和权威性。在中华优秀传统文化的滋养下，新时代的丝绸艺术已经逐步构建起一个独立且完整的知识体系。这一知识体系是在长期的历史积淀与实践经验的基础上形成的，既是对传统文化的继承与发展，也是对现代审美与技术的融合与创新。这一知识体系不仅具有深厚的文化底蕴，也展现出鲜明的时代特征，为丝绸艺术的发展提供了有力的学术支撑。这一体系根植于中华文明的优秀文化传统，在新时代中国特色社会主义的文化语境中，得到了马克思主义中国化意义上的传承和创新。重要的是，以人民为中心的丝绸艺术创新发展方向，为中国自主的创新实践提供了更加具有中国特色的开放性和可能性[1]。

[1] 郑崇选. 构建中国自主的新时代文艺评论话语体系 [J]. 上海艺术评论，2023(5)：16.

三、建构新时代丝绸艺术创新的创作体系与教育体系

一个时期审美崇尚的变化主要在于时代发展的需求，符合当时审美艺术发展的特点。在改革开放40多年的时间里，丝绸艺术领域的创新发展已经取得了显著的进步，其选题和内容越发显示出全面而多样的审美探索趋势。然而，令人遗憾的是，尽管当前丝绸艺术领域的创新作品数量众多，表现形式也极为丰富，但真正能够体现新时代丝绸艺术创新核心和精神的作品仍然较少。这些作品缺乏从“高原到高峰”的创作胆识和突破精神，这制约了中国丝绸艺术在当代文化品格、审美社会效应和美育鉴赏力方面的提升。如果新时代的丝绸艺术创新不致力于触及人的灵魂层面，那么其作品很难达到理想的艺术境界[1]。

丝绸艺术的创作实践与教育教学，一直以来都是丝绸艺术发展历程中最为核心和重要的范畴，二者相辅相成、相互影响、相互渗透，共同构成了新时代丝绸艺术创新体系的重要内容。在不同的历史阶段、社会文化语境中，体现出不同的适应性与差异性。丝绸艺术创新创作体系的发展也有着其自身的规律。无论对传统意义中的丝绸艺术创新，还是宏观视野下的新时代丝绸艺术创新，其价值标准总是多元化的。从某种角度来看，新时代丝绸艺术创新创作所面对的最大课题是关于丝绸艺术的发展路径与文化认同的思考，也就是中国丝绸艺术在中国自身的社会文化情境中如何演进的策略，进一步充分认识以新时代为依托的丝绸艺术创新在国际丝绸艺术体系中的独特性与重要价值。新世纪以来，丝绸艺术面临着更为宽阔的国际视野，随着对中西文化了解和研究的深入，我国丝绸艺术领域从业者们更多地要开始考虑如何确立丝绸艺术的自我文化身份认同，以及新时代丝绸艺术创新对全球化丝绸艺术创新的积极意义，这也在一定程度上影响着新时代丝绸艺术创新生态的发展趋向。

在丝绸艺术创新创作体系中，丝绸艺术教育体系扮演着更为重要的角色。它不仅注重传统丝织技艺的传承和人才培养，还强调对不同领域教学规律的总结。相较于传统的丝织技艺传承方式，现代学院系统中的丝绸艺术创新教育体系更加注重人才的全面性和深度培养。一方面强调教学体系的建立，另一方面则致力于基础教育的推广。在当今文化背景下，丝绸艺术教育体系面临的主要挑战在于如何在学院教育的发展中保持对传统丝绸技艺的坚守和传承。在多元学科交叉的环境下，丝绸艺术学科需要保持鲜明的民族文化特色和立场，并能够反映这个时代的声音。

在新时代的文化语境下，丝绸艺术教育体系力求坚持民族文化身份和文化立

[1] 金浩．新时代中国舞蹈创作的现状与前瞻 [J]．中国文艺评论，2018(11)：26-31.

场，把握全球文化发展趋势，加强对西方艺术的对比和参照。第一，在继承我国传统丝绸艺术教学与创作的基础上，深入挖掘和运用那些优秀的丝绸艺术元素，始终以高度的历史责任感，思考如何在新时代下推动丝绸艺术产业的全面发展。在实践和学术建构中，紧紧把握丝绸艺术教育的核心，不断与时俱进，展现出一种前瞻性、包容性、开放性和创新性的治学态度。第二，致力于在统一的基础上寻求变化和创新，秉持着一种追求卓越的学术精神，以及高标准、高质量、高效率的教学模式。从文化战略的高度出发，深入思考丝绸艺术教育和人才培养的未来发展方向。在新时代的丝绸艺术创新教育体系中，各种艺术规律和教学方法层出不穷，需要不断总结和提炼，以构建一套适应新时代发展需求的方法体系。为了更好地发展丝绸艺术，需要在丝绸专业相关学院教育中实施分科教学。这可以为各种题材和表现手法的丝绸艺术提供更广阔的发展空间，实现可持续发展。重视创作实践与理论研究的结合，对于构建丝绸艺术教学和研究体系具有不可估量的价值。

在新的丝绸艺术教育体系中，既要坚持丝绸艺术的本体性和纯正性，注重继承和发扬传统，关注现实，崇尚学术，并厚植人文底蕴。在教学中，强调丝绸艺术的创造性发挥，以及对于教学规律和基本功的训练。同时也要关注世界优秀的艺术资源以及国家艺术情境的变化，以时代的角度、立场和方法去研究、激活和阐述传统。强调传承与创造、融合与创新的思考，不断优化教学方式和方法，通过创作实践和理论研究的双向推动，促进丝绸艺术教育教学的全面发展。

进一步总结新时代丝绸艺术教育体系，有利于丝绸艺术与其他学科之间的统合、交融与互动，有利于青年一代的丝绸艺术创作者整体性地理解丝绸艺术传统，也有益于对其综合素质的培养，通过将丝绸教学与计算机教学相连接、将设计学与丝绸艺术课程有机融合等具体方案，横向打通丝绸艺术教育的脉络，为新时代丝绸艺术的发展起到更好的推动作用。

第二章

新时代丝绸艺术创新分类

新时代
丝绸艺术
创新研究

伟大的时代敦促着人们昂首奋进，伟大的精神推动着事业蓬勃发展。党的十八大以来，中华民族以守正创新的正气和锐气凝聚中国力量，彰显中国精神，弘扬中国价值，打造中国形象，为我国社会经济高质量发展提供了强大而有力的思想保证、精神动力与文化条件。勇往直前，不因艰难险阻而退缩；顺势而为，不因时间压力而停歇。新时代意味着新征程，丝绸艺术创新发展同样也面临着新形势、新任务。

在丝绸艺术创新发展的道路上，要始终牢记建设社会主义文化强国的重要目标，要努力展现建设中华民族现代文明实践的繁荣气象。中华民族五千年的文明源远流长，丝绸艺术创新也应当与时俱进，再创辉煌。对于当下的丝绸艺术工作者而言，要圆满完成新时代所赋予的新使命，一是在新的历史起点上持续推动丝绸艺术创新繁荣发展；二是全力以赴建设丝绸艺术强国；三是为中华民族奉献灿烂夺目的现代丝绸艺术成果。

新时代丝绸艺术文化创新涵盖了诸多领域，如文创产品创新、纺织品创新、空间装饰创新、数字化智能创新等。筑牢丝绸艺术文化自信是彰显中华民族魅力的必要前提。新时代以来，我国部分丝绸强省、强市充分发挥区位优势，以丝绸艺术创新为重点，打造丝绸艺术媒体、丝绸艺术文旅、丝绸智库、丝绸民间组织等立体多样的活动及IP形象，推动建设新时代丝绸艺术全方位创新矩阵，以核心术语构建中国丝绸艺术话语体系。当下，新时代丝绸艺术创新领域主要集中在文创产品创新、纺织品创新、空间装饰创新、数字化创新等。不同的创新领域有着不同的创新特色，新时代丝绸艺术作为传统文化的创新践行者，将积极挖掘新时代丝绸艺术文化内核，不断推动丝绸艺术技艺创新、产品创新，讲好新时代丝绸艺术故事，传播新时代丝绸艺术文化。

第一节　新时代丝绸艺术文创产品创新

文创产品是设计师以某种艺术、文化、历史为灵感来源，将其进行创意转化的实际产品，并具有明显且广泛的市场价值。这些实际产品被融入了深厚的艺术文化与历史元素，同时带有一定的情感色彩。这种情感色彩通常由感性认知层面进行定义，目的是作为大众媒介引起消费者的情感共鸣，在感性层面达到情感交流。文创产品不仅承载着传统艺术文化的精髓，也顺应着时代的新潮流、新发现。当文创产业的发展越来越好时，不仅可以为生产者带来巨大的经济利益，而且也可以为大众提供高质量的精神文化食粮，并承担起传播核心价值和主流意识的使命。

文创产品的类型丰富多样，主要涵盖了旅游纪念、工艺美术、影视音乐、动漫游戏及传媒出版等领域。近年来，由于文创纪念品具有鲜明的地方特色，其自身的艺术特性也最为突出，因此常常出现在许多综合性或专业性的博物馆、美术馆，自然人文艺术景区、“网红打卡”胜地等。这些通过艺术创意衍生出来的产品，蕴含着浓厚的艺术文化情感与独特的设计风格。在工艺美术文创产品领域，一般会更加注重工艺技术是否精湛，对灵感创意的要求相对较低。对于一些易于仿制的产品，通常根据市场需求或反馈再进行二次创作。在影视音乐、动漫游戏及传媒出版等领域的文创产品，则更加倾向于商业价值的呈现。其核心目的在于能否盈利，能否让消费者认同且用于日常生活，这些附属的商业价值需要依靠品牌运营来提升市场竞争力。

文创产品与其他产品不同，它具有一定的物质性，其侧重点在于将创新的形式美与功能美进行巧妙融合，从而体现精神价值。设计师在研发新产品时，既要留心观察物质本身的形态变化，突出工艺细节美与观赏美，又要深入考虑产品的实用功能性。文创产品不能仅仅是一件装饰品，而是应当融入人们的日常生活，以一种独特的、充满创意的使用方式让使用者感受到文创产品的魅力，使消费者在消费中提升对艺术文化的认同感，在生活中慢慢积累艺术文化修养。

丝绸产品在纺织品中占据着重要的地位。通常情况下，丝绸可以被定义为一种由全蚕丝材料制成的纺织品，也可以被定义为以蚕丝材料为主要成分的纺织品。纵观整个丝绸产业，从前期的蚕桑养殖、加工制作，到后期的丝绸产品设计与应用等，每一个流程都是紧密连接、环环相扣的，只有合理把控全局、深入研究分析才能明确丝绸产品的潜在消费心理需求[1]。

丝绸文创产品是指以丝绸为载体的文化创意产品，不同于丝绸产品本身，丝绸文创产品是具有文化艺术内涵价值的一种丝绸产品。丝绸有许多广为人知的优点与特征，这种由蛋白纤维组成的面料穿着舒适、亲肤，具有较好的散热性与保暖性。但在缺点方面也是显而易见的，如容易产生折痕、吸湿性过强，易磨损等。丝绸文创产品的特殊性在于其对面料的选择有着特定的要求。相比之下，一般的文创产品在材质和载体的选择上更加广泛，而丝绸文创产品的选择范围则仅限于丝绸面料。

当进行丝绸艺术文创产品设计时，必须要对丝绸艺术文化的内涵和底蕴进行深度挖掘，只有这样，才能以弘扬正能量为目标，从而符合“原文化”的核心精神与当代社会的审美标准[2]。为了实现精神上的完美契合，需要不断从丝绸艺术文化典

[1] 周赳，金诗怡，肖元元. 浙江丝绸历史经典产业的文化传承与创新发展 [J]. 丝绸，2019，56(10)：81–97.

[2] 叶子琦. 基于杭州地域文化特征的丝绸文创产品设计研究 [D]. 杭州：浙江理工大学，2018.

故、藏品特征以及相关文献资料中提炼灵感。通过结合大胆的创新思维，探索丝绸艺术的独特魅力。在现代文化与传统文化的碰撞中，将传统文化艺术与前卫、具有活力的创意相结合，激发出新的生命力，为传统艺术注入创新精神和创造力。这种创新精神和创造力不仅可以使丝绸文创产品具备创新能动性，还能有效地刺激其他经济领域的发展并实现渗透。

在当前的丝绸文创产品市场中，以低成本、便携的小型商品为主，如丝巾、杯垫、文具以及工艺品等。这些产品在生产过程中注重降低成本，同时具备良好的携带性，以满足不同消费者的需求。它们不仅拥有独特的魅力和丰富的文化价值，还能满足消费者的审美需求和购买意愿[1]。目前的丝绸文创产品主要有两种风格：第一种是传统风格的丝绸文创产品。在造型、图案、色彩等方面多倾向于运用传统元素进行表达，常常以简单明了的方式直接呈现，缺少一些含蓄的内敛情绪（图2-1）。第二种是独具创意的丝绸文创产品，通过提炼传统元素，以创新形式演绎丝绸艺术文化，兼具功能性与审美性。除了拥有深厚的文化底蕴和珍贵的传统艺术形态，丝绸文创产品更注重创意性的展现方式和创新性的传播方式（图2-2）。

▲图2-1　传统风格丝绸文创产品

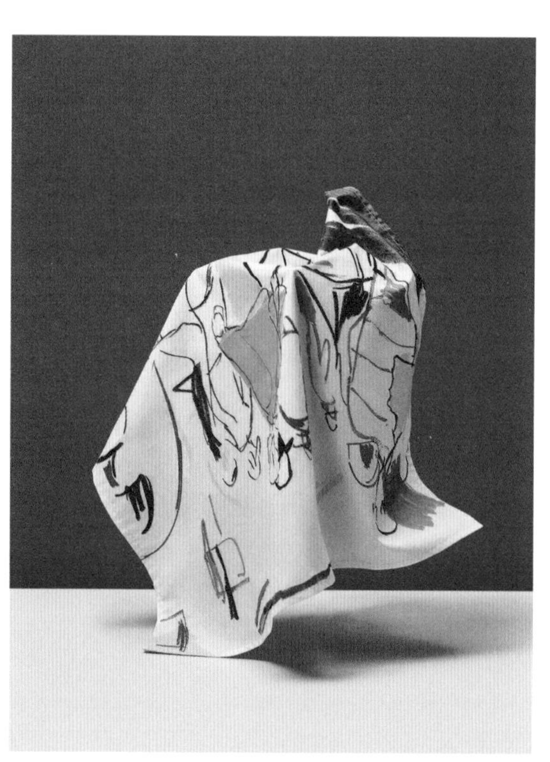

▲图2-2　创意风格丝绸文创产品

随着时代的发展，大众对文化和情感方面的消费需求也日益增长，这也导致了丝绸文创产品的热度持续高涨。越来越多的文创产业正抓住这一机遇，积极发展壮大。丝绸文创产品也因此备受市场关注，迎来了“水涨船高”的发展契机。在此背景下，丝绸艺术文创产品需要转变传统单一的旅

❶ 单珊珊．基于蓝晒技艺的丝绸文创产品设计与应用[D]．杭州：浙江理工大学，2021.

游纪念性概念，融入地域文化特色和创新元素，塑造“新文创”的概念，以满足市场的多样化需求。突出地方特色，了解受众群体消费心理，关注科技力量等。例如，将具有时代特色的图案融入丝绸文创产品中，顺应文创产品发展趋势，通过丝绸艺术文创产品展示魅力，增强丝绸文化产品的文化内涵❶。只有多领域、多角度地有机结合，才能更为准确、形象、生动地呈现新时代丝绸艺术的创新风貌。

一、展现地方丝绸特色，探寻本土艺术文化

在我国，地方文化是指某一地区长期形成并独具特色的文化传统，这些文化传统在该地区发挥着重要作用。它是该地区生态、民俗、传统和习惯等文明表现的集中体现。由于这些文化传统与当地环境相互融合、渗透，因此被赋予了些许“地域色彩”❷。在所谓的“地方文化”中，“地方”是指这一地域在形成“地方”进程中的地理范围，这个范围没有特殊的地域定位或大小，可以是任意一个地理环境下的产物。“文化”所涵盖的内容相对较为广泛，有单一元素或多个元素叠加，如艺术元素、历史元素、习俗元素、饮食习惯元素、服饰元素等。多个元素的叠加产生多元元素，它也是不同元素之间相互融合产生的独立元素。无论是单一或多元，它们都在人们的日常生活中时刻体现着。在此基础上，地方丝绸艺术特色是该丝绸艺术在一定的地域环境中与环境相融合，并具有该地域的文化艺术烙印的一种丝绸艺术。

地方特色丝绸艺术具有深厚的历史底蕴和独特的地域特色。随着时代的快速变迁、市场的激烈竞争，许多地方的丝绸艺术逐渐失去了原有的特色和优势。因此，如何突出地方性丝绸艺术特色，成为当前亟待解决的问题。要突出地方特色丝绸艺术，首先要深入挖掘历史传承。我国部分“丝绸强省、强市”有悠久的历史文化根基，通过对本地历史文献、传统丝织工艺、“非遗”丝绸艺术传承等方面的梳理和研究，可以更好地了解当地丝绸艺术的发展历程及特点，为现代丝绸艺术创新发展提供灵感支撑与实现路径。从丝绸艺术历史进程来看，西汉时期，我国杰出的外交家、民族英雄、丝绸之路的开拓者张骞出使西域，使丝绸得以大量出口到中亚、西亚等地。到了唐朝，国力逐渐增强，丝绸生产也取得了一定的成就。唐太宗时期，实行“均田制”，鼓励农民植桑养蚕，制定了相关利好政策，也大大促进了丝绸产业的发展，还实行了丝绸专卖制度，加强了对丝绸生产的管理和保护。明朝时期，苏州、杭州等地的丝绸产业繁荣一时，通过实行改革加强了对丝绸生产的管理和保护，促进了丝绸产业的发展。例如，苏州宋锦是具有悠久历史、独特工艺的丝绸品种，其制作工艺和图案设计都蕴含着深厚的历史文化内涵。通过对宋锦历史传承的挖掘和研究，可以更好地了解其工艺特点和图案寓意，为现代宋锦的创新和发展提供借鉴和启示。

本地题材与地域特色是突出地方特色丝绸艺术的重要手段之一。我国部分“丝绸强省、强市”

---

❶ 曹武，孟雪迪. 广绣图样元素在丝绸文创产品中的设计 [J]. 丝网印刷，2023(2)：1-4.

❷ 余洪，丁博文，赵越. 合肥地铁公共艺术与地域文化的构建 [J]. 美术教育研究，2018(23)：48-49.

都有丰富的本地丝绸艺术题材，如山水、花鸟、人物等，这些题材大多具有浓郁的地域特色和民族风情。杭州的丝绸艺术文创产品常以西湖风景等为主要题材，通过细腻的丝线表现美景，从而展现出具有杭州特色的丝绸艺术文创产品。这种以本地题材为主的创作方式，不仅可以突出地方特色，还可以增强消费者对当地文化的认同感和归属感。在四川蜀锦文创产品设计中，设计师也会运用大量的四川地方元素，如川剧脸谱、熊猫图案等。

当社会经济发展飞速进步时，人们对艺术文化的需求也在日益增长。此时，弘扬与传承具有地域特色的丝绸艺术，对于推动中国优秀艺术文化的进步、增强艺术文化软实力以及提升国民综合素质都具有深远的影响和价值。这些具有地方特色的丝绸艺术是中华文化不可或缺的一部分。江苏丝绸艺术中的南京云锦、苏州宋锦，浙江丝绸艺术中的杭锦，四川丝绸艺术中的蜀锦等，它们都是中华五千年文明历程中不可或缺的重要部分。在新时代背景下，不仅要传承和弘扬地方特色丝绸艺术，还要对其进行创造性转化和创新性发展。要树立对地方特色丝绸艺术的认同感，提升文化自豪感，培养爱国主义情怀，弘扬爱国主义精神。这些都是推动新时代丝绸艺术创新发展、实现中国梦的必经之路[1]。

（一）江苏省代表性地方特色丝绸艺术

江苏省位于中国东部的沿海中心地带，地处长江下游，东侧紧邻黄海，东南方向与浙江和上海相接，西侧与安徽接壤，北侧与山东相连。其地处长江三角洲地区，平原辽阔，地势平坦，水网密布，湖泊众多。气候处于亚热带向暖温带的过渡带，气候温和，四季分明，具有南方和北方的特征。从地理角度看，江苏省跨越了中国的南北区域，其气候和植被特征同时兼具南方和北方的特点。江苏建省始于清代初年，取江宁、苏州二府之首字而得名，是中国古代文明的发祥地之一。不仅拥有"吴""金陵""淮扬""楚汉"等多元文化及地域特征，还拥有十三座国家历史文化名城。江苏省代表性的地方特色丝绸艺术主要包括云锦、宋锦、漳缎等，还有以南通如皋为代表的艺术丝织挂毯，这些都是极具江苏地方特色的丝绸艺术。从整体上看，在江苏省历史发展过程中所形成的"苏式"艺术文化，不仅是江苏地方特色丝绸艺术的重要代表，更是中华民族文化传承与弘扬过程中不可或缺的一部分[2]。

南京云锦是中国传统丝织品中的珍品，也是南京地区的特色传统工艺品，因其绚丽如云霞般美丽的色彩而得名（图2-3）。云锦代表着中国丝织工艺的巅峰水平，被誉为"东方瑰宝"。其历史可以追溯到三国时期，但真正发展成熟是在明清时期。明朝时的南京云锦已经闻名遐迩，成为皇家御用品，其织造技艺更是达到了巅峰。进入清朝后，南京云锦名列中国丝织品之首，成为社会名流和王公贵族竞相追逐的珍贵物品。南京云锦的织造工艺非常独特，需要经过多道工序，对织造技艺要求极高。其采用手工织造的方式，使用的工具是木质提花织机，这种织机需要织工具有高超的技艺和

❶ 宋剑. 地方特色文化传承与弘扬背景下湖南省博物馆文创产品研究 [D]. 湘潭：湘潭大学，2020.

❷ 同❶。

丰富的经验。在织造过程中，需要经过染色、织造、图案设计等多道工序，每一道工序都需要精细的操作和严格的质量控制。云锦的图案设计也非常独特，常常采用传统的吉祥图案和纹样，如龙、凤、鸟、花卉等，寓意着吉祥、富贵、幸福等美好愿望。云锦的色彩艳丽，多采用红、黄、蓝、绿等鲜艳的色彩，给人以强烈的视觉冲击力（图2-4）。历史上的南京云锦曾经有过一段辉煌时期，但随着现代工业化的推进和科技的进步，传统的手工织造技艺逐渐被现代化的机器生产所取代。近年来，南京云锦也同样面临着传承和发展的困境，为了保护和传承南京云锦这一传统工艺品，政府采取了一系列措施。例如，建立南京云锦博物馆，旨在展示云锦的悠久历史、丰富文化和精湛技艺，推广南京云锦的传统技艺和文化，并鼓励传承与创新。另外，加强南京云锦的市场营销和推广力度，为其发展注入新的活力。南京云锦的传承和发展也得到了社会各界的关注和支持。一些传承人通过传承和培训的方式，将南京云锦的传统技艺传授给了更多的人，一些企业则通过研发和创新的方式，将传统的云锦技艺与现代技术相结合，生产出更具多样化、时尚化的产品。一些设计师和艺术家通过跨界融合的形式，将南京云锦的传统艺术文化元素融入现代设计和艺术创作之中，延伸拓展出更符合时代特色

▲图2-3　绚丽多彩的南京云锦

▲图2-4　色彩丰富、图案多样的南京云锦

的云锦艺术创作。

作为中国传统丝织工艺的代表之一，南京云锦不仅具有历史和文化价值，也具有艺术和实用价值。通过保护和传承这一传统工艺品，既可以弘扬中华优秀传统文化，也可以促进文化创意产业的发展和地方经济的增长。加强对南京云锦的保护、传承及创新工作，使其在新的时代背景下焕发出更加夺目的光彩。

宋锦是我国三大名锦之一，因其主要产地在苏州，故又被称为“苏州宋锦”。历史上的苏州因其得天独厚的自然条件和丰富的蚕丝资源，逐渐成为中国的丝织品重地。宋锦在元、明、清时期也得到了广泛的应用和推广，成为当时的时尚之选。清朝时期，宋锦被大量用于制作龙袍、凤袍等宫廷服饰，代表着中国丝织工艺的巅峰水平。宋锦是在唐代蜀锦的基础上发展起来的，在宋代和明清两代得到了极大发展，并形成了独特的丝绸艺术风格（图2-5）。宋锦的色彩华丽多样，每一种配色之间层次也十分清晰，最为常见的是运用多组相近的色系进行搭配。宋锦的地纹色系多采用柔和的色调，如米黄色、米粉色、蓝灰色、泥金色等。图案中的主图案纹样通常会选用一些常见的、较庄重的色调，从而体现出主图案的气势。除主图案外，一些呈现图案特征的花纹则会选用一些较为鲜亮的色彩。如果图案中还有一些分隔两类色彩的小花纹，则会选用一些中性色来进行调和。这些色系之间的巧妙融合呈现了宋锦庄重而典雅的精致美，繁复中透露着和谐，尊贵中凝聚着古朴的韵味（图2-6）。在染色中，先是将丝线按照图案的色彩要求进行染色，再将染好的丝线送入织机中进行织造。染料的选择是极为苛刻的一道工序，一般分为植物染料与矿物染料，均采用手工染色技术完成。宋锦的图案通常以几何纹为骨架，并在其中填充花卉、瑞草等元素，还经常使用八宝、暗八仙和八吉祥等具有特殊意义的图案。八宝指的是古钱、书、画、琴、棋等元素，暗八仙则包括团扇、宝剑、葫芦、渔鼓、笛子、阴阳板、荷花花篮元素，而八吉祥则是指宝瓶、宝伞、法轮、盘长、莲花、金鱼、法螺、宝幢元素。这些图案的运用使宋锦独具特色，呈现出浓郁的文化内涵和极高的艺术价值。

▲图2-5　宋锦宫廷服饰

▲图2-6　庄重且古朴的宋锦色彩

宋锦的织造技艺需要经过多道工序和复杂的工艺流程。其制作过程包括缫丝、染色、上机织造等二十多道工序。在宋锦织造中，三枚斜纹组织是最为常见的经典代表。因其经丝分为面经和底经两重而得名，故又被称为重锦。宋锦的图案有三大特征，分别是图案精美典雅、色彩绚丽柔和、质感平整挺括。

作为宋锦织造技艺的唯一国家级传承人、国家级丝绸专家的钱小萍，她成功地让曾经濒临失传的宋锦重新焕发生机，如今的钱小萍已年过八旬，但仍然坚持为宋锦及丝绸的传承与发展事业而奋斗。自1985年起，钱小萍致力于建立苏州丝绸博物馆，以深入挖掘、保护和研究古代丝绸技艺主要研究方向。她持续不断地对宋锦进行深入研究，并于2003年带领学生们成功复制出一台宋锦花楼织机，并对具有代表性的宋锦文物残片进行了科学复制。2004年开始，国家文化部（今为文化和旅游部）、江苏省文化和旅游厅和苏州市文化广电和旅游局等机构开始对非物质文化遗产进行申报列项工作。其中，宋锦这一"非遗"项目的主要申报资料均由钱小萍撰写。她的努力为保护和传承宋锦文化起到了至关重要的作用。2006年，宋锦被列入中国第一批《国家级非物质文化遗产名录》。钱小萍被认定为这项"非遗"项目的国家级传承人，苏州丝绸博物馆被认定为项目传承单位。2007年，钱小萍为我国2008年奥运会研制并设计了一套世界首创的织锦邮票《奥运宋锦邮票》（图2-7），她以奥运吉祥物福娃为图案，巧妙地运用传统宋锦技艺并加以创新，最终成功研制出轻薄、平挺，具有奥运标志的福娃纹纪念邮票。这套邮票不仅代表了"锦绣中华、锦绣奥运"的美好寓意，而且成为可发行的邮票，为奥运会的宣传和推广作出了巨大的贡献。

▲图2-7　钱小萍《奥运宋锦邮票》

2009年，宋锦织造技艺受到联合国教科文组织的认可，被列入《人类非物质文化遗产代表作名录》。在2014年的APEC会议晚宴上，在场的各国领导人和他们的配偶，身着具有中国特色的宋锦服装，一同出现在众人面前，共同拍摄了合影。这些服装所用的宋锦面料，正是来自苏州鼎盛丝绸（苏州上久楷）有限公司（图2-8）。除了在织造技艺上独具特色外，宋锦在质地、用途等方面也有独特之处。其质地柔软、光滑如镜、耐磨耐用，具有良好的实用价值和收藏价值。宋锦的使用范围也十分广泛，不仅可以用于制作服饰、窗帘等纺织品，还可以用于制作屏风、壁挂等室内装饰品。如今，宋锦也被广泛应用于礼品包装、书籍装帧等领域。在保护和传承方面，政府和社会各界为此做了许多努力，如在苏州丝绸博物馆内开设的钱小萍丝绸艺术馆（图2-9），全方位展示了宋锦的历史、

▲图2-8 宋锦服饰

▲图2-9 位于苏州博物馆内的钱小萍艺术馆

文化和织造技艺，大力推进宋锦的传统技艺和文化，鼓励宋锦的传承和创新发展，加强宋锦的市场营销等。不仅可以弘扬中华丝绸艺术，而且可以促进文化创意产业的发展和地方经济的增长。

漳缎起源于明末清初福建漳州。漳州原来盛产丝绸，称为漳绸；明末转向绒类生产，称为漳绒。苏州在漳州漳绒和南京云锦的基础上，改进织造工艺，按漳绒的织造方法、云锦的花纹图案，创造出一种既有贡缎地子，又有云锦花纹的缎地绒花新产品——漳缎。漳缎是苏州的一种传统丝织品，经过数百年的发展，现已成为具有鲜明地方特色的丝织品。其独特之处在于采用缎纹组织，质地紧密、柔滑如缎（图2–10）。清朝时期的漳缎因其华丽的外观和优良的手感，被选为皇家御用品。这一殊荣不仅证明了漳缎的高品质，也反映出其在当时的受欢迎程度。随着时间的推移，漳缎的技艺逐渐向外传播，影响力日益扩大。漳缎的织造技艺也十分独特，它采用经纬线交错的工艺，使织品具有高度的韧性和紧密的质地。在织造过程中，漳缎需要经过多道工序，如纺丝、染色、织造等，每道工序都需要精湛的技艺和经验。这使漳缎在织造过程中损耗大、产量低，更加彰显其珍贵性。漳缎的图案和色彩也非常讲究，常见的图案有龙、凤、鸟兽、花卉等，寓意吉祥如意。在色彩上则注重和谐搭配，既有对比鲜明的色调，也有柔和自然的过渡色，展现出丝绸艺术的独特魅力（图2–11）。

▲图2–10　湖色缠枝牡丹纹漳缎（清乾隆　复制件）

苏州丝绸博物馆织染坊的多彩漳缎织机，长8米，宽1.5米，高3.6米，共有1600多个绒经管、泥砣、料珠等配件，是目前国内装机难度最大、织造工艺最复杂的漳缎机（图2–12）。在保护与挖掘工作方面，漳缎也不断进行创新设计工作，如探索书法艺术、服装艺术等在漳缎织物上的表现（图2–13）。如今，尽管各种新型材料层出不穷，但漳缎依然因其独特的质感和文化内涵受到人们的喜爱。它不仅仅是一种丝织品，更是一种文化的传承和丝绸艺术的展现，许多传统的中式服装、家居用品都喜欢采用漳缎作为面料，既能彰显高贵典雅的气质，又能体现对传统文化的尊重和传承。随着消费者需求的多样化，漳缎的传统款式和图案已经不能满足市场的变化需求，需要更

▲图2–11　藏青地富贵牡丹纹漳缎女服（清）

▲图2-12　多彩漳缎织机

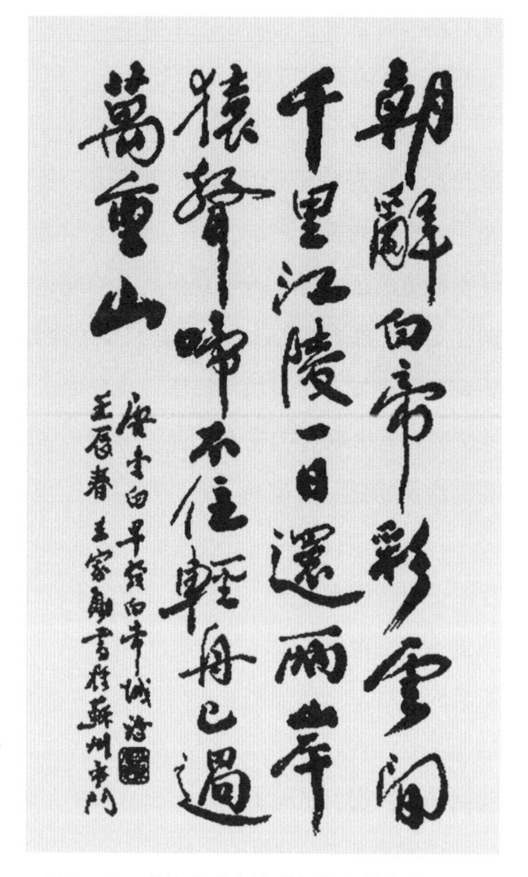

▲图2-13　书法艺术在漳缎织物上的表现

多新鲜的灵感注入，更需要年轻人的保护与传承。对此，政府可以加大对漳缎技艺的扶持力度，鼓励传承人进行创新和改良；学校可以开展相关课程，培养年轻一代对传统技艺的兴趣和热爱；企业则可以通过与设计师合作，推出更多符合现代审美和实用需求的产品。苏州漳缎作为中国传统丝织品中的瑰宝，既承载着丰富的丝绸历史文化内涵，又展现出独特的织造魅力，应努力传承和发展漳缎技艺，让其在现代社会中焕发新的光彩。

尽管讲述江苏丝绸的故事，对其进行传承、创新和发展并非易事，但只要深知丝绸文化是江苏文化的重要支柱和精髓所在，以及认识到“没有文化的产品无法走得更远”的道理，江苏丝绸文化的传承和发展就能够在新时代展现出强大的生命力[1]。

（二）浙江省代表性地方特色丝绸艺术

浙江省位于我国东南沿海地区，东南面靠临东海、福建，西面与安徽、江西相系，北面则与上海、江苏接连。浙江省地处长江三角洲地区，地势南高北低，气候温暖湿润，拥有丰富的自然和文化资源。钱塘江是浙江地区最大的河流，因江流曲折，称之江，又称浙江。在浙江省内，有八大水

[1] 王继全，刘亚洪，洪缓缓. 浙江丝绸文化的创新与发展 [J]. 丝绸，2019，56(5)：108-113.

系及京杭大运河浙江段。这些水系和运河为浙江省带来了丰富的水资源和独特的自然景观，也孕育了浙江丰富的丝绸艺术文化。

浙江丝绸作为历史经典产业，拥有数千年的产业发展史。其文化传承与创新发展研究涉及社会学、工学、艺术学、经济学和历史学等多个学科领域。据翔实的考古文献资料，浙江地区是中国丝绸艺术文化的重要起源地之一。其丝绸艺术文化的历史可追溯至约七千年前的史前时期，表现出深厚的历史底蕴。而丝绸产业在浙江的发展历程更是长久，迄今已有将近五千年的历史。虽然浙江丝绸产业在历史进程中经历了起伏波折，但自近代以来，始终是我国民族工业的骄傲[1]。作为中国丝绸的重要产地之一，浙江丝绸以其品种繁多、质地轻盈、色彩素雅而闻名于世，并广泛应用于服装、家居装饰等领域。

浙江杭罗，又称“杭纺”，是杭州传统特色丝绸产品之一，是一种采用纯蚕丝织成的织品（图2-14）。它具有轻薄柔软、透气性好的特点，非常适合在夏季穿着。杭罗的生产始于南宋时期，距今已有八百多年的历史。在漫长的岁月中，杭罗的制作技艺也不断得到发展和完善，逐渐形成了独特的工艺风格。其制作过程十分烦琐，从采丝、织造、印染到成品制作，每一个环节都需要经过严格的质量控制和精细的手工操作。2009年，“杭罗织造技艺”作为中国蚕桑丝织技艺中的重要代表性子项目，被联合国教科文组织正式列入《世界非物质文化遗产名录》。在G20峰会期间，杭罗作为丝绸产品，吸引了世界各地的友人前来观赏和订购，成为备受瞩目的焦点。

湖州蚕桑文化有着悠久的历史，其最早的丝织品可追溯至4700多年前的钱山漾遗址。湖州丝织品因采用先进的栽桑养蚕技术、卓越的丝织技艺和品质而备受赞誉。历代统治者也对湖州丝织品给予了高度评价，并将其作为皇家御用品，充分展现了其在丝绸产业中的重要地位[2]。在丝绸之路的影响下，“湖丝”声名远扬，其卓越的品质与独特的技艺使其在丝绸产业中占据了重要的地位。不仅确立了“湖丝”在丝绸市场的领导地位，也为“湖丝衣天下”的美誉奠定了坚实基础。在推动湖州丝绸艺术发展的过程中，可以借用其独特的蚕桑丝织文化内涵，吸引消费者深入体验和理解这一地区的蚕桑文化传统。例如，可以通过深入挖掘和利用蚕桑民俗文化，开发出具有地方特色的蚕花、茧花、蚕花灯等旅游纪念品，为消费者提供独特的文化体验。依托蚕桑丝绸产业，加强与高校和科研院所的合作，深入挖掘桑葚、桑叶的功能和疗效，开发出桑葚酒、桑叶茶等保健产

▲图2-14　浙江杭罗

❶ 周赳，金诗怡，肖元元. 浙江丝绸历史经典产业的文化传承与创新发展 [J]. 丝绸，2019，56(10)：81-97.

❷ 金斌. 以丝为引，连结世界的杭罗 [J]. 杭州（周刊），2019(9)：42-45.

▲图2–15　冬奥金色绫绢

品，从而满足市场需求。这些举措不仅可以推动地方经济的发展，也可以促进蚕桑文化的传承和创新。在研发蚕桑文化旅游纪念品方面，注重在继承传统工艺的基础上不断创新，融入新时代元素，推出多样化的丝绸艺术产品。其中包括优质的蚕丝枕、蚕丝被等居家产品，以及与双林绫绢（图2–15）、织里刺绣、辑里湖丝等有机结合的蚕桑文化旅游纪念品。这些产品的研发不仅提升了旅游纪念品的档次，也为消费者提供了更具文化内涵和地方特色的消费体验[1]。

自2015年起，浙江省人民政府就将丝绸产业列为浙江省七大历史经典产业之一。为此，政府联合发布了《浙江省人民政府办公厅关于推进丝绸产业发展的指导意见》（浙政办发〔2015〕114号）。从此，浙江丝绸产业进入了崭新的发展阶段。

作为中国历代丝绸产业的重要组成部分，浙江丝绸经典产业在各个历史时期都经历了丝绸产品品种的发展与变化。中国的丝绸产业重心，因社会的变迁而经历了转移与融合。浙江丝绸产品品种的发展速度虽然不尽相同，但其发展轨迹与中国丝绸产业的变迁保持了高度的一致性。可以说，中国丝绸产业的历史就是一部经典丝绸产品不断被创造并被接受的历史。另外，丝绸产业也深受各个历史时期的社会、经济、文化因素的影响。这些因素以丝绸艺术、技术、商业等形式展现出来，并通过丝绸产品的创新实现了价值。与中国其他经典丝绸品种同步发展对比来看，浙江也有许多独具地方特色的经典丝绸品种，如越罗、双林绫绢、杭纺、瓯绣、湖绉等[2]。到2025年，浙江省将建设成为全国知名的“非遗强省”；到2035年，浙江省计划形成一个具有独特浙江特色的非物质文化遗产保护新模式，使该省成为全国非物质文化遗产传承和发展的引领区和典范地[3]。

2022年，浙江省纺织产业规模1.1万亿元、出口规模5958亿元，均居全国首位。在全国纺织产业年度工业总产值超过1000亿元的10个产业集群中，浙江省就占了3个（嘉兴桐乡市、杭州萧山区、绍兴柯桥区）。浙江省纺织产业已经形成了生态体系完善、集群特色鲜明、产业链路完备的竞争优势。作为全国现代纺织与服装先进产业集群的主平台、国内国际纺织领域双循环的重要节点，其应全力打造现代化国际纺都，积极助推浙江省纺织行业高质量发展，为加快建设丝绸产业制造强省作出新的更大贡献。

❶ 刘战慧，刘昕昕．“一带一路”倡议下湖州蚕桑文化旅游开发研究［J］．浙江农业科学，2016，57(3)：431–435.

❷ 周赳，金诗怡，肖元元．浙江丝绸历史经典产业的文化传承与创新发展［J］．丝绸，2019，56(10)：81–97.

❸ 曾庆华．数字化让非遗活起来［N］．中国县域经济报，2022–08–04(12).

（三）四川省代表性地方特色丝绸艺术

四川是中国的丝绸之乡，丝绸业是该省的特色产业。蜀地气候适宜，土壤肥沃，资源丰富，为丝绸业的发展提供了得天独厚的条件，并以其优良的品质和精湛的工艺而闻名于世，成为蜀地重要的特色产业。蜀锦，作为巴蜀丝绸中的璀璨明珠，也是中国传统丝织品的重要代表（图2-16）。在古代，蜀锦不仅为四川带来了大量的财政收入、军费和对外贸易收益，还成为巴蜀文化对外传播的关键媒介。蜀锦的历史可追溯至秦朝，历经汉、唐、宋等朝代，其繁荣期长达一千多年[1]。随着时间的推移，四川丝绸在不断发展和创新中形成了自己独特的艺术特色。关于丝绸的遗迹、典籍、文献、文物、人物、著作、诗词歌赋、工艺珍品等数不胜数，需要深入挖掘、研究并传承发扬。截至目前，已经发现的丝绸文化遗产种类繁多，如盐亭金鸡镇的嫘轩宫、嫘祖墓、唐碑、石斧、玉璧等；茂县叠溪的蚕丛石、蚕丛关、蚕丛村；郫县（今成都市郫都区）的蚕丛祠、蚕丛墓；以及川西平原各县供奉的“青衣神”“马头娘”“蚕姑墓”等。再如成都百花潭出土的战国铜壶上的采桑画、成都土桥曾家包汉墓的织机画像砖、广汉和彭县（今彭州市）汉墓的画像砖桑园图，以及峨眉山现存的千年古桑树等都是珍贵的文化遗产。蜀地丝绸文化方面的典籍也极为丰富，包括《礼记·礼运》《易·系辞下》《史记·五帝本纪》《天工开物》等经典文献，以及各地州、府、县的志书等地方文献。这些珍贵的历史文化遗产充分展现了蜀地丝绸艺术文化的悠久历史和丰富内涵。在诗词歌赋中，关于四川

▲图2-16　成都织绣博物馆中的蜀锦藏品

[1] 袁杰明. 四川丝绸文化与嫘祖文化研究 [J]. 四川丝绸，2001(1)：50-54.

丝绸的作品数量庞大，如杜甫的《白丝行》、李白的《乌夜啼》、刘禹锡的《浪淘沙（其五）》、王建的《织锦曲》以及温庭筠的《锦城曲》等。这些文物、典籍、专著和诗词作品等都无可争议地证明了四川丝绸具有鲜明的开创性、长期性、继承性和普遍性的特点。

成都因盛产锦而被称为“锦城”和“锦官城”，这些美誉正是源自其标志性的蜀锦技艺。蜀锦作为重要的文化交流和贸易载体，在著名的南北“丝绸之路”上发挥了举足轻重的作用，见证了历史的变迁。它承载着独特的文化价值，推动了古代中外文化的交流与贸易。蜀锦起源于春秋战国时期，并在汉唐时期达到了鼎盛。由于它产于蜀地，因此得名“蜀锦”。这种传统丝织工艺的锦缎生产历史悠久，对后世产生了深远的影响❶。

蜀锦主要是通过经线染色来增加花纹的层次感，采用的是彩条添花和经纬起花技术。图案设计以方形、条形和几何骨架为基础，使用对称纹样，从而形成四方连续的织锦。蜀锦的色彩鲜艳，对比强烈，展现出浓郁的汉民族特色和地方风格（图2-17）。2006年，蜀绣和蜀锦织造技艺被国务院列入第一批《国家级非物质文化遗产名录》，充分肯定了其在传统工艺文化中的重要地位❷。文化的传承发扬能带动旅游业的发展，而像成都蜀锦厂和蜀绣工艺品的制作也在一定程度上为四川经济注入底蕴活力，助推其高质量发展❸。蜀锦博物馆位于成都，致力于传承和推广手工织锦工艺与锦绣应用文化。为了保持其在市场中的竞争力，博物馆不断进行蜀锦产品的创新。推出文创产品是博物馆应对市场竞争的重要手段，旨在开辟有别于同行的创新领域。为了适应市场的多元化竞争，蜀锦博物馆也推出了自己的文创品牌。基于此目标战略，蜀锦博物馆的文创产品研发主要分为两大类别：一是蜀锦博物馆收藏品类的产品创新研发，二是蜀锦博物馆的文创产品研发❹。四川丝绸博物馆、锦门丝绸文化街区、蜀绣文化产业园等项目的建设，不仅促进了丝绸文化的传承与发展，还形成了成都锦城丝绸艺术文化旅游产业带等区域性文化产业集群。这些举措旨在塑造四川丝绸艺术的新特色旅游名片，推动茧丝绸产业从传统生产模式向现代化转型，面对新的历史机遇，要认真学习并借鉴兄弟省份的成功经验，结合四川省现有基础

▲图2-17　四川蜀锦

❶ 四川国家级非物质文化遗产系列之——蜀锦织造技艺　华光如梦话蜀锦 [J]. 四川党的建设（城市版），2015(5)：69.

❷ 李佳恒. 浅谈蜀锦市场现状及发展策略 [J]. 经济研究导刊，2016(13)：73-75，129.

❸ 刘鑫. 系列报道《锦绣四川——再话蜀绣蜀锦》采编报告 [D]. 西宁：青海师范大学，2023.

❹ 潘雪梅. 论成都蜀锦博物馆文创产品研发 [J]. 绿色包装，2018(4)：61-66.

和条件，创新发展思路和举措，努力走出一条具有四川特色的茧丝绸产业发展之路，实现从资源大省向产业强省的跨越[1]。

二、了解受众群体心理，突出文创设计定位

在丝绸艺术文创产品设计中，了解受众心理和突出设计定位是至关重要的环节。为了实现这一目标，设计师需要进行深入的市场调研、竞品分析，明确目标受众和设计关键词。结合丝绸艺术文化元素和用户体验，不断优化调整，以期更好地满足市场需求。

从心理学角度来看，受众心理是指受众在接受传播内容时所表现出的心理活动和心理特征。首先，受众心理具有主观性。每个受众都是独特的个体，有着不同的背景、经历和价值观。在接受传播内容时，会根据个人的主观经验和认知进行解读和加工。这种主观性会影响受众对传播内容的认知、情感和行为反应。其次，受众心理具有选择性。受众在接收传播内容时会根据自己的兴趣、需求和偏好进行选择。他们更容易接受与自己已有认知相符的信息，而忽略或拒绝与自己观点相悖的信息。这种选择性会影响受众对传播内容的接受程度和传播效果。再次，受众心理具有互动性。在当今的数字化媒体时代，受众不再是被动的信息接受者，而是可以参与到传播内容的互动中。其可以通过评论、转发、点赞等方式与传播者或其他受众进行交流和互动，表达自己的意见和观点。这种互动性可以增强受众的参与感和归属感，也能提高传播内容的传播效果。最后，受众心理具有情感性。情感是人类的基本心理活动之一，它对受众的认知和行为产生重要影响。情感性主要体现在受众对传播内容的情感反应上，如高兴、悲伤、愤怒等。这些情感反应会影响受众对传播内容的认知和判断，从而影响传播效果。设计师可通过对丝绸艺术产业市场调研、竞品分析和社交媒体观察等多种方式，深入了解目标受众的需求、兴趣、价值观和行为模式。

在丝绸艺术产业市场调研中，可以设计一份针对目标受众的问卷，涵盖购买习惯、使用习惯、需求和期望等方面。通过在线或纸质形式进行大规模分发，以收集大量数据。选择其中部分目标受众进行深入访谈，了解其消费动机、对丝绸艺术产品的认知和情感联系，以及在特定场景下的使用体验。在目标受众的日常生活中进行观察，了解其生活习惯、消费习惯和实际需求，从而更深入地理解其行为模式。组织目标受众参加焦点小组讨论，引导丝绸艺术产品的相关话题并展开讨论，以发现共同的兴趣点和需求。

在丝绸艺术产业竞品分析中，主要有三个层面：一是丝绸艺术产品分析层面，通过收集丝绸艺术市场上相关竞品的信息，对其设计、功能、材料、定价等方面进行分析，以了解其竞争优势和劣势。二是丝绸艺术产品用户反馈层面，通过收集竞品的目标受众的反馈，了解他们对产品的看法、使用体验和改进建议。如通过调查问卷、在线评论或社交媒体收集。三是丝绸艺术市场趋势层面，

[1] 陈祥平，程明，范小敏，等. 发挥特色优势 促进四川茧丝绸产业的发展——对广西茧丝绸业的实地考察与学习思考 [J]. 丝绸，2012，49(12)：72-75，80.

研究丝绸艺术产业的市场趋势，了解未来可能的创新方向和技术发展方向，以便提前布局。还需要关注受众在社交媒体上的话题和讨论，了解他们对丝绸艺术文创产品的态度和期望。例如，对社交媒体平台上关于丝绸艺术产品的帖子进行内容分析，了解目标受众的兴趣点、话题关注和流行趋势。利用情感分析工具对社交媒体上的评论和反馈进行情感分析，体会目标受众群体对丝绸艺术产品的态度和感受。关注目标受众在社交媒体上的互动情况，了解他们如何相互影响以及对品牌或产品的态度。将这些调研和分析的结果整合起来，可以更全面地了解目标受众的需求、兴趣、价值观和行为模式，从而为丝绸艺术产品的设计定位和营销策略提供有力支持。持续的市场调研和竞品分析也有助于及时发现市场变化和竞争态势，为丝绸艺术产品创新提供方向。

在了解受众心理的基础上，不断明确丝绸艺术产品的设计定位，包括确定目标受众、提炼丝绸艺术设计关键词，以及制订相应的丝绸艺术设计策略。例如，如果目标受众是年轻人，丝绸艺术设计关键词可以是“非遗时尚”“丝绸创新”“丝绸艺术活力”等，而设计策略则可以强调丝绸艺术产品的个性化、潮流元素和创新性。

艺术文化元素是丝绸文创产品的核心要素之一。从地域特色、民俗传说、历史故事等方面挖掘艺术文化元素，并将其与现代设计手法相结合，创造出具有独特魅力的丝绸艺术文创产品。或是利用传统图案、色彩、材料等元素，结合现代审美和制作工艺，打造出具有文化内涵和艺术价值的丝绸文创产品。

用户体验的概念由唐纳德・诺曼（Donald Arthur Norman）在20世纪90年代初提出和推广，随着信息技术和互联网产品的飞速发展，其内涵和框架不断扩充，涉及越来越多的领域，如心理学、人机交互、可用性测试都被纳入用户体验的相关领域，不同学者开始从不同的角度尝试对用户体验进行不同的解读。最具代表性的用户体验定义是：使用者在操作或使用一件产品或一项服务时候的所做、所想和所感，涉及通过产品和服务提供给使用者的理性价值与感性体验[1]。用户体验（user experience，UX/UE）是一个涵盖用户与产品或服务互动过程中的所有感受和认知的综合概念。它强调用户在使用产品或服务时所感受到的整体质量，包括操作流程的便捷性、视觉设计的吸引力、信息架构的清晰度、交互反馈的自然性等多个方面。丝绸艺术文创产品设计中的用户体验是指要关注丝绸艺术产品的功能、外观、使用感受等方面，以提高用户的使用满意度和情感共鸣。其核心是以用户为中心的设计原则，旨在创造愉悦、高效和满足用户需求的体验。不仅在于聚焦产品的外观和功能，更在于用户在与之互动过程中的感知和情感反应。人们所有的体验都

[1] 辛向阳. 从用户体验到体验设计 [J]. 包装工程，2019，40(8)：60-67.

来源于与其所处环境的互动，而这种体验不仅仅是在感知环境的基础上进行的行为互动，行为过程和结果也需要被感知和感受，这样才能形成具有情感、意义和值得记忆的经历。认知能力、行为过程和环境因素都是影响体验质量的因素。在共同创造的过程中，影响服务体验的因素是多层次且多方面的[1]。一个卓越的产品或服务不仅应满足用户的基本需求，而且要能够创造出超越预期的愉快体验，从而激发用户的持续使用意愿，并愿意向他人推荐。在功能方面，可以结合用户需求进行创新设计，让丝绸艺术产品既具有观赏价值，又具有实用功能；在外观方面，要注意色彩、线条、材质等元素的搭配，营造出舒适美观的视觉效果；在使用感受方面，要注重细节设计和人性化关怀，让用户在使用过程中感受到贴心和便捷。

持续优化调整是指在产品或服务的设计和开发过程中，不断对设计方案、功能、用户体验等进行改进和调整的过程。持续优化调整的目的是提高产品或服务的性能、用户体验和市场竞争能力。设计师需要根据市场反馈、用户评价和数据分析等信息，对丝绸艺术产品进行调整和改进，以满足不断变化的丝绸艺术产业市场需求和提高用户满意度。例如，根据用户反馈和丝绸艺术产业市场反应，对丝绸艺术产品的外观、功能、价格等方面进行优化调整；通过数据分析发现用户的行为模式和偏好变化，及时调整丝绸艺术产品的设计策略。

了解受众心理，突出设计定位是一个综合性的过程。设计师需要深入理解受众心理和市场环境，明确设计定位和策略，结合丝绸艺术文化元素和用户体验进行创新、创意设计，不断优化调整以满足丝绸艺术产业市场需求和提高用户满意度。通过这些步骤，可以创造出具有市场竞争力且独具匠心的丝绸艺术文创产品。

三、关注丝绸科技力量，融合“非遗”时尚审美

丝绸艺术作为中国古老的文化遗产，在现代社会中正面临着创新的挑战和机遇。科技力量、“非遗”时尚审美的融合为丝绸艺术文创产品的创新提供了新的思路和途径。将丝绸艺术与数字化技术、人工智能、生物技术等科技进行融合，不仅可以提高丝绸艺术产业的技术水平和市场竞争力，还可以为消费者带来更加丰富和多样化的产品和服务。这种融合也可以推动艺术与科技的共同发展，为人类文明进步作出贡献。在融合“非遗”时尚审美的过程中，丝绸科技的发展方向主要体现在以下五个方面：

一是利用数字化设计软件，对丝绸图案进行精确的设计和绘制。通过数字化

[1] 辛向阳，王晰. 服务设计中的共同创造和服务体验的不确定性 [J]. 装饰，2018(4)：74-76.

的方式，可以轻松地实现复杂的几何图案、抽象图案和具象图案的设计以及色彩的搭配和调整。这不仅可以提高设计效率，还可以为丝绸图案的创新提供更多的可能性。通过运用数字化软件确定丝绸艺术文创产品的主题和目标，如是设计一款丝巾、一个手包还是一个壁挂。这个主题应该与文化和创意相关，以期达到体现丝绸艺术独特性和创新性的目的。通过查阅文化资料、历史档案、艺术作品等途径，收集与主题相关的灵感和素材，包括图案、色彩、纹理等。这些素材可以用于设计中的元素提取和再创作。利用数字化设计软件进行丝绸艺术文创产品设计是一个复杂的过程，需要技术和艺术的结合，从而高效地进行设计、呈现和评估，制作出更加精美、创新和实用的丝绸文创产品。在使用数字化设计软件创建丝绸文创产品的数字模型时，要先提炼相关设计元素，再进行数字化模拟，并以此来评估设计效果。还要注意符合文创产品的实际用途和使用要求，可以邀请专业人士或目标用户对设计进行评估和反馈，以便进行修改和优化。根据最终确定的设计方案，进行丝绸文创产品的生产制作，这一步需要注意材料的选择、工艺的运用以及质量的控制等方面。例如，3D打印是一种快速成型技术，可以将设计的图案或模型转化为实实在在的三维物体。在使用这种技术时要考虑3D打印的工艺限制，根据实际效果和反馈对3D模型进行优化和完善，以便制作出更加精美、创新和实用的丝绸文创产品。通过这种方式，可以轻松地实现个性化定制，满足消费者的多样化需求。

二是将人工智能技术应用于丝绸艺术文创产品的设计与生产中。通过机器学习算法对丝绸的纹理、色彩、质地等特征进行识别和分析，从而提高生产效率和产品质量。人工智能也可以用于丝绸产品的市场营销，如通过数据分析来预测消费者的购买行为和需求，实现精准营销。第一，收集大量的丝绸艺术文创产品数据并对这些数据进行预处理和标注。第二，利用人工智能技术中的深度学习算法等技术，对收集的数据进行训练，以学习丝绸艺术文创产品的设计规律和特征。第三，基于训练好的模型，输入不同的参数或条件，生成多种创意设计方案。这些方案可以包括多种元素的组合和变化。第四，根据目标受众、市场需求和文化内涵等因素，对生成的设计方案进行评估和选择，挑选出具有创新性和实用性的方案进行深入开发。第五，根据最终确定的设计方案，进行丝绸艺术文创产品的生产制作。这一步可以利用智能制造技术，实现自动化、高效化的生产，提高设计效率和成功率，为丝绸艺术文创产品的发展带来更多的机遇和可能性。

三是生物技术的广泛应用。通过基因工程的方法改良蚕的品种，从而获得更加优质、高产的蚕丝。例如，通过微生物发酵的方法来生产丝绸，这样可以大大降低生产成本，并且减少对环境的污染。选择适合的生物技术手段，如基因编辑、生物合成等，应用于丝绸原材料的改良创新。这些技术可以改善丝绸外观效果与触感，使其更加符合文创产品的设计要求。这一步需要注意工艺的运用和质量控制，确保产品的品质和美观度，持续改进和提升产品的品质和性能。利用生物技术进行丝绸艺术文创产品设计是一个富有挑战性和创新性的事业，需要不断地进行技术研究和创新，以推动丝绸艺术文创产品的持续发展。

四是运用虚拟现实技术创建出一个逼真的丝绸艺术展览空间。用户可以像在现实中的博物馆一样，自由地行走、观看和探索，详细了解各种丝绸艺术品的历史背景、制作工艺和设计理念。结合VR头盔和手柄，用户可以对虚拟展品进行放大、缩小、旋转等操作，从各个角度欣赏丝绸艺术的细节之美。在虚拟环境中，用户可以亲手尝试制作丝绸艺术品，如绘制丝绸、设计图案等。通过使用VR设备，用户能够实时看到自己的创作在虚拟空间中的效果，从而更加深入地理解丝绸艺术的创作过程和技巧。这种互动式体验不仅增加了用户参与感，还可以帮助培养潜在的丝绸艺术爱好者。结合AI技术和VR技术，用户可以在虚拟环境中模拟试穿丝绸衣服的效果，还可以在虚拟衣橱中挑选喜欢的款式、颜色和图案，然后“试穿”在身上，并从各个角度查看效果。虚拟试穿技术既能够帮助消费者更直观地了解丝绸服装的特点和效果，又能够更好地进行购买决策。

五是在虚拟环境中构建一个丝绸艺术品交易市场。用户可以在这个市场中浏览、购买各种丝绸艺术品。这种形式不仅方便了用户的购买行为，还能为艺术家提供一个展示和销售自己作品的新平台。这些技术通过提供全新的交互体验，使观众能够更加深入地了解丝绸的制作过程和艺术价值。例如，通过虚拟现实技术模拟蚕的生长过程、丝的织造过程以及丝绸的染色工艺等；通过增强现实技术将虚拟的元素叠加到真实的丝绸制品上，为消费者提供更加丰富的视觉体验。无论是历史背景、制作工艺还是设计理念，都可以通过VR技术以生动、形象的方式展示出来。这种方式不仅能提高学习者的兴趣和参与度，还能为其提供更为深入和真实的丝绸艺术教育体验。再如，通过物联网技术实现生产线上的设备连接和数据共享，将丝绸艺术与其他领域的技术进行融合，如与时尚、家居装饰、文化创意产业相结合，开发出具有时代特色的丝绸服饰、丝绸家居用品、丝绸艺术品等。

第二节　新时代丝绸艺术纺织品创新

纺织行业“十四五”发展规划明确指出纺织业作为国家经济和社会发展的支柱，面临着全球纺织业的持续发展和科技进步的挑战。人们对纺织品的需求已超越了基本的保暖遮体功能，而医疗卫生、国防军工、航天航空、高端竞技等领域对未来纺织科技人才的需求也日益提升。在科技快速变革的今天，纺织品的应用领域广泛，涉及各种科技、材料、工艺、技术和标准。纺织品设计与应用是一个跨学科的领域，设计者不仅需要创新思维，还需要深入了解市场和用户需求。只有这样，才能更好地运用新材料，结合新技术为消费者提供更优质的设计服务。通过不断了解产品和制造工艺，深入产业基层，设计者的能力才能得到持续提升和精进❶。目前，新时代丝绸艺术纺织品创新主要涉及丝绸家纺创新、丝绸服饰创新、丝绸环境艺术装饰创新、丝绸工艺美术装饰创新、丝绸数字化创新等领域。

一、丝绸家纺创新

现代丝绸家纺是一种高贵、华丽的家纺产品，以其独特的质感和优雅的风格备受青睐。丝绸家纺用品的原料主要是蚕丝，经过一系列的加工和处理，形成了各种床品、窗帘、靠垫等家居装饰品。现代丝绸家纺的特点在于其细腻的质地和光泽感。正是因为蚕丝具有天然的柔韧性和光泽感，当经过精细的加工和处理后，丝绸家纺用品的质地也会变得更加柔软、光滑，兼具良好的保暖性能和透气性，触感极佳，为人们提供了舒适、温暖的居住环境。在设计方面，将传统的丝绸艺术与现代家居装饰风格相结合，创造出各种时尚、典雅的丝绸家纺用品。这些用品既有浓郁的中国文化元素，又有国际化的设计感，可以满足不同消费者的需求。新时代丝绸家纺创新主要涉及以下三个方面：

（一）色彩与图案创新

创新是中国传统图案历久弥新的关键因素。随着历史的演变，色彩与图案不断传承并发展，设计师在新时代的背景下，将新的元素巧妙地融入传统色彩与图案的设计中，从而形成独特的艺术风格。因此，丝绸家纺创新设计中的设计师需要转变思维方式，深入挖掘纹样背后的设计理念，运用独特的艺术语言进行解读，以推动丝绸家纺艺术设计风格的创新发展❷。色彩与图案创新是丝绸家纺设计中非常重要的一部分。色彩与图案创新是指在设计中引入流行色系和不同的图案元素、形式和风格，创造出与众不同的视觉效果，以满足消费者对审美和个性化的需求。色彩与图案创新可以通过多种方式实现，包括对中国传统色和传统图案的创新、借鉴其他领域的配色方案和图案元素、创造全新的图案等。例如，当对某一传统图案进行创新时，首先，需要对传统图案进行深入的了解和研究，包括其历史背景、文化内涵、艺术特点等。只有深入了解其精髓和特点，才能更好地进行创新，可以从传统图案中提取关键的元素，如线条、构图等，这些元素可以作为创新的基础。提取出的关键元素可以重新组合、变形或抽象化，以产生新的视觉效果。其次，将现代的元素、风格和审

❶ 王阳，张帆．新材料在纺织品设计领域的应用和创新设计——评《纺织品在室内设计中的应用》[J]．皮革科学与工程，2023，33(6)：129.

❷ 王宇．中国传统纹样在纤维艺术设计中的创新与实践研究 [J]．包装工程，2019，40(14)：300-303.

美观念融入传统图案中，以创造出具有时代感的图案（图2-18）。这些现代元素可以来自时尚、科技、艺术等多个领域，将其与传统图案相结合，可以产生新的创意。最后，在传统图案的基础上，可以尝试不同的表现手法，如采用新的印染技术、运用不同的材料和工艺等。这些新的表现手法可以增强图案的创新性和视觉冲击力，使产品更具有市场竞争力。

▲图2-18 具有时代感的丝绸家纺

传统色彩与图案中通常会包含一些单一化色彩体系和简单抽象的符号形象，这些是对客观事物的高度提炼。设计师可以采用这一思路，去掉不必要的装饰，使作品呈现出简洁、直接的艺术风格。另外，传统色彩与图案在设计中也常常运用变形、重组、夸张等构图技巧。将不同的材料、纹饰、色彩进行组合和碰撞，以发掘新的艺术表达方式[1]。值得注意的是，虽然要进行创新，但仍然需要保持与传统色彩和图案的联系，不能完全摒弃传统。通过对传统色彩与图案的借鉴和改良，使创新后的色彩与图案既具有现代感，又具有传统的韵味。不仅要有视觉上的美感，还需要注重其实用性和功能性。例如，在家纺用品中，需要考虑色彩、图案、面料的结合以及舒适度等方面的问题。创新的色彩与图案需要适应市场需求和消费者的接受度。一是要进行市场调研和分析，了解消费者的喜好和流行趋势，考虑产品定位和品牌形象等因素，以确定适合的色彩与图案风格。这是一个持续的过程，需经过不断地尝试、改进和创新。二是在传统色彩与图案的基础上进行创新，需深入了解和研究传统色彩与图案的精髓和特点，结合现代审美观念和市场需求进行创意性的改良和演绎，使其表现出更丰富的质感与时尚感，赋予丝绸家纺新的形态和风格。

产于广东省的香云纱，就是一种用纯植物染料染色的丝绸面料，也有“莨绸”之称，被誉为珍贵的“软黄金”（图2-19）。作为国宝级非物质文化遗产，香云纱经过特殊的染整处理，展现出了柔软、不沾身、凉爽透气、不易褶皱以及易洗快干等优点。在纺织界，香云纱被广泛应用于家纺和配饰产品的设计中。然而，传统香云纱的色彩图案较为单一，多为黑褐色或深沉的红棕色，图案以花卉为主，尤其是牡丹花较为常见。这使产品显得单调乏味，难以吸引现代人的目光。为了解决这一问题，可以选择将香云纱产品设计融入日常生活中，拓展其应用领域。如利用香云纱制作桌旗、抱枕、门帘、窗帘、坐垫等现代家纺系列设计（图2-20）。这样的创新应用不仅能提升香云纱的时尚

[1] 王宇. 中国传统纹样在纤维艺术设计中的创新与实践研究 [J]. 包装工程，2019，40(14)：300-303.

▲图2-19　香云纱

▲图2-20　香云纱家纺文创产品

感，还能让更多人感受到其独特的魅力。为了推动香云纱在生产中的持续发展与创新，不应仅局限于将其应用在服装领域。只有满足民众不断变化的日常需求，香云纱才能真正融入当代生活，并在生产和实际生活中得到更好的保护。在色彩与图案方面，可以通过结合现代工业印染技术，创新香云纱的传统生产工艺。通过工业染色技术，香云纱的颜色可以变得更加亮丽，不再是单一的暗沉色调，而运用数码印花、丝网印花等印花工艺在香云纱上进行图案设计与喷印，可以使其图案更加丰富多彩。这种创新结合不仅赋予了香云纱时尚的元素，还使其更加贴近现代人的审美和生活方式[1]。

（二）智能与制造创新

在"一带一路"国际合作高峰论坛开幕式上，中国倡议构建数字丝绸之路，以此深化与合作伙伴的经济合作与交流。它强调了要坚持创新驱动发展，加强与各前沿领域的合作，利用先进的大数据技术和云计算，推动智慧城市等数字经济相关产业的稳步发展。这一倡议旨在连接21世纪的国家和地区，促进经济繁荣和发展，实现互利共赢。智能化已经成为推动社会和经济发展的核心力量。它不仅在改变着人们的生活方式，还对国家的竞争力和未来的可持续发展提出了新的挑战和要求。当人们购买家纺产品时，首先会被图案和色彩吸引，其次考虑的是面料质量，最后才是实际使用体验。因此，具备一个包括图案素材和色彩流行趋势等元素在内的知识库是非常有必要的。

智能化创新是指将人工智能、物联网、大数据等先进技术应用于产品或服务中，以提高其智能化水平，提升用户体验，提高生产效率的创新方式。运用物联网技术，将家纺产品与智能设备连接

[1] 李烟娜，李雨婷，彭梅，等. 香云纱在现代家纺产品和配饰中的应用研究 [J]. 化纤与纺织技术，2019，48(1)：43-47.

起来，实现智能化控制。通过人工智能技术，让家纺产品具备自主学习和智能决策的能力。例如，开发智能调控的丝绸家纺，通过手机App控制其温度、湿度等，了解被褥的舒适度、使用情况等信息，并对其进行智能调节，为消费者提供更加舒适的生活体验。再如，智能丝绸枕巾可以通过学习用户的睡眠习惯，自动调整形状和柔软度，提高用户的睡眠质量。通过大数据技术，对家纺产品的使用情况进行数据分析和挖掘，为用户提供更加精准化、个性化的服务。智能床单可以通过收集用户的使用数据，分析用户的睡眠习惯，为用户提供更加合适的睡眠建议。

2023年，浙江丝绸品牌“万事利”特别为杭州亚运会打造了“人工智能设计+数智化现场生产”的“未来工厂”创新场景体验，从设计到生产再到实物最快仅需2小时，让来自世界各地的记者、运动员都能体验到杭州丝绸的“数智之美”（图2-21）。这种全新智能体验的背后是“万事利”自主研发的AIGC设计系统的高效支撑。作为未来的研究热点，“万事利”已经成立了专注于研究AIGC图形创意设计和内容生成能力的实验室。该实验室的主要目标是释放行业设计师的创新力，颠覆传统的生产模式，并帮助传统企业实现数字化转型。“万事利AIGC实验室”在构建数字化模型和集成AI图像算法方面已具备行业领先的实力。该实验室拥有超过50万种花型的数据库，并集成了超过300种算法组成的AI图像算法矩阵，使人工智能能够更好地理解用户的创意需求。经过8年的研发，“万事利”成功地推出了GBART数字化绿色印染技术，也被称为无水数码印花技术。该技术依赖于高度精准的数字化能力，能够精确计算出每块面料所需染料的微小分量，从而达到几乎100%的上染率。因此，它无须上浆和水洗工艺就实现了无污水排放的目标[1]。在原先的基础上，万事利将自身研发的ICOLOR色彩管理系统、IART双面数码印花技术以及GBART数字化绿色印染技术进行创新性的综合应用[2]。另外，还推出集合喷印到后整理的GBART数字化绿色印染一体机，具备无污染、体积小、速度快等显著优势，“让一个印染厂开进办公室”真正成为现实。未来，我国将有更多的丝绸品牌持续深入探索人工智能等前沿技术在丝绸纺织产业中的实际应用，并积极借力国际舞台，与全球共享创新成果，让世界看见中国丝绸的魅力。

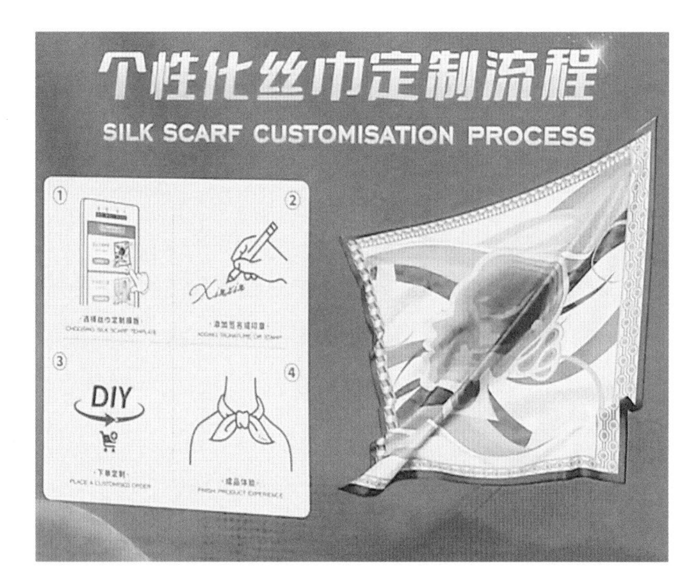

▲图2-21　万事利个性化丝巾定制流程介绍

（三）面料与工艺创新

在面料与工艺创新方面，家纺企业率先将丝绸面料与新型材料进行融合创新，主要包括研发新型丝绸面料、结合

❶ 林淙．数智化铺就高质量发展“绿色丝路”[N]．上海证券报，2023-03-07(8).

❷ 滕卉荣．丝绸业：跳出丝绸看丝绸 [N]．中国纺织报，2024-01-01(4).

新型材料技术、探索跨界合作、关注可持续发展、优化生产工艺、加强市场调研和消费者需求分析以及注重品牌建设和宣传推广等。通过这些方式，家纺企业可以创造出更具创意和竞争力的产品，满足消费者的多元化需求，并实现可持续进步。如将纳米材料融入丝绸面料中，使其具有抗菌、防紫外线等功能；将竹纤维、亚麻等天然材料与丝绸交织，增强面料的透气性、吸湿性和柔软度。这些新材料的应用不仅提升了丝绸面料的性能，也拓宽了其应用场景，满足不同消费者的需求。具体表现为以下八个方面：

一是舒适度的提升。随着消费者对家纺产品舒适度的要求不断提高，丝绸面料在家纺领域的应用开始注重提升产品的舒适度，并成为一种创新的体现。通过不断改进丝绸面料的织造工艺和后处理技术，家纺企业成功地提高了丝绸面料的柔软度、弹性和亲肤感，使其更加贴合人体，能够提供更加舒适的睡眠体验。

二是设计风格的多样化。丝绸面料因其优雅的光泽和质感，历来是高端家纺产品的首选。随着设计理念的不断创新，丝绸面料在家纺中的应用也呈现出多样化的设计风格。从传统繁复的古典风格到现代的简约风格，再到极具创意的抽象风格，丝绸面料都能完美呈现，为消费者提供丰富的选择。

三是功能性的拓展。在家纺产品中，除了舒适度和美观度外，功能性也是消费者关注的重点。丝绸面料作为一种天然材料，具有良好的透气性、保暖性和抗菌性能。在此基础上，家纺企业通过研发和技术创新，进一步拓展了丝绸面料的功能性。例如，加入抗菌、防紫外线、温度调节等功能性纤维，使丝绸家纺产品具备更多实用功能。

四是环保可持续性。随着环保意识的日益增强，家纺企业在丝绸面料的应用上也开始注重环保可持续性。比如采用环保染料和生产工艺，减少丝绸面料在生产过程中的污染；鼓励消费者合理使用家纺产品，延长使用寿命，从而实现资源的节约和环境的保护。

五是智能技术的应用。智能家居的兴起为丝绸面料在家纺中的创新应用提供了新的机遇。通过将丝绸面料与智能技术相结合，家纺企业推出了一系列智能家纺产品。例如，智能温控被、智能湿度调节床垫等。这使丝绸家纺产品不仅具备舒适性和美观性，还拥有智能化的功能，能为消费者带来更加便捷和个性化的家居体验。

六是跨界合作的新领域。为了拓展丝绸面料的应用领域和市场，家纺企业积极开展跨界合作。与服装品牌、时尚设计师、科技公司等合作，将丝绸面料应用于更多元化的产品中。这种跨界合作不仅丰富了丝绸面料的创意应用，还为家纺企业带来了更多的商业机会和市场空间。

七是个性化定制的兴起。随着消费者对个性化需求的增长，家纺行业也开始盛行个性化定制服务。消费者可以根据自己的喜好和需求，挑选丝绸面料的花型、颜色和尺寸等进行定制。通过这种定制服务，消费者的独特需求得到了充分满足，进而提升了产品的附加值和市场竞争力。

八是艺术与家居的结合。丝绸面料因其独特的光泽和质感，常被用于高端家纺产品。为了进一步满足消费者对家居美学的追求，家纺企业将丝绸面料与艺术相结合。通过与艺术家和设计师的合作，推出了一系列具有艺术气息的家纺产品。这些产品不仅具有实用价值，还具备了艺术欣赏价值，为家居空间增添了美感和文化氛围。

二、丝绸服饰创新

作为中国传统文化的重要载体，丝绸产品不仅满足了国内外消费者的购物需求，还承载了传播丝绸文化的多重文化价值。在国家大力推动“一带一路”倡议的背景下，丝绸产业大省和领军企业积极探索丝绸品牌的发展路径，涌现出如“太湖雪”“上久楷”“万事利”等知名丝绸品牌。要实现传统丝绸品牌的创新发展，需要以现代商业和消费者需求为导向，依托于丝绸产品的设计创新，结合传统丝绸文化特色和现代时尚设计元素，塑造出现代化的丝绸品牌形象。只有这样，传统丝绸品牌才能在新的市场环境中获得更好的发展机遇[1]。丝绸服饰创新主要体现在以下五个方面：

（一）丝绸服饰款式创新

款式的创新是体现时尚价值的关键。随着时尚潮流的不断变化，丝绸服饰的款式也需要与时俱进。设计师可以通过对市场的敏锐观察，了解当下的流行趋势，结合丝绸的特点，创造出新颖独特的款式。传统的丝绸服饰款式较为单一，如旗袍、对襟长衫等，鲜见现代化、潮流式样的剪裁，而恰恰是这些具有潮流感的现代款式才可以使丝绸服饰更具时尚感。针对不同消费群体，可以推出不同风格的款式，满足个性化需求，这也是提升时尚价值的重要手段。例如，针对年轻人可以推出潮流元素浓厚的“新中式”款式，而对于成熟消费者则可以提供更注重面料品质和局部细节的设计。或是将丝绸服饰与其他时尚元素或文化元素相结合，创造出独具特色的服装款式。

2024年1月，由苏州市文化广电和旅游局、苏州市政府外事办公室、苏州广电

[1] 钱洁. 浅析丝绸服饰品牌的创新发展策略 [J]. 山东纺织经济，2015(12)：53-55.

传媒集团（总台）联合意大利纪念马可·波罗国家委员会、威尼斯国立博物馆基金会、威尼斯大学孔子学院等部门主办，苏州丝绸博物馆承办的“时间的线——苏州丝绸服饰面料”特展在威尼斯莫瑟尼格宫博物馆开幕。展览中的两套新中式服装诠释了丝绸艺术服饰的特色与魅力（图2-22）。新中式服装是结合了古典与现代元素的时尚风格，灵感来源于中国传统文化。它巧妙地将经典的中式元素与现代设计相融合，展现出独特的魅力与品位。新中式服装不仅仅是一种穿着方式，更是一种对中国优秀传统文化价值观和审美追求的诠释与展现。在这类服装中，精湛的传统织绣工艺为其增添了华丽与质感，彰显着中国古老文明的卓越之美。新中式服装在搭配方面也非常注重整体效果，通过巧妙地组合不同款式、材质和颜色，打造出独具个性且符合大众审美标准的风格。

▲图2-22 “时间的线——苏州丝绸服饰面料”特展服饰

在作品《龙·跃》中（图2-23），设计师认为在中国文化里，龙和凤都是最为神圣的祥瑞之兽，代表着吉祥如意。龙是升龙，张口旋身，回首望凤；凤则是翔凤，展翅翘尾，举目眺龙。作品以中国传统吉祥图案“龙凤纹”为灵感来源，将东方韵味与现代礼服设计相结合，展现出华贵且端庄的古典意境。运用中式蔽膝、立领、袖扣、曲线剪裁等细节设计勾勒出优雅身姿。色彩以中国红为主色调，通过运用夔龙纹、龙凤纹宋锦体现丝绸织造之精，辅以重磅真丝展现华丽之美，彰显大国风范。

在作品《炎·腾》中（图2-24），设计师认为“言有尽而意无穷”。火既是太阳的使者，又象征

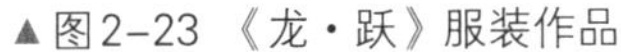

▲图2-23 《龙·跃》服装作品

▲图2-24 《炎·腾》服装作品

着光明和宏大。作品以中国传统纹样“火焰纹”为灵感来源，采用H型廓型诠释极简纯粹，肩部变化增添精致的视觉层次，通过运用立领、盘扣、对襟等细节设计，展现新中式男装美学新范式。色彩以高级灰色调为主，通过运用火焰纹宋锦面料、丝毛面料增加视觉层次，丰富设计效果。将传统东方美学融入现代时尚设计，解读东方意蕴，融贯中西之韵。

街头风格、甜美风格、休闲风格、极简主义风格等都可以与丝绸艺术元素相融合，设计师自由发挥创意，突破传统的款式限制，运用全新的设计理念和创意构思，打造出令人眼前一亮的丝绸服饰款式。通过这些款式的创新，丝绸服饰能够更好地满足时尚潮流的需求，展现出独特的时尚魅力。

后现代思潮服饰以其独特的设计理念和审美情趣，逐渐成为时尚界的热门话题。丝绸，这一有着悠久历史的天然纤维，自然也成为设计师们争相融合的元素。丝绸与后现代思潮服饰的结合，无疑是一场传统与现代、保守与创新的碰撞。丝绸的华美与后现代设计的简洁，看似矛盾，实则互补。后现代服饰注重个性表达，常常突破传统的款式和色彩限制，这与丝绸本身的丰富变化相得益彰。当丝绸遇到解构主义、未来主义等设计理念时，不仅其华丽的本质得以保留，更增添了几分前卫和未来感。例如，设计师运用现代剪裁技术，将丝绸进行解构和重组，使其呈现出现代、流动的线条美。或是借鉴未来主义的理念，在丝绸服饰中加入科技元素，如LED灯带、智能穿戴等，使传统与未来完美结合（图2-25）。丝绸的柔韧性和光泽感也是后现代设计师所看重的。他们利用这一特性，打破传统服饰的结构和形式，创造出更为轻盈、自由的着装体验。但这种融合也面临着一些挑战。如何保持丝绸的传统韵味，又能与后现代设计理念相融合，是设计师们需要思考的问题。另外，如何让年轻消费者接受并喜爱这种结合传统与现代的服饰，也是一大考验。

从款式上看，丝绸与后现代思潮的结合为服饰带来了无限的可能性。传统的丝绸服饰往往给人

▲图2-25 具有未来科技元素的丝绸艺术服饰

▲图2-26 运用对比色搭配方案的丝绸艺术服饰

一种庄重、保守的感觉，而后现代设计理念则打破了这种限制，使款式更加多样化、个性化。设计师通过借鉴流行元素，如宽松的剪裁、流线型的设计等，使丝绸服饰更加符合现代人的审美观念。在色彩方面，传统的丝绸往往以红色、黄色等鲜艳的颜色为主，而后现代思潮则更加注重色彩的多样性。设计师运用对比色、渐变色等多种手法，使丝绸服饰在保持华丽的同时，更加具有视觉冲击力（图2-26）。图案也是丝绸服饰的一个重要特点。传统的丝绸图案往往以花卉、动物等自然元素为主，而后现代思潮风格则更加注重抽象、几何图案的设计（图2-27）。这种结合使丝绸图案更加具有现代感，也保持了丝绸的传统韵味。在面料方面，丝绸与后现代思潮的结合使面料更加多元化。除了传统的丝绸外，设计师们还运用了其他高科技面料，如防水、防皱的科技面料等，使丝绸服饰更加实用、易于打理。

在后现代设计思潮的引领下，丝绸服饰设计摒弃了传统的着装观念，打破了人们对丝绸服饰的既有认知，并进行着全新的创造性设计。这种设计理念使丝绸能够与多种不同材质进行多元化组合，从而创造出丰富多彩的搭配方式。以丝绸与棉麻的融合（图2-28）、丝绸与金属的搭配（图2-29）、丝绸与皮革的组合（图2-30）、丝绸与羽毛的交融为例（图2-31），这些多元化的搭配方式挑战了传统的服饰审美观念，展示了丝绸服饰新颖独特的风格形式。丝绸服饰设计不再过分追求流畅性和合体性，而是对服饰的结构和款式进行了颠覆性的重塑，实现了前所未有的创新。丝绸服饰在设计分割线、轮廓线和装饰线时，不再受限于传统的设计观念，而是能够灵活地选取或舍弃元素，进一步打造出全新的内部结构形态和服装轮廓。在新时代的丝绸服饰设计中，口袋、袖子和领子等部件的位置也有了新的变化。它们不再仅仅追求和谐与统一，而是更加注重差异化。在图案和色彩的应用上，这种设计理念也打破了传统，采用了反传统的色彩和图案设计方式。丝绸与后现代思潮服饰的融合为时尚界带来了新的可能性和挑战。这种融合既是对传统的致

▲图2-27　后现代思潮风格丝绸艺术服饰

▲图2-28　与棉麻元素相融合的丝绸艺术服饰

▲图2-29　与金属元素相融合的丝绸艺术服饰

▲图2-30　与皮革元素相融合的丝绸艺术服饰

▲图2-31　与羽毛元素相融合的丝绸艺术服饰

敬，也是对未来的探索❶。

在设计作品《流年而已》中，设计师认为美好生活如期而至，人们不仅需要爱与温暖，更要向阳而生，充满了力量与勇气，不断前行。作品以汉乐府诗“鱼戏莲叶间”为灵感来源，提取“莲花”与“鲤鱼”作为图案元素，不仅具有吉祥美好的寓意，而且象征了平安喜乐、年年有余。服装款式廓型及细节以“新中式”风格为设计核心，色彩以黑、白、灰色调彰显新中式女装的高级感，面料及工艺以针织提花、桑蚕丝面料、中式盘扣、刺绣等进行对比碰撞，凸显新时代女性温柔且有力量的一面，在守正中不断创新，弘扬与品味中华美学新范式（图2-32）。

▲图2-32 《流年而已》丝绸艺术服饰作品

丝绸与流行元素的融合是一种非常有意义的尝试。这种尝试不仅为时尚界带来了新的可能和挑战，也为传统与现代、保守与创新的碰撞提供了新的思路。

（二）丝绸服饰色彩与图案创新

色彩是影响服饰视觉效果的重要因素。在丝绸服饰的创新中，色彩的运用要紧跟时尚潮流，敢

❶ 周春晖. 后现代主义设计思潮下的四川丝绸服饰设计探究 [J]. 艺术科技，2017，30(7)：37.

于突破传统。除了经典的白色和黑色外，可以尝试运用更多的色彩组合，如淡雅的粉色、清新的蓝色、亮丽的橙色等。通过巧妙的色彩搭配，为丝绸服饰增添吸引力。第一，突破传统丝绸以素雅色调为主的限制，大胆运用鲜艳、对比强烈的色彩组合。以丰富的色彩搭配，赋予丝绸服饰活力与动感，吸引年轻消费者的眼球。第二，密切关注时尚趋势，结合每年的流行色系，推出与流行色相匹配的丝绸服饰。使丝绸服饰成为引领潮流的一部分，满足消费者对时尚的追求。第三，探索渐变色与纹理色彩在丝绸上的运用，为丝绸服饰增添层次感和质感。这种创新的色彩处理方式可为消费者带来全新的视觉体验，提升时尚感。第四，提供个性化定制服务，让消费者根据自己的喜好选择颜色、图案和设计。满足消费者对独特性和个性化的需求，提升品牌忠诚度。通过这些色彩创新手段，丝绸服饰能够呈现出更加丰富多彩的视觉效果，也更加符合当下消费者的审美趋势。

在2019丝绸之路国际时装周颁奖典礼现场，清华大学美术学院李薇教授被授予时尚教育“金媒奖”，她在现场为观众们呈现了《青绿山水》《雅韵》《姑苏情》《夜与昼》等6个系列，共46套服装作品（图2-33）。李薇教授认为非物质文化遗产和传统是一种精神内涵和状态，它们不仅仅是物质文化遗产的代表，更是中华民族文化传承的重要组成部分。时尚的潮流总是瞬息万变，但风格却是永恒的。中国设计师应该拥有自己的原创设计理念，以世界的眼光和更高的格局来弘扬中国文化精神，深入挖掘和继承传统手工艺的精髓，将这些神韵融入现代设计中，展现出中国的东方视觉之美。

在2019年的时装艺术国际特邀展上，吕越教授的作品《痕迹2号》以其独特的创意和表现手法，给观众留下了深刻的印象。

吕越教授巧妙地运用丝绸、油画板、水墨、马克笔、水彩和纸张等材料，将现实与历史、文化与艺术融为一体。作品以白色透明丝绸为载体，展现了当下的时代印记，通过色彩线条的装饰，表达了历史遗留的痕迹。这种巧妙的结合，让观众感受到了文化痕迹与文化对话的深刻内涵，帮助其重新审视历史与现实，感受文化与艺术的无限魅力（图2-34、图2-35）。

▲图2-33　李薇教授所设计的丝绸艺术服装作品

丝绸上的图案常常是富有吉祥意义的传统纹样，如牡丹、莲花、万字纹、龟背纹等。在丝绸艺术服饰设计中需要注入时尚元

▲图2-34　吕越教授所设计的丝绸艺术服装作品（一）

▲图2-35　吕越教授所设计的丝绸艺术服装作品（二）

▲图2-36　粉色真丝混纺马甲

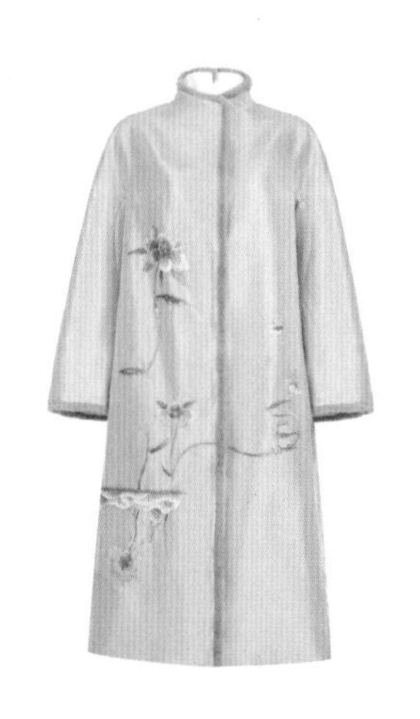

▲图2-37　貂毛镶边真丝女装大衣

素，使图案与时代特色相符，进而吸引更广泛的消费群体。SHIATZY CHEN（夏姿·陈）现已成为国际舞台上备受瞩目的东方品牌，其设计总监王陈彩霞（Ms. Shiatzy Chen）对于服装色彩、图案、面料、工艺有着一丝不苟的态度，从布料的触感到色泽图案的呈现，皆追求细节极致到位。图2-36中的马甲以真丝混纺面料制成，外观设计延续着古典主题，挺立的开版丝质提花上爬着娇嫩花朵，随着布底颜色呈现出或柔嫩或神秘的风格。剪裁在西式板型与夏姿·陈经典的中式风格之间来回运转，中西融合的特色在此展开。图2-37中的貂[1]毛镶边刺绣真丝大衣以真丝塔夫绸制成，闪耀迷人的华贵丝光，装饰有手工刺绣的花卉图腾，以多种手法展现刺绣艺术的雅致细节。此单品剪裁大气，以利落手法塑造领部

[1] 貂：全部列入《世界自然保护联盟》（IUCN）2016 年濒危物种红色名录 ver 3.1。——出版者注

线条，并采用貂毛镶嵌轮廓，典雅中带有不凡气质。

因此，要突破丝绸服饰设计的传统框架，需借助款式结构调整、色彩图案创新、面料再造等应用手法，以满足消费者在不同场合的着装需求。要紧跟时代潮流，摆脱传统中国风的表面设计，重视丝绸服饰的时尚、创新和实用性。要将艺术与技术完美结合，突出文化内涵，将时尚融入经典，使丝绸服装在时代发展的浪潮中保持持久的地位[1]。

（三）丝绸服饰面料与工艺创新

在创新设计丝绸面料时，要深入研究丝绸艺术的传统手工技艺与文化特质。只有这样才能真正发挥丝绸艺术的魅力，创造出具有大国风范与艺术文化内涵的精美作品。具体而言，可以在继承传统面料的基础上，借助创新观念，运用诸如仿制与转接、合并与变形，主题风格扩展等策略，使面料工艺更加贴合现代潮流。或是运用现代数码技术，结合面料的纹理改造等，使其呈现出起伏有致的触感。除了传统的真丝面料外，还可以尝试与其他面料进行结合，如棉麻、绒面等，形成不同的质感和风格。对面料的特殊处理，如印花、刺绣、染色等，也可以为丝绸服饰增添独特的时尚魅力。

例如，图2-38中展示的男装夹克，其板型规整，面料上的祥瑞凤凰与麒麟图腾以手工刺绣结合机器刺绣制成，光滑的丝毛布料呈现出淡淡的优雅光泽，衬托出书卷文人气质。

工艺是服饰制作的细节所在，工艺的创新也是体现时尚价值的关键。通过引入先进的工艺技术可以提高丝绸服饰创新的制作水平和细节处理，如无缝拼接、无痕裁剪等。丝绸服饰中的细节表达往往决定了产品的品质和整体效果。从线头的处理、缝线的配色到纽扣的选择，每一个细节都需要经过精心的设计和打磨。通过注重细节处理，能够快速提升丝绸服饰的整体质感，使其更加符合时尚潮流的要求。丝绸服饰设计正在对传统面料组织结构进行解构。设计师根据丝绸面料的特性，巧妙地运用不同形状、粗细、疏密的纱线进行交织，从而突出丝绸服饰所具有的多变质感（图2-39）。同时可以采用一些破坏性的手法，如断纱、漏纱等，来强调丝绸面料的缺陷美。不仅如此，还可以对丝绸的表面肌理进行重新审视。通过运用烂花、镂空、填充、黏合等多种技巧，为丝绸面料创造出更具刺激性的视觉效果。为了进一步强调丝绸服饰的非传统美和缺陷美，设计

▲图2-38　新中式风格男装夹克

[1] 周春晖．后现代主义设计思潮下的四川丝绸服饰设计探究［J］．艺术科技，2017，30(7)：37.

师们还巧妙地运用了粗糙法、破坏法、变形法等特殊手法。这些创新手法不仅增强了丝绸服饰的视觉冲击力，更使新时代的丝绸服饰设计更具创新性❶。

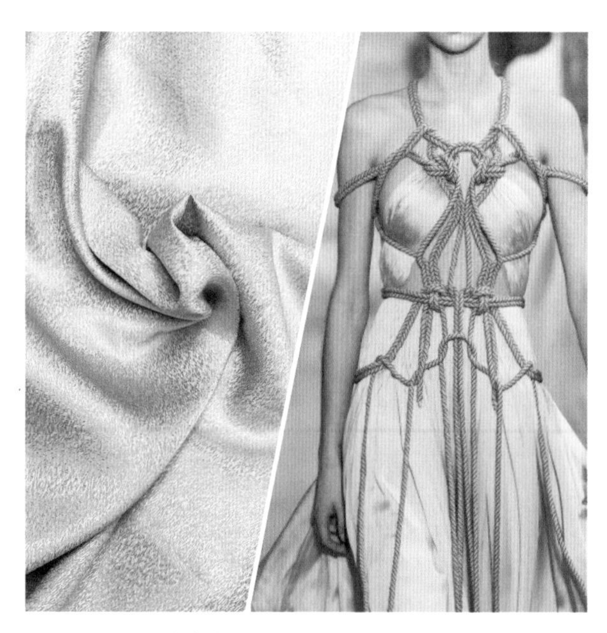

▲图2-39　具有多变质感的丝绸艺术服饰

（四）丝绸服饰品牌塑造创新

品牌创新是一个多维度、全方位的过程，它涉及品牌定位、传播、产品、营销、体验、数字化、组织文化以及可持续发展等多个方面。

品牌定位是品牌发展的重要基础，其创新之处在于寻找并塑造独特的品牌个性，使其在消费者心中形成独特的认知。品牌定位的创新往往需要从市场趋势、消费者需求以及竞争态势等多个角度进行深入分析。

▲图2-40　“赓衣记”高级定制旗袍

在江苏苏州，兴旺的丝绸产业让“赓衣记”熠熠生辉。作为一家集设计研发、生产、销售于一体的高级定制旗袍工作室，“赓衣记”不断从旗袍中挖掘丝绸艺术文化内涵，致力于传承中国最精湛的手工艺和精致的生活理念。以丝绸艺术文化赋能商业创新，塑造现代丝绸艺术品牌的视觉标识（图2-40）。

品牌传播是品牌与消费者之间的桥梁。如今，数字媒体和社交媒体的兴起为品牌传播提供了更多的可能性，如大数据分析、精准营销定位等。江苏苏州“太湖雪”是在建立品牌之初便将自身品牌定位为奢侈的真丝服装和家居产品，既规避了被快时尚品牌占领的市场红海，也顺应了北美相当一部分消费者对高品质产品的需求趋势。这类消费者多为经济实力较好的中产阶级，他们对家居品质的要求是可以被继续拔高的。该品牌的产品既有中式丝绸的温润奢华感，又有美式温馨居家的气息，给消费者一种精致感与休闲感并存的感受。在品牌出海过程中，“太湖雪”通过全球性的社交媒体平台进行全方位的品牌形象传播，触达海外消费者。“太湖雪”在产品设计中融入了中国传统文化中典雅、精致、温婉、内敛的精髓，以素雅简洁为主基调，诠释了“懂丝绸，更懂生活”的品牌形象。

❶ 李飞跃，胡小燕. 丝绸面料组织与褶皱结构在时装设计中的应用[J]. 丝绸，2016，53(11)：41-46.

营销是品牌发展的重要手段，其创新之处在于采用更具创意和实效的营销策略，提高品牌的市场占有率和竞争力。例如，体验式营销、社交媒体营销、内容营销等都是近年来备受关注的营销创新方式。体验是消费者与品牌互动的关键环节，其创新之处在于创造独特而良好的用户体验，增强消费者对品牌的忠诚度和满意度。2023年，凯喜雅携手故宫文化创意产业有限公司联合推出了“锦绣岁贡”高端丝绸品牌，以意、象、情、事四个维度为设计原点，以弘扬象征中华民族辉煌历史、璀璨文明的故宫文化为核心，以丝绸面料、丝绸服装、丝绸礼品三大产品线为主，多面辐射丝绸产业的各个领域（图2-41）。“锦绣岁贡”品牌应用保真溯源系统，利用区块链技术严格把控丝绸产品每一个流程的关键点。消费者可以通过手机触碰或扫码的方式进行数字应用体验，这样的互动环节可提升消费者对品牌的青睐。

开设主题展览、提供定制化服务等也可以提升用户体验。例如，来自江苏南京的丝绸品牌Lilysilk专注于以真丝制成的家居和服装产品（图2-42）。为了能够快速提升品牌声誉，Lilysilk针对不同社交平台特点，采用不同的营销策略。例如，Lilysilk与发艺设计圈顶流博主Sarah Angius展开合作，该博主目前拥有387万粉丝，经常在社交媒体平台上分享自己新做的造型妆容和日常生活。在合作中，她专门为Lilysilk设计了一个与产品相配的独特发型，借助精心设计的灯光，呈现出高档且轻松的氛围，相关帖文获得了1.3万次点赞，该博主在正文中标记了Lilysilk官方账号地址，成功引流并加强了品牌形象。此外，在一些关键节点，如感恩节、圣诞节、元旦等节日，Lilysilk还会根据社交媒体的市场调研和搜索趋势，推出专门的礼盒，并开展大量的营销推广活动，以应对不同节日的需求，并强调材料的环保可持续性。Lilysilk还鼓励用户在平台上分享内容。如果以#Lilysilk标签参与话题讨论，用户就有机会获得免费奖励，这有助于提高社交媒体和谷歌关键词搜索的排名，也促进了社交媒体和独立站的有机连接，形成互补的渠道优势，提升品牌影响力。Lilysilk不仅通过独立站和社交媒体来提升品牌形象，还利用知名时尚媒体的权威背书，如*Marie Claire*、*Harper's BAZAAR*、*Vogue*等，以此来塑造

▲图2-41 “锦绣岁贡”高端丝绸艺术产品

▲图2-42 Lilysilk品牌丝绸艺术产品

其高端、时尚且环保的品牌形象，并在同类品牌中建立起了显著的品牌辨识度。

数字化技术的发展为丝绸服饰品牌塑造创新提供了动力，其创新之处在于将数字化技术融入品牌发展的各个环节，提高品牌运营效率和消费者体验。例如，人工智能、大数据、物联网等技术的应用都可以为丝绸服饰品牌塑造实现数字化创新。只有确立适合丝绸服饰品牌发展的核心基因，使其成为品牌成长与延续的动力，才能形成具有新时代特色的丝绸服饰视觉符号[1]。

创新是连接古今的桥梁，它使传统的丝绸技艺与现代设计理念相融合，诞生出既古典又时尚的丝绸艺术服饰。这样的创新不仅彰显了对传统艺术文化的敬畏，还为它的传承和发展开辟了道路。丝绸艺术的力量能够塑造全新的丝绸服饰品牌形象，打造出独具魅力、引人注目的品牌。这不仅是品牌自我提升的过程，更是对传统丝绸艺术文化的重新解读与再创造。

第三节　新时代丝绸艺术空间装饰创新

随着人们对生活环境舒适性、艺术性和个性化需求的不断提高，空间装饰设计已成为我国装饰领域的热门行业，市场需求量也与日俱增。本节从丝绸艺术设计的角度出发，归纳与总结丝绸艺术在新时代丝绸艺术空间装饰创新设计中的再生方式，挖掘丝绸材质在空间装饰设计中的再生价值，并通过丝绸的艺术文化价值来提升空间装饰设计的审美价值[2]。此处所讲的丝绸艺术空间装饰创新主要是指室内软装创新，一是实用性软装创新；二是观赏性软装创新。实用性软装包括以丝绸为材料的家具、灯具、窗帘布艺等；而观赏性软装则是指以丝绸为材料的工艺美术品、花艺及绿化造景等装饰性陈设品。两者都是为了提高空间的美观度和居住的舒适性。

一、实用性丝绸软装创新

随着室内环境装饰需求的不断增长，国内软装设计已成为备受瞩目的新兴行业。然而，由于中国软装饰行业起步较晚，各地发展水平参差不齐，多数风格设计以借鉴、模仿为主，缺乏独特的精神内涵和空间审美底蕴[3]。实现实用性丝绸软装创

❶ 钱洁. 浅析丝绸服饰品牌的创新发展策略 [J]. 山东纺织经济，2015(12)：53-55.

❷ 李建亮，王建芳. 丝绸元素在空间软装饰课程中的创新应用 [J]. 设计，2018(14)：114-116.

❸ 同❷。

新，首先，可以从“点”入手，选择一个具有代表性的丝绸艺术元素，如图案、色彩或织造技术等，将其巧妙地融入现代软装设计中，还可以在家居饰品、家具、窗帘或地毯等产品中运用独特的丝绸纹理或色彩，通过精致的设计语言和表现手法，展示出丝绸独特的美感。其次，以这个“点”为基础，可以逐渐拓展到“面”的层次。通过将代表性的丝绸艺术元素应用到各种家居软装产品中，形成一系列配套设计和风格统一的装饰效果。例如，可以将丝绸图案应用到墙面、地面和天花板等多个维度上，形成全方位的视觉效果；或者将丝绸艺术元素与家居用品进行整合设计，如床品、餐具等，以整体统一的风格呈现出来。最后，需要关注的是如何将这种创新设计思维贯穿到整个软装设计过程中。这需要设计师具备敏锐的观察力和创新思维，能够从丝绸艺术中汲取灵感并将其与现代软装设计相结合。还需要关注市场需求和消费者心理，确保设计出的产品既具有实用性，又能满足消费者的审美需求。通过以上三个方面的实践和创新，进一步推动实用性丝绸艺术软装创新设计的发展和传承，也能够为我国空间装饰文化注入新的活力和价值。

为了展开相关调研和分析工作，第一需要加强对实用性软装创新设计的装饰手法、风格以及对丝绸艺术文化的理解。这包括从理论层面全面理解实用性软装创新设计的概念、内容、特点、风格分类及设计手法，以便对实用性软装有一个宏观的认识。第二要结合多种实用性软装创新设计的具体案例，分析不同设计风格下的实用性软装创新设计特征与审美趋向，掌握当代实用性软装创新设计的流行趋势与发展现状，了解其优势与不足，从而对实用性丝绸艺术软装创新设计进行思考。第三要充分考虑地域艺术文化和社会审美倾向，充分体现人文关怀。注重营造具有中国特色的实用性丝绸艺术软装文化，以提升空间设计的艺术文化内涵。在调查杭州各大家居卖场、装饰面料市场以及参加杭州民宿产业博览会和上海国际家具展的过程中，笔者观察到，在新中式软装风格盛行的当下，丝绸艺术在实用性软装创新设计中的应用也变得更加广泛。丝绸艺术元素与新中式风格的和谐共存，不仅在家居装饰中展现出高雅的品位，也为现代家居注入了深厚的文化艺术内涵。其主要涵盖了纺织品（如壁纸、门框、衣柜等）、织绣工艺品、装饰画和屏风等各类产品。这些产品凭借其精致与优雅的特质，为空间装饰注入了浓厚的艺术氛围。在此基础上，运用创新的思维方式，对传统丝绸艺术资源进行有效的再生与重塑[1]。

丝绸家具最大的特点就是采用高品质的丝绸材料制作而成，其外观华丽、高贵，给人一种温馨舒适的感觉。丝绸家具的质感柔软，光泽度好，触感顺滑，能够给人带来极佳的使用体验，包括床、沙发、椅子、桌子、柜子等。丝绸家具设计风

[1] 李建亮，王建芳．丝绸元素在空间软装饰课程中的创新应用 [J]．设计，2018(14)：114–116.

格各异，既有古典的欧式风格，也有现代的简约风格，满足了不同消费者的需求。其优点在于外观华丽、高贵，触感顺滑，给消费者带来极佳的使用体验。丝绸家具有着较好的保温性能，能够为室内增添温馨感。但也有一些缺点，比如容易脏，容易受到紫外线的影响而褪色等。2022年，“国礼大师”、浙江理工大学李加林教授基于中国传统美学，融合现代设计手法，将《兰亭序》织成古锦，并塑造出在河水中被千古冰封的外观，实现书法美、织锦美、意境美的和谐统一，突破以往高端茶桌均采用名贵木材的概念，使当代中华文化创意设计实现新的跨越（图2–43）。

▲图2–43　高端丝绸织锦茶桌

苏州大学范炜焱老师从小对苏州的传统工艺有着深深的眷恋，并对传统工艺在当下如何发展也有着自己独特的思考。他通过个性化、时尚化、产品化的创新设计，使古老的缂丝技艺重新焕发活力，服务人们的日常生活。范炜焱老师及其团队通过多年调整、更新木机，将新材料与丝绸结合，让缂丝具有了“记忆”功能。这种创新缂丝甚至比皮革更耐磨。由范炜焱老师设计并制作的作品《弇山》以如雪的蚕丝为灵感，经巧思创作，在确定的线条构成中充满了不确定的变化，眼前的“丝之弇山”错落有致、缠缠绕绕，远观如湖石玲珑，近赏又见丝丝入扣，正是文人墨客们无限接近却又终不得见的梦中仙境（图2–44）。作品《天地系列茶桌、茶凳》吸收了中国传统家具元素的八角造型特点，简洁大气，集天地浩气于居室之间，桌面和凳面采用新型缂丝工艺，集美观、舒适及耐用于一身。在设计的背后，展现的是苏州制造和中国传统缂丝技艺的光彩（图2–45）。

屏风具有区分空间的功能，还能增强空间的层次感。相比传统屏风，如今流行的屏风较为通透，多采用丝绸中的欧根纱面料，给人以若隐若现的梦幻效果，使空间看起来更为别致、与众不同。

在G20杭州峰会上，中国与世界的交流合作进入了新的历史阶段。这次峰会标志着中国在国际舞台上的影响力日益增强，与世界的交流合作也更加紧密。中国积极参与国际事务，为推动全球治理体系的完善和发展作出了积极贡献。在同一历史节点上，丝绸这一中国传统元素揭开了新的篇章。

▲图2-44 《弇山》

▲图2-45 《天地系列茶桌、茶凳》

在会议场所的布置上，通过升级丝绸软装，展现了丝绸材料的独特魅力，丝绸新材料的创新应用也进一步提升了会议的品质。恢宏大气的丝绸艺术品以及精致呈现的元首纪念礼，都充分体现了丝绸文化的深厚底蕴和艺术价值，丝绸元素在峰会的软装布置方面大放光彩，以多元化的形式全方位展示了丝绸艺术之美，彰显了丝绸之都的尊贵与典雅。

《龙腾四海》丝绸艺术家居装饰产品，以龙为主题，巧妙地将古老的东方神韵融入现代家居设计中。桌旗、杯垫、座椅靠垫和桌布等品类，每一件都细致地描绘了龙的形态，从矫健的龙身到威严的龙首，无不展现出龙的磅礴气势。色彩上，选用了金色和深蓝作为主调，金色代表了皇家的尊贵与辉煌，深蓝则赋予了龙一份神秘与庄重。这一色彩搭配不仅使产品更具视觉冲击力，也彰显出华贵的气质。作为主要材质的丝绸，质地柔滑，光泽感强，不仅质感高级，而且能够凸显出龙纹的细腻与生动。龙在中国文化中是吉祥、力量和独立的象征，也寓意着吉祥如意、家庭和谐，为每一个家庭带来好运和祝福（图2-46、图2-47）。

▲图2-46 《龙腾四海》丝绸艺术家居装饰产品（一）

▲图2-47 《龙腾四海》丝绸艺术家居装饰产品（二）

▲图2-48 《春之序曲》丝绸艺术家居装饰产品（一）

▲图2-49 《春之序曲》丝绸艺术家居装饰产品（二）

▲图2-50 《杭韵》丝绸艺术家居装饰产品

《春之序曲》丝绸艺术家居装饰产品，灵感源自中国吉祥图案牡丹花卉，让传统艺术图案在现代家居中焕发出新的生命力。桌旗、杯垫、座椅靠垫和桌布等品类，精致细腻地展现了来自中国吉祥图案牡丹花卉的独特魅力。色彩上，采用了淡雅的粉、白等色系，既保留了中国吉祥图案牡丹花卉的传统风格色彩，又增添了一份现代感，同时寓意着幸福美满、吉祥如意。它不仅为家居增添了一份雅致的艺术气息，也寄托了人们对美好生活的向往和追求（图2-48、图2-49）。

《杭韵》丝绸艺术家居装饰产品，灵感源自千年宋韵文化的浓厚底蕴，融合西湖美景的恬静与优雅。产品涵盖抱枕、茶具、壁纸及中式家具，为家居环境注入一缕宋代的韵味。该系列设计主题旨在重现宋代的文艺与审美，通过丝绸这一传统工艺，将西湖的湖光山色、宋词的婉约与柔情展现得淋漓尽致。色彩主要采用淡雅的米白、灰蓝与墨绿，仿佛西湖的水墨画卷跃然眼前，使人置身于那烟雨蒙蒙的湖边。在精神内涵与吉祥寓意的表达方面，如抱枕上的莲花图案，寓意高洁与纯净；茶具上的龙纹设计，象征着权力和吉祥；中式家具的云纹装饰，代表着祥云缭绕、好运连连。这一系列丝绸家居装饰产品，不仅是实用的家居用品，更是传递文化、表达情感的艺术品，让人们在享受舒适生活的同时，感受到宋韵文化的独特魅力（图2-50）。

在空间装饰的领域中，丝绸的应用已经超越了单纯的装饰层面，深入各个细分领域。如今，丝绸不仅用作家用纺织品、屏风、墙布等装饰材料，还被用于创作各种艺术品。为了实现空间装饰中丝绸元素的系列化设计，可以从纹样或色彩出发，以点带面进行设计。要充分考虑不同设计载体的特点和要求，使整体设计更具协调性和统一性，以此更好地发掘和利用丝绸在空间装饰中的潜力。

丝绸不应仅被视为一种纺织材料，它更是中国传统文化的核心象征。在空间装饰中巧妙运用丝绸艺术，不仅为设计注入了强烈的民族文化底蕴，也使现代设计在传统美学的熏陶下，与当代国人的审美情趣紧密相连。通过引导新一代青年以创新形式参与丝绸艺术的振兴，使这一传统艺术元素真正融入现代生活。这不仅是促进丝绸艺术产业与文化紧密结合的有效方式，也是对传统艺术文化最好的传承手段。只有这样，丝绸艺术才能在未来不断地发展，向世界展示中国艺术文化的非凡魅力。

二、观赏性丝绸软装创新

观赏性丝绸软装创新设计是指以丝绸为材料的工艺美术品、花艺及绿化造景等。其中，丝绸画是最具代表性的一类，主要分为手绘和印刷两大类，其中手绘因其高昂的成本更常见于奢华装饰，而印刷品则因其低廉的价格更受大众欢迎。简而言之，丝绸画就是以丝绸为媒介呈现出的绘画或书法作品。

中华文化源远流长，传统艺术形式多样，绚丽多彩。中国的传世书画真迹，是历史的瑰宝，是东方古国的象征。自汉代开始，中国的诸多重要书画作品，其创作媒介多采用丝织物，这类绢本书画作品，因其绘制在丝织物上，被视为中国书画的重要代表。《清明上河图》《簪花仕女图》等作品，均以其卓越的艺术价值成为绢本书画中的佼佼者。而当代的丝绸画则采用先进的数码印染技术进行制作。在丝绸画创作中，采用1∶1的复制比例，忠实再现原作，并结合国画或油画的装裱工艺，完善丝绸画的呈现效果，最终创作出高档装饰画中的精品佳作。

丝绸作为书画的媒介，比纸张还要历史悠久，其价值无可估量，因此有着“软黄金”和“寸锦寸金”的美誉。早在西周时代，织锦工艺就已经诞生。在21世纪20年代初，浙江的织锦大师都锦生在织锦工艺方面作出了卓越贡献。他不仅在设计中有所创新，而且在织造工艺上也取得了突破，他通过采用30多种不同的织造方法，巧妙地展现出风景的层次、远近和阴阳面，使画面更加生动逼真（图2-51）。

▲图2-51 都锦生《九溪十八涧》

在G20峰会国宴厅的墙面上，装饰着一幅高6米、长20米的巨型全景图壁画，描绘了杭州西湖的旖旎风光。这幅壁画以丝绸为载体，当观者走动时，甚至能细微地领略到湖面波光荡漾的视觉效果，仿佛身临其境地感受到湖水的动态美。这样一幅“天衣无缝”精美壁画，彰显了国家的尊严与地位。这些精美的丝绸画作承载了华夏五千年的文明，见证了国家的繁荣昌盛。不仅是国家的宝藏，也是整个民族的骄傲和财富。

观赏性丝绸产品创新主要体现在图案设计、织造技术、染色工艺、产品形态以及跨界合作等方面。在图案设计创新方面，传统的丝绸图案以花卉、动物、山水等自然元素为主，现代的丝绸图案则突破了这一限制，呈现出更加多样化、个性化的特点。例如，设计师将现代艺术、抽象艺术、数字艺术等元素融入图案设计中，创造出更具视觉冲击力和艺术感的观赏性丝绸软装产品。还有一些设计师尝试将不同文化元素融合在一起，创造出具有文化交融感的图案，如将中式与西式、古典与现代的元素相结合，呈现出别具匠心的美学效果。在织造技术创新方面，传统的丝绸织造技术以平纹织法和斜纹织法为主，现代的丝绸织造技术则不断推陈出新。一些企业研发出了提花织造技术，通过在丝绸上织出各种复杂的花纹和图案，使观赏性丝绸软装产品更加精致、高贵。或是运用交织织造技术，将丝绸与其他材料交织在一起，创造出具有不同质感和风格的观赏性织物。在染色工艺创新方面，传统的丝绸染色工艺以天然染料为主，现代的丝绸染色工艺则运用了更多的化学染料和技术，使观赏性丝绸软装具有更为丰富的色彩和更强的色牢度。比如，一些厂家运用数码印花技术，在丝绸上印出非常精细的图案和颜色，色准度和还原度非常高。或运用特殊的染色工艺，使丝绸具有不同的光泽和质感，如金属光泽、珠光等。在观赏性丝绸软装的形态创新方面，将丝绸用于制作电子产品、汽车内饰等，充分发挥了丝绸的光泽、质感和舒适度等优势。

作为中国十大传世名画之一，《富春山居图》可以说是公认的山水画的巅峰作品。山峦蜿蜒，树木苍茫，初秋时节的富春江生机勃勃，人们闲逸安静，一派桃源景象。然而，科技与传统文化的融合并不是简单的叠加，而是科技力与审美力的平衡，在平衡之中焕发出新的生机。秉持着“西情东韵”的创作理念，将西方的工匠情怀与东方的工艺韵味融合，浙江理工大学李加林教授将织锦设计植入维努斯汽车内饰定制之中，形成现代山水空间并彰显中华文化自信，创新文人美学与时代新语的有机交融，诠释了东方工艺美术与西方工业设计的文化触变，呈现科技与艺术融合的典范（图2-52～图2-54）。这些创新都是为了更好地满足消费者的需求和追求更高的艺术价值和经济价值。在市场竞争日益激烈的今天，丝绸艺术行业需要不断地推陈出新，才能在市场中立于不败之地。还需要加强与其他行业的合作与交流，拓展市场空间和资源渠道，以实现可持续发展。

▲图2-52　维努斯汽车丝绸艺术内饰定制（一）

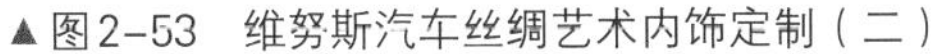

▲图2-53　维努斯汽车丝绸艺术内饰定制（二）

▲图2-54　维努斯汽车丝绸艺术内饰定制（三）

第四节　新时代丝绸艺术数字化创新

目前中国经济正处在向数字化经济转型、优化增长动力的重要阶段，当下应紧紧抓住数字产业化、智能化的机遇，深化数字经济与实体经济的融合。国务院已发布《关于深化制造业与互联网融合发展的指导意见》（国发〔2016〕28号），为这一进程提供了明确的指引和支持。在新时代的背景下，通过应用新技术、融合新业态、培育新动能，全面促进纺织服装产业的数字化转型，全方位、多角度、全链条地推进转型进程[1]。随着科技的进步，数字化技术为丝绸艺术的保护、设计、生产与营销带来了前所未有的创新机会。本节就丝绸艺术的数字化创新进行概述，探讨其在各个方面的应用与实践。

数字化资源是一种可操作性的资源，其功能会根据与其他资源的关联方式而变化。数字化创新既可以作为创新的结果，如产品、服务、商业模式等，也可以是数字化资源赋能的创新流程，如数字化基础设施、数字技术、数据资源等。数字化创新是指不同主体通过重新配置数字化资源，以创造出新的产品、服务、流程和商业模式的过程[2]。

在追求将丝绸艺术符号融入现代艺术的过程中，越来越多的艺术家正在尝试结合数字技术来创造出更加多元化的艺术形式，从而不断探索和突破丝绸艺术的创作边界。传统的丝绸艺术保护主要依赖物理存储和展示，受限于环境因素和物理损伤风险。数字化技术为保护这些珍贵艺术品提供了有效手段。通过高清晰度扫描和摄影，可以将丝绸艺术品完整地转化为数字格式，实现长久保存与广泛传播。

在设计中，数字化技术也为丝绸艺术带来了无限的创新空间。设计师可以利用数字绘图、3D建

❶ 黄格红. 新基建背景下浙江丝绸华服产业数字化提升路径研究 [J]. 现代营销(信息版)，2020(6)：178–179.

❷ 谢卫红，林培望，李忠顺，等. 数字化创新：内涵特征、价值创造与展望 [J]. 外国经济与管理，2020，42(9)：19–31.

模等技术，在计算机上进行丝绸图案和款式的创作，既节省了设计成本，又提高了设计效率，还可以模拟不同的染色、织造效果，使设计更加直观和逼真。在生产环节的应用方面，通过数字化的印花、绣花等技术，可以在保持丝绸艺术特色的同时，提高生产效率，降低生产成本，满足消费者的个性化需求，使大规模定制成为可能。数字化营销为丝绸艺术的推广提供了广阔的平台。通过社交媒体、电子商务等渠道，可以更广泛地展示和销售丝绸艺术品。利用大数据分析，能更精准地把握消费者需求，实现精准营销。数字化技术也为丝绸艺术教育带来了便利，传统的教育方式往往受限于教材和教师资源，而数字化技术可以打破这种限制，使更多人有机会接触到高质量的艺术教育资源。例如，通过数字图书馆、虚拟仿真在线课程等平台学习丝绸艺术的历史、技艺和实践。未来的丝绸艺术将更加注重跨学科的合作与创新，如与计算机科学、人工智能、新材料等领域的结合，创造出更具时代特色和科技含量的丝绸艺术品，进一步促进丝绸艺术的可持续性发展，使其更好地适应现代社会的需求与挑战。

一、数字化保护与传承

数字化保护与传承是一种利用数字技术对文化遗产进行采集、存储和传播的方法。它通过高精度的数字化采集，将文化遗产转化为数字格式，便于长期保存。其中，数字化存储技术可以确保数据安全可靠，防止损坏或遗失。数字化传播则能够突破时间和空间的限制，让文化遗产得到广泛的认识和欣赏。

数字化概念的起源可以追溯到20世纪初期。主要是指将模拟信息转换为数字信息，便于计算机处理、传输和存储。它涉及将各种数据源，如文本、图像、声音和视频，转换为二进制代码，使信息可以被计算机理解并处理。数字化是当今信息技术发展的重要趋势，广泛应用于各个领域，如电子商务、社交媒体和物联网等。目前，更多的非物质文化遗产正在利用计算机数字化技术和互联网新媒体进行传承、保护和推广。

现今，这些传统的艺术形式面临着许多挑战。比如，市场接受度有限、展示方式单一、与大众存在隔阂等。为了解决这些问题，许多“非遗”技艺开始尝试利用计算机数字化技术进行传承。借助网络平台，将传统技艺相关的音频、图像、影谱、文本、录像及文字等资料进行数字化转化、有序归类与存储，旨在实现这些资料的持久保存和高效管理。数字化技术为丝绸艺术的传承开启了新篇章，让这些传统技艺与丝织品更好地与现代社会融合，引起大众的共鸣[1]。丝绸艺术数字化保护与传承主要涉及的方面有数字采集、数字修复与还原、数字存储与展示、在线学习与传播、创新应用与产业发展五个方面，其中以专业博物馆、丝绸企业最具代表性。

[1] 黄格红．新基建背景下浙江丝绸华服产业数字化提升路径研究 [J]．现代营销(信息版)，2020(6)：178–179.

（一）专业博物馆

一个博物馆的诞生，是民族、省份或地区为保护自身文化之根，留住历史记忆的重要手段。博物馆作为非营利性的社会文化公共服务机构，具有典藏、展示、教育与研究等功能，是人类文化足迹的生动记载。它承载并传承了历史洪流中积淀下的经典文化，像一根纽带一样连接着过去、现在和未来。

专业博物馆和综合博物馆是博物馆领域的两大分类，它们在展览主题、藏品范围、展览方式、观众定位和内部管理等方面都有着显著的区别。首先，从展览主题和藏品范围来看，专业博物馆的展览主题较为单一，通常专注于某一特定的领域或主题，如自然历史、科学技术、艺术等。这类博物馆的藏品也较为专业和集中，符合其特定的主题和展览目标。而综合博物馆的展览主题则相对较为广泛，涵盖了艺术、文化、历史等多个领域，展示的是各类相关藏品的大全。其次，在展览方式上，专业博物馆通常采用主题式的展览方式，将某一特定主题的藏品进行深入的展示和解读。而综合博物馆则更多地采用通史式的展览方式，将各类藏品按照一定的历史或文化线索进行展示。再次，在观众定位上，专业博物馆通常针对某一特定的人群，如对某一特定领域感兴趣的专家、学者或爱好者。而综合博物馆则更加注重吸引广大观众，特别是学生和家庭观众。最后，从内部管理来看，专业博物馆通常有更为严格的藏品管理制度和展览审查机制，以确保藏品的安全和展览的质量。而综合博物馆则可能更加注重观众服务和市场推广，以吸引更多的观众前来参观。两种类型的博物馆各有其特色和优势，为不同类型的观众提供了不同的文化体验和学习机会。

在我国丝绸博物馆数字化创新实践中，以中国丝绸博物馆、苏州丝绸博物馆最具代表性。

1. 中国丝绸博物馆

中国丝绸博物馆既是国家一级博物馆中的瑰宝，又是中国纺织专业博物馆中的领头羊（图2-55）。馆内收藏了大量的丝绸文物和珍品，专注展示中国丝绸的历史、文化和工艺，包括古代丝绸文物、织造工具、丝绸服饰等。中国丝绸博物馆于1992年2月26日建成开放，迄今已有30多年历史。这座博物馆的建立，不仅承载着传承中国丝绸艺术文化的使命，更展现了国家对丝绸艺术文化事业的重视和支持。经过30多年的风雨洗礼，中国丝绸博物馆不仅深深扎根于中国丝绸领域，还集收藏、保护、研究、展示中外纺织文化瑰宝于一身，成为国家一级博物

▲图2-55　中国丝绸博物馆

馆中的翘楚。它是中国丝绸艺术文化的宝库，也是世界纺织文化遗产的重要守护者和传承者。

中国丝绸博物馆致力于推广丝绸艺术文化，主要关注“丝绸考古历史”和“丝绸之路纵横”两大主题，也致力于全面收集、保护、研究、展示、传承和革新古今中外的纺织服饰文化遗产[1]。在丝绸与丝绸之路国际传播交流、纺织品文物数字化保护、文创授权开发、博物馆进校园、品牌活动打造等方面不断实践创新，形成了“研究型、国际化、全链条、时尚范”的四大特色。由于丝绸之路沿线地区出土了大量的纺织品，这些珍贵的文物成了东西方文明交流与互鉴的重要依据。对它们的保护与研究工作，一直是国际学术界热议的焦点。中国丝绸博物馆在全球范围内开展系统化、创新性和前瞻性的研究，致力于深入挖掘丝绸之路沿线出土纺织品的科学、历史和艺术价值。通过多学科交叉的方法，推动对这一领域的深入研究，始终致力于为国内外众多文博机构提供纺织品文物的鉴定与保护技术。现已与全国25个省份、城市和地区，以及俄罗斯等国家的近90家文博机构建立了坚实的合作关系。截至目前，该博物馆已经发表了30份鉴定报告，设计出了70个文物保护修复方案，并成功实施了将近60个重要的保护项目。

文物应该鲜活地呈现出来，这就要求专业博物馆不仅要展示文物的外在价值，更要深入挖掘其历史、艺术和科学等内在价值。2018年，中国丝绸博物馆成功复原“五星出东方利中国”锦，主要基于三个方面进行研究，一是五星锦的出土与研究；二是老官山提花机的出土与研究；三是利用老官山出土汉代提花机的研究成果来进行五星出东方利中国锦的复制，是汉机织汉锦的原工艺复原。中国丝绸博物馆真正做到了“学术立馆”，这项复制工作就是对文物的学术与科学价值的深入挖掘。

在2021年国家发布的《关于推进博物馆改革发展的指导意见》(以下简称《意见》)中，提出了四大基本原则，包括坚持正确方向、改革创新、统筹协调和开放共享。其中，开放共享原则特别强调要营造开放包容的发展环境，通过创新协同、社会深度参与、跨界协同和互联网传媒等方式，能够更有效地促进资源要素的有序流动，进一步优化资源的合理配置，并采取多种激活策略以盘活博物馆的文物藏品。《意见》还提出了两个“大力发展”的方向，一是着力推进智慧博物馆的全方位发展，逐步实现智慧化服务、保护和管理的全面覆盖；二是重点打造博物馆的云展览和云教育，构建线上线下深度融合的传播体系。这些内容引起了社会的广泛关注和对博物馆领域的深入解读。

自2021年起，中国丝绸博物馆就推出了“数字展览云设计工具”，为数字博物馆搭建了一个以博物馆为对象的云上策展平台，称为SROM(Silk Road Online Museum，以下简称SROM)，其是一个集“数字藏品”“数字展览”“数字知识”与“云上策展”四大功能于一体的共享平台。它支持三维虚拟场景随心设计、一键渲染漫游视频、数字展览全景漫游等功能。这个平台不仅与丝绸之路数字藏品库相连，还有大量的展柜、展具等素材库，以及地毯、墙布、灯光和玻璃等装饰素材库，策展人和设计师可以随意调用这些素材，使云上策展更为方便。“丝路数博”在理念上突破了常规性的博物馆数字化建设的思路，把重点放到数字合作与融合上来。通过有效打破博物馆间的资源壁垒，能够促进丝

[1] 发挥丝绸特色，讲好丝路故事[N]. 中国文物报，2022-02-25(004).

绸艺术资源的顺畅流动，进一步优化丝绸产业的资源配置。在此基础上，采取一系列措施来激活丝绸博物馆的藏品资源，为丝绸艺术在跨界合作、跨领域交流以及跨空间展示等方面提供更大的便利。

2. 苏州丝绸博物馆

苏州丝绸博物馆于1991年落成开放，是我国第一座丝绸专业博物馆，坐落于苏州市人民路2001号，毗邻北寺塔风景区（图2-56）。馆内布局精巧，分为历史馆、现代馆、未来馆、桑梓苑、丝织机械陈列室以及钱小萍丝绸文化艺术馆六大展区。目前，苏州丝绸博物馆是联合国和国家级“非遗”宋锦织造技艺、省级“非遗”苏州漳缎织造技艺、市级“非遗”手工工艺旗袍及古织机制作技艺的“非遗”保护单位，在丝绸文物复制、修复领域成果丰硕。

丝绸纹样是凝结着千年文明与审美的瑰丽至宝。对于建设文化强国而言，实施国家文化数字化战略是一项必不可少的举措。苏州丝绸博物馆已采取一系列行动来加强对于珍贵文物的保护和传承工作，其中包括开展馆藏文物和丝绸样本的数字采集项目，持续不断地探索并创新数字化技术在丝绸纹样领域的应用（图2-57）。2023年，经江苏省文化和旅游厅推荐，苏州丝绸博物馆与苏州博古丝绸科技有限公司共同展开“丝绸纹样数字化标准及数据库建设”，成功入选当年国家文化和旅游科技创新研发项目。该项目以科技化、市场化、实效化为方向，在丝绸纹样数字化和数据库建设方面先行先试，研究制定丝绸纹样数字化标准，开发建设丝绸纹样数据库，为苏州贯彻落实国家文化数字化战略进行探索实践。

为了进一步完善纹样的挖掘、研究和应用工作，苏州丝绸博物馆还同步制定了相应的技术参数，并构建了一个完整的管理闭环。完成数字采集后，这些丝绸纹样将得到进一步的开发和利用，以便更好地服务文化传承和创新。通过数字创意的运用，丝绸纹样正以全新的形式融入并丰富着人们的日常生活。例如，“丝绸元宇宙”数字纹样体验空间、丝绸纹样数字展览、数字纹样静音音乐会以及创意纹样套色印章等活动，已经吸引了超过12万人次的观众参与。这些活动不仅展示了丝绸纹样的

▲图2-56 苏州丝绸博物馆

▲图2-57 苏州丝绸博物馆馆藏丝绸样本

独特魅力，也为人们提供了更多了解和欣赏这一文化遗产的机会。

苏州丝绸博物馆与苏州文化投资发展集团合作，重点关注数据资产的实际应用，旨在活化并利用传统文化。首先，借助数字化技术对博物馆内现存的丝绸纹样进行实验、开发、利用，形成一个公开化的、广泛化使用的数据资源素材库。其次，将重点放在“非遗”丝绸纹样领域，结合先进数字化技术，推出“丝绸纹样Chat GPT”系统。最后，通过使用区块链技术服务，系统将对丝绸纹样数据执行解码、识别、标记以及储存任务，进一步建立一个专门用于IP授权、确认权属以及交易的平台。苏州丝绸博物馆在传统与现代融合发展的文化产业实践中始终走在前列，并积累了宝贵的经验。未来，苏州丝绸博物馆将通过丝绸艺术文化与经济相互赋能，形成丝绸艺术人文经济这一独特的样本，继续深耕本土深厚的丝绸艺术文化底蕴，推动传统艺术文化的创新性转化与发展，书写丝绸艺术新篇章。

（二）丝绸企业

丝绸企业肩负着传承和创新发展的双重使命，需要从保护传承、绿色转型、数智赋能、品牌打造等多个方面推动丝绸产业的高质量发展。在众多丝绸企业中，以浙江丝绸企业万事利集团（以下简称万事利）、江苏丝绸企业苏州上久楷丝绸科技文化有限公司（以下简称上久楷）、苏州丝绸企业苏州太湖雪丝绸股份有限公司（以下简称太湖雪）等最具代表性，他们坚持丝绸艺术文化传承与科技创新，身兼社会环保责任，形成企业与传统丝绸艺术双赢的局面。

1. 万事利

万事利凭借其深厚的丝绸艺术文化创意和科技实力，成为行业内的佼佼者。2024年，万事利获批“国家文化和科技融合示范基地”，这一殊荣不仅突显了万事利在科技创新方面的卓越表现，也展现了浙江省“宋韵薪传”省级传统工艺工作站在丝绸艺术文化传承方面的引领作用（图2–58）。

在数字化时代中，万事利展现出的卓越创新能力，成功地将科技与文化融为一体，为传统丝绸产业注入了新的生命力。通过利用人工智能、大数据等先进科学技术，万事利在产品设计和生产等领域也都取得了突破性的进展。在杭州亚运会期间，万事利彰显了其高效的生产能力，从设计到生产再到拿到实物仅需2小时。这一生动场景让世界见证了中国丝绸与高新科技的完美结合，充分展现了万事利作为行业领导者的创新精神，企业还拥有国家级博士后科研工作站、省级“非遗”工坊等多个国家级和省级科研创新平台，为推动丝绸艺术产业升级和变革提供了强大的支持。

▲图2–58　万事利集团LOGO

2. 上久楷

上久楷企业起源于清朝光绪年间专为皇室打造宋锦的织造商“上九坎”。如今的上久楷致力于抢救并开发世界级非物质文化遗产——宋锦（图2–59）。多年来，“上久楷”始终在宋锦的传承和创新领域不断探索，为中国非物质文化遗产的传承和国际传统工艺的发展贡献智慧与力量。

为了继承和发扬传统的宋锦艺术文化，上久楷创立了国内首个以宋锦为核心的丝绸文化产业园。该产业园集科学教育、创新产业、生态休闲及旅游购物于一体，在国内行业中独树一帜，具有显著的影响力。要实现宋锦的活态保护，不能仅仅固守传统的技艺和千年的工艺，必须将其与现代生活相结合，否则再高雅的文化遗产也只能被束之高阁，存放在博物馆中。因此，创新是宋锦保护的最佳方式，只有不断创新，才能让宋锦艺术永葆生机。上久楷宋锦的复活与创新彰显了现代工匠精神，传承了古老的丝绸艺术文化，为整个传统丝绸艺术产业注入了新的活力。

▲图2-59　上久楷企业LOGO

“活态保护”对非物质文化遗产的实施至关重要，而这一过程中的核心挑战在于如何实现古老织机与现代设备的完美结合。宋锦的制作工艺十分复杂，其独特之处在于经纬线同时起花，这使其制作过程比一般的锦要耗费两倍以上的时间。因此，宋锦在丝绸中乃是奢华之选。随着电子提花设备的引入，宋锦的设计创新得到了更大空间的施展，进一步助推了它与时尚生活的融合，开辟了更加广泛的应用领域。2022年，上久楷被认定为第三批江苏省非物质文化遗产创意基地。当数字化与古老手艺相遇，上久楷成功研发出全球首台按照宋锦传统工艺设计的电子提花机。未来，上久楷将与意大利的特殊织锦工艺进行合作，创造出更多时尚、实用的创新面料，并推出更加符合环保再生理念的产品，让宋锦真正融入现代生活。

3. 太湖雪

作为“新国货丝绸第一股”，苏州太湖雪丝绸股份有限公司以太湖雪品牌为核心，专注于丝绸相关产品的研发设计、生产加工、品牌推广、渠道建设和销售服务（图2-60）。在新消费、新国货、新零售的背景下，努力弘扬丝绸艺术，打响新国货丝绸品牌。“太湖雪”先后获得国家级服务型制造示范企业、全国科技型中小企业、江苏省专精特新中小企业、省级数字农业农村基地、江苏省智能农业百佳案例、苏州市十大智慧农业品牌等荣誉称号。在前行的道路上，太湖雪始终以创新为核心驱动力，坚持产品创新、渠道创新、传承创新，敢于寻求突破，保障公司持续发展。

蚕桑是苏州地区最具代表的产业，“太湖雪”十分重视蚕桑文化的推广和传播，企业先后获得江苏省重点文化科技企业、苏州市重点文化企业等称号。随着“互联网+”模式的兴起与盛行，“太湖雪”积极探索O2O智慧农业门店，建立线上线下融合特色农产品销售模式，努力将震泽蚕丝被等本地优质农产品推向全国和世界。早在十年前，“太湖雪”就成

太湖雪　更高端的蚕丝被
TAIHU SNOW SILK　源　自　苏　州

▲图2-60　太湖雪企业LOGO

立了知识产权工作领导小组，全面系统地开展知识产权管理工作。基于数实融合的趋势，“太湖雪”将聚焦苏州、北京、上海、深圳等核心市场，在这些核心市场的核心商圈、艺术街区、人文酒店等区域进行店铺布局，在提升门店运营质量的基础上积极创新新零售模式，通过视频号直播、短视频、小程序、快闪店等形式，扩展公域流量，培育私域流量，加速线上线下融合发展。

这些丝绸企业在传承与保护丝绸艺术方面具有显著的优势和潜力。他们通过数据采集、存储、分析和展示等方面的技术手段，为丝绸艺术的保护、传承和创新贡献了巨大力量。随着技术的不断进步和创新应用的开发，相信数字化技术将在未来发挥更加重要的作用，助力丝绸艺术的长远发展和繁荣。

二、数字化丝绸艺术教育

数字化丝绸艺术教育是一种将传统艺术与现代科技相结合的教育模式。通过数字化技术的运用可以提高教学效果和教育资源利用效率，使丝绸艺术的教育传承更为广泛和深入。注重实践操作、技能培养、跨学科合作与整合以及教师教学辅助工具的应用，这些特点使数字化丝绸艺术教育成为一种高效、创新的教育方式，为传统文化的传承和发展提供了新的途径和可能。

（一）数字化教育资源建设

数字化教育资源建设是指利用数字化技术来创建、存储和管理教育资源的过程。这些资源包括课程材料、教学软件、在线课程、数字图书馆等，它们都可以以数字格式存储和传输资源，以便人们在任何时间、任何地点进行访问和学习。这种教育模式突破了时间和空间的限制，使更多人能够受到丝绸艺术的教育。数字化技术还为教育工作者提供了丰富的教学辅助工具。例如，数字化设计软件可以协助进行丝绸图案和纹理的设计和创作；数据分析工具可以进行丝绸文物的研究和分析；在线协作工具可以帮助展开团队学习和项目合作等。

随着互联网技术的发展，各种在线教育平台如雨后春笋般涌现。这些平台利用视频、音频、动画等多种形式，将丝绸艺术的知识和技艺进行生动形象的呈现。学习者通过在线课程、工作坊、讲座等形式，进行自主学习和互动交流。虚拟现实（VR）和增强现实（AR）技术为丝绸艺术教育提供了沉浸式的体验。通过这些技术，学习者可以身临其境地观赏丝绸文物、参与制作过程，甚至进行互动操作。这种教育方式极大地提高了学习者的兴趣和参与度，使他们能够更深入地理解和掌握丝绸艺术的知识和技艺。

2023年，苏州市发布了《关于贯彻落实国家文化数字化战略的行动计划（2023—2025年）》，明确提出要重点构建包括苏州戏曲、文物、古籍、丝绸纹样、方言等在内的多个专题数据库。在文化数字化领域中需要坚定地打好技术“根基”。解析文化数据资源、重塑文化数据、运用区块链进行确权，以及提供各类专业技术应用所需的全套服务体系，共同构成了这个“根基”。

为积极响应国家文化数字化战略的政策发文，江苏省苏州城市学院开展了两门极具代表性的虚拟仿真实验课程（图2-61、图2-62）：一是“清代苏绣服饰修复保护虚拟仿真实验”课程。实验课程以历史资料为佐证，建立清代苏绣服饰三维模型数据库，在具有沉浸感的历史氛围中使学生将抽象的理论知识直观化，学生以数字资料库为设计素材，根据实验中给定的要求，自主完成对传统清代苏绣服饰结构的比较分析与复原设计，并且结合实验对象再次设计出符合时代特点的苏绣服饰，学生通过实验独立完成完整的设计作品，掌握服饰结构特性、设计流程与方法。二是“苏州非遗缂丝织造艺术虚拟仿真实验课程”。课程实验聚焦苏州世界级“非遗”缂丝的现代转化问题。为贯彻落实中共中央、国务院2021年发布的《关于进一步加强非物质文化遗产保护的意见》中强调的“增强传承活力，健全传承体系”以及“服务当代，造福人民”的要求，利用虚拟认知与仿真训练结合的互动式学习手段，使学生了解掌握缂丝技艺和材料研发的一整套流程。对传统优秀工艺文化的认知和创新能够触发学生对大国工匠精神的深入理解，成为其坚定大国文化自信和增强文化自觉的力量之源。

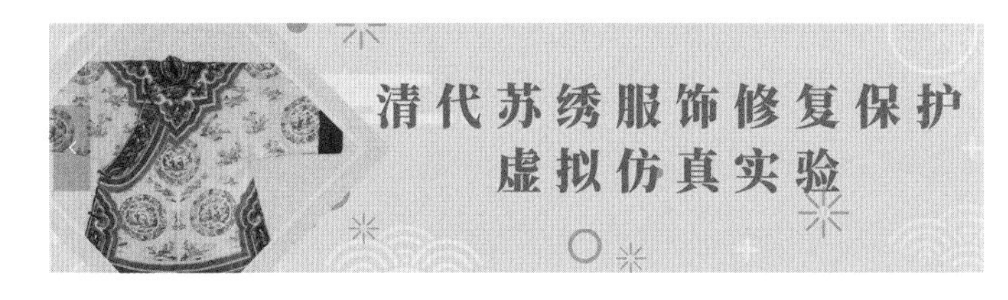

▲图2-61　“清代苏绣服饰修复保护虚拟仿真实验”课程页面

▲图2-62　“苏州非遗缂丝织造艺术虚拟仿真实验”课程页面

2017年，浙江理工大学的“丝绸文化传承与产品设计数字化技术”实验室，作为文化部（今为文化和旅游部）第二批12家重点实验室之一，被正式纳入重点实验室名单。其运用数字技术对传统丝绸产品的纹样、织造和染色工艺进行深度转化和数字化重构，使其以可共享、可再生的数字形态呈现。这一技术革新推进研发具有创新特质的丝绸产品。通过引入虚拟试衣平台，企业客户只需简单点击鼠标，即可查看个性化、创意化的三维着装效果图，从而精准满足市场需求。

2022年，中共中央办公厅、国务院办公厅印发了《关于推进实施国家文化数字化战略的意见》，提出了两侧四端的路径，两侧包括供给侧、需求侧，四端主要是资源端、生产端、消费端和云端。文化资源数据从标识到云端，最后到消费，形成了一个路径。根据文化和旅游部数据显示，截至目前，我国拥有超过10万项各级非物质文化遗产代表性项目，这些项目为世界文化多样性贡献了“中国元素”，展现了中国文化的独特魅力。

数字化教育资源建设是现代教育发展的重要趋势，它可以有效促进教育公平、提高教育质量，为学生和教师提供更加丰富、灵活和个性化的教育服务。活态传承是丝绸艺术的重要特质，“党的十八大”以来，丝绸产业正践行“创造性转化”“创新性发展”艺术创新策略，实现丝绸艺术的时代转译与时尚传承，通过数字化手段、国潮化表达赋予丝绸艺术以时代面孔、时尚气质。特别是数字化技术手段，让丝绸艺术的表达形式更加具象化，传播方式更加活跃，体验感更加深入，共享方式更加便捷，消费选择更加丰富，有效推动承载着中国智慧、中国精神的“丝绸艺术”不断出圈。通过线上线下文化接力、数字与实体无缝融合，可以让丝绸艺术面向更多年轻群体，在寓教于乐传递丝绸艺术文化的同时，构筑中华民族风雨同舟的精神家园，不仅能鲜活反映人们追求美好生活的积极参与感，还可以进一步激活丝绸艺术文化遗产的经济价值和社会价值，拉动消费，促进社会经济发展，实现丝绸艺术的可持续、创造性传承与创新发展。

（二）跨学科与跨领域合作

数字化丝绸艺术教育还注重跨学科和跨领域的合作。例如，与计算机科学、设计学、教育学等学科的合作，可以共同研发更先进的教育技术和教学方法；与博物馆、“非遗”传承人、企业等的合作，可以提供实践机会和拓展教育资源。这种合作模式有助于形成全面的教育生态，促进丝绸艺术教育的持续发展。在数字化丝绸艺术教育中，培养学生的数字化思维和创新意识至关重要。通过引导学生使用数字化工具和资源，鼓励在学术上进行创新设计和实验，培养其跨学科思维和实践能力，这将有助于学生在未来的学习和职业生涯中更好地适应数字化时代的发展。

目前，已经有一些成功案例证明了数字化跨学科与跨领域合作在丝绸艺术创新中的重要作用。例如，企业与高校、研究机构合作，共同开展丝绸艺术的数字化技术研究与应用；设计师与技术专家合作，将传统丝绸工艺与现代设计理念相结合，开发出具有市场竞争力的新产品；还有一些机构通过跨界合作，将丝绸艺术与其他产业领域成果相结合，拓展市场空间和发展潜力。

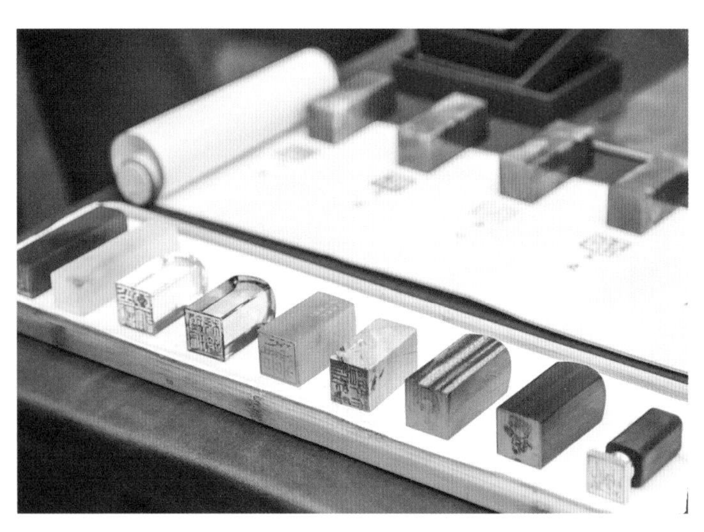

▲图2-63　丝巾图案、篆刻印章元素与智能设计交融（一）

2023年，浙江大学张克俊教授及其团队在智能设计中融入篆刻印章元素，制作出独一无二的丝巾图案。在与人工智能技术的交互中，碰撞出创造性转化和创新性发展的全新火花。篆刻印章的“硬朗”与丝巾的“柔软”，天然地交织在一起，形成传统艺术文化与新兴技术融合的一种巧思，实现了科技创新与人工智能的交互（图2-63、图2-64）。

在“上久楷·边惠中”2024年春夏高级定制全新系列中，设计师以宋锦时装为载体，将千年来对浩瀚寰宇的无限想象照进现实。作品灵感源自《逍遥游》，设计师巧妙地将传统文化与元宇宙未来科技相结合，使传统宋锦织造技艺焕发新活力，彰显出东方特有的“心灵向往”和“文化独特性”。在头饰设计中，结合3D打印技术进行建模，以视觉方式重新展现科学与艺术、理性与感性的较量，从而让未来主义色彩更加醒目（图2-65）。

北京冬季奥运会中，火炬“飞扬”的形象实际上是纺织品技术与产品设计跨界的集大成者。作为在冬季使用的火炬，火要从里面烧出来，但到了外面又要经历极寒的天气状况。为此，“飞扬”的设计引入高性能树脂与碳纤维材料制成碳纤维复合材料，并把火炬外壳进行陶瓷化，达到了“既耐低温，又耐火烧”的特殊要求（图2-66）。

在杭州亚运会期间，宣传片《亚运SHOW杭州》中体现了精美的丝绸刺绣艺术，通过定格动画的形式展现了“体育亚运”的主题故事。片中的所有画面，全部都是用刺绣一针一针制作而成的，共运用了上千幅丝绸。该系列宣传片向世界呈现了“新亚运，杭州韵”（Asian Games，Hangzhou Charms），既呼应“中国新时代，杭州新亚运”的定位，也契合杭州亚运会举办的背景和使命（图2-67、图2-68）。

▲图2-64　丝巾图案、篆刻印章元素与智能设计交融（二）

▲图2-65　“上久楷·边惠中”2024年春夏高级定系列

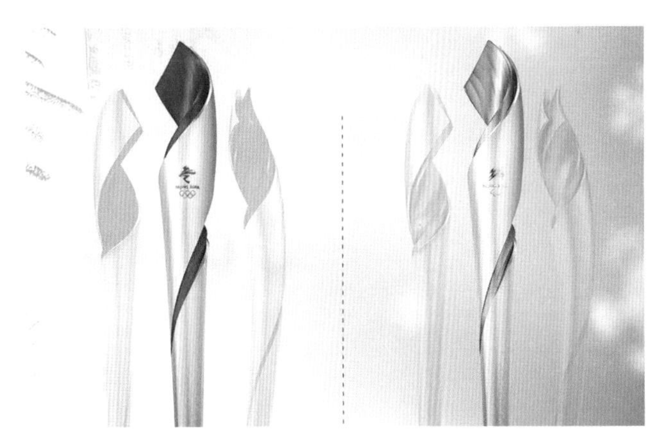

▲图2-66　北京冬奥会火炬“飞扬”形象

▲图2-67 《亚运SHOW杭州》宣传海报

▲图2-68 宣传片《亚运SHOW杭州》截图

这些案例充分说明了跨学科与跨领域合作在推动丝绸艺术创新中的重要作用和实际效果。通过跨学科与跨领域合作，可以实现资源共享、优势互补和共同发展。展望未来，数字化技术将持续深入应用到丝绸艺术的各个领域之中，推动其不断创新和发展。数字化技术只是一种工具和手段，真正的创新还需要立足于传统丝绸艺术文化本身的传承、创新与发展。只有将传统与现代相结合，才能让丝绸艺术在新时代下焕发出更加绚丽的光彩。

第三章 新时代丝绸艺术创新需求

新时代丝绸艺术面临着各种新的创新需求。人们的审美观不断变化，对丝绸艺术的需求也相应发生了一系列的变化。随着全球化的推进，丝绸艺术需要同时适应国内外市场的需求。在“百年未有之大变局”的历史背景下，丝绸艺术需要进行创新，以满足新时代的各种需求。新时代丝绸艺术的创新离不开丝绸艺术设计的创新、丝绸艺术制作工艺的创新和丝绸材料的创新，这些创新从本质上讲都以满足民生需求、文化需求、艺术需求和市场需求为导向（图3–1）。

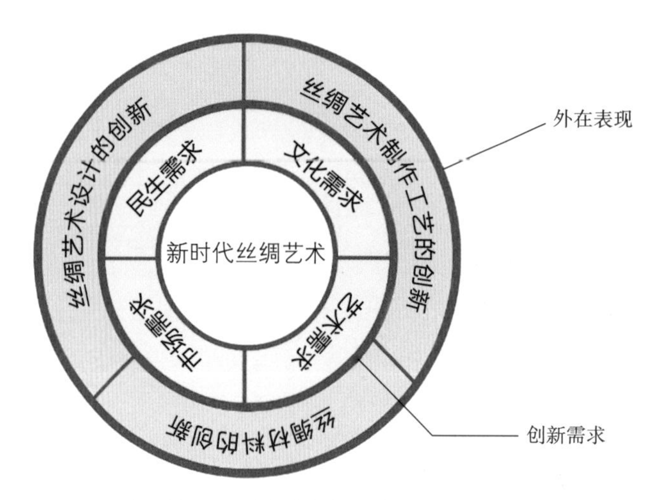

▲图3–1　新时代丝绸艺术的创新需求

首先，当代审美观念日新月异，新时代丝绸艺术的创新需求也逐渐提高。这些需求主要表现在丝绸艺术的设计创新之中，包括丝绸织物的色彩搭配、丝绸纹样的图案设计、丝绸艺术品造型设计等方面的需求。为了适应现代审美观念的特点和变化趋势，新时代的设计师需要在设计创新上做出符合新时代精神的选择。

其次，现代商业社会中各种艺术品设计创新速率需求提高，导致艺术创新周期缩短，各种效率更高的新型制作工艺满足了这种趋势，如数码印刷技术、3D打印技术和人工智能辅助技术等。这些技术除了可以提高丝绸艺术品的制作效率以外，还可以提高其艺术表现力。同时，我们也应当对这些新工艺进行批判性思考，譬如它们可能带来的环境问题、就业问题和对传统工艺的冲击等社会问题。从总体上来说，这些现代的制作工艺满足了丝绸艺术的创新需求，在丝绸艺术品的制作效率和质量上满足了当今商业社会的需求。

最后，新时代丝绸艺术的材料创新满足了人们日益发展的新需求。例如，随着人们环保意识的提高和可持续发展观被广泛接受，丝绸艺术在材料选择上也需要进行创新，丝绸设计师和艺术家采用有机丝绸、再生丝绸、复合丝绸等新材料，满足了材料的舒适度、环保性和文化性等相关方面的各种需求。我们也需要对丝绸材料创新进行深入思考和研究，探索新材料的耐久性、成本和安全性等问题，确保创新的实施不会带来新的问题。

总的来说，新时代的丝绸艺术创新需要进行全方位、多层次、宽领域的创新，从多个角度进行深入研究和批判思考，保证丝绸艺术创新的科学性和可行性。

第一节　民生需求

新时代丝绸艺术的创新需求中，民生需求是一个重要的方面，需要我们从多个角度进行思考和创新。首先，我们来理解一下“民生”这个词，《辞海》中对于“民生”的解释是“人民的生计”，即“民”指的是人民，“生”则是指人民的日常生活，如衣服、食物、住房、出行、公司和旅游等都属于民生问题。在广义上，“民生”指的是所有与人民生活有关的事情，包括直接或间接相关的事项，这个定义的优点在于它强调了民生问题的重要性和综合性，但它的一个明显的缺点是定义范围过大。在狭义上，“民生”主要从社会的角度来理解。从这个角度看，民生主要指的是人民的基本生存和生活状况，以及他们的基本发展机会、基本发展能力和基本权益保护的状况等。

民生需求是新时代丝绸艺术的重要方面之一，同时也是人类社会的基本需求。人们对于丝绸艺术的民生需求不再仅停留在基本的穿着和装饰需求上，更多的是对于文化、艺术、个性表达和生活品质的追求。民生需求随着人类社会的发展和人们的需求层次的变化而变化。

新时代的社会经济繁荣标志着中国数千年文明史上物质与精神双重文明的顶峰，所以，这一时期是马斯洛需求层次理论中最为丰富与完善的时期。1943年，美国心理学家亚伯拉罕·马斯洛（Abraham H.Maslow）在《心理评论》（*Psychological Review*）杂志上发表了论文《人类动机理论》（*A Theory of Motivation*），提出了需求层次理论（图3-2）。马斯洛在此论文中提出了人类社会中五个等级的需求层次，依次为生理需求、安全需求、爱与归属感的需求（社交需求）、道德需求和自我价值实现的需求。民生需求也是遵循需求层次理论的，并且会随着需求层次的升级而逐渐增长，这种需求层次相互关联，每当一个需求被满足时，下一个更高水平的需求就会出现并且支配民生需求的方向[1]。

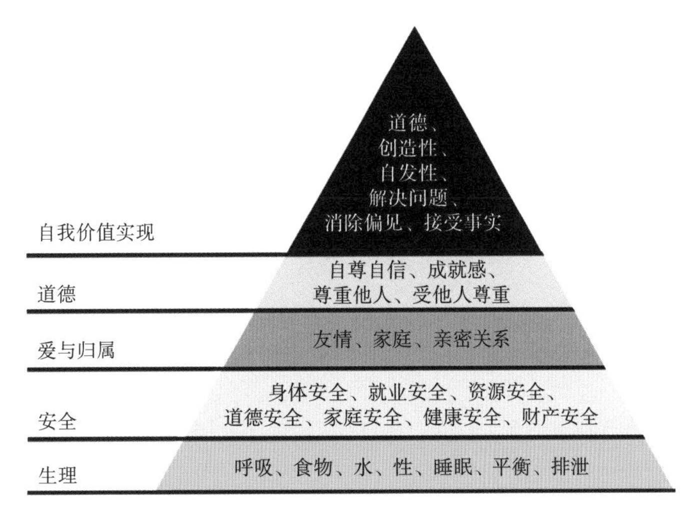

▲图3-2　马斯洛需求层次金字塔

❶ MASLOW A H. A theory of human motivation[J]. Classics in Management Thought-Edward Elgar Publishing，2000(1)：450.

新时代的民生需求与马斯洛需求层次理论有密切的联系。首先，生理需求和安全需求可以对应民生中的基本生活需求，如衣、食、住、行等。其次，社交需求和尊重需求可以对应民生中的社会参与和尊严需求，如就业、教育、医疗、社会保障等。最后，自我实现的需求则可以对应民生中对于更高层次的精神需求，如知识获取、艺术欣赏、个人发展等。因此，马斯洛的需求层次理论为我们理解和解决民生需求提供了理论框架和思考方式。我们应该从满足基本生活需求开始逐步提升，以实现全面的民生保障。

一、生理需求层次

根据马斯诺的理论，最低层次的需求是生理需求，即生存问题[1]。新时代丝绸艺术不仅可以满足部分丝绸从业者和丝绸艺术家的生存需求，还承担着保温防护等基本生存需求。在新时代时期，世界银行（World Bank）曾统计世界极端贫困人口数量，如表3-1所示。

表3-1　世界极端贫困人口（数据来源：世界银行）

年度	2014年	2015年	2016年	2017年	2018年	2019年	2020年
极端贫困人口/亿	8.1	8.0	7.9	7.3	6.9	6.4	7.1

在2020年，极端贫困人口（按 2017 年购买力平价计算每人每天生活费低于 2.15 美元的人数）仍然有7亿多；到2022年底，仍有多达6.85亿人生活在极端贫困之中[2]。中国利用丝绸艺术助力部分曾处于贫困状态的公民转型为丝绸行业工作者，实现了经济上的自我提升，为全世界的脱贫致富贡献了重要的成果。

自古以来，丝绸纺织品作为丝绸艺术重要组成部分，一直在满足人们保暖防护的生存需求。从原始社会开始，丝织品已经满足了人类的保暖与生存需求，即最低层次的民生需求。在原始社会，丝织品应该是以适应人体防护学说为前提，满足适应气候和保护身体这两个早期的基本生存需求。以1958年湖州钱山漾良渚文化遗址中出土的平纹丝织物（图3-3）为例，这块丝织物经过碳十四测定年代为公元前2750年左右，证明了我国从远古时期开始就有了养蚕、缫丝、织绸等纺织技术[3]。如图3-4所示，20世纪80年代，在河南荥阳市青台村出土了距今约5500年的丝织品残片（丝线织成的罗织物）[4]。

[1] RAMBOURG E. The bling dynasty: Why the reign of Chinese luxury shoppers has only just begun[M]. New York: John Wiley & Sons，2014:216.

[2] World Bank. Overview of poverty[EB/OL]. [2023-10-30]. https://www.worldbank.org/en/topic/poverty/overview#:~:text=The number of people in，steepest costs of the pandemic.

[3] 徐辉，区秋明，李茂松，等. 对钱山漾出土丝织品的验证 [J]. 丝绸，1981(2):43-45.

[4] 高汉玉，张松林. 河南青台村遗址出土的丝麻织品与古代民族社会纺织业的发展 [J]. 古今丝绸，1995(1):9-19.

▲图3-3　钱山漾良渚文化遗址中出土的平纹丝织物残片（李潇鹏摄于中国丝绸博物馆）

▲图3-4　陶瓮与白色炭化丝织物（李潇鹏摄于中国丝绸博物馆）

在余杭三亩里新石器晚期遗址出土的纺专（图3-5）是新石器时代早期纺纱工具，又称“纺轮”；甚至到了新时代，在我国偏远区域仍有使用“纺专”进行纺纱的[1]。

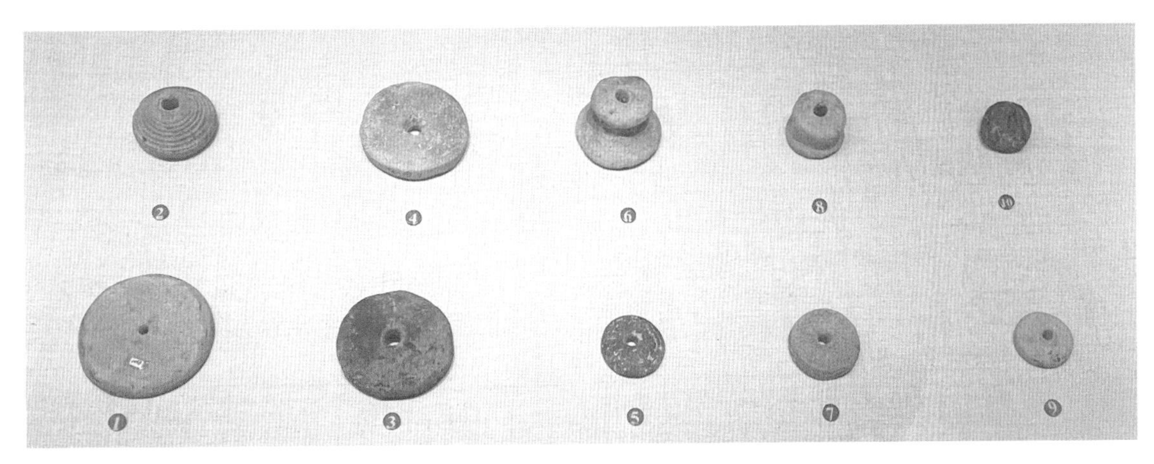

▲图3-5　纺专（李潇鹏摄于中国丝绸博物馆）

丝绸出现在我国原始人类社会中，丝绸纺织品参与了中国最早期的衣食住行，满足了中华大地上人们的生存需求。

二、安全需求层次

新时代丝绸艺术与马斯洛需求理论金字塔中的第二层需求安全需求息息相关，安全需求通常包括身体安全、经济安全、家庭安全和社会安全等。新时代的丝绸艺术在满足这些安全需求方面，扮

[1] 赵丰. 中国丝绸博物馆藏品精选 [M]. 杭州：浙江大学出版社，2022：3.

▲图3–6 丝绸艺术商品（李潇鹏摄于南京云锦博物馆）

演着独特的角色，并作出了突出的贡献。

首先，在身体安全方面，新时代的丝绸艺术产品，如丝绸服饰和家居用品，通过其良好的舒适性和保暖性，可以提供身体上的保护。其次，在经济安全方面，新时代的丝绸艺术品（图3–6）由于其独特的艺术价值和收藏价值成为一种投资产品，可以为投资者带来经济收益，从而提供经济安全。再次，在家庭安全方面，新时代的丝绸艺术品，如丝绸装饰画、丝绸窗帘等，可以提升家居环境的美感和舒适度，营造和谐稳定的家庭氛围。最后，在社会安全方面，新时代的丝绸艺术通过其独特的艺术魅力和文化价值，增强了人们的文化自信和社会认同感，进一步维护了社会安全。所以，新时代的丝绸艺术，不仅是艺术的体现，也是满足人类安全需求的重要方式。

（一）原始社会的安全需求

原始社会时期的丝绸织物与当时的人类安全需求直接相关。原始社会中的丝绸织物对于身体安全具有物理和精神的双重需求。一方面，在物理层面上，荥阳市青台村新石器时代遗址中发掘的丝织品残片和湖州钱山漾良渚文化遗址中出土的平纹丝织物证明了原始社会时期丝绸具有一定的护体御寒功能，体现了丝绸织物对于原始社会安全需求层次的满足。在原始社会中，丝绸织物和大多数原始社会的服装一样，不仅可以抵御寒冷的气候，在一定程度上还可以防止草木沙石对人体的刮刺和蚊虫对人体的叮咬等[1]。在实用的基础上，各种人类早期丝绸艺术品逐渐出现。根据服装起源的身体保护说，丝绸织物的使用价值应该先于审美价值，因此丝绸织物最先满足的是原始社会人们的身体安全需求。

在精神层面上，新石器时代的人类不能理解自然现象和灾难，将其归结为受到了魔鬼与灵魂的影响，因此，一些丝绸织物可能被用作类似护身符之类的物品[2]。东华大学教授赵丰于1993年在《浙江丝绸工学院学报》上发表的论文《桑林与扶桑》中提到，我们的祖先从蚕的变化中产生了对桑树的崇拜，求雨、祈福等重大祭祀活动常在桑树林中进行，在四川广汉出土的三星堆商代青铜神树中就有一株被确定为扶桑树[3]。因此，原始社会时期的人们可能相信丝绸在一定程度上会满足其安全需求。

❶王伊千，李正，于舒凡，等．服装学概论［M］．3版．北京：中国纺织出版社，2018：32–33.

❷同❶。

❸赵丰．桑林与扶桑［J］．浙江丝绸工学院学报，1993(3)：21–25.

（二）古代社会的安全需求

在新时代全球竞争的大环境中，丝绸产业必须借鉴历史教训，应对时代挑战，推进产业创新与需求适应性的革新。因此，深入研究丝绸的历史对当前的经济安全构建有着不可忽视的参考价值。经济安全涉及国家、区域或个体保持经济活动顺畅并防范各类风险的能力。在国家层面上，丝绸艺术能够保证一定的财政安全、资源安全、金融安全与贸易安全等需求的实现；在个体层面上，丝绸艺术能够满足个人的就业安全、财产安全等需求。

古代社会相较于原始社会，出现了城市和国家等社会组织形式，人们的生活方式和社会结构变得更加复杂，出现了贵族、奴隶、农民等不同阶级，以及君主制等政权形式。并且，古代社会的安全需求有一定的增加，出现了经济安全需求和社会安全需求。西周时期的中国是丝绸的发源地，丝绸的生产技术已经相当发达并且成为一种重要的贸易商品。丝绸被广泛用于贸易活动中，成为西周与其他国家和地区进行交流和贸易的重要货物。丝绸的珍贵性和独特性使其成为一种极具吸引力的商品，推动了贸易发展和经济繁荣。

1. 经济安全需求

丝绸作为影响人类数千年文明发展的产品，我们深入探究中国古代丝绸的历史脉络，对于指引新时代中国丝绸艺术的创新发展具有重要的启示意义。在新时代，丝绸艺术产业涉及就业的保障、丝绸企业的健康运行、经济发展的可持续性等多个方面。

古代中国在国家层面上的丝绸艺术与财政安全、资源安全需求息息相关。丝绸不仅是一种高档的艺术奢侈品，还是中国在古代换取西方金银的重要商品，在全世界拥有着非常广阔的市场。中国古代的丝绸艺术品与丝绸纺织品作为一种奢侈品，可以保证中原王朝稳定地赚取金银，从而换取一些其他必要资源的稳定供应，即以商品贸易为目的的丝绸生产在一定程度上可以满足中国古代的经济安全需求。

由于价值较高，丝绸也可以作为礼物赠送给一些邻国从而满足中原王朝的经济安全需求。从秦汉开始，根据《后汉书·西域传》记载：“夫人号称公主，赐以车骑旗鼓，歌吹数十人，绮绣杂缯琦珍凡数千万”和《史记·匈奴列传》记载“服绣夹绮衣、绣夹长襦、锦夹袍各一，比余一，黄金饰具带一，黄金胥纰一，绣十匹，锦三十匹，赤绨、绿缯各四十匹，使中大夫意、谒者令肩遗单于。”可见丝绸经常被用作对外国使者的赏赐。这保障了汉朝一定时期的安全需求，并且也满足了汉朝部分丝绸从业者的生活问题。丝绸艺术保证了中国古代对外贸易的正常进行，避免了贸易摩擦。中国古代的丝绸制品以其精美的外观和独特的工艺技术闻名于世，促进了与其他国家的文化交流和友好关系的建立。

丝绸艺术曾在特定时期保证了国家的金融安全，尤其以三国时期蜀汉的“直百—蜀锦”制度为典型。三国时期，蜀锦的品种和花色非常丰富，其用途广泛、畅销全国，是世家大族的生活必需品。《太平御览·诸葛亮集》中记载的“今民贫国虚，决敌之资唯仰锦耳”意味着蜀锦成为蜀国的经济支柱，蜀汉的蜀锦货币体系类似于今天的美元石油体系，构成了古典的金融体系；费著的《蜀锦谱》详细列出了宋元时期的蜀锦名称，并提到“建炎三年，都大茶马司始织造锦绫被褥，折支黎州等处马价，自是私贩之禁兴。”南宋为了用蜀锦来购买军马而严禁私自贩卖，可见蜀锦在蜀汉、南宋等时代的经济安全和国防安全中扮演了重要角色。

2. 社会安全需求

社会安全需求是每个人的基本需求，政府和社会机构需要积极采取措施来满足人们的安全需求，确保社会的和谐进步。

在古代社会，丝绸通常是上层社会人士首选的服装材料，如皇室成员、贵族或富商，这种社会地位的人员在一定程度上提供了社会安全，也满足了马斯洛的安全需求层次。社会安全需求包括就业安全、社保安全、价格安全和资产安全等。在中国古代社会，丝绸体现了个人或家庭的经济实力和社会地位，《诗经·卫风·氓》中的“氓之蚩蚩，抱布贸丝。匪来贸丝，来即我谋”体现了丝绸早已作为商品在民间进行流通，绢帛甚至可以被看作一种实物货币。以《史记·货殖列传》中的“夫用贫求富。农不如工，工不如商，刺绣文不如倚门市，此言末业，贫者之资也”为例，丝绸行业构成了城市的一大产业，在城市的发展中起到了非常重要的作用，保障了部分从业者的就业安全[1]。同时，它也与政治、社会、环境等其他方面的安全需求相互影响。

（三）新时代及现代社会的安全需求

这个阶段以科技进步和工业化为特征，新时代人们的生活方式发生了巨大变化。现代社会以社会主义和资本主义制度为主要社会形态，出现了工人阶级、资产阶级、中产阶级等新的社会阶层，人们生活的社会也从农业社会转向了工业社会和信息社会。

在现代人类社会中，新时代丝绸艺术民生需求的安全需求层次体现形式主要有就业安全、资源安全、家庭安全、财产安全等。新时代丝绸艺术能够在某种程度上满足这些安全需求。首先，丝绸是一种自然的、对人体无害的纤维，使用丝绸艺术品（丝绸服饰、丝绸床品等）有利于保护人们的健康。其次，丝绸纺织品也可以满足人们的经济安全需求。丝绸纺织品通常价格较高，拥有它们可以显示出个人的经济实力，这在一定程度上可以提供经济安全感。丝绸艺术品可以成为贵重的收藏品，具有一定的财产保值和增值功能。最后，丝绸纺织品还可以带来家庭环境的稳定感，如精美的丝绸窗帘、床单或抱枕等可以使家庭环境更加温馨舒适，从而提供家庭稳定的民生需求。

三、社交需求层次

新时代丝绸艺术是一种社交媒介，它满足了人们的社交需求。新时代的社交需求包括了人们对

[1] 赵丰. 中国丝绸通史 [M]. 苏州：苏州大学出版社，2005：89.

于友情、家庭、亲密关系等形式的人际关系的需求（表3-2）。

表3-2　新时代丝绸艺术创新满足社交需求

满足社交需求的方式	描述
社交场合的着装选择	在新时代，丝绸的光泽、柔软和舒适特性使其成为社交活动中理想的服装材料
共享丝绸艺术体验	观赏和讨论新时代丝绸艺术作品可以增进人与人之间的理解和沟通
参与社区丝绸活动	通过参加丝绸市场和主题活动，新时代丝绸艺术成为社区活动的一部分，可以促进社区凝聚力
丝绸艺术品作为礼物	丝绸艺术作品作为礼物，可以表达情感，加深感情
团队创作丝绸艺术	丝绸艺术家或工匠在创作过程中的团队合作满足了与他人合作的社交需求

总的来说，新时代丝绸艺术的民生需求主要包括马斯洛需求层次中的友情、亲情、爱情以及对集体的归属感等需求。这一层次的需求主要是由于人们希望得到和他人的互动，得到他人的接纳和认同而产生的。丝绸时尚与宗教要素也与社交需求密切相关，社交创造时尚，时尚促进社交，时尚满足社交需求；宗教祭祀促进社交，社交需求推动祭祀，祭祀满足社交需求。

（一）丝绸在中国社会中的社交需求

研究中国古代丝绸的社交需求对于理解新时代丝绸艺术的社交需求具有重要意义。从古至今，丝绸艺术在中国社会中的社交需求包括社会地位的表现、正式场合的礼仪、传统节日的庆典等方面。丝绸的质感和华丽性质使其成为人们在社交活动中展示自己风格和品位的选择，同时也传递了尊重、喜庆等信息。表3-3展示出研究中国古代丝绸艺术的社交需求对于新时代丝绸艺术创新和丝绸产业发展具有指导和启迪作用。

表3-3　研究中国古代丝绸社交需求对于理解新时代丝绸艺术社交需求的意义

研究意义	详细描述
文化的连续性与演变	了解古代丝绸在社交活动中的角色，可以帮助新时代设计师融合传统元素，丰富新时代丝绸艺术的社交需求
社交习俗的演进	丝绸的历史社交地位能够启发新时代艺术家创作适应现代社交语境的作品
创新的启示	研究古代丝绸的创作灵感，为新时代丝绸艺术创新提供方向
社交功能的多样性	古代丝绸的多种社交用途为新时代产品设计提供参考，满足现代多层次的社交需求
市场洞察	对古代丝绸社交需求的理解有助于新时代市场的精准定位和新时代产品设计
社会背景的理解	了解丝绸在不同时代背景下的社交含义，有助于把握其在新时代的社交功能

1. 商周时期

商周时期，礼乐体系是一套规范人们行为和社交礼仪的制度，也是一种文化传统和社会秩序的表达。在周朝社会中，礼乐被视为维持社会秩序、促进人际关系和文化传承的重要手段。《史记·殷本纪》中所述的“桑谷共生于朝”意味着统治者将蚕桑与农粮并列，蚕桑业得到了一定规模的发展[1]。

丝绸在礼乐体系中作为一种奢华、贵重的材料，被用于制作礼仪服饰和装饰品，以展示贵族的身份和地位，满足贵族阶层的社交需求与民生需求。西周时期的礼乐体系和丝绸都在中国文化中扮演了重要的角色。《周礼·天官》中记载：“掌王后之六服：袆衣、揄狄、阙狄、鞠衣、展衣、缘衣、素纱。”由此可知，丝织品（纱）已经参与了中国周朝时期的宫中礼服衣料。《战国策》中的“下宫糅罗纨，曳绮縠”和《诗经·秦风》中“君子至止，锦衣狐裘”体现了绮和锦作为较高档次的丝织品满足了上层社会的社交需求。同时，据《穆天子传》记载，将丝绸作为礼物相赠的传统也始于西周。

祭祀活动满足了商周时期的民生需求，即满足了一定程度上的社交需求。在正式的祭祀礼仪上，丝绸服装反映了天子、诸侯和士大夫之间的等级差异，章纹数量越多，地位越高。通过丝绸衣裳上的章纹数量，可以辨别出不同贵族的地位和身份[2]。这一制度体现了中国古代社会的等级制度和贵族等级的差异。丝绸艺术参与了商周时期礼乐体系中贵族的社交行为和礼仪，促进了中国古代民生需求中的社交需求发展。

2. 秦汉时期

秦汉时期，丝绸艺术与社交需求密切相关，起到了重要的作用。

随着汉代官营、私营纺织手工业发展，社会各阶层都开始有机会接触与消费丝织品这类高档的衣料[3]。《通典》中明确记载：“秦平天下，收其仪礼，归之咸阳，但采其尊君抑臣，以为时用。”[4]秦朝完成统一后，全面搜集并筛选出六国中能强化“尊君抑臣”理念的礼制，从而加强皇权来构建新的礼仪，随后的汉朝又继承了大量秦制[5]。因此，有丝绸艺术参与的秦汉时期社交礼仪也被保存了下来，成为满足当时人们社交需求的一部分。一些秦汉贵族死后，大量的生前丝织品服装也会作为陪葬品，我们可以通过墓葬的一些考古发现去推测当时丝绸艺术在社交场合中的参与程度。马王堆一号汉墓的发掘为我们展示了秦汉时期的丝绸艺术，这批丝织品种类繁多，包括轻纱、纹罗、素绢、纹绮、纹锦、绒圈锦、组带等[6]。

丝绸艺术在宫廷和贵族社交中扮演重要的角色，丝绸制品被广泛用于礼物交换或者皇帝赏赐，贵族之间互赠丝绸制品不仅是一种社交礼仪，也是彼此关系的象征和加强交往的方式。《西京杂技》中记载赵昭仪赠送给赵皇后的礼单中“金华紫轮帽、金华紫轮面衣、织成上襦、织成下裳……金错绣衬、七宝基履”，这证明了丝绸艺术品作为礼物具有社交属性，满足了人们的社交需求。丝绸织物还可以被用于装饰和布置社交场所。秦汉时期，一些上层社会的贵族可能在一些特殊场合，使用丝

[1] 耿榕泽. 新中国丝绸纹样的设计社会学特征研究 [D]. 南京：南京艺术学院，2022.

[2] 赵丰. 中国丝绸通史 [M]. 苏州：苏州大学出版社，2005：39.

[3] 赵丰. 中国丝绸通史 [M]. 苏州：苏州大学出版社，2005：89.

[4] 杜佑. 通典·第四十一卷·礼序 [M]. 北京：中华书局，1988：1120.

[5] 汤勤福. 集权礼制的变迁阶段及其特点 [J]. 华东师范大学学报（哲学社会科学版），2020，52(1)：30–46，196–197.

[6] 侯良. 丝织文物保护的楷模 [J]. 丝绸，1995(3)：51–52.

绸织物来装饰墙壁、悬挂帷幕和摆设家具，以增添华丽和庄重的氛围。

综上所述，秦汉时期丝绸艺术在社交场合中的运用，不仅体现了使用者的个人地位和身份，还强化了社交关系。丝绸艺术在礼仪、装饰和艺术表达中扮演着重要角色，丰富了社交活动的内涵和体验。

3. 魏晋南北朝时期

在魏晋南北朝的民族大融合时期，社交需求与丝绸艺术之间存在着紧密的联系和互动。北魏孝文帝在公元494年积极实施对鲜卑人的全面汉化政策，以北朝花卉纹锦衣（图3–7）和列蝶对虎纹锦翘头靴（图3–8）为例，丝绸服饰融入了北朝的社会生活，丝绸织物被用于制作各种装饰品，如帽子、腰带和锦袜等，为其增添了华丽和独特的风格。

▲图3–7　花卉纹锦衣（李潇鹏摄于中国丝绸博物馆）

▲图3–8　列蝶对虎纹锦翘头靴（李潇鹏摄于中国丝绸博物馆）

在南朝，由于九品中正制的推行，社会奢侈攀比之风盛行，助长了皇室及士族对丝织物奢侈品的需求。以《南齐书·东昏侯纪》中的“自制杂色锦伎衣，缀以金花玉镜众宝，逞诸意态”为例，丝绸艺术满足了上层社会纵欲无度的社交需求。同时，丝绸艺术在礼仪和宗教仪式中发挥着重要作用。人们在重要的社交场合，如婚礼、祭祀和宴会等，会使用丝绸制品来展示礼仪和举行仪式。丝绸制品被用作宴席上的桌布、礼品的包装材料，以及祭祀场所的装饰，这些丝绸制品的使用不仅彰显了场合的庄重和尊贵，也体现了人们对神圣和仪式的敬畏。《江南春》中的“南朝四百八十寺，多少楼台烟雨中”描述了佛教在南朝成为一个影响巨大的宗教，刺绣佛像、佛教图案等丰富了佛教的艺术形式，满足了具有相同信仰的人们的民生需求。

4. 隋唐五代时期

在隋唐五代时期，社交需求与丝绸艺术之间有着紧密的联系和相互影响。

首先，唐朝是中国历史上一个万邦来朝的时期。通过丝绸之路与外界广泛交流，大唐不仅贸易繁荣，文化和艺术交融也达到了无与伦比的高度。团窠联珠对鹿纹锦（图3–9）的流行不仅体现了唐朝的艺术创新，也反映了当时社会的包容性和对外开放的文化氛围。

隋唐时期有着严谨的礼仪制度，根据唐代王建的《织锦曲》中的“锦江水涸贡转多，宫中尽著

▲图3-9　团窠联珠对鹿纹锦（李潇鹏摄于中国丝绸博物馆）

单丝罗”可知，宫中的人能穿上奢侈的丝罗。可见“单丝罗”这种极致轻薄的丝织品在隋唐时期的上流社会宫廷女性中风靡一时，这种高档丝织品能够满足上层社会的社交需求。社交创造时尚，时尚促进社交，时尚满足社交需求。唐代元稹的《离思五首》中有这么一句话：“红罗著压逐时新，吉了花纱嫩麴尘”，由于红罗的华丽和新颖，丝绸制成的服饰成为时尚的代表，压过了其他的新潮服饰。李商隐《燕台四首》中的“越罗冷薄金泥重”和韩偓《意绪》中的“口脂易印吴绫薄”都形象地描绘了丝绸的质感与触感；王逢《赠人二首》中的“越绯衫上有红霞”和白居易《杭州春望》中的“红袖织绫夸柿蒂”则生动地刻画了丝绸的艳丽色彩和独特纹样；李贺《恼公》中的“蜀烟飞重锦，峡雨溅轻容”和杜牧的《江上雨寄崔碣》中的“春半平江雨，圆文破蜀罗”则进一步描绘出丝织品的丰富品种[1]。这些诗句体现了唐朝丝绸的时尚属性和社交属性，满足了当时人们的社交需求。同时，根据法门寺出土的各种唐朝丝织物，唐代的丝织品工艺在传统基础上发展出了印花、贴金、描金、捻金、织金等新的工艺技术，这些都是以前少见的工艺品类，菱纹织金锦的工艺尤其代表了唐代工艺的最高水平[2]。这些工艺技术进步的原动力都是由民生需求中的社交需求推动的。

宗教祭祀促进社交，社交需求推动祭祀，祭祀满足社交需求。丝绸织物被用作宴席上的桌布、礼物的包装材料，以及祭祀场所的装饰。在唐代，无论是天子还是百姓，都积极参与佛教的供养和寺庙的保护工作，这反映出唐代佛教在社会心理和实际生活中都占据了重要地位，从中可以看出佛教祭祀活动具有一定的社交属性，是上层社会社交手段之一[3]。丝绸制品的使用不仅彰显了仪式的庄重和尊贵，也体现了人们对传统文化和仪式的尊重。法门寺《地宫物帐碑文》记载了“挟可幅长袖五副各五事，长暖子二十副，各三事。内五副锦，五副绮，一副金锦，一副金褐”，其中大量丝织品满足了当时人们参与宗教活动的社交需求[4]。

5. 辽、宋、西夏、金时期

在辽、宋、西夏、金时期，丝绸艺术与社交需求相互影响、互相关联。宋朝并非一个单一的封建帝国，它在北宋时期与辽国和西夏并存，在南宋时期则与金国对峙，这导致了中原的丝绸艺术向这些少数民族政权的传播（图3-10、图3-11）。北方少数民族在不同程度上接纳了汉式五礼制度，

❶ 姚培建．千年丝绸见唐风——唐代丝绸评述 [J]．丝绸，1997(4)：40-43，5.

❷ 董文明．法门寺蹙金绣服饰——唐代丝绸工艺之精华 [J]．文化创新比较研究，2020，4(15)：71-72.

❸ 刘薇．从法门寺地宫物帐碑看唐代佛教供养 [D]．北京：北京服装学院，2022.

❹ 同❸。

既为中华传统礼制注入了新的元素，同时也推动了这些少数民族政权的蓬勃发展[1]。

在宋朝，丝绸织物仍然是一种重要的贵族和士人的服饰材料，宋代的绘画作品《女孝经图》中描绘了几位女子，她们身着丝织襦裙，图中围坐的女子神态各异，有全神贯注地倾听的、交流的、向侍女嘱咐事情的，生动有趣（图3–12）。以此可知，人们在社交活动中会选择穿着丝绸制作的华丽服装，以显示自己的身份和地位。

丝绸艺术在礼仪和仪式中发挥着重要作用。辽、宋、西夏、金时期，礼仪和仪式在社交活动中占据着重要地位，《艺林伐山》中记载“宋徽宗宫人多以麝香色为缕金罗、为衣裙”，丝绸服饰参与了宋朝的社交礼仪[2]。

▲图3–10　辽代对鸟麒麟纹锦虎皮帽（李潇鹏摄于中国丝绸博物馆）

▲图3–11　辽代虎皮胡禄（李潇鹏摄于中国丝绸博物馆）

▲图3–12　《女孝经图》局部

6. 元朝时期

元朝时期的中国社会由多种不同地区文化融合和碰撞形成，丝绸艺术与社交需求之间仍然保持着紧密的联系和相互影响，满足了多元化的社交需求。元朝时期，在宫廷和贵族社交活动中，丝绸服饰的华丽和精美仍然是彰显尊贵和奢华的重要标志，如图3–13所示，元世祖皇后通过织金锦、丝绒等材质的服装，展示自己的高贵身份[3]。根据《元史》记载“所奉祖宗御容，皆纹绮局织锦为之”，丝绸艺术也参与制作“元太祖画像”御容；同时，元代帷

[1] 汤勤福. 集权礼制的变迁阶段及其特点 [J]. 华东师范大学学报(哲学社会科学版)，2020，52(1)：30–46，196–197.

[2] 赵丰. 中国丝绸通史 [M]. 苏州：苏州大学出版社，2005：296.

[3] 蒋文光. 中国历代名画鉴赏(上册)[M]. 北京：金盾出版社，2004：1138.

▲图3-13　元世祖皇后像

幕、车舆也以丝绸刺绣点缀❶。从《元史》中可知，宫廷仪典中蓝色织物大量使用，《元典章》中的记载提到，元朝曾禁止民众穿用织金丝，以及制造日月龙凤缎匹和缠身大龙缎子等纺织品❷。丝绸艺术还在文化艺术和社交娱乐中发挥着重要作用，人们将丝绸制品作为礼物赠予亲友，以表达友谊和深厚的情感。

7. 明朝时期

在明朝时期，丝绸艺术与社交需求之间仍然有着密切的联系和相互影响。

一方面，明朝时期在宫廷和贵族社交活动中，丝绸服饰的华丽和精美仍然是彰显尊贵和奢华的重要标志。在洪武三年（1370年）和永乐三年（1405年），《明史・舆服志》中提到皇帝、皇太子、皇后的礼服需要配以青纱制作的中单（内衣）❷。北京南苑苇子坑明墓中曾发现过四合如意连云八宝暗花纱洒线绣的云龙百褶裙、织成云龙妆花纱裙、六则团凤八吉祥暗花纱裙，以及凤穿缠枝牡丹及宝仙花、暗花纱女上衣等奢华女性服装❷。另一方面，万历年间丝织业繁荣发展，以蔡献臣的《清白堂稿》中的“往时富贵人家里衣不用布，今则市井少年，无不着丝绸罗短衫、绸纱裙、绸绫袴者”为例，丝绸从以前的禁用开始走向了普及化❸。

其次，明朝时期的礼仪和仪式非常重要，丝绸制品被广泛应用于各种庆典、宴会和祭祀等场合。据《明史・舆服志》记载，皇帝的冠服分为衮服、常服和燕弁服。衮服主要在进行祭天地、宗庙、正旦、冬至、圣节、社稷、先农、册拜等重大仪式时使用；常服则是皇帝日常着装，满足了人类社会一定的社交需求；而燕弁服则是皇帝在深宫中独居时穿着的服装❹。丝绸制品的使用不仅彰显了仪式的庄重和身份的尊贵，也体现了人们对传统文化和仪式的重视（表3-4）。

表3-4　不同节日的明朝丝绸宫廷服装需求变化

节日	丝绸艺术在社交需求的体现
元宵节	元宵节期间的灯谜活动催生了具有灯景纹样设计的丝绸品种。从明代《大藏经》及同期的织锦艺术品中，我们可以观察到众多灯景纹样的变化，包括装饰文字的“富贵灯”和“庆寿灯”；画作葫芦状的“福禄大吉灯”；旁边搭配双鱼和流苏的“金玉满堂灯”；添置八宝流苏的“八宝吉庆灯”；以及附有稻穗和蜜蜂的“五谷丰登灯”等多种表现形式等❹
清明节	清明节，明朝皇宫内的官眷和内臣都会换上罗衣，穿上鞦韆纹的衣服。北京定陵地下宫殿中的万历皇帝棺椁内，就曾经出土了两个鞦韆仕女金线绣制的香囊❹

❶赵丰. 中国丝绸通史 [M]. 苏州：苏州大学出版社，2005：362-363.

❷陈娟娟. 明代的丝绸艺术 [J]. 故宫博物院院刊，1992(1)：56-76，100-101.

❸赵丰. 中国丝绸通史 [M]. 苏州：苏州大学出版社，2005：389.

❹同❷。

续表

节日	丝绸艺术在社交需求的体现
谷雨日	谷雨是中国二十四节气之一，正值春耕春种时节，皇宫内的宫眷和内臣都会穿上绣有五毒和艾虎纹样的补子蟒衣。根据吕种玉在《言鲭·谷雨五毒》中的记载，古代青齐一带流行一种传统习俗：在谷雨日，民众绘制含有蝎、蜈蚣、蛇、蜂、蛾形象的五毒符，并在每个图样上画一个针刺，随后将其悬挂于门前，以期避免疾病和害虫。北京定陵地下宫殿出土的五毒纹香囊、孝靖皇后所穿的洒线绣五毒艾虎补纱女衣均见证了这一习俗，后者上绣有蝎、蛇、蜈蚣、壁虎、蟾蜍和带有艾枝的老虎（艾虎）图案❶
中秋节	中秋节是中国的重要传统节日，是人们阖家团圆的节日，也是满足了人们社交需求的节日。相传，皇宫中的官员们会赏秋海棠、玉簪花，穿上月兔纹的衣服。在魏忠贤擅政的时候，他甚至穿上了满身的金兔纹衣❶。在北京定陵地下宫殿万历皇帝的棺椁内，也曾经出土过奔兔织金纱，这件服装在很大程度上满足了皇家的社交需求❶
重阳节	在九月，皇帝会在御前赏菊，宫眷和内臣从初四开始就会穿上罗衣，并在重阳节穿上景菊花补子和蟒衣。陆机在《纂要》中说："九月亦名菊月。"在明代刊印的《大藏经》封面以及其他地方出土的明代丝织品中，菊花题材的纹样是很常见的❶

新时代丝绸艺术在社交场合中的应用，不仅展示了个人的地位和品位，也体现了社交活动的庄重，丰富了社交活动的内涵和体验。

8. 清朝时期

在清朝时期，丝绸艺术与社交需求之间仍然有着密切的联系和相互影响。

首先，丝绸仍然是贵族和上层社会的主要服饰材料。人们在社交活动中会选择穿着丝绸制作的华丽服装，以展示自己的地位和品位，特别是在宫廷和贵族社交活动中，丝绸服饰的华丽和精美仍然是彰显尊贵和奢华的重要标志。《梅里先蚕祠碑》记："浙西蚕功甲天下，上供朝庙法服之章采，下洽薄海内外织纴服物之用"，由此可知，丝绸参与了清朝上层社会和贵族阶层的日常生活。《皇朝礼器图式》的十八章（图3-14）规定了诸如仪式器皿、天文仪器和在官方与私下场合使用的服饰，特别是关于皇帝、王子、贵族及其配偶、满族官员和他们的妻子、女儿的服饰❷。其中，服饰可分为正

▲图3-14 《皇朝礼器图式》中的皇子福晋夏朝袍

❶ 陈娟娟. 明代的丝绸艺术 [J]. 故宫博物院院刊，1992(1):56-76，100-101.

❷ GARRETT V. Chinese Dress : From the Qing Dynasty to the Present Day[M]. Vermont：Tuttle Publishing，2008：10.

式和非正式两类，进一步细分为正规、半正规和非正规。正规和半正规的官方服装是在上朝时穿着的，而非正规的官方服装则是在公务出行、参与一些朝廷娱乐活动以及重大国内活动时穿着，在家庭聚会场合，人们则穿着非正规的正式服装❶。

其次，清朝时期的礼仪和仪式非常重要，丝绸制品被广泛应用于各种庆典、宴会和祭祀等。丝绸织物被用作宴席上的桌布、礼物的包装材料，以及公共场所的装饰。丝绸制品的使用不仅彰显了仪式的庄重，也体现了人们对传统文化和仪式的重视。

此外，中国丝绸艺术还在文化艺术和社交娱乐中发挥着重要作用。丝绸制品被广泛用于绘画、刺绣和刻字等艺术形式（图3-15），如“绿色手绘折枝花卉外销绸”（图3-15左）、“外销黑色刺绣花卉纹马尼拉披肩”（图3-15中）和“外销白缎地彩绣缠枝莲花鸟床罩”（图3-15右）等。人们将这类丝绸制品作为礼物赠予亲友，以表达友谊和深厚的情感。

▲图3-15　外销丝绸产品（李潇鹏摄于中国丝绸博物馆）

9. 民国时期

在民国时期，丝绸艺术与社交需求之间的联系有所变化。民国期间丝绸行业盛衰起伏，民国早期丝绸发展较快，民国中期出现“丝业危机”，抗日战争及解放战争期间丝绸行业再度衰退❷。

首先，丝绸艺术在社交场合中仍然扮演着一定的角色。尽管西式服饰在民国时期逐渐流行，但丝绸面料仍然被用于制作华丽礼服和正式场合服装，且人们仍然选择穿着丝绸制品，来显示自己的尊贵和身份。民国时期的旗袍以绸缎面料为主。传统的绸缎品种相对单一，典型的有摹本缎、库缎、

❶ GARRETT V. Chinese Dress : From the Qing Dynasty to the Present Day[M]. Vermont: Tuttle Publishing，2008:10.

❷ 赵丰. 中国丝绸通史 [M]. 苏州：苏州大学出版社，2005:583-587.

宁绸、花线春、花纱、杭罗、杭纺、湖绉等；新型缎类织物有金玉缎、花香缎、古香缎等[1]。

民国时期，丝绸旗袍大大满足了民国上层社会的社交需求，丝绸旗袍优雅华贵，既体现出女性的韵味，又展示出女性的独立自信，因此大受欢迎。丝绸旗袍和丝绸礼服成为上流社会女性参加各种社交活动时的首选服装，如宴会、舞会、茶话会等。随着欧美最新的时装风格引入，上海的旗袍款式开始变得丰富多样。最初，一些追求时尚的女性想要缩短旗袍的长度，但又担心受到保守派的批评，于是在旗袍下摆同时加入了三四寸长的蝴蝶裥；到了20世纪30年代初，在旗袍四周加上花边的风潮在上海妇女中流行开来[2]。民国时期旗袍通过不同社交圈的搭配，如电影明星、部分女学生和知识分子这些现代化群体，通常会选择一些流行、复杂且能体现其身份象征的丝绸旗袍搭配方式，这些搭配方式具有明显的流行趋势变化[3]。

民国时期的社交需求与丝绸艺术的联系相对较弱，但丝绸艺术仍然在一定程度上在社交场合中扮演着重要角色。丝绸制品的华丽和精美仍然被视为一种独特的文化符号，用于展示个人的尊贵和身份。同时，丝绸艺术在文化艺术和社交娱乐中的应用也有一定的延续，为社交活动增添了一份传统和独特的魅力。

10. 新时代

在新时代，丝绸艺术与社交需求之间仍然存在一定的联系和相互的影响。党的十九大指出了新时代中国特色社会主义的历史方位，中华民族伟大复兴对文化自信提出了新需求[4]；同时，丝绸艺术也需要更多地满足新时代人们的社交需求。

▲图3–16　新中式（李潇鹏摄于中国丝绸博物馆）

首先，丝绸艺术在社交场合中仍然扮演着一定的角色。尽管由于现代化的生活方式和时尚潮流的影响，丝绸制品在日常服饰中的使用可能相对较少，但在特殊的社交活动和正式场合，丝绸制品仍然被用于制作华丽的礼服和正装，以彰显个人的尊贵和品位。2010年，中国发展为世界第二大经济体，正所谓“经济基础决定上层建筑”，丝绸艺术满足了人民群众日益增长的美好生活需求和社交需求。中国丝绸博物馆中收藏了大量当代丝绸服饰，包括曾凤飞设计的“新中式”（图3–16）、凌睿婉设

[1] 赵丰. 中国丝绸通史 [M]. 苏州：苏州大学出版社，2005：632.
[2] 李洋. 20 世纪 30 年代上海女性形象与审美文化 [D]. 上海：上海戏剧学院，2010.
[3] 卞向阳，贾晶晶，陈宝菊. 论上海民国时期的旗袍配伍 [J]. 东华大学学报（自然科学版），2008，34(6)：713–718.
[4] 冯远，卢禹舜，牛克诚，等. 新时代中国画的传承与发展研究报告 [M]. 南宁：广西美术出版社，2022：14.

▲图3-17　刀马旦（李潇鹏摄于中国丝绸博物馆）

计的“刀马旦”（图3-17）等服装作品，这些新时代的丝绸服饰满足了新时代中国人民日益增长的社交需求。

其次，丝绸艺术在礼仪和仪式中的应用有所变化。随着社会的变革和文化多元化的发展，人们对于礼仪和仪式的理解和实践方式也有所不同。丝绸制品在现代礼仪和仪式中的应用可能更加注重个性化和创新性的表达，如在婚礼、庆典和宴会等场合，丝绸装饰品可能更多地体现现代审美和个人品位。以南京云锦《万寿中华》为例（图3-18），此展品是南京云锦研究所赠送给联合国教科文组织的礼物。在新时代的文化艺术领域，丝绸制品被用于绘画、刺绣、衍纸等艺术形式，以展示传统工艺的精湛和独特之处。

▲图3-18　南京云锦《万寿中华》（李潇鹏摄于南京云锦博物馆）

综上所述，新时代的社交需求与丝绸艺术之间的联系相对灵活和多样化。丝绸艺术在不断变化的社会环境下适应了时代的发展，保留了其独特的魅力和文化意义，为社交活动增添了一份独特的品位和价值。

（二）丝绸在外国社会中的社交需求

丝绸在欧美社会中也具有重要的地位。丝绸在欧美社会中的社交需求主要体现在它的奢华和优雅，无论是在服装、礼品赠送还是家居装饰中都能满足人们对高雅生活的追求。

在新时代，我们可以通过了解外国当代的丝绸艺术审美，结合国际审美和中国本土特色，创造新颖的新时代丝绸产品，把我们的丝绸纺织品继续发扬光大，走出去更好地引领全世界的时尚。

研究外国各时期丝绸社交需求对于新时代丝绸艺术创新具有重要意义（表3-5）。自古以来，中国丝绸艺术沿着丝绸之路扩散至各国，满足了沿线各地的交际所需，由此催生了庞大的市场与社会需求。中国丝绸传播到欧洲的历史可以追溯到公元前5或6世纪，美国《国家地理杂志》中记载：德国考古学家在斯图加特南部的霍克杜夫村的一个约公元前500年的古墓中发掘到了中国丝绸衣物残迹，因此中国丝绸至少在公元前6世纪就已经出现在欧洲了❶。在公元前5世纪的下半叶，中国制造的丝织品已在波斯（现今伊朗）市场中流通。希腊历史学者希罗多德（Herodotus）在其作品中多次描述帕提亚人（也被称为安息人）穿着米底亚风格的服饰，这种服饰实际上就是古希腊时期常见的Media长上衣，也是欧洲所说的来自赛里斯（意为丝国、丝国人，一般认为指中国或中国附近地区）的丝绸❷。

表3-5 研究外国各时期丝绸社交需求对于新时代丝绸艺术创新的意义

重要性方向	研究意义
全球化视角	了解外国丝绸的社交需求，有利于新时代丝绸艺术融入全球文化，满足国际市场的社交需求
审美多样性	可以通过了解外国各时期的丝绸艺术审美，增加丝绸设计多样性，结合国际审美和本土特色，创造新颖的新时代丝绸产品
创新灵感	通过了解外国丝绸历史和社交需求，我们可以启发新时代丝绸设计理念，创新纹饰、色彩和面料
跨文化交流	通过融合外国丝绸社交需求，丝绸艺术可以促进不同文化间的相互理解和尊重，成为新时代文化沟通的桥梁
市场扩展	理解外国丝绸艺术的社交需求，有助于新时代的出口战略和市场营销，增加产品的国际竞争力
历史与现代对话	研究丝绸全球历史文脉，我们可以将各个文化的丝绸与新时代丝绸艺术设计相结合，创造有深度的丝绸艺术作品
社会文化解读	深入理解不同社会和文化对丝绸服饰艺术的影响，可以为新时代设计师提供宝贵的视角
可持续发展	通过了解各国对丝绸生产消费的态度，在新时代我们可以开发环保且符合社交需求的新型丝绸产品
经济策略	外国社交需求反映当地经济状况和消费习惯，有助于新时代丝绸企业制定市场策略

在公元2世纪，中国向罗马运输的高档丝绸价格高达每磅12盎司黄金，这意味着454克丝绸相

❶ 孙玉琳. 浅谈周秦丝绸[J]. 文博，1993(6)：43-46.

❷ 同❶。

当于340克黄金的价值，因此丝绸被赞誉为“软黄金”，丝绸成为欧洲最珍贵的纺织品[1]。在周秦时代，丝绸生产已经相当成熟，并以商品的形式出现在商品交换市场上，如《史记·李斯列传》中有“阿缟之衣，锦绣之饰”的记载。当时的丝绸产品不仅供贵族使用，也作为大量商品在市场上交换，市场规模相当大。《史记·货殖列传》中“通都大邑，酤一步……帛，絮，细布千钧，文彩千匹”的记载，说明了丝绸的销量巨大[2]。

直到18世纪的欧美社会，尽管欧洲早期精致的着装已经不复存在，但是当时的欧洲社会可以通过是否使用优质的丝绸面料来区分社会阶级。理查德·布什曼（Richard Bushman）指出，从18世纪开始，美国的高级社会阶层对服装有着严格的要求。因此，优雅的衣物通常由丝绸或者印花棉布制成，上层社会的服饰材料以丝绸礼服为主[3]。同时，人们通过赠送丝绸艺术品来表示敬意和友好，通过穿着精美的丝绸衣物来展示身份和地位，通过欣赏丝绸艺术品来增进感情和互动。可见丝绸艺术在社交需求层次上的满足主要表现在归属感、尊重和接纳等方面。

1. 高档服装材料

丝绸被广泛用于制作各种高档服装，如礼服、西装领带、婚纱等。人们通常会选择在各种正式场合或高端社交活动中穿戴丝绸服饰来展示其身份和品位。

路易丝·莫伊永（Louise Moillon ）的画面（图3-19）中展示了精英阶层和普通阶层的服饰差异，表现了不同的社交需求，画中的优雅女性身着华丽的黑色缎子衣服，带有蕾丝立领和蕾丝边的抹胸；右边的女商人则身着更为朴素的服装，她的衣服虽然在轮廓上模仿了当时的时尚，但袖子更宽，领口更低，她的衬衣是由便宜的亚麻布制作的，缺乏优雅女性衣服上的装饰细节，这幅画以直观的形式展示了当时社会阶层间的服饰差异[4]。

▲图3-19　1631年《水果和蔬菜摊贩》

塞西尔·威利特·坎宁顿（Cecil Willett Cunnington）于1937年出版了《19世纪英国妇女服装》（*English women's clothing in the nineteenth century*）一书，书中记载了两种不同的漫步裙（图3-20），一种是由陶土色丝绸

[1] 李启正. 丝绸文化承载中外文明交流互鉴 [N]. 人民日报，2023-08-27(7).

[2] 孙玉琳. 浅谈周秦丝绸 [J]. 文博，1993(6)：43-46.

[3] WHITE S，WHITE G. Stylin' African-American expressive culture，from its beginnings to the zoot suit[M].Ithaca：Cornell University Press，2018：8.

[4] DE Y J. 1630-1639，17th century[EB/OL]. (2020-08-18). https://fashionhistory.fitnyc.edu/1630-1639/.

制成，上面散布着墙花红色的绒布碎片，与简单的法兰绒裙搭配；另一种是由绿色的羊驼绒制成，用绒布进行修饰，搭配丝质裙子，背部设计为瀑布式[1]。以图3-21为例，图中描述了几种不同的女性服装：其中早礼服由条纹丝绸制成，装饰有倒褶边；一件晚礼服由稻草色丝绸制成，胸部设计带有希腊风格；另一件晚礼服由粉红色条纹丝绸制成，装饰有褶皱[2]。

▲图3-20　1883年丝质漫步裙

▲图3-21　1841年女性丝质服装

丝绸之路开辟以来，中国丝绸艺术便作为一种重要的文化和艺术载体，满足了各个时代全世界不同文明社交的需求（表3-6）。深入探究外国在服饰艺术方面对丝绸的社交需求有助于将中国丝绸艺术更好地融入全球化语境，从而引领全世界丝绸艺术。鉴于丝绸艺术已深植于全球服饰文化之中，持续在此基础上进行创新设计是顺应时代发展的必然选择。

表3-6　丝绸服装艺术满足世界不同时期社交需求的体现

服装名称	丝绸服饰艺术满足国外社交需求的体现
女式罩衫（Smock）	女式罩衫的流行时期跨越了几个世纪。在13世纪末至17世纪，罩衫的设计变得更加华丽，通常使用彩色丝绸和金线进行刺绣装饰[3]
普鲁德弗斯（Pluderhose，哈伦裤，又称蓬松裤）	普鲁德弗斯是普鲁士男性在1550年至1600年间流行的一种短裤。这种短裤的特点是裤腿宽大，间隙宽阔，裤腿内衬通常用丝绸制成，并会悬垂在下方的裤腿上方[4]

❶ CUNNINGTON C W. English women's clothing in the nineteenth century[M]. London：Faber and Faber，1956.

❷ 同❶。

❸ CUMMING V，CUNNINGTON C W，CUNNINGTON P E. The dictionary of fashion history[M]. London：Bloomsbury Academic，2010：247.

❹ CUMMING V，CUNNINGTON C W，CUNNINGTON P E. The dictionary of fashion history[M]. London：Bloomsbury Academic，2010：208.

续表

服装名称	丝绸服饰艺术满足国外社交需求的体现
夜袍（Night rail）	夜袍主要为女性穿着，起源于16世纪，流行至19世纪末，是一种由荷兰布、丝绸或缎子制成的披肩，长度下垂至腰部或臀部[1]
西班牙披风（Spanish cloak）	在16世纪和17世纪，西班牙披风在不同的时期有不同的款式，这是一种短款带兜帽的披风，设计简单但实用；在1836年至20世纪初，西班牙披风的设计发生了变化，成为一种短款、圆形的晚宴披风，内衬则是由亮色的丝绸制成
皮利斯（Pelisse）	皮利斯在18世纪时流行，形式为三分之一长度的披风，肩部配有披肩或帽子以及臂孔裂口，通常以丝绸、缎子或毛皮作为衬里和装饰。在19世纪80年代，皮利斯变为一种长款冬季披肩，常用天鹅绒、丝绸或缎子制成，肩部收紧并配有宽松的袖子[2]
男士奶油色丝绸长外套（Man's cream silk frock coat）	男士奶油色丝绸长外套，其制作年代约在1778年至1780年，这款外套是夏季轻盈款式，体现了18世纪最后几十年流行的窄线条风格，外套的长款贴身袖子、圆形袖口和开衫前襟露出背心，是当时典型的设计特点，法国人在此基础上加入了倾斜的披肩领设计[3]
直筒连衣裙（Chemise dress）	1780年至1810年的直筒连衣裙通常由薄纱、康布或者彩色丝绸制成
保暖被褥式外套（Douillette, donnilette）	流行于1818年至19世纪30年代的保暖被褥式外套；在19世纪30年代，它是一种冬季服装，采用红色长外套的形式，由印花缎、美利奴羊毛或开司米制成[4]
晨衣（Morning dress coat）	男性的晨衣在1837年至1840年间流行，采用深酒红色面料制作；衣身内部采用黑色丝绸作为衬里，而袖子内侧则使用白色棉布，袖口部分衬以棕色丝绒，这件外套的领子、翻领边缘和尾部周围可能有丝带编织[5]
塔廖尼（Taglioni）	塔廖尼流行于1839年至约1845年。这是一种双排扣大衣，特点是有非常大的领口平放在肩膀上，宽大的翻领覆盖胸部；领口、翻领和袖口使用方格纹缎子、天鹅绒或"类似毛皮的新丝绸材料"[6]
衬裙（Petticoat）	19世纪90年代，衬裙通常由丝绸或缎子制成，装饰着大量的褶饰、花边和丝带，走路时会发出"诱人的沙沙声"。在现代美国人的用法中，"衬裙"仅指挂在腰间的衣服，它们通常由棉、丝绸或薄纱制成[7]
波尔卡（Polka）	女性服装波尔卡流行于1844年；波尔卡是一种短款的外套或夹克，内衬用丝绸制作，既保暖又舒适[8]
波尔维里诺（Polverino）	女性服装波尔维里诺流行时期于1846年，是一种大号的丝质披风，其设计简洁，没有内衬

[1] CUMMING V，CUNNINGTON C W，CUNNINGTON P E. The dictionary of fashion history[M]. London：Bloomsbury Academic，2010：188.

[2] CUMMING V，CUNNINGTON C W，CUNNINGTON P E. The dictionary of fashion history[M]. London：Bloomsbury Academic，2010：201.

[3] CUMMING V，CUNNINGTON C W，CUNNINGTON P E. The dictionary of fashion history[M]. London：Bloomsbury Academic，2010：117.

[4] CUMMING V，CUNNINGTON C W，CUNNINGTON P E. The dictionary of fashion history[M]. London：Bloomsbury Academic，2010：90.

[5] STOREY N. History of men's fashion: what the well-dressed man is wearing[M]. Barnsley：Casemate Publishers，2008：74.

[6] CUMMING V，CUNNINGTON C W，CUNNINGTON P E. The dictionary of fashion history[M]. London：Bloomsbury Academic，2010：261.

[7] "How to Put Together Cute Outfits With Skirts" [EB/OL]. classroom.synonym.com. 2020-08-16. [2023-11-7] https://classroom.synonym.com/how-to-put-together-cute-outfits-with-skirts/.

[8] CUMMING V，CUNNINGTON C W，CUNNINGTON P E. The dictionary of fashion history[M]. London：Bloomsbury Academic，2010：210.

续表

服装名称	丝绸服饰艺术满足国外社交需求的体现
塔尔马披风（Talma cloak）	塔尔马披风流行于19世纪50年代。这是一种长度及膝的披风，有宽大的翻领，通常还有精美的绣花装饰，内衬则是用丝绸制成，既华丽又实用；塔尔马披风的名称来源于法国演员弗朗索瓦·约瑟夫·塔尔玛（Francois Joseph Taima）（1763—1826），他在古典戏剧中重新引入了长袍，成为19世纪男性时尚的一部分❶
蓬巴杜披风外套（Pompadour）	蓬巴杜披风外套的流行时期在19世纪50年代，其由彩色丝绸制成，设计上带有细长的袖子，形状通常是宽松的，只在颈部系扣，给人一种轻松自在的感觉；这种披风外套的设计灵感可能来源于法国蓬巴杜夫人（Madame de Pompadour）❷
“Frou-frou”礼服	1870年的“Frou-frou”礼服，是一种白天穿的连衣裙，低胸部分装饰有短款的纱质束腰，裙摆前面设计为圆形，搭配在轻盈的丝绸衬裙上❸
波洛奈丝连衣裙（Dolly Varden）	波洛奈丝连衣裙是一种带有明亮图案（通常是花朵）的连衣裙，外套通常由印花棉布、丝绸、轻质羊毛制成
Delphos连衣裙（Delphos dress）	Delphos连衣裙流行于约1907年至约1950年。这种连衣裙的设计者是西班牙艺术家和设计师马里亚诺·福尔图尼（Mariano Fortuny Y. Madraz），他的设计灵感来源于古典服装的简约风格，特别是其使用了一种折叠薄丝绸的方法❹
泽西岛服装（Jersey costume）	泽西岛服装为女装，是一种蓝色或红色的针织丝绸或羊毛上衣，这种服装由莉莉·朗特里夫人（Lillie Langtry）推广❺
Newmarket夹克	Newmarket夹克起源于1891年，是一种体贴身形的男性夹克，设计有单排扣或双排扣，长度至臀部；并配有翻领和用丝绸制成的男性化剪裁的翻领❻
和服	正式的和服由昂贵且薄的丝绸面料制成，通常带有鲜艳的图案，拥有宽大的矩形袖子和前部重叠的部分，由一条宽大的腰带固定
乔利（choli）	乔利为女性服装，从20世纪起至今仍在流行。Choli是一种贴身的棉质或丝绸胸衣，通常由印度妇女在纱丽（sari）下穿着，有些乔利设计上会露出腰部，增添了一些性感和神秘的元素❼
茶袍（Teagown）	茶袍是女性在家庭非正式招待时穿着的服装，这些连衣裙在19世纪中叶左右开始流行，使用了丝缎衬里和羊毛蕾丝装饰❽。早期的茶袍起源于欧洲，受到亚洲服装和18世纪历史时期的影响，引领了长袖和飘逸的复兴

❶ CUMMING V，CUNNINGTON C W，CUNNINGTON P E. The dictionary of fashion history[M]. London：Bloomsbury Academic，2010：263.

❷ CUMMING V，CUNNINGTON C W，CUNNINGTON P E. The dictionary of fashion history[M]. London：Bloomsbury Academic，2010：212.

❸ CUMMING V，CUNNINGTON C W，CUNNINGTON P E. The dictionary of fashion history[M]. London：Bloomsbury Academic，2010：118.

❹ FUKAI A. Fashion: the collection of the Kyoto Costume Institute: a history from the 18th to the 20th century[M]. Cologne：Taschen，2002：381.

❺ CUMMING V，CUNNINGTON C W，CUNNINGTON P E. The dictionary of fashion history[M]. London：Bloomsbury Academic，2010：151.

❻ CUMMING V，CUNNINGTON C W，CUNNINGTON P E. The dictionary of fashion history[M]. London：Bloomsbury Academic，2010：186.

❼ SARKER，N. "Choli ke peeche". The Hindu. [EB/OL] 2010-6-26. [2023-11-7] https://www.thehindu.com/todays-paper/tp-features/tp-metroplus/article485880.ece.

❽ TAKEAD S S，SPILKER K D，CHRISMAN-CAMPBELL K，et al. Fashioning fashion: European dress in detail，1700-1915; in conjunction with the Exhibition[M]. New York：DelMonico Books，2010：17.

续表

服装名称	丝绸服饰艺术满足国外社交需求的体现
泰迪装（Teddy或Teddie）	泰迪装是从20世纪70年代适用至今的女性内衣，是一种轻薄的内衣，上半身与短小的胸衣相连，下半身是连裤内裤，并在裆部用扣子等方式固定；通常由丝绸或人造纤维制成，既柔软又舒适，非常适合作为女性的内衣穿着❶

表3-6概述了从13世纪至20世纪，海外在丝绸服装艺术方面的社交需求变迁，这对于将中国丝绸艺术更有效地融入当今世界文化，以及满足国际市场的社交需求具有积极意义。通过研究不同历史时期外国对丝绸艺术的审美偏好，可以丰富丝绸设计的多元性。艺术家和设计师可在此基础上，结合国际审美趋势与中国传统特色，创作出符合新时代特征的创新丝绸作品，进一步使丝绸服饰在全球社交场合中成为引领潮流的设计选项。

海外社会对丝绸艺术的社交需求亦在绘画这一艺术门类中得到显现。1874年，贝尔特·莫里索（Berthe Morisot）为少女玛格丽特·卡雷（Margaret Carrey）绘制的《粉色连衣裙》肖像画（图3-22）展示了巴黎时尚潮流中的日常丝绸连衣裙，配以黑色天鹅绒和蕾丝装饰。少女的服装可能采用丝绸塔夫绸或棉质巴厘纱制成；腰线略高于自然腰部，她穿着巴斯克紧身胸衣，该胸衣以褶边形式延伸至腰线之外。她还在白色领子上系着一条黑色丝带，可能是缎子或天鹅绒的材质，并在脖子上挂着一个圆形金色吊坠。这种款式在当时尤其在参加晚宴时非常流行。

1756年，在多维茨画廊（Dulwich picture gallery）的一幅《蓬巴杜夫人》（图3-23）描绘了蓬巴杜夫人宫廷生活的巅峰时期。她身穿一件时尚的蓝色丝绸罩衫，上面有粉色的蝴蝶结和玫瑰装饰。

中国的丝绸自古至今就一直作为一种全世界的高档服装材料，我们可以继续将这种材料进行融

▲图3-22 《粉色连衣裙》

▲图3-23 《蓬巴杜夫人》（李潇鹏摄于Dulwich picture gallery）

❶ CUMMING V，CUNNINGTON C W，CUNNINGTON P E. The dictionary of fashion history[M]. London：Bloomsbury Academic，2010：265.

合创新。如图3-24所示，这件衣服是1912年的英国伦敦真丝缎子的晚礼服，现收藏于英国伦敦维多利亚与艾尔伯特博物馆。图3-25则是一件存放在安特卫普时装博物馆（Modemuseum）的无袖连衣裙，其材质为丝绸绉缎，裙摆处饰有褶边，以及银色玻璃珠的绣饰。我们可以借鉴这两款已经融入西方时尚审美的丝绸服饰，在其中加入大量新时代中国艺术，使丝绸更具国际竞争力。

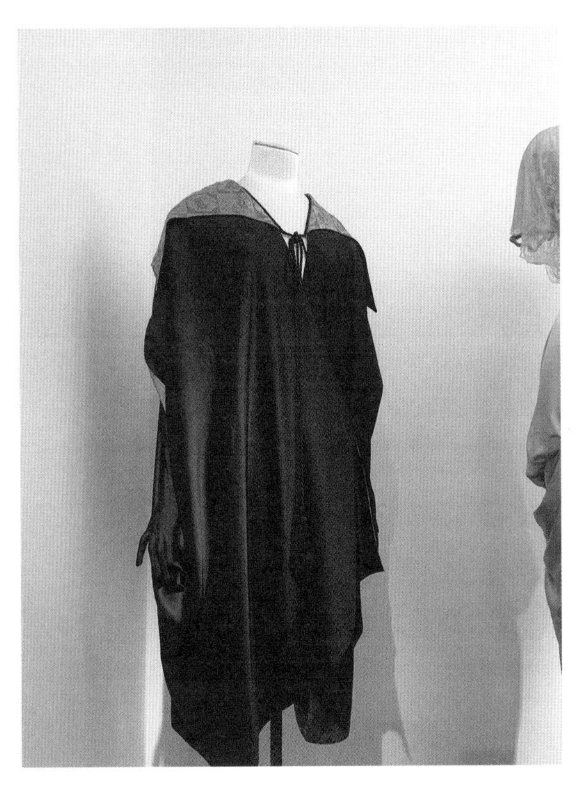

▲图3-24　真丝缎子的晚礼服（李潇鹏摄于维多利亚与艾尔伯特博物馆）

▲图3-25　无袖连衣裙（李潇鹏摄于安特卫普时装博物馆）

在新时代的出口丝绸时装设计中，我们可以考虑将中国传统丝绸服饰与海外特色的丝绸配饰相结合，以满足国际市场的社交需求并吸引海外消费者，从而为中国创造更多的经济效益。因此，探究丝绸配饰在国外服装中的运用与影响（表3-7）具备重要的研究意义。

表3-7　丝绸配饰艺术满足社交需求的体现

款式名称	丝绸服装配饰满足国外社交需求
头巾（Coverchief）	13世纪的撒克逊皇室或贵族的头巾材料为丝绸和金布，从15世纪开始被当地上层阶级抛弃❶
长筒靴（Buskins）	14世纪至17世纪末期流行的长筒靴，也被称为“Buskins”；在早期，这种长筒靴通常由丝绸制成；16世纪，宫廷中的人们可能会穿着由丝绸或布料制成的长筒靴❷

❶ CUMMING V，CUNNINGTON C W，CUNNINGTON P E. The dictionary of fashion history[M]. London：Bloomsbury Academic，2010：75.

❷ CUMMING V，CUNNINGTON C W，CUNNINGTON P E. The dictionary of fashion history[M]. London：Bloomsbury Academic，2010：45.

续表

款式名称	丝绸服装配饰满足国外社交需求
贴花（Patches）	贴花起源于16世纪末期至18世纪末期，主要为女性佩戴，这种装饰品通常由黑色天鹅绒或丝绸制成，用于装饰脸部；18世纪初，贴花的排列方式甚至暗示佩戴者的政党归属[1]
男性靴筒上部（Boothose tops）	16世纪和17世纪男性靴筒上部边缘装饰可以是线织花边、金线或银线花边、皱褶的亚麻布或用丝绸做成的流苏
橄榄纽扣（Olive button）	橄榄纽扣起源于18世纪中叶并延续至今，是一种长型纽扣，其表面通常由丝绸覆盖[2]
男性领结（Cravat）	男性领结从1660年一直流行至今，领结作为一种特殊的领带形式，它奠定了现代定制领带和领结的基础，其设计灵感源于17世纪克罗地亚军队的着装风格[3]。传统的克罗地亚军官和高级官员的领带使用塔夫绸，尾端有刺绣或装饰有宽花边[4]
贝尔热帽（Bergère hat）	贝尔热帽是一种1780年的新娘帽子，是新娘婚礼服装的一部分，上面覆盖着奶油色丝绸，帽子的边缘装饰有窄窄的花边，上面还点缀着丝带；在18世纪中叶被广泛佩戴，以弗拉戈纳德（Fragonard）的《秋千》（*The Swing*）肖像画中的女生帽子为例，在当时的许多英国和法国绘画中都可以看到贝尔热帽[5]
丝质礼帽（silk hat）	丝质礼帽自1797年开始流行，这种帽子是由伦敦的饰品商人约翰·赫瑟灵顿（John Hetherington）发明的，丝质礼帽从1830年左右开始成为绅士们的头饰；丝质礼帽的表面是由丝绸制成的，具有光滑的缎面光泽[6]
西班牙袖（Spanish sleeve）	西班牙袖流行于1807年至1820年，是一种短款的晚宴服袖子，其特点在于肩膀处蓬松，并在侧面开裂，内衬有丝绸；这种独特的袖型设计既优雅又有特色，能够展现出女性的高贵和风情[7]
诺里奇披肩（Norwich shawls）	诺里奇披肩源于19世纪初期，在英国流行；诺里奇披肩在1803年采用丝绸经线和羊毛纬线编织，形成了独特的“填充图案”。这种披肩的尺寸规格通常是一码（约为91.44厘米）正方形，且设计精美，别具一格
佩斯利披肩（Paisley shawls）	佩斯利披肩，源于19世纪初期，在苏格兰制造，从1808年开始流行；这种披肩采用丝绸或棉纱经线和羊毛或棉纱纬线；其设计典雅华丽，深受女性喜爱[8]
卡萨维克（Casaweck）	在1836年至大约1850年间流行的女士服装是一款短款、有袖，用丝绒或缎子等做领子的棉被式披肩；同时，它还用皮草、丝绒或蕾丝进行装饰[9]
阿拉贡无边帽（Aragonese bonnet）	阿拉贡无边帽由丝绸制作而成，以1834年一款由丝绸制成的无边帽为例，帽檐呈拱形，帽冠呈金字塔形状[10]

[1] CUMMING V，CUNNINGTON C W，CUNNINGTON P E. The dictionary of fashion history[M]. London：Bloomsbury Academic，2010：198.

[2] CUMMING V，CUNNINGTON C W，CUNNINGTON P E. The dictionary of fashion history[M]. London：Bloomsbury Academic，2010：190.

[3] FRUCHT R C. Eastern Europe: an introduction to the people，lands，and culture(Vol. 2)[M]. London：Bloomsbury Academic，2004：457.

[4] LE B H. The art of tying the cravat; demonstrated in sixteen lessons[M]. Glasgow：Good Press，2019：13.

[5] GRANTLAND B，ROBAK M. Hatatorium: an essential guide for hat collectors，[M]. 2nd edition. Mill Valley：Brenda Grantland，2012：67.

[6] CUMMING V，CUNNINGTON C W，CUNNINGTON P E. The dictionary of fashion history[M]. London：Bloomsbury Academic，2010：243.

[7] CUMMING V，CUNNINGTON C W，CUNNINGTON P E. The dictionary of fashion history[M]. London：Bloomsbury Academic，2010：250.

[8] MCCONNEL L E. The rise and fall of the paisley shawl through the nineteenth century[J]. The Journal of Dress History，2020，4(1)：30–53.

[9] LEWANDOWSKI E J. The complete costume dictionary[M]. Lanham：Scarecrow Press，2011：54.

[10] CUMMING V，CUNNINGTON C W，CUNNINGTON P E. The dictionary of fashion history[M]. London：Bloomsbury Academic，2010：11.

续表

款式名称	丝绸服装配饰满足国外社交需求
烟囱帽（himney-pot hat）	烟囱帽流行于19世纪30年代至19世纪末，是一种高顶帽，帽檐较窄，取代了此前流行的高顶海狸皮帽。亨利·梅休（Henry Mayhew）在《伦敦劳工与伦敦贫民》一书中，描述了一个烟囱帽，其表面覆盖物为丝绸，上面覆盖着兔毛呢，表面光滑如缎❶
Trencher帽	Trencher帽是一种带有三角形帽檐的丝质帽子，帽檐上升至额头上方的一个点
高顶礼帽（Top hat）	高顶礼帽流行于19世纪至今，形状类似烟囱罩，帽檐狭窄，通常两侧稍微翻卷，直到约1830年，变成了高高的海狸顶礼帽，但随后完全被丝质帽子取代❷

2. 礼品赠送和其他社交需求

新时代针对海外市场的丝绸产品，亦应深入探索国际市场上的丝绸礼品趋势，并在此基础上注入中国丝绸文化的创新元素，以此拓宽全球丝绸市场的边界，并向世界传递中国文化的独特魅力（表3-8）。

表3-8 丝绸礼品和装饰品满足社交需求的体现

礼品和装饰品名称	丝绸艺术礼品和装饰品满足社交需求的体现
Fouriaux头饰	对于中世纪的女性来说，头发和头饰往往是最重要的。1130年至1150年，贵族女性流行将长发编成由丝绸包裹的辫子，丝绸通常是白色的，带有红色的圆形条纹，这些头饰被称为"Fouriaux"❸
帽缨（Hatband）	帽缨，男女皆适用，起源于14世纪并一直流传至今。帽缨是一种装饰品，通常由金色、银色或彩色的丝绸或丝带制成，绑在帽顶的基部；在16世纪末，帽缨的装饰性达到顶峰，通常由金匠制作，釉彩后镶嵌有宝石和珍珠，或者由镶有贵金属纽扣的绳子组成❹
发网（Caul）	发网流行于14世纪至17世纪，是一种由丝绸或金属网制成的格子状束发帽或头盔，通常内衬丝绸，中世纪被称为"fret"❺
爱结（Love knots）	爱结流行于15世纪初至今，爱结是复杂的装饰性结，由头发、丝带或丝制成；在16世纪，其中一种形式是装饰性丝带蝴蝶结，系在从袖子中露出的彩色蓬松部分上❻
婴儿抱被（Bearing cloth）	婴儿抱被流行于16世纪至18世纪，是在婴儿接受洗礼时覆盖的斗篷或布料，通常绣有精美的丝绸❼
头巾（Coif）	流行于16世纪至19世纪的头巾（女性），经常用彩色丝线绣制，两侧向前弯曲覆盖耳朵，通常与前额布一起佩戴❽

❶ MAYHEW H. London labour and the London poor[M]. Oxford: Oxford University Press, 2010.

❷ CUMMING V, CUNNINGTON C W, CUNNINGTON P E. The dictionary of fashion history[M]. London: Bloomsbury Academic, 2010:269.

❸ DONGUL. "Fashion in the Flanaess - The Western Aerdi" [EB/OL]. (2005-11-11)[2023-11-8] http://canonfire.com/cf/modules.php?name=News&file=article&sid=744.

❹ CUMMING V, CUNNINGTON C W, CUNNINGTON P E. The dictionary of fashion history[M]. London: Bloomsbury Academic, 2010:138.

❺ CUMMING V, CUNNINGTON C W, CUNNINGTON P E. The dictionary of fashion history[M]. London: Bloomsbury Academic, 2010:56.

❻ CUMMING V, CUNNINGTON C W, CUNNINGTON P E. The dictionary of fashion history[M]. London: Bloomsbury Academic, 2010:37.

❼ BUCK A. Clothes and the Child[M]. Carlton: Bean, 1996:26.

❽ CUMMING V, CUNNINGTON C W, CUNNINGTON P E. The dictionary of fashion history[M]. London: Bloomsbury Academic, 2010:66.

续表

礼品和装饰品名称	丝绸艺术礼品和装饰品满足社交需求的体现
克莱莫本（Cummerbund）	克莱莫本流行于17世纪至19世纪末，是一种绕腰部佩戴的腰带或束带❶。1893年至今，男性用彩色丝绸或帆布制成的宽腰带，绕体两圈代替马甲；最初作为黑色腰带与晚礼服搭配，后来在夏天的白天作为彩色腰带佩戴
曼图亚（Mantua hose）	曼图亚是17世纪末和18世纪的一种女装，是在意大利北部的Mantua制造的丝绸针织长袜。曼图亚由单段织物制成，打褶以适合长裙裾，非常适合展示新型精美图案丝绸的设计❷
斗篷头巾（bandanna handkerchief）	斗篷头巾流行于18世纪至今，是一种手帕，最初由丝绸制成，后来是棉制的，具有深色底色❸
巴塞罗那手帕（Barcelona handkerchief）	巴塞罗那手帕流行于18世纪和19世纪，是一种来自巴塞罗那的黑色柔软斜纹丝绸制成的手帕，通常用作围巾❹
迦太基长巾（Carthage cymar）	迦太基长巾是一种由丝绸或网眼制成的围巾，边缘镶有金色浮雕装饰；通常与晚礼服一起佩戴，固定在一侧肩膀上，垂至大约膝盖位置❺
贝莎（Bertha）	贝莎流行于1839年至1920年代，通常为一片深深的蕾丝或丝绸，环绕着脖子和肩膀；是维多利亚时代对17世纪中期时尚的复古❻
一种彩色丝绸领巾（Santon）	Santon是一种流行于1820年代的彩色丝绸领巾
一种女士手袋（Reticule）	随着18世纪末摄政时尚的出现，女士手袋开始流行，女性将个人物品放在系在腰间的口袋里，它们由各种面料制成，包括天鹅绒、丝绸和缎子❼
阳伞（Parasol）	流行于19世纪30年代和40年代的阳伞出现了雕刻的象牙把手和流苏边缘，伞面由彩色丝绸和蕾丝制成；到了1890年，出现了用雪纺或绸纱制成的伞面；1899年，宽大的彩色条纹花色丝绸伞面很受欢迎❽
一种小巧的手袋（Indispensable）	1800年至1820年，Indispensable是一种由丝绸或天鹅绒等柔软织物制成的小巧手袋，通常呈正方形或菱形，通过一根拉线收紧；用丝带悬挂在手臂或手上❾
卡夫坦（Kaftan）	卡夫坦最初是指一种传统的长袖长袍，腰间系腰带，常出现在土耳其和其他中东国家；它可以由羊毛、羊绒、丝绸或棉制成，可以与腰带一起佩戴。其在奥斯曼帝国时期很流行，常被赠送给托普卡帕宫的大使和其他重要客人

新时代在设计面向海外市场的丝绸礼品时，对其相关历史的深入了解显得尤为重要。这种历史意识有助于提升丝绸产品的国际推广效果，从而使中国丝绸艺术在新时代更加广泛地为世界所知晓。如表3-8所示，因为丝绸的质地柔软、触感极佳，所以其常被用来制作各种如丝绸围巾、丝绸手帕

❶ VILLAROSA R，ANGRLI G，MARCARINI F，et al. The elegant man: how to construct the ideal wardrobe[M]. New York：Random House，1990：148.

❷ RIBEIRO A. Dress in eighteenth-century Europe，1715-1789[M]. London：B.T. Bastford Ltd.，2002.

❸ CUMMING V，CUNNINGTON C W，CUNNINGTON P E. The dictionary of fashion history[M]. London：Bloomsbury Academic，2010：19.

❹ CUMMING V，CUNNINGTON C W，CUNNINGTON P E. The dictionary of fashion history[M]. London：Bloomsbury Academic，2010：20.

❺ CUMMING V，CUNNINGTON C W，CUNNINGTON P E. The dictionary of fashion history[M]. London：Bloomsbury Academic，2010：53.

❻ CUMMING V，CUNNINGTON C W，CUNNINGTON P E. The dictionary of fashion history[M]. London：Bloomsbury Academic，2010：28.

❼ YARWOOD D. Illustrated history of world costume [M]. Mineola，New York: Dover Publications，Inc.，1978：21.

❽ CUMMING V，CUNNINGTON C W，CUNNINGTON P E. The dictionary of fashion history[M]. London: Bloomsbury Academic，2010：197.

❾ CUMMING V，CUNNINGTON C W，CUNNINGTON P E. The dictionary of fashion history[M]. London: Bloomsbury Academic，2010：146.

等礼品。这些国外的丝绸礼品在赠送亲朋好友或商业伙伴时，既能展现出送礼人的尊重和诚意，也能体现出送礼人的品位。

丝绸也常被用于家居装饰，如丝绸窗帘、丝绸床单、丝绸抱枕等。丝绸的光泽和触感都能为家居增添一种奢华的氛围，使家居更具吸引力。在举办家庭聚会或其他社交活动时，这些丝绸装饰能降低空间的硬度，让人感到更舒适。在英国伦敦切尔西皇家自治区的雷顿之家（Leighton House）（图3–26），19世纪雷顿的珍藏品橡木椅的垫子由丝绸刺绣制成；而挂在椅子上的则是雷顿的另一个收藏——19世纪的日本织锦（图3–27）。

▲图3–26　丝绸刺绣垫子（李潇鹏摄于英国伦敦雷顿之家）

▲图3–27　19世纪的日本织锦（李潇鹏摄于英国伦敦雷顿之家）

据此观之，在英国伦敦等地区，丝绸锦缎靠枕之类的产品存在着一定的社会需求。许多资本家和社会精英偏好选用丝绸锦缎等材质的软装饰品以彰显其贵族气派或经济实力，进而满足其在社交领域的需求。鉴于此，中国丝绸艺术品在面向新时代的外销过程中，应精准把握这一需求，在设计上进行创新，以促进产品的国际化发展。

四、道德需求

新时代丝绸艺术创新需要满足人们的道德需求，道德需求主要涵盖对于可持续环保的需求、文化传统的需求和艺术家的知识产权需求等。由于人类期望获得他人的尊重，因此，诞生了追求奢侈品的社交需求；然而，奢侈品并不是唯一的方式，也不是最好的方式，奢侈品的消费在一定程度上并不能带给人们更多的优越感。因此，道德需求（尊重需求）应运而生，即追求更优秀的自我从而使自己更加出众。道德需求或尊重需求，通常指的是个人或群体对于被他人尊重、被理解、被公正对待的需求。这种需求源于人的社会性，是我们在社会交往中追求的基本价值。

作为社会成员，我们应该积极履行我们的道德责任，尊重环境，支持可持续发展的艺术生产方式，以及尊重和保护艺术家的知识产权。这样，我们才能共同促进丝绸艺术的健康发展，让更多的人能够欣赏到这种独特而美丽的艺术形式。

（一）可持续设计需求

新时代丝绸艺术的可持续环保道德需求主要体现在环境保护、动物保护、能源效率、废物管理、宣传教育和公平贸易等（表3-9）。

表3-9　新时代丝绸艺术的可持续需求

可持续要素	可持续设计需求内容
废物管理	在新时代，丝绸生产过程中产生的废物，如废水、废气等，应当妥善处理，尽量减少对环境的污染
教育和宣传	通过教育和宣传，提高公众对丝绸艺术可持续性和环保性的认识，推动新时代丝绸艺术的可持续健康发展
可持续生产	可持续生产的丝绸产品应该在设计和制作过程中充分考虑环境和生态的影响，尽量减少化学染料和其他有害物质的使用，优先选择可再生和可生物降解的原料。同时，丝绸艺术家和生产者还应努力研发和采用新的环保技术和工艺，以进一步提升丝绸产品的环保水平和市场竞争力
动物保护	丝绸的生产确实离不开蚕的参与，因此，在养蚕过程中，我们应尽量减少在丝绸生产过程中对蚕造成的痛苦和伤害。在这个过程中，我们还需要倡导和实施人道的养蚕和取丝方法或者直接使用一些野生丝绸
优化能源效率	在丝绸的生产和加工过程中应该注重能源的优化使用和碳排放的减少，包括优化生产流程、使用可再生能源、回收利用废弃物、提高能源效率和使用绿色包装。第一，优化生产流程通常是改进生产流程，如采用更为先进和高效的设备和技术；第二，通过使用可再生能源，尽可能使用太阳能、风能等可再生能源减少碳排放；第三，回收利用丝绸生产过程中的废弃物；第四，在生产和加工过程中提高能源效率，采用节能设备、改进工艺流程等；第五，在产品包装上使用绿色包装，采用环保的材料

如表3-9所示，新时代丝绸艺术的可持续环保道德需求非常重要，这不仅是对环境和生态的尊重，也是对人类自身的责任和对未来的期许，更是对“人类命运共同体”的负责。

丝绸服装的废物回收是一个重要的环保行动。随着人们的环保意识的提高和可持续发展的推动，越来越多的品牌和组织开始参与到丝绸服装的回收再利用中。通过收集旧丝绸服装，回收后再造出再生纤维，这些纤维可以用于生产新的纺织品，大大减少了新丝绸的生产。以乐施会废物回收中心为例，其位于英格兰北部的哈德斯菲尔德，是欧洲最大的二手服装出口网络之一[1]。乐施会的工作人员将衣服分成200种不同的类别，比如男士的白色T恤、女士的纽扣衬衫、丝绸和花式服装[2]。

在新时代，许多中国城市在社区内成立了服装回收站，这是我国促进绿色生活方式和推动循环

[1] Clark T，Monti M. Interview with Tony Clark[J/OL]. University Digital Conservancy，2015-07-16[2023-01-18]. http://hdl. handle.net/11299/181918.

[2] BROOKS A. Clothing poverty: The hidden world of fast fashion and second-hand clothes[M]. London：Bloomsbury Publishing，2019：140.

经济战略的具体举措。这些回收站的管理机构包括中国的政府机关、非营利组织和私人公司。新时代的服装回收不仅有助于降低对环境的负担，还反映了社会责任感及对可持续发展理念的承诺。此外，此举还能增进群众对绿色消费模式的理解，并提升大众对循环经济概念的认知。

（二）文化传统需求

新时代丝绸艺术具有深厚的历史和文化底蕴，其文化传统需求主要体现在尊重原创、尊重传统、传承技艺、体现文化元素和推广文化等方面（表3-10）。在欣赏丝绸艺术时，我们应该意识到每一件丝绸艺术品背后都蕴含着艺术家的辛勤努力和独特创意，同时也包含了丰富的文化传统和历史信息。因此，在新时代，我们不仅要欣赏丝绸艺术的美，更要理解和尊重其背后的文化和历史。

表3-10　新时代丝绸艺术文化传统的需求

文化要素	新时代文化创新方法
尊重传统	新时代丝绸艺术深受传统艺术影响，应在创作中尊重和传承这些传统
传承技艺	新时代丝绸艺术涵盖了众多传统工艺，如织造、染色、刺绣等，这些技艺需要得到传承和保护
文化元素	新时代丝绸艺术作品常常融入各种文化元素，如图案、色彩、象征意义等，用以表达特定的文化主题或情感
推广文化	新时代丝绸艺术作品可以作为一种文化载体，通过展览、演示、教育等方式，推广和传播特定的文化

在新时代对丝绸艺术进行创新时，同样不应忽视我国少数民族地区的丝绸服饰艺术。通过对中国各少数民族服饰文化的继承与传播，我们可以进一步增添新时代中国丝绸艺术的多样性。例如，靖西壮族的民间织锦机（图3-28），其工艺与挑花杆式织机相似；而侗族的侗锦机（图3-29），在湖

▲图3-28　靖西壮族的民间织锦机（李潇鹏摄于中国丝绸博物馆）

▲图3-29　侗族的侗锦机（李潇鹏摄于中国丝绸博物馆）

南、贵州等侗族聚居区被广泛使用，侗族人民通常称其为“陡机”，采用通经通纬的织造技术。德国柏林国家博物馆展出的维吾尔族妇女的服装（图3–30）来自19世纪末20世纪初的我国新疆喀什地区，该服装使用丝绸作为基本材料，在褶边上绣有莲花和云彩图案。这种类型的维吾尔族服装由当地高贵的妇女穿着，鞋子是来自中国新疆维吾尔族的艺术品，材质是皮革、棉和丝绸。我们通过研究当地的服装文化遗产，吸收当地传统文化，在满足当地文化传统的基础上进行创新。

▲图3–30　中国新疆维吾尔族的丝绸艺术品（李潇鹏摄于德国柏林国家博物馆）

新时代丝绸艺术不仅可以满足道德需求和文化传统需求，还为我们提供了一种理解和欣赏世界的独特方式。

五、自我实现的需求

在新时代，丝绸艺术品被越来越多地视为一种展现个性和品位的方式。因此，新时代丝绸艺术需要在设计上更加注重个性化和定制化。

根据马斯洛的需求层次理论，自我实现是人类需求的最高层次，它不是物质需求，而是精神需求，是对个体能力的最大发挥，对自我价值的实现。这包括对创造需求的实现、对道德需求的实现、对真实性的实现以及对生活的积极态度等。真正的自我实现，不是依赖于拥有多少奢侈品，而是取决于个体能够在社会上发挥多大的影响力，给他人带来多大的价值。这种影响力并不仅仅体现在经济地位和物质财富上，更多体现在精神层面，如思想观念、道德品质、人格魅力等方面。正如可可·夏奈尔（Coco Chanel）曾说过："有人有钱，也有人富有"，即有些人拥有财富，有些人则拥有丰富的精神世界和强大的影响力，他们是真正的富人。在追求自我实现的过程中，关注自我价值的实现，而不是过分追求外在的物质财富；我们需要有继续走下去的决心和勇气，以实现自我成为最好的自己[1]。

（一）艺术创作

对于丝绸艺术家来说，丝绸艺术创作过程可以视为实现自我潜能的过程。他们通过对丝绸题材的精美绘画或丝绸绚丽的染色，创造出独特的艺术作品，实现自我表达和艺术创新。自我实现需求是指个体追求自我价值和潜能的最大发挥，艺术创作正是满足自我实现需求的重要途径之一。

1. 中国新时代丝绸艺术创作

在国内，新时代丝绸艺术创作不仅可以满足个体的自我实现需求和对社会产生积极的影响。首先，丝绸艺术是艺术家表达内心世界和个性的一个载体，艺术家通过作品可以展示自我，体现个人的审美观和价值观，同时，艺术创作过程和完成作品带来的成就感可以让人感到自我满足，满足自我价值的追求；其次，丝绸艺术技艺创新对个体的创造力、想象力、批判性思维等有很高的要求，可以实现自我潜能的最大化；最后，丝绸艺术家还可以通过作品影响社会，实现对社会价值的贡献，这也是自我实现需求的一种表现。艺术创作常常需要突破固有的思维模式，对自我进行不断的挑战和超越，这对于自我成长和自我完善具有重要意义。比如在"丝韵华章"艺术巡展（图3-31）中，

▲图3-31 "丝韵华章"艺术巡展

[1] RAMBOURG E. The bling dynasty: Why the reign of Chinese luxury shoppers has only just begun[M]. New York：John Wiley & Sons，2014:216.

新时代的青年学者和设计师们运用先进的数码印花技术，设计并制作了一系列新颖独特的丝巾。这些丝巾不仅展示了丰富多彩的图案，还融合了现代审美和传统元素，使传统的丝绸之美焕发出现代的光彩。数码印花技术的应用，让图案设计更加精准细腻，色彩层次更为丰富，同时也大幅提升了生产效率，允许设计师们更自由地实验和创新设计理念，从而为中国丝绸艺术的发展注入了新的活力。这些创新设计的丝巾，在巡展中受到了观众的广泛关注和好评，也促进了中国丝绸文化在国内外的传播与影响力的提升。

2. 新时代海外丝绸艺术创新研究

在海外，丝绸艺术同样是艺术创作者实现自我价值的关键途径。在新时代背景下，中国的丝绸产品已经广泛分布于世界各地。在新时代，我们对国际丝绸艺术的深入研究对推动新时代中国丝绸艺术创新，具有重要的战略意义。如2023年1月，在埃及红海旁的商店里，就展示了大量具有埃及特色的中国制造丝织品（图3–32）。

▲图3–32　埃及小店铺（李潇鹏摄于埃及红海附近）

这些融合了埃及特色图案的丝织品均为中国制造，是中国丝绸设计师通过将当地文化元素与中国传统丝绸工艺相结合而创新设计的商品，中国丝绸设计师满足了自我实现的需求。由此可见，新时代丝绸艺术可以继续汲取各国丝绸艺术的创作精髓，并与中国独特艺术风格融合，对于开拓全球市场，满足国际市场对各类丝绸艺术品的需求，具有重要的价值。

中国丝绸艺术拓展欧美市场与国内丝绸艺术工作者追求自我价值实现的需求不谋而合。因此，研究丝绸在欧美的艺术表现形式和市场接受度自然成为一项重要的工作。在欧美，众多历史事件常借由艺术的形式得以再现，而作为象征奢华的丝绸艺术，则经常被用来作为表达历史和艺术创作的重要媒介。例如，乔治五世在1911年加冕典礼中使用的扇子（图3–33），便是丝绸艺术在重大历史场合中应用的实例之一。这把扇子体现了英国审美情趣，通过对其结构、丝绸面料上的图案及花边饰物的仔细研究，可以看出丝绸艺术风格在英国社会中的接受度和流行水平。在扇面的核心位置，绘制了皇家徽章和环绕的玫瑰花圈，以及蓟花、玫瑰和三叶草图案，这些图案均从中心的花环延伸开来，并镌刻着“1911年”字样，以及乔治五世与玛丽女王名字首字母的交错组合。因此，我们可以借鉴这些装饰图案，保持其经典美学，并注入新时代丝绸艺术的创新思维，如在年份标记之处融入中国的重大历史事件，并植入中国传统文化的符号，以此丰富丝绸艺术的内涵，扩展中国在国际市场上的吸引力。

▲图3-33　乔治五世1911年加冕丝绸扇（李潇鹏摄于伦敦扇子博物馆）

通过对这些艺术作品的深入分析，我们不仅能够理解丝绸在欧美艺术领域中的应用，也能够掌握其在当地市场中的消费动态，为中国丝绸进一步开拓国际市场提供指导。

（二）文化传承与学习

在新时代，文化传承包括了中华文化的精髓、技艺与智慧。个体自我实现的追求与文化传承紧密相连、互为促进，助力个体实现自我价值的提升也可以促进中国的文化传承。这种自我价值的追求与文化的传递和创新是相得益彰的，通过这一过程，个体不仅维系了文化的连续性，也促进了自身的成长与发展。

新时代丝绸艺术可以作为一种文化载体（表3-11），传播和弘扬传统文化，融入更多的现代元素和国际视野，实现文化的传承与创新。在丝绸艺术中，自我实现和文化学习相互促进，共同推动个体的成长和发展。

表3-11　丝绸艺术文化传承需求的体现

传承元素	文化传承内容
文化认同	对自身文化的认同和热爱是自我实现的重要部分。通过学习和掌握自身文化的知识和技艺，个体可以更好地理解自我，实现自我价值
技艺传承	将自身的技艺和知识传承给他人，不仅可以实现个体的自我实现需求，也有助于文化的传承。这种传承可以帮助个体实现自我价值，同时也使文化得以延续
文化创新	丝绸艺术作品常常融入各种文化元素，如图案、色彩、象征意义等，用以表达特定的文化主题或情感
社会贡献	丝绸艺术作品可以作为一种文化载体，通过展览、演示、教育等方式，推广和传播特定的文化
文化学习	丝绸艺术是世界各地文化的载体，通过学习和研究丝绸艺术，人们可以深入了解不同的文化和历史，实现自我提升和成长；自我实现的需求与文化学习关系密切

自我实现的文化传承需求与文化学习需求是相辅相成的（表3-12）。通过文化学习，个体可以实现自我价值和潜能的最大发挥，同时也能更好地理解和适应社会，实现个体与社会的和谐发展。

表3-12 丝绸艺术文化传承需求的体现

文化学习	学习内容
提升个人素养	文化学习可以丰富个体的知识结构，提升其思维能力和审美水平，从而帮助个体实现更高层次的自我价值
激发创新精神	文化学习可以激发个体的创新精神，让人们在了解和接纳传统文化的同时，勇于对其进行创新和拓展，实现自我潜能的发挥
塑造独特个性	通过学习不同的文化，个体可以形成独特的三观，塑造独一无二的个性，满足自我实现的需求
提高社会适应能力	文化学习可以提高个体的社会适应能力，使其更好地理解和适应不同的社会环境，实现自我价值的最大化

第二节 文化需求

在新时代丝绸艺术的创新需求中，文化需求占据了重要的地位。新时代的丝绸艺术创新需要面对的文化需求是多元化和全球化的，需要在传承与创新需求、多元化需求、文化故事性情感化需求和个性化需求等方面进行平衡和创新。丝绸艺术作为中国传统文化的重要载体，其创新需求不仅仅体现在技术和材料上，更多的是体现在文化表达上。

一、中华文化传承与创新需求

丝绸艺术作为一种传统艺术形式，有着深厚的历史和文化底蕴。新时代的丝绸艺术创新需要在尊重和传承传统文化的基础上结合现代审美和技术，进行创新设计和表现。

丝绸艺术在历史长河中积累了丰富的文化内涵和艺术技法。在新时代，丝绸艺术的创新需要在尊重和传承这些传统文化的基础上，结合现代审美和技术进行更新和创新。具体来说，首先，文化传承与创新需求主要体现在丝绸传统技艺的传承与创新、丝绸文化元素的传承与创新、丝绸文化产品形式的传承与创新和丝绸文化创新理念的传承与创新上。其次，丝绸艺术需要加强文化交流，实现中西文化的融合。通过在丝绸艺术中融入西方的艺术元素和设计理念，可以使其拥有更广泛的国际影响力，同时也能拓宽丝绸艺术的创新空间。丝绸文化产品的建设，其内涵可以总结为“品牌 = 质量 + 文化 + 市场”[1]。

（一）丝绸传统技艺的传承与创新需求

新时代丝绸艺术品的设计过程包括了丝绸的制丝、印染、编织等多个环节。在新时代，我们传承这些技艺需要结合新时代的科技，对丝绸传统技艺进行创新和提升（表3-13）。

[1] 王林清，束霞平. 苏州丝绸博物馆的衍生品开发路径 [J]. 丝绸，2015，52(1)：76-80.

表3-13　丝绸刺绣在新时代丝绸艺术创新中的体现

丝绸	说明
技术传承与创新	新时代丝绸设计师可以学习古老的丝绸刺绣手工技术，以此为基础创新发展新的设计和制作方法
文化深度挖掘	通过研究丝绸刺绣艺术挖掘和传播中国传统文化，为新时代丝绸艺术设计创新提供文化资源和灵感
审美趣味的更新	通过研究丝绸刺绣，理解古代与现代审美的差异，创作出既有古典韵味又符合现代审美的新时代丝绸艺术作品
市场需求的适应	研究传统丝绸刺绣艺术，开发出个性化、有文化内涵的产品，满足新时代消费者的需求
跨界融合的可能性	将传统丝绸刺绣与新时代科技、材料、设计理念等结合，创造出新的艺术形式和产品
非物质文化遗产	研究和创新丝绸刺绣艺术是对中国非物质文化遗产的保护和利用
国际文化交流	新时代丝绸刺绣艺术中的中国元素可以作为国际文化交流的桥梁，提升中国文化的国际影响力

1. 刺绣的传承与创新需求

每一种技艺，都承载着一段历史故事，反映着人们的生活方式、价值观念和审美情趣。传统丝绸刺绣是中国传统技艺瑰宝之一，尤其是苏绣、湘绣、粤绣和蜀绣被统称为“中国四大名绣”。四大名绣的这些技艺不仅仅是手工艺，还蕴含了深厚的文化和历史价值（表3-14），也是中国非物质文化遗产的重要组成部分。

表3-14　中国四大名绣

名称	简介
苏绣	苏绣是中国四大名绣之一，是以苏州为中心的江南地区的一种传统针绣技艺。苏绣历史悠久，源远流长，至今已有超过2000年的历史[1]。苏绣的主要图案、纹样有花鸟（图3-34）、风景、人物和动物等，被历代文人称赞为“缩千里于尺幅，绣万趣于指下”的艺术品
湘绣	湘绣（图3-35）确实是一种非常有特色和美感的刺绣工艺。湘绣起源于中国湖南省，以它的精细工艺、生动立体的效果和丰富的表现力而闻名
蜀绣	蜀绣（图3-36），起源于四川，它的历史可以追溯到周朝。蜀绣的特点在于色彩丰富、线条流畅、形象生动和立体感强
粤绣	粤绣（图3-37）起源于唐代，是广东地区的一种重要的刺绣艺术形式。粤绣包括广州刺绣（广绣）和潮州刺绣（潮绣）两大类别，被西方学者誉为“中国给西方的礼物”

▲图3-34　苏绣《海棠花鸟》 刺绣：姚琴华（李潇鹏摄于中国刺绣艺术馆）

▲图3-35　湘绣　刺绣：柳建新（李潇鹏摄于湖南湘绣博物馆）

▲图3-36　蜀绣《松柏仙鹤》（李潇鹏摄于中国刺绣艺术馆）

▲图3-37　粤绣（李潇鹏摄于中国刺绣艺术馆）

[1] 徐天琦. 苏绣走出炫技传承 [J]. 纺织科学研究，2012(11):135-136.

（1）传统丝绸刺绣的传承。通过丝绸技能培训、丝绸文化教育和丝绸展览等方式，满足了传统刺绣的传承与创新需求。苏绣，作为中国四大名绣之一，以其精湛的工艺、和谐的色彩、源远流长的历史（表3-15）和独特的风格受到世界范围内的赞誉，大大满足了我国各时期的文化需求。

表3-15　苏绣的历史文化

历史时期	苏绣的历史文化传承
春秋战国时期	汉代刘向《说苑》中记载："晋平公使叔向聘于吴，吴人饰舟以送之，左五百人，右五百人，有绣衣面而豹裘者，有锦衣而狐裘者"，其中"绣衣"即为刺绣工艺，进而推测吴地丝绸刺绣出现时间可能为春秋时期，因此，苏绣可能在春秋时期已经出现
三国时期	三国时期，根据《三国志・吴志・华覈传》记载："妇人为绮靡之饰，不勤麻枲，并绣文黼黻，转相仿效，耻独无有。"由此可知，孙吴时期，丝绸刺绣风靡吴地。并且，小说中也有提及，如晋代王嘉所著《拾遗记・吴》中曾提到赵达妹妹以刺绣的方式完成了《列国图》，将全国的山川、城邑、河海和军队的行进方向绣在帛上，以使《列国图》既可以长期保存，又可以随时查看
隋至宋时期	宋代，苏绣技艺有了更大的发展。据《清秘藏》叙述："宋人之绣，针线细密……佳者较画更胜"，由此可知，宋代的苏绣以其针线的细密，用线的精细，色彩的精妙和光彩的炫目而著名。宋代的苏绣技艺非常高超，能够精确地表现出山水的远近关系以及花鸟的姿态
明清时期	明朝，苏绣达到了鼎盛时期，成为苏州普遍的副业，家家户户都参与到刺绣工作中。到了清代，苏绣技艺更加精细，"双面绣"等新技术的发展使其更加闻名，苏州也成为名副其实的"绣市"
新中国成立后	民国时期由于连年战乱，苏绣业一度衰落。中华人民共和国成立后，政府对手工艺进行了扶持，针法由原来的18种增加到40余种。刺绣研究所的建立和刺绣培训班的开办为苏绣的未来发展打下了坚实的基础

苏绣的特点在于其精致、优雅和清新，反映了江南水乡的自然美和文化韵味。通过苏绣的传承和发展，我们看到了中国人对于美的追求以及对传统手工艺的尊重与保护。随着全球化的推进和文化交流的加深，苏绣以及其他中国传统手工艺品的价值和魅力也在世界范围内得到了越来越多的认识和欣赏。

湘绣是中国传统刺绣艺术的重要代表之一，从汉代的马王堆丝织品可以看出，湘绣的作品种类繁多，既有精美的装饰画、屏风等艺术品，也有日用品，如枕套、床单等，满足了不同人群的需求。湘绣的独特之处在于它融合了中国国画的表现技法，让刺绣作品不仅是装饰品，更是具有很高艺术价值的作品。在清末民初时期，湘绣成为中国刺绣业的领头羊，这一时期的湘绣作品无论在技艺上还是艺术创新上都达到了一个非常高的水平。中华人民共和国成立后，湘绣工艺人承袭和发扬了传统湘绣的技法，并结合现代审美和技术，使湘绣艺术更加多样化和丰富化。

蜀绣的历史可追溯至远古，它是中国四大名绣之一，以其精致典雅、色彩鲜艳和独特的表现手法而闻名。四川由于地理环境的优越，自古以来便有"天府之国"的美誉。从汉代设置的"锦官"开始，就可以看出蜀绣早在2000多年前就已经形成了一定规模的生产和管理体系。这一时期的蜀绣在技术上已经相当成熟，不仅在国内受到重视，在"丝绸之路"的贸易中也是极为重要的商品。到了宋代，蜀绣的技艺和影响力达到了巅峰；成都的绣品在工艺上已经非常讲究，不仅生产日常使用的绣品，还制作了很多艺术欣赏价值极高的作品。光绪三十年（1904年），随着"劝工局"的设立和工艺的传承，蜀绣发展成一个成熟的行业。中华人民共和国成立后，政府设立了成都蜀绣厂，不仅为蜀绣的生产提供了更加专业的平台，也促进了技术的创新和品种的增多。

新时代的蜀绣不断融入现代元素，使其艺术价值和市场价值都得到了进一步的提升。如图3-38中的《芙蓉鲤鱼图》，蜀绣的针法精细、质地丰富、色彩和谐、图案生动，显示了浓厚的地方特色和艺术魅力。

粤绣最早可以追溯到唐代，由中原移民带入岭南；明代正德年间，粤绣出口到英、法等国，成为欧洲宫廷内流行的服饰品。明代粤绣以丝线盘曲的绣花鞋为代表，同时还有用孔雀毛编成线绣花和用马尾鬃缠绒作勒线的技艺。清代乾隆二十二年，西方商舶通过广州港进口粤绣。18世纪中叶，广东刺绣艺人将粤绣技艺传播到英伦三岛，被西方学者誉为“中国给西方的礼物”。广绣闻名于其金碧辉煌的钉金绣技法，这种技艺以其凸显的浮雕效果和健壮的质感，成为众多刺绣风格中的独特存在。图3-39中的这幅粤绣作品，构图浑厚而富有张力，色彩的运用既饱满又喜庆，营造出一种明快而生动的主题氛围。潮绣则包含了绒绣、钉金绣和金绒混合绣等多种绣法，每一种都有其独到之处。

▲图3-38　蜀绣《芙蓉鲤鱼图》（李潇鹏摄于中国刺绣艺术馆）

▲图3-39　粤绣（李潇鹏摄于中国刺绣艺术馆）

（2）传统丝绸刺绣的创新。传统刺绣丝绸可以通过许多方法进行创新设计，包括设计理念创新、技术融合创新、材料革新创新、文化融合创新和拓宽丝绸市场等（表3-16）。

传统手工刺绣与现代服饰品的结合具有重大意义。一方面，它推动了丝绸制品的销售，为传统手工刺绣艺术提供了更多的发展机会；另一方面，这种结合也有助于传统手工刺绣艺术的传承[1]。传统手工刺绣凝聚了人们的智慧和民族文化的底蕴，经过千百年的发展，达到了极其精湛的水平。

在古代，刺绣图案在官服上具有明确的等级制度象征意义，这些特殊含义在现代已经消失，刺绣的内容也变得更加丰富多样。受全球经济一体化和交通便利等现代因素的影响，刺绣艺术已经走出国门，受到了国外市场的欢迎。

[1] 李龙，余美莲．传统手工刺绣在现代丝绸服饰品中的设计应用[J]．山东纺织经济，2019(4)：52-53，47.

表3-16　新时代丝绸刺绣的创新内容

创新方法	传统刺绣丝绸创新内容
设计理念	将新时代设计理念融入传统刺绣中，艺术作品《苏州新梦》（图3-40）既保留传统精髓又符合现代审美的作品
技术融合	使用新时代的技术，如数字化设计（图3-41、图3-42）、激光切割等，提高刺绣的精确性和生产效率。苏绣技艺的数字化运用对传统图案进行再创作，使传统图案更加多样化，并且可以量产
材料革新	在传统的丝线之外，尝试使用新型材料，如合成纤维、荧光线等，为刺绣作品增添新的视觉效果。宝马7系华彩辉耀典藏版的中央扶手盖采用了传统的丝绸材料替代了常规的皮革，其表面采用复杂精细的苏州刺绣工艺装饰（图3-43）。这些精心绣制的山水画面在层次的渲染下与车内的整体色彩相得益彰，共同营造出一种隽永蕴藉的东方意趣
市场拓展	在新时代背景下，丝绸设计师有机会开拓创新，推出适应现代生活的多样化丝绸产品，包括日用品、时尚配饰与室内装饰品等。来自宝应永慧乱针刺绣工艺厂的高级工艺美术师徐永慧，其以乱针刺绣技术复制的世界著名画作（图3-44、图3-45），在全球范围内收获了广泛赞誉。徐永慧的作品不仅展示了刺绣艺术的独特魅力，也验证了传统手工艺在现代文化中的生命力和市场潜力
文化交流	中国传统丝绸与其他国家和地区的手工艺进行交流合作，吸收外来元素，提高国际影响力。例如，与国际知名品牌合作，将中国刺绣元素融入高端时尚产品中，提升品牌的文化价值和市场竞争力

▲图3-40　《苏州新梦》园林组画系列　作者：姚惠芬（李潇鹏摄于中国刺绣艺术馆）

▲图3-41　数字化刺绣（一）

▲图3-42　数字化刺绣（二）

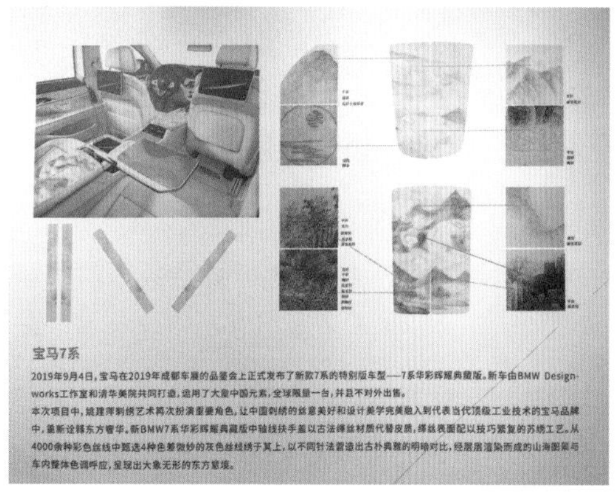

▲图3-43　姚建萍刺绣艺术与宝马联名（李潇鹏摄于中国刺绣艺术馆）

▲图3-44　《吻》刺绣：徐永慧（李潇鹏摄于苏绣天地102号永慧刺绣）

▲图3-45　芭蕾舞演员　刺绣：徐永慧（李潇鹏摄于苏绣天地102号永慧刺绣）

传统手工刺绣也同时面临着一些问题，如高成本、产品类型单一、文化影响力小等。因此，我们更加需要探索新的传承发展路径，开发更具时代性和文化性的刺绣产品。以图3-40为例，该丝绸刺绣作品采用平针与乱针等多样化的针法进行绣制，巧妙地将丝线的自然光泽与原画笔触相结合。在创作者充满灵感和情感的巧手下，刺绣这一质朴的语言成功呈现了动人心魄的视觉艺术效果。

2. 丝绸织造的传承与创新需求

在新时代的背景下，对丝绸织造技术的深入研究对促进丝绸艺术创新具有重要意义。这不仅是因为织造是丝绸生产的核心技艺，更是因为织造技术的提升和革新能够直接带动丝绸文化的现代化发展（表3-17）。通过深入研究，不仅能够保持与传统技艺的联系，还能促进现代设计的创新，同时提升文化价值和艺术审美，对教育和可持续发展也有积极影响。

表3-17 研究中国古代织机对于新时代丝绸艺术创新的帮助

项目	内容
技术传承	提供基础原理和构造；启发现代织造技术和图案设计的创新
艺术与审美	增加对古代丝绸艺术风格的理解；提供图案、色彩、编织技艺的参考方向
文化遗产保护	保护和传承非物质文化遗产；提升现代产品的文化和艺术价值
教育和培训	丰富艺术教育的内容；研究中国古代织机对于新时代丝绸艺术的帮助；培养对传统丝绸工艺感兴趣的专业人才
可持续发展	推广环保的手工织造技术；开发绿色、环保的丝绸产品

从古至今，科技创新一直都是促进生产力进步的核心动力。丝绸的织造生产作为中国古代科技的杰出代表，背后的家蚕养殖（图3-46）与丝纤维提取技术显现了中国古代在科技发展方面的重大成就。在丝绸的历史演变中，织造技术的进步始终是推动文化革新的重要因素。

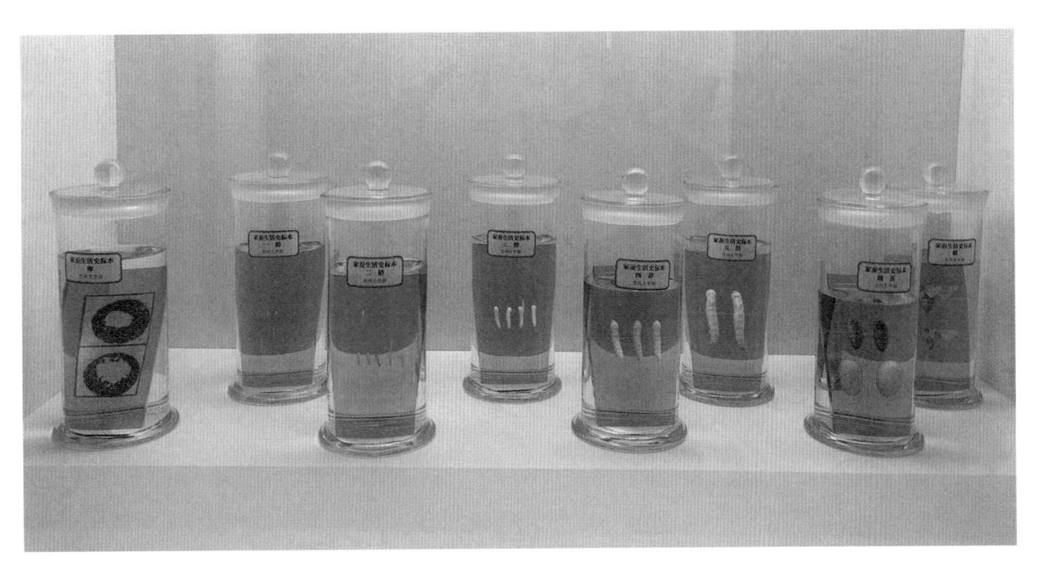

▲图3-46 家蚕的一生（李潇鹏摄于南京江南丝绸博物馆）

通过对传统丝绸织造技术的研究与创新，可以开发出新型的丝绸产品，满足现代消费者对于美观性、实用性和个性化的需求。同时，将现代科技如数字技术、生物技术与材料科学等与传统丝绸织造相结合，能够创造出前所未有的艺术形态和使用功能，为传统丝绸艺术注入新的活力，推动丝绸产业的可持续发展。

在新时代，对于丁桥织机的研究不仅对了解中国古代纺织技术发展有重要价值，也为新时代纺织机械的设计和改进提供了灵感。丁桥织机（图3–47）约出现于战国至秦汉时期，《西京杂技》中曾记载过这种织机：由多根脚踏杆组成，状如四川农村的过桥石墩，因此称为丁桥织机。而出现于春秋战国时期的多综多蹑织机（图3–48），在江苏洪楼和曹庄出土的汉代画像石上均有记载。了解多综多蹑织机的原理和技术可以帮助我们更好地理解现代纺织业的发展以及如何将传统技艺与现代技术结合，推动丝绸艺术和工艺的创新。现代多综多轴织机在很大程度上是从传统多综多蹑织机中获取灵感，从而进行的工艺创新。

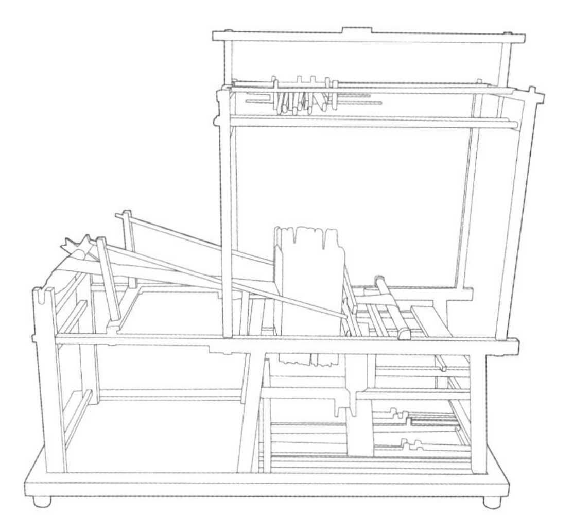

▲图3–47　丁桥织机模型（李潇鹏绘）

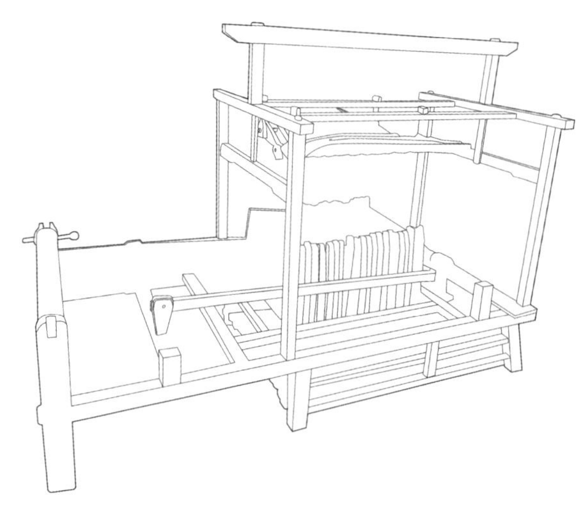

▲图3–48　多综多蹑织机模型（李潇鹏绘）

斜织机（图3–49）对新时代丝绸纺织业的贡献重大，因为斜纹布料广泛用于各种服饰和工业产品中。汉代时期，丝绸织工通过传统斜织机，提高了生产效率，而且可以生产出质量一致的织物，满足了当时的需求。对于新时代设计师而言，了解斜织机的工作原理和斜纹布料的特性有助于他们更好地设计出既美观又实用的产品。腰织机（图3–50）则是一种简易的织机，主要由织工的身体作为织机的一部分来完成织造过程。

传统罗织机（图3–51）分为专织无固定绞组罗和固定绞组罗，《梓人遗制》中记载四经绞经罗专用的罗织机出现于元代[1]。新时代罗织机相关原理的设备可以用于生产特定类型的织物。由于其细密和透明的特性，罗布在时装设计和家居装饰中非常受欢迎。随着技术的进步，新时代的罗织机可以融合集成电子和计算机控制技术，提高生产效率和织物质量。传统的竹笼机（图3–52）多为手工完

[1] 赵丰. 中国丝绸艺术史 [M]. 北京：文物出版社，2005：25.

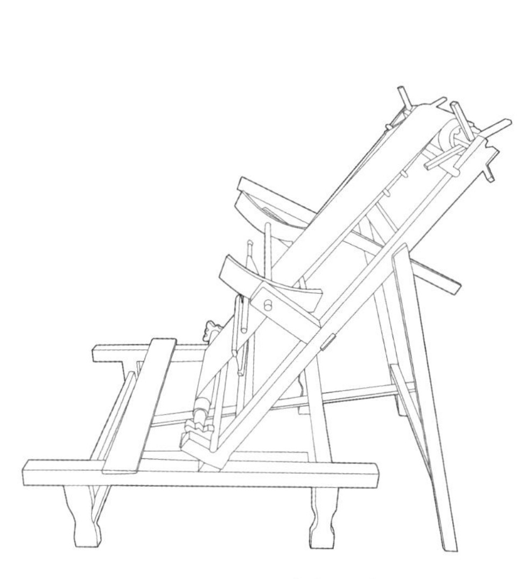

▲图3-49　斜织机模型（李潇鹏绘）

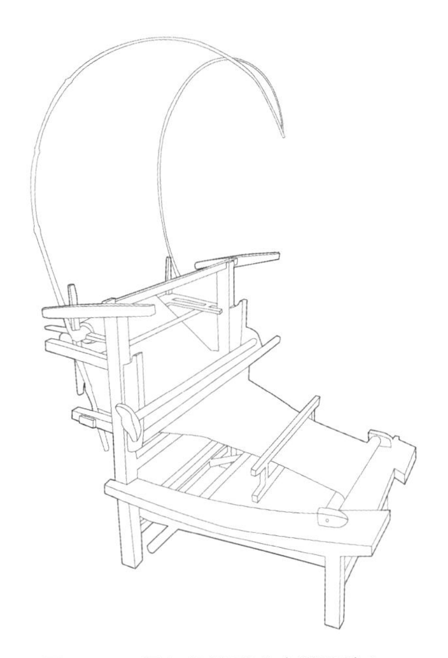

▲图3-50　腰织机模型（李潇鹏绘）

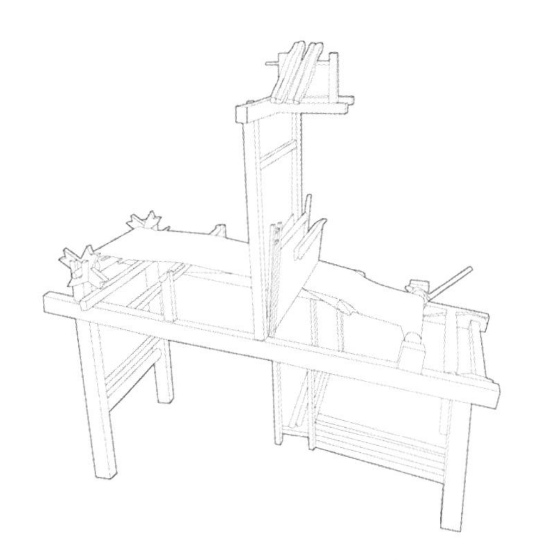

▲图3-51　罗织机模型（李潇鹏绘）

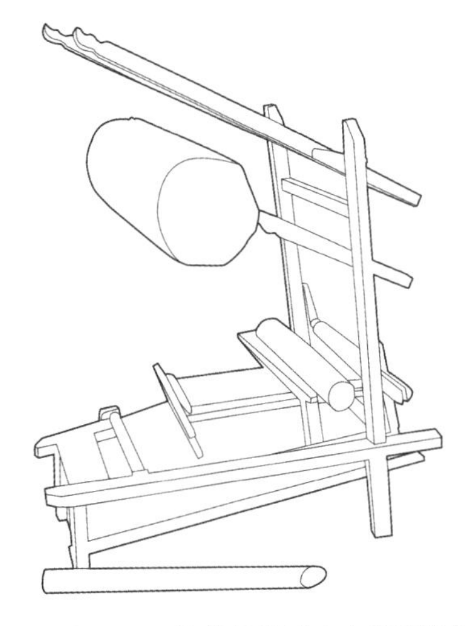

▲图3-52　竹笼机模型（李潇鹏绘）

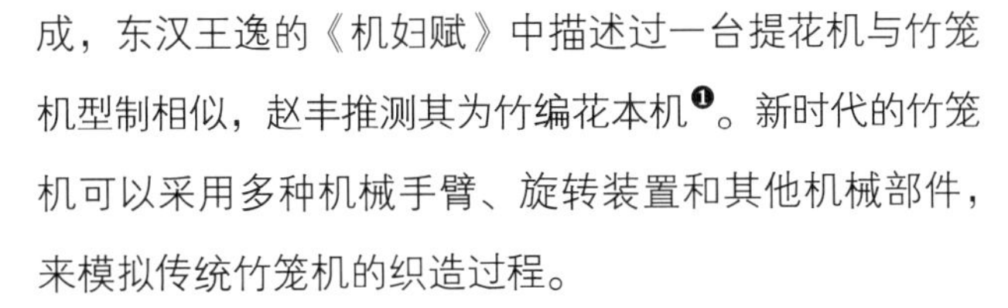

成，东汉王逸的《机妇赋》中描述过一台提花机与竹笼机型制相似，赵丰推测其为竹编花本机[1]。新时代的竹笼机可以采用多种机械手臂、旋转装置和其他机械部件，来模拟传统竹笼机的织造过程。

传统素织机（图3-53）可以是手动操作的，也可以是半自动或全自动的。在现代工业生产中，素织机相关的现代化织机是高度自动化的，可以加快生产速度、提高效率和保证织物质量的一致性。由于素织机生产的

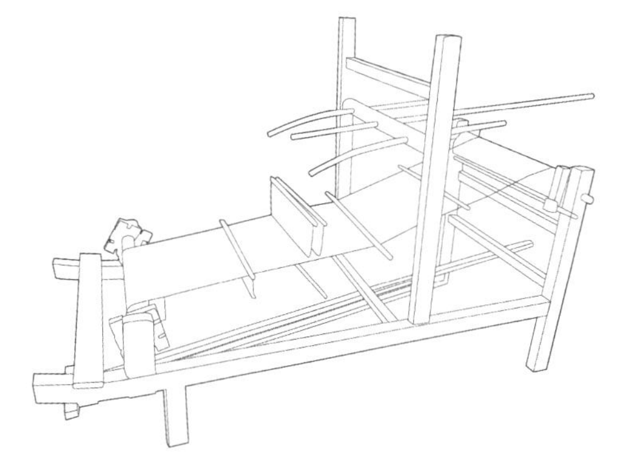

▲图3-53　素织机模型

[1] 赵丰. 中国丝绸艺术史［M］. 北京：文物出版社，2005：27.

织物图案简单，所以这种新时代的素织机被广泛用于生产衬衫、床单、窗帘和其他基础织物。

3. 传统丝绸染色的传承与创新需求

在新时代，传统丝绸染色要在传承的基础上进行创新，以满足市场的新需求研究中国传统丝绸染色对于新时代丝绸艺术创新具有重大意义（表3-18）。

表3-18 研究中国传统丝绸染色对于新时代丝绸艺术创新的意义

重要性	意义
文化传承与保护	中国传统丝绸染色是人类文化遗产的重要组成部分。在新时代，研究并保存这些技艺有助于保护文化遗产，避免技能和知识的消失
创新灵感的源泉	中国传统染色技艺蕴含着先辈们的智慧，为新时代设计师提供了丰富的灵感来源，成为创新设计的跳板
可持续发展	许多传统染色工艺使用天然来源的染料，这是一种环保友好的方法，符合新时代社会对可持续生产和消费的需求
技术融合	研究传统丝绸染色技术，可以与新时代科技结合，发展出全新的染色工艺
提升艺术价值	传统染色技术的独特风格和文化背景可以提升丝绸产品的艺术价值，吸引寻求文化艺术深度的消费者
教育与交流	研究传统染色技术有助于教育新一代艺术家和工匠，促进跨文化交流，理解和尊重不同文化
艺术范畴的拓宽	将传统工艺与新时代艺术结合，探索和拓宽丝绸艺术的边界，创造跨越时间和空间的作品

周代早期，官府便设立专职机构以规范染色业务，此机构名为“染草之官”，亦称“染人”。自秦置染官，经唐宋之染院，至明清蓝靛所，皆为监管染色事务之沿革机构。先民利用天然矿物及植物色素，染出青、黄、赤、白、黑等基色，这些被统称为“五色”，通过这些基色的相互配合，可以衍生出更丰富的色彩。日本古代染色技术同样因植物染料而闻名。青色通常由蓝草提取的靛蓝所染，而赤色最早是用赤铁矿制成，后来又有朱砂被用于染色，尽管其牢固度较差。自周朝起，开始使用茜草根中含有的茜素，并以明矾作为媒染剂来染红色。从汉代开始，茜草的种植就已大规模展开。黄色在早期主要使用栀子，而南北朝以后，新增了如地黄、槐花、黄檗等多种黄色染料。至于黑色，则古人主要使用诸如栎实、柿叶等植物原料进行染色，这一传统一直延续到近代以前。随着染色技术的不断进步，中国古代植物染料染出的纺织品色彩越发丰富多彩。

（1）红色染料。红色在古代染色中占有重要地位，其使用的染料主要包括茜草、红花和苏枋等（图3-54），这些材料能够通过媒介染色法染出丰富的红色调。茜草富含蒽醌类化合物，如茜素、茜紫素、伪茜紫等，通过复染技术可以得到从浅红色到深红色的各种色彩，是古代染色的重要媒染剂。在考古发现的丝织品中，丝绸大量使用了茜草染料。红花含有的色素分为黄色和红色两种，其中红色素在酸性环境下能够生成鲜艳的红色，被广泛用于织物染色，在隋唐时期极为流行。苏枋的内部色素呈现出带红感的黄色，结合明矾媒染技术后可以染出唐朝高官服饰所特有的绛红色，同时也是制备胭脂的原材料之一。薯莨染料则能够直接染出浅红至砖红色，无须媒染剂。

鼠曲草
Gnaphaliumaffine D. Don
唐代诗人皮日休有诗句“深挑乍现牛唇液，细掐徐闻鼠耳香”

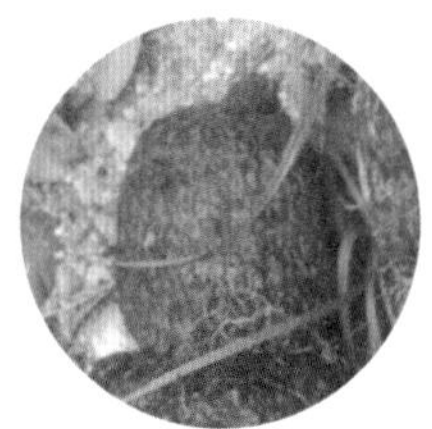

薯莨
Dioscorea cirrhosa
顺德在明朝永乐年间开始生产出口香云纱，薯莨为香云纱衣物的重要原料。沈括的《梦溪笔谈》中记载“《本草》所论赭魁（即薯莨）”

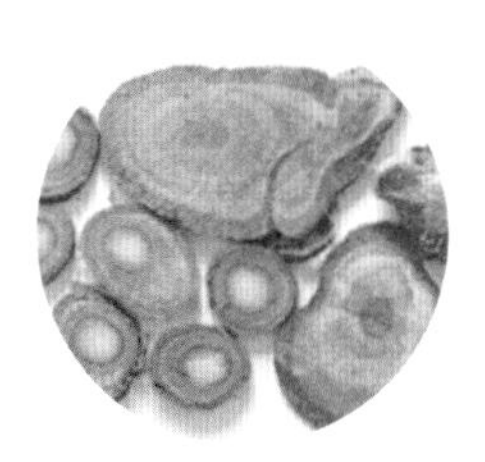

虎杖
Polygonum cuspidatum
最早出现在《诗经·尔雅》中，称为“蒤”

棠梨
Pyrus bletulaefolia
《诗经·唐风·杕杜》咏“有杕之杜，其叶菁菁”这里的“杜”就是棠梨，干枯后可作红褐色染料

番红花（藏红花）
Crocus satiuas
据记载，番红花来自波斯，即今天的伊朗，明朝时，通过克什米尔地区经过我国西藏进入内地，因此叫藏红花

胭脂虫
Dactylopius coccus
胭脂虫的商业养殖开始于16世纪的墨西哥，当时它是当地最重要的出口商品之一，并随着西班牙人传播到欧洲

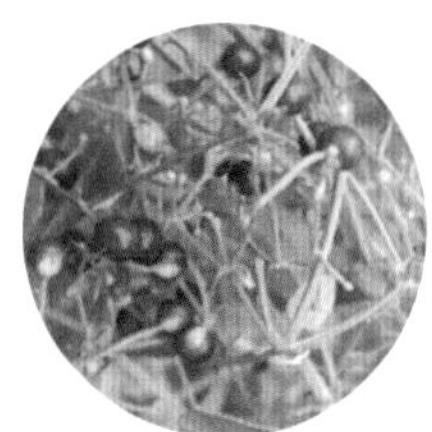

西茜草
Rubia tinctorum
西茜草是茜草科用于染色的植物，为天然优质红色染料，根含茜草素，多生于沙地

红花
Carthamus tinctorius
汉代，红花从西域传入中国，该染料主要色素红花红色素色牢度较差

茜草
Rubia cordifolia
东周时期，《诗经·郑风·出其东门》有“缟衣茹藘”的记载

苏木
Caesalpinia sappan
《本草纲目》中记载：“海岛有苏方国，其地产此木，故名”，苏木早在西晋时期就已经作为中国普遍的红色植物染料

▲图3-54 红色染料

（2）黄色染料。在中国古代，黄色染料（图3-55）的种类繁多，主要包括槐花、姜黄、栀子和黄檗等。柘木以其独特的赤黄色调而被尊为帝王服色。槐花，利用铝质媒染剂，可染出含绿色光泽的活泼黄色，在宋代之后逐渐成为黄色染料的主流选择。早期黄色染料以栀子为主，栀子果实中的藏花酸和藏红花酸提供了一种直接染色的黄色素，可赋予织物一抹淡淡的红光。南北朝时期及其之后，黄色染料的选择更加丰富，包括地黄、槐花、黄檗、姜黄和柘黄等。其中，用柘黄染出的织物，在月光的照射下显现出泛红的赭黄色，在烛光下则呈赭红色，其色彩华丽夺目，因此，自隋代起便被选为宫廷服饰之色。到了宋代，这种黄色更是成为皇室专用黄袍的颜色，由此演化出了宫廷服饰的专用色彩。

姜黄
Curcuma longa
《明史》志第四十三舆服三：天顺二年，定官民衣服……姜黄、明黄诸色

川黄檗
Phellodendron chinense
川黄檗中药名叫黄柏，可清热燥湿，用黄柏汁染成的“染潢纸”可以防虫蛀。《齐民要术》也指出了染潢纸的作用：“写讫入潢，辟蛀也。”

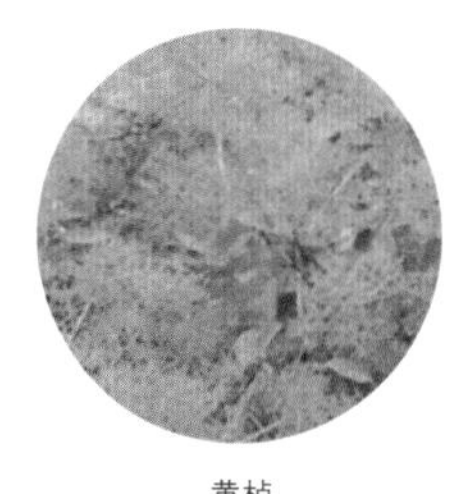

黄栌
Cotinus coggygria
关于黄栌染色的工艺在宋《天工开物》“彰施”篇“诸色质料”中有四处记载

荩草
Arthraxon Ciliaris
《别录》曰：荩草，生青衣川谷，九月、十月采，可以染作金色

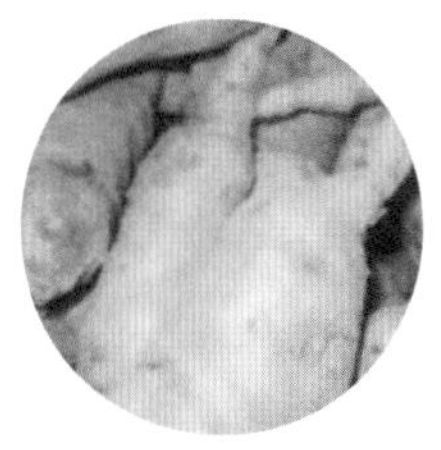

地黄
Rehmannia glutinlsa
《韩诗外传》卷五：“地有黄，而丝假之，黄于地。”《齐民要术》说到八月尽、九月初之时，地黄根成中染

▲图3-55

小檗
Berberis thunbergii
茎皮去外皮后，可作黄色染料

柘树
Cudrania tricuspidata
《考工记》载："弓人取材以柘为上，其实如桑子，而圆粒如椒，其木染黄赤色，谓之柘黄"

大黄
Rheum officinale
大黄根部含有的黄色素可以用于纺织品的染色。唐《新修本草》指出由于山大黄味苦而涩，服后可引起较剧烈的腹痛，故一般仅作为外用药或作染料用

槐树
Sophora japonica
槐米染色，从西周时期就已经开始，《诗经》中记载的"绿衣黄裳"中的黄裳，就是用槐米染制

栀子
Gardenia jasminoides
《汉官仪》记有："染园出栀、茜，供染御服。"说明当时染最高级的服装用栀子染色

▲图3-55　黄色染料

（3）紫色染料。紫色染料（图3-56）在古代是一种象征权力和财富的颜色，因为制作紫色染料非常昂贵和复杂。

紫檀
Peerocarpus indicus
明人曹昭曾记述紫檀这种木材："性坚好，新者色红，旧者色紫，有蟹爪纹，新者以水湿浸之，色能染物，作冠子最妙"

紫草
Lithospermum erythrorhizon
在魏晋时期，紫草种植范围扩大，其中陇西地区的紫草染色品质极佳，《广志》有记载："陇西紫草，染紫之上者。"《齐民要术》中讲过紫草种植"其利胜蓝"，而"种蓝十亩，敌谷田一顷。能自染青者，其利又倍矣"

骨螺
Bolinus Brandris
古代地中海文明，如腓尼基人和罗马人，曾从骨螺中提取紫色染料，这种染料非常昂贵，通常用于染制皇室和贵族的衣物

▲图3-56　紫色染料

在不同的文化和地区，人们使用不同的植物或动物提取紫色染料，如在亚洲使用紫草和紫苏，在古代地中海地区，紫色染料则是从一种叫作品红螺的海洋螺类动物中提取的。

（4）黑色染料。在古代中国，黑色染料（图3-57）的制备主要依赖于植物资源。

如图3-57所示，五倍子和苏木（含有丰富的单宁）为黑色染料原料，与铁盐反应后能生成深黑色素。乌桕叶亦含单宁，通过与铁盐结合，同样能产生黑色。除此之外，还有柿叶、橡实、栗子壳及莲子壳等，都是古人染制黑色的原料。

自周朝起，我国便开始运用这些植物来进行染色，一直延续到近代，化学染料如硫化黑出现之前，这些天然染料扮演了重要角色。通过对这些染料原色的精细控制和对套染技术的应用，能够产

核桃

Juglans regia

汉武帝时期张骞出使西域，带回了诸多农作物，其中就包括核桃。而当时人们称西域等中原以外地区为“胡”，所以核桃在当时被叫作“胡桃”

黑豆

Glycine max

黑豆皮提取的天然色素被称为“黑豆红色素”。它是一种紫红色的粉末，可溶于水和乙醇，其颜色会根据溶液的酸碱度变化，在偏碱性溶液中则变为蓝黑色

杨梅

Myrica rubra

在明朝时期，杨梅树皮可能就因其丰富的单宁被用作染料

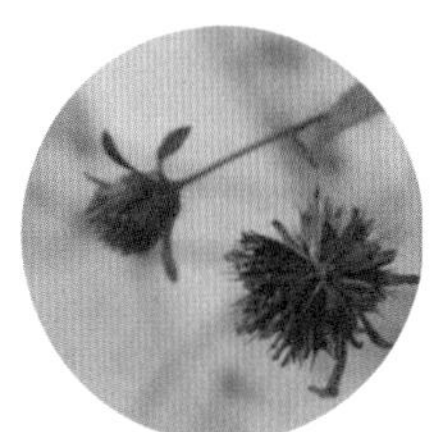

狼把草

Bidens tripartita

狼把草又称为三裂叶鬼针草，是一种广泛分布的野生植物，它也可以被用来作为天然染料。狼把草含有类黄酮等化合物，这些化合物可用于提取染料，对纤维进行染色

鼠尾叶

Allium chinense

鼠尾叶组织中含有各种天然色素，如类黄酮、蒽醌和其他多酚类化合物，它们在与织物接触时可能产生染色效果

五倍子

Rhus chinensis

《本草纲目拾遗》中有记载：“染发草又名五倍子，有染色、解毒、消炎、抗菌之功能”

没食子

Ouercus infector ia

“没食子”是一种由胡桃科植物上的昆虫幼虫寄生所形成的肿块。这些植物反应形成的肿瘤状结构富含鞣酸，尤其是没食子酸，是制作墨水和染料的重要成分

石榴

Punica Granatum

石榴皮含有丰富的单宁，这是一种天然的染色剂

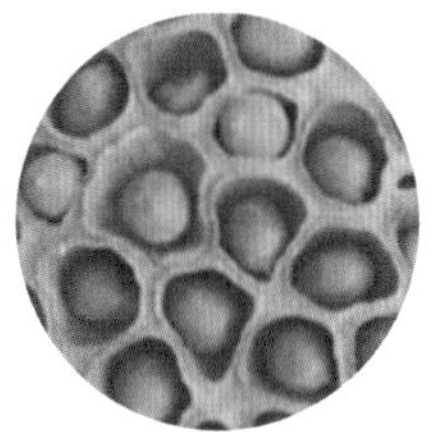

莲子

Semen Ne lumbinis

染色所需的莲子壳，必须是已经完全成熟的莲子外壳。颜色呈现棕黑的那种，色泽跟画面中着墨的荷叶相近。传统工艺上，采取直接熬煮的方式进行萃取，现代科学研究得出，加入天然的提取溶剂能有效提高提取的时间和染液浓度

橡碗子

Quercus acutissima

橡碗子中的单宁能与纤维形成较稳定的结合，提供较好的色牢度，但在某些情况下可能需要使用媒染剂（如铁盐）来进一步增强色彩的深度和牢固性

▲图3-57 黑色染料

生多种不同的黑色调。其中，胡桃（核桃）树、柿子树、栎树等植物尤为关键，为古代染色工艺提供了基础色素。

（5）绿色系染料。在天然植物染料中，绿色系染料可以通过使用富含叶绿素的植物和蔬菜获得，抑或通过蓝色加黄色染料混合而成。

冻绿（图3-58），亦称青黛，源自古代草本植物，经由独特的加工手法混合多种草药精粹而成，呈现翠绿色彩，常被应用于织物染色。含叶绿素的植物均可以染绿色，但是提取染色素之成效，随植物品种各异。在提取绿色系植物染料的过程中，通常需要通过煮沸、浸泡、发酵等方法来提取植物中的色素，然后通过过滤、净化等步骤得到可用于染色的绿色染料。但需要注意的是，植物染料的色牢度普遍不高，可能需要使用媒染剂或后处理方法来提高染色效果的持久性。此外，植物染色过程中的pH、温度、水质等因素也会影响最终的染色效果。

冻绿

Rhamnus

冻绿在中国古代是非常有名的绿色染料，关于用冻绿染色最早的记载是晋朝郭义恭的《广志》，唐宋时期开始用于染绿，明清时期就成了广泛使用的染色植物之一

▲图3-58 绿色染料

（6）青蓝色染料。在中国古代，人们通过提取蓝草（图3-59）中的色素来得到靛蓝，用以染制青蓝色的织物。

菘蓝

Isatis tinctoria

荀子《劝学》中记载："青，取之于蓝而胜于蓝。"诗句中所描述的"蓝"就是用菘蓝和蓼蓝提取的。同时，菘蓝在古埃及时被用来给木乃伊的包裹布染色

蓼草

Polygonum tinctorium

蓼蓝始载于《神农本草经》，被列为上品，名"蓝实"。据《诗经》记载："终朝采蓝，不盈一襜；五日为期，六日不詹。"其中"蓝"就是指蓼蓝

木蓝

Indigofera tinctoria

木蓝的种植和染料生产有着悠久的历史。传统的木蓝染料在全球范围内大受欢迎，在亚欧大陆成了一种珍贵的进口商品

马蓝

Strobi lanthes cusia

马蓝叶含蓝靛染料，在合成染料发明以前，中国中部、南部和西南部都栽培利用

▲图3-59 蓝色染料

荀子在《劝学》一文中提到："青出于蓝而胜于蓝"，这形象地说明了通过染色过程得到的颜色可以比原料本身更为鲜艳。明代工艺学家宋应星在其著作《天工开物》中指出："蓝者，五种皆可制靛"，反映了多种植物均可用于生产靛蓝这一事实。《本草纲目》解释所谓五蓝，就是菘蓝、蓼蓝、马蓝、吴蓝和木蓝。古代染色工艺主要使用的是菘蓝，随着时间的推移，人们逐渐发现了蓼蓝、马蓝、木蓝、苋蓝等不同品种的蓝草也可用于制靛。

蓼蓝的叶中富含靛甙这一成分，通过与酒糟和石灰混合并发酵水解，就可以从蓼蓝中提取出靛蓝。而菘蓝，又名板蓝根，是另一种重要的制靛原料。除此之外，马蓝、木蓝与野青树等植物同样能够提供用于染色的天然靛蓝。这些不同来源的靛蓝，经过人们的巧手加工，最终成就了色彩斑斓的丝绸之美。

传统染色技艺是人类文化遗产的重要组成部分，它们不仅体现了手工艺的精湛技艺，还承载了深厚的文化意义和历史价值。在新时代背景下，传承并创新这些传统染色技术具有重要的文化传承的意义。

（二）丝绸文化元素的传承与创新需求

丝绸艺术的设计往往融入了丰富的文化元素，如色彩、纹样等。在新时代，我们不仅需要传承这些文化元素，还需要结合现代审美，对这些元素进行创新和重构。

1. 宫廷元素的传承与创新需求

在当今的时尚领域，宫廷元素是中国丝绸文化的瑰宝（表3-19），其传承与创新不仅可以丰富和活跃现代服装设计，也可以激发人们对传统文化的关注和热爱。宫廷丝绸元素承载了中国古代的艺术理念和审美标准。中国作为礼仪之邦，自古以来便遵循礼乐之治，中国古代的服饰等级制度相比其他国家，显得更为严格[1]。

[1] 温润.20 世纪中国丝绸纹样研究 [D]. 苏州：苏州大学，2011.

表3-19 研究宫廷文化对于新时代丝绸艺术创新的意义

新时代丝绸艺术	与宫廷文化元素的关系	重要性
文化传承创新	吸纳宫廷文化的图案、颜色和象征意义	在新时代保持和弘扬中国传统文化的连贯性
设计理念更新	将宫廷元素现代化，与新时代设计理念相结合	提升新时代产品的艺术价值和市场竞争力
高端市场定位	利用宫廷文化的奢华象征，塑造新时代高端品牌形象	满足新时代消费者对高品质文化产品的需求
工艺技术融合	借鉴宫廷丝绸制作技艺，结合新时代工艺进行改良	保证产品质量，提升制作新时代工艺水平
品牌形象建设	强调与中国传统宫廷文化的联系，建立新时代独特品牌故事	加深品牌文化内涵，增加市场认可度
文化展示教育	通过展示中国传统宫廷文化元素的丝绸艺术，在新时代对公众起到教育作用	增强公众文化意识和新时代民族自豪感
国际文化交流	象征新时代中国文化的宫廷元素促进国际交流	作为新时代文化外交的工具，提高国际影响力

《天工开物》中提到："既曰布衣，太素足矣"，在古代只有社会上层的人才能够享受到丝绸纹样的装饰，而庶民、社会底层的人则被限制在简单的花色和缺乏光彩的纹样装饰中。宋代和元代规定庶民禁止穿着特定颜色和花样的丝绸服装，只允许穿暗花丝绸或棉麻布料的衣物。以宋代《舆服志》为例，仁宗时期曾下诏："在京士庶不得衣黑褐地白花衣服并蓝、黄、紫地撮晕花样，妇女不得将白色、褐色毛段并淡褐色匹帛制造衣服"；然而，同时期，社会上层阶级的宫廷元素丝绸服饰有着精美的纹样装饰❶。

龙纹（图3-60）是中国传统宫廷元素的重要元素，也是中国古代帝王的一个重要标志。秦汉时期的龙纹已经成型并且更加类似于蛇的形象，唐代以后的龙纹更加规范并且富贵华丽；元代对皇帝冕服中的十二章纹进行了调整，并明确禁止百官使用；明朝对龙纹的限制更为严格，只有皇帝和皇太子以及皇后才能使用；清朝尽管放宽了常规的龙纹限制，但是对于五爪龙缎、立龙缎等仍然有严格的规定。以洪秀全的龙纹为例，此龙袍别具特色，尽管太平天国反对清朝的统治，但洪秀全自封为"天王"，他仍然沿用了"龙纹"这一传统象征来强化自己的正统性和权威。通过改

▲图3-60 清代龙纹（李潇鹏摄于中国丝绸博物馆）

❶温润.20世纪中国丝绸纹样研究[D].苏州:苏州大学,2011.

造和重新诠释龙的图案，太平天国试图创造一种新的皇权象征，以支持其政权的合法性和洪秀全的神圣地位。

直到1912年《民国服制》章程中废除了各种封建等级制度的纹样限制，无论是在日常穿着还是在礼服上，龙纹都不再作为皇权的象征，而是成为民间的吉祥纹样[1]。中华人民共和国成立后，丝绸服饰与丝绸纺织品开始大量出口苏联和东欧国家，因此，宫廷元素的丝绸传承与创新需求量激增[2]。随着新时代丝绸科技的不断进步，丝绸艺术在宫廷文化元素的基础上创新成为开拓销路的关键。新时代的丝绸纹样既吸收了纹样造型更立体的外来纹样，又在融合各种条格纹样的宫廷元素后，大胆突破了从浓艳转为雅淡的宫廷纹样的形式。

2. 民间元素的传承与创新需求

民间丝绸元素往往富含地方特色和民俗文化，因此在丝绸艺术的传承中需要注重保护和发扬这些独特的元素。这可能涉及对民间丝绸工艺的研究、保护和推广，以及对传统模式、图案和色彩的尊重和学习。在传承的基础上，民间丝绸元素也需要创新以满足现代生活和市场的需求（表3-20）。这可能包括对传统图案的重新设计和对新技术的使用，以适应现代审美，提高产品的质量和舒适度。

表3-20　研究民间文化对于新时代丝绸艺术创新的意义

新时代丝绸艺术	与民间文化元素的关系	重要性
地域特色融合	结合新时代不同地区民间文化的图案和风格	体现多样性和地域文化的独特性
创意设计开发	从民间传统艺术中提取灵感进行创新设计	丰富新时代设计语言，激发新的设计趋势
民众生活接轨	反映新时代民众的生活习俗和审美取向	增强产品的生活化和实用性
传统工艺传承	利用新时代民间丝绸制作技艺，保持传统工艺的活性	保护非物质文化遗产，促进新时代手工艺复兴
品牌差异定位	强调民间元素，打造有区别性的新时代丝绸品牌形象	帮助品牌在市场中突出自身特色，吸引特定消费群体
社会文化教育	对民间元素丰富的丝绸艺术作品进行文化传播	引导公众认识和尊重新时代的多元文化
文化自信表达	展现民间艺术之美，增强新时代国民的文化自信	促进社会主义核心价值观的建设和文化自信的树立
民间艺术保护	通过丝绸艺术产品的商业成功帮助传统民间艺术得到保护	为新时代民间艺术的可持续发展提供经济支持

苏州民间丝绸是传统民间元素创新的一个经典成功案例。春秋战国时期，吴地的绫就与鲁缟、齐纨、楚绢名满诸国，秦汉时期苏州丝绸已有生丝、熟丝、色织之分，产品有绫、锦、缯、绮等几大类[3]。在新时代，苏绣艺术是民间艺术的代表，成为传承和发展中国传统文化的重要途径。它们不仅受到了国内外消费者的喜爱和收藏家的青睐，同时也适应了现代社会的审美和市场需求，比如将传统技艺应用于现代时尚、家居装饰、艺术创作等领域。这些传统艺术的现代转化不仅保留了民间

[1] 温润.20世纪中国丝绸纹样研究[D].苏州：苏州大学，2011.

[2] 同[1]。

[3] 王林清，束霞平.苏州丝绸博物馆的衍生品开发路径[J].丝绸，2015，52(1)：76-80.

元素的核心，也为苏州丝绸艺术赋予了新的生命力和市场活力。

以沈寿、金静芬为代表的新刺绣女性们将画绣看作高尚艺术的同时，也致力于教育事业，把刺绣作为一门能够让广泛女性群体谋生的技艺加以推广（图3-61、图3-62）。在针法技巧上，她们不仅借鉴并融合了西方美术的理念和手法，还勇于创新，形成了独树一帜的风格。这种风格与那些追寻宋、元时代古雅风韵的传统绣画风格已有显著差异。

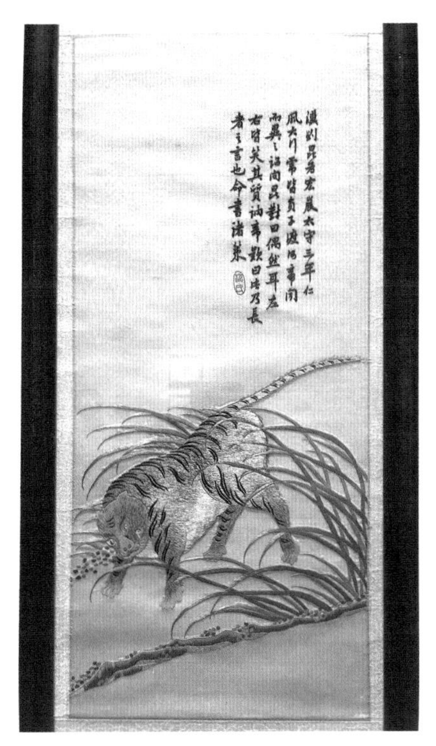

▲图3-61 沈寿刺绣生肖屏“虎”（李潇鹏摄于苏州博物馆西馆）

▲图3-62 沈寿刺绣生肖屏“龙”（李潇鹏摄于苏州博物馆西馆）

1954年，苏州市文学艺术界联合会筹建了民间艺术研究小组旗下的刺绣生产小组，传承并创新了苏绣技艺，该小组由顾公硕和高伯瑜共同负责。他们将金静芬、杨守玉及其弟子朱凤、任嘒閒和周巽先吸纳作为艺术顾问，并招募了李娥英、顾文霞等超过二十位学员。中国美术家协会承担了为其提供绣稿和样品的责任，中央美术学院的柴扉教授担任了教学指导。随后，该小组迁至环秀山庄，并在此成立了享誉盛名的苏州刺绣研究所。苏州刺绣研究所培育了一批杰出的工艺美术大师，其中包括徐绍青、李娥英、任嘒閒、顾文霞、周巽先、周爱珍、余福臻和张玉英八位大师，他们的成就在中国工艺美术领域中熠熠生辉。

以民间的非物质文化遗产莨纱绸为例，为了保护这种无形的遗产，我们不仅需要将其传承下去，还需要进行创新以适应现代社会的变化。因此，莨纱绸与现代技术和设计理念的结合，需要用新的材料和工艺将莨纱绸融入现代设计中。

中国的莨纱绸也是民间元素传承与创新的一个非常成功的案例，满足了传统丝绸染色的传承与创新需求。我们需要保护和传承传统民间丝绸染色技艺，因为莨纱绸是中国的文化遗产和民族艺术的重要表现形式。

莨纱绸最早可追溯到唐代，在明代时就开始出口到海外，成为当时广东地区的重要产业❶。莨纱绸的制作工艺非常复杂，需要经过多个步骤。首先，需要使用纯天然的薯莨和河泥等材料对丝绸面料进行染色；然后，需要经过晾晒、水洗等工艺处理，使丝绸面料呈现出独特的颜色和图案。显而易见，在莨纱绸的制作过程中，不仅需要精湛的技艺，还需要对材料的选取和加工严格要求。因此，莨纱绸的价格相对较高，这也使丝绸成为可持续奢侈品面料。

在新时代，许多广东地区的传统染整工艺师傅也在不断探索和尝试新的制作方法和技术，使莨纱绸的制作更加简单、快捷、环保，同时也更加符合现代人的审美需求❷。以图3-63和图3-64为例，这件中国丝绸博物馆的莨纱绸服装便是典型的新时代丝绸创新案例，屈汀南让原本深沉而单调的莨纱绸更具视觉艺术感，以旗袍为廓型的极简表现形式，又无限放大了观众对美的感受力。

▲图3-63　盘金粤绣祥云彩蝶华服（局部）（李潇鹏摄于中国丝绸博物馆）

▲图3-64　盘金粤绣祥云彩蝶华服整体（李潇鹏摄于中国丝绸博物馆）

（三）丝绸文化产品形式的传承与创新需求

新时代丝绸艺术的产品形式多种多样，包括服装、家纺、装饰品等。在新时代，我们不仅需要

---

❶徐娅丹．莨纱绸在室内与家具设计中的应用研究［J］．家具与室内装饰，2021(4)：34-37.

❷同❶。

传承这些传统的产品形式，还需要结合现代生活开发出更多新的产品形式。丝绸不仅是一种材料，还是一种艺术和文化，它的文化产品应用和独特优点使丝绸成为一个重要的研究领域和创新方向，具有非常重要的传承创新意义（表3-21）。

表3-21　丝绸文化产品形式对于新时代丝绸艺术创新的意义

传承需求	创新需求	结合点
保持传统丝绸工艺	探索新型材料和生产技术	开发结合传统工艺和新技术的产品
维持经典丝绸图案	设计现代和创意图案	融合经典与现代美学设计
传授古老的染色技术	应用环保和可持续的染料	采用环保染料进行传统染色
保存丝绸文化故事	建立新的品牌故事和营销方式	利用数字媒体讲述丝绸的新故事
保留传统服饰风格	开发适应现代生活的服饰款式	设计结合传统元素的现代服装
重现历史上的丝绸应用	推广丝绸在现代生活中的新用途	开发多功能丝绸生活用品
促进丝绸制品的手工艺	利用自动化提高生产效率	结合手工艺和自动化的小批量生产
弘扬丝绸文化的内涵	与其他文化元素的跨界合作	创建跨文化的丝绸产品线

首先，丝绸面料材质优雅、柔软，具有良好的吸湿性、保暖性等特性，其在服装和家居装饰方面有着广泛的应用[1]。这些特性也使丝绸成为一种奢侈品和高档商品，被广泛用来制作高档礼服、高档婚纱和高档伴手礼等丝绸艺术商品。2008年北京奥运会（图3-65）和2014年北京APEC会议的中式丝绸礼服，无论是在设计还是在展现上，丝绸都充分展示了中国的文化魅力和东方美，给世界留下了深刻的印象[2]。

▲图3-65　2008年北京奥运会颁奖礼服　设计师：郭培（李潇鹏摄于中国丝绸博物馆）

2008年北京奥运会颁奖典礼服饰系列有三种色彩主题：国槐绿、玉脂白、宝石蓝。其中，国槐绿色系借鉴大自然的生机勃勃，象征着旺盛的生

❶ RYSZARD M K, MARIA M . Handbook of natural fibres: volume 1: types, properties and factors affecting breeding and cultivation[M]. 2nd Edition. Sawston: Woodhead Publishing, 2020: 165.

❷ 高强. 中式礼服设计中丝绸材质的时尚再造处理 [J]. 纺织导报, 2015(5): 67-69.

命力，它不仅体现了人与自然和谐共生的美好寓意，也映射出主办方坚持“绿色奥运”理念的坚定意志。宝石蓝色系以其柔和而典雅的宝蓝色调为主色，腰间的装饰采用了中国传统的盘金绣工艺，彰显庄重与华丽。玉脂白色系巧妙地将奥运奖牌中的金玉镶嵌元素引入设计之中，配饰上的彩绣腰带与玉佩的搭配不仅重现了中国玉石文化的璀璨，同时也对传统旗袍进行了创新性设计。这些服饰系列在奥运颁奖典礼上的亮相，不仅展示了中华民族服饰文化的独特魅力，也传达了中华民族在传承与创新中的文化自信。

同时，香奈儿的设计师也经常从中国丝绸传统文化中寻找灵感。2007年香奈儿春夏的设计以中国传统水墨画为灵感，巧妙地运用了造花工艺来表现水墨画的意境，设计师选择了白色的真丝纱作为礼服的基本材料，然后利用多层黑色与白色的真丝纱和羽毛制作出山茶花的形态[1]。2007年，香奈儿春夏的设计不仅可以提升丝绸产品的艺术价值和商业价值，也可以增加文化的多样性和活力。

其次，丝绸还是一种艺术形式，它可以被用于制作各种装饰品，如挂毯、窗帘、床上用品等。由于丝绸的色彩鲜艳和光泽度高，这些装饰品可以为室内环境增添一种高贵和优雅的气氛[2]。例如，《丝路》壁毯（图3-66）以丝绸之路为灵感来源，通过艺术壁毯这一编织形式，巧妙地勾勒出沿线山脉、河流、湖泊、海洋以及广袤的大漠和戈壁的雄浑景象，从而展现出这条古老商道的包容精神。该作品选用羊毛、亚麻、蚕丝等多种天然纤维素材，手工编织而成，共分为五个独立单元，每个单元均呈现出独特的艺术风格。施慧作为20世纪80年代涉足当代纤维艺术领域的中国先驱之一，她的创作多采用棉、麻、宣纸、纸浆等材料，以独到的手法，在现代艺术表达中注入了浓郁的东方文化韵味。

▲图3-66 《丝路》壁毯 作者：施慧（李潇鹏摄于中国丝绸博物馆）

最后，丝绸还是一种重要的文化符号，被广泛用于各种传统习俗和庆典活动中。例如，在中国的传统婚礼中，新娘通常会穿着精美的丝绸裙，上面绣有龙、花卉和蝴蝶等吉祥图案。中国各地区博物馆建立自己的品牌，使用大量的重要文化符号开发丝绸文化产品，使其产品走出当地，进入国

❶ 高强．中式礼服设计中丝绸材质的时尚再造处理 [J]．纺织导报，2015(5)：67-69.

❷ 袁宣萍，张萌萌．16~19 世纪中国外销丝绸及其装饰艺术 [J]．艺术设计研究，2021(1)：30-35.

内外丝绸市场[1]。

（四）丝绸文化创新理念的传承与创新需求

文化传承和理念创新并重是满足文化需求的关键。我们需要传承传统的创新理念，如追求美、注重实用等，同时，也需要结合新时代的创新理念，如环境保护、贸易公平、可持续发展等（表3-22），推动丝绸艺术的全面创新。

表3-22　丝绸文化创新理念对于新时代丝绸艺术创新的意义

传承	创新	理念结合
保留丝绸的文化象征意义	探索丝绸在新时代生活中的新象征	结合传统象征意义与新时代价值观
维护传统丝绸纹样和色彩	开发符合新时代审美的纹样和配色	设计融合传统与新时代审美的产品
传播丝绸制作的传统技艺	应用新时代技术改良丝绸制作过程	运用传统工艺与新时代技术融合的制作方法
弘扬丝绸历史故事和文化	创作新时代丝绸相关的新故事和内容	开发以新时代丝绸文化为主题的文创产品
重视丝绸在服饰中的作用	设计适合新时代生活方式的丝绸服饰	创造结合传统与新时代功能的丝绸服饰
挖掘丝绸的教育价值	开发互动式的新时代丝绸文化教育工具	创造融合教育与娱乐的新时代丝绸体验活动
体现丝绸的文化象征意义	利用新媒体表现新时代丝绸文化	开办丝绸与数字艺术结合的展览

新时代的丝绸纹样设计不但可以满足市场需求，还实现了在传承传统文化理念的基础上进行创新再设计。只有当文化能够主导消费理念或成为设计的价值内涵时，产品才能获得更多的经济利益。这就需要设计师们在设计过程中，既要考虑产品的市场性，也要考虑其文化性，以实现文化和经济的双重价值。无论是梅、兰、竹、菊、龙、凤、鹿、蝙蝠，还是灯笼、葫芦、瓶花，这些传统纹样都蕴含着深厚的新时代中国文化内涵[2]。同时，将这些具有深厚的中国文化内涵的丝绸纹样融入环境保护、贸易公平、可持续发展等观念也是一种理念上的创新。

二、文化多元化需求

在新时代，了解并尊重各国丝绸文化对于新时代丝绸艺术的国际化与创新发展是至关重要的。这不仅有助于丝绸艺术走向世界，还能丰富世界文化的多样性，促进全球文化的和谐共生。

研究各国的丝绸文化，对于新时代丝绸艺术的创新和发展具有重要的意义（表3-23），不仅可以增强文化内涵和艺术表现力，还可以促进经济价值和社会影响力的提升。不同国家的丝绸文化蕴含了多种历史、艺术和社会价值，这些文化的深入研究可以为新时代的丝绸艺术提供丰富多元的创意

❶ 王林清，束霞平．苏州丝绸博物馆的衍生品开发路径［J］．丝绸，2015，52（1）：76–80.

❷ 耿榕泽．新中国丝绸纹样的设计社会学特征研究［D］．南京：南京艺术学院，2022.

源泉。通过汲取和融合各国丝绸文化的精华，艺术家和设计师可以创作出具有全球视野与民族特色相结合的作品。

表3-23　研究各国丝绸文化对于新时代丝绸艺术创新的目的

研究目的	内容
丰富设计灵感	接触世界各地的丝绸文化能提供不同的设计元素和风格，促进新时代丝绸设计多样性和创新
促进市场拓展	理解不同文化背景下丝绸的使用和需求有助于开拓国际市场，增加新时代丝绸产品的全球竞争力
促进文化交流	通过研究世界丝绸文化促进文化交流和相互理解，加强新时代国际文化合作与交流
提升文化价值	学习其他文化中丝绸的历史和艺术地位可以提高丝绸艺术的文化内涵，增强新时代丝绸艺术的文化影响力
技术与材料创新	世界各地的丝绸制作技术和材料使用差异可启发新技术的开发，推动新时代丝绸制造技术的进步
适应全球趋势	了解全球消费趋势可以提高新时代产品的全球市场适应性，培育具有全球竞争力的人才
保护和传承	学习其他文化如何保护和传承丝绸文化有助于完善我们自身的丝绸文化保护措施，促进新时代丝绸文化的可持续发展

在全球化背景下，各国文化的交流越来越频繁，研究丝绸文化促进了跨文化对话。在全球化的背景下，丝绸的文化需求表现出多元化的特征，因此，丝绸艺术需要吸收各种文化元素。

我们需要在全球化和本土化、商业化和公平性、消费和环保之间找到一个平衡，以实现一个更加具有新时代特色的丝绸艺术与时尚体系。我们可以对不同地区的文化进行调研，从而设计出满足世界各民族文化需求的丝绸产品，让中国丝绸艺术走向世界。

（一）新时代各国的文化需求

中国的新时代丝绸品牌为了拓宽海外市场，新时代丝绸艺术创新需要深入研究国际丝绸文化，并融汇各国丝绸艺术的精髓（表3-24）。

新时代品牌要根据不同国家的文化特色和服装传统，进行产品的创新设计，以契合各地消费者的文化审美，从而提升新时代丝绸产品在全球市场的竞争力和销售业绩。

表3-24　新时代中国丝绸品牌国际化发展

具体方法	内容
市场调研与文化敏感性	在进入不同国家的市场之前，必须进行深入的市场调研，了解当地消费者的偏好、购买习惯以及文化禁忌
设计本土化	中国丝绸品牌应该考虑如何将本土设计与目标市场的文化元素相结合，创造出既有中国特色，又符合当地审美的产品
跨文化合作	与当地设计师和艺术家合作，共同开发新产品。这不仅能够带来更多创新的设计理念，还能帮助品牌更快地融入当地市场
故事营销	在营销策略中融入故事元素，讲述中国丝绸的历史和文化，激发消费者的情感共鸣，增加新时代产品的吸引力
多元文化的产品系列	为不同文化背景的消费者提供多样化的产品选择。不同国家和地区的消费者可能对丝绸产品的用途和设计有着不同的期待和需求

续表

具体方法	内容
语言和交流	确保所有的沟通和营销材料都有恰当的翻译和本地化处理，有效的沟通能够帮助消费者更好地理解产品的价值和文化含义
参与当地活动	通过参加当地的时尚展览、文化节和贸易展会等活动来推广中国新时代丝绸文化与产品，同时了解和吸收当地的文化艺术
社交媒体与电子商务	利用社交媒体和电子商务平台推广新时代丝绸品牌和产品，同时请当地的影响者和时尚博主进行合作，以便更好地与当地消费者进行互动
客户反馈	重视客户反馈，对产品进行持续的改进和创新，确保新时代丝绸产品能够满足不断变化的市场需求

1. 印度文化的丝绸需求

中国丝绸品牌进入印度市场需要考虑如何将中国的设计美学与印度当地的历史文化元素相融合，这不仅能够凸显品牌的独特性，还能吸引对两种文化都感兴趣的消费者。在新时代，我们研究印度本土的丝绸纺织品，对于新时代中国丝绸艺术在印度市场提升竞争力具有积极意义（表3-25）。

表3-25　部分印度丝绸的种类

丝绸种类	内容
巴纳拉斯丝绸（Banarasi Silk）	巴纳拉斯的丝绸因其质量、光泽和织造的复杂性而著称，巴纳拉斯纱丽通常用于婚礼和其他重要的社会活动。14世纪，巴纳拉斯丝绸用金色或银色的丝线缠绕的细线，用于在纺织品上创造闪亮的装饰效果
甘吉布勒姆丝绸（Kanchipuram Silk）	甘吉布勒姆丝绸是一种产自印度泰米尔纳德邦甘吉布勒姆地区的丝绸，被大多数女性用来制作婚礼和特殊场合穿着的纱丽；2005~2006年，甘吉布勒姆丝绸纱丽被印度政府认定为地理标志[1]
迈索尔丝绸（Mysore Silk）	来自卡纳塔克邦的丝绸，以其纯净和柔软的质感闻名，20世纪下半叶，迈索尔邦成为印度最大的桑蚕丝绸生产地[2]
阿萨姆丝绸（Assam Silk）	阿萨姆地区以丝绸生产而闻名，自古以来就生产优质丝绸，《罗摩衍那》的《基什金达坎达》中说，向东旅行必须首先经过……是科沙卡拉南布米（"养茧者之国"）[3][4]。*Arthashastra*是公元前3世纪的文献，记载了阿萨姆邦高度精致的丝绸服装

印度的丝绸艺术在发展过程中受到中国丝绸文化的显著影响，从而形成了具有自身特色的丝绸产业。南亚最初的纺织品生产以棉花为主，随着从中国到非洲和地中海的陆路和海路贸易路线的开放，丝绸也伴随着佛教的传播而得以在南亚地区流传开来[5]。我们应该在尊重印度传统的基础上，探索将中国丝绸文化元素巧妙融合于印度丝绸之中的可能性。如表3-25所示，丝绸在印度文化中也占有重要地位，尤其是在服饰和家居装饰方面。

新时代的设计师们可深入研究印度的历史文化背景，据此展开面向印度市场的丝绸艺术设计，

[1] The Times of India. "GI tag: TN trails Karnataka with 18 products" [N/OL]. (2010-08-29) [2023-11-17].

[2] DATTA R K, NANAVATY M. Global silk industry: a complete source book[M]. Irrine: Universal-Publishers, 2005.

[3] SHARMA S K, SHARMA U. Discovery of north-east India[M]. Chandigarh: Mittal Publications, 2015:315.

[4] DEKA P. The great Indian corridor in the east[M]. Chandigarh: Mittal Publications, 2007:63.

[5] Museu Nactional Machado. Textiles.

以期创作出既具现代感又融合传统韵味的作品。在印度市场中，我们可以将中国一些传统丝绸艺术纹样融入一些印度服饰中，如印度纱丽（Saree）。在印度南部，丝绸纱丽是婚礼和其他吉祥场合的传统服装；另外，丝绸也被视为皇家象征，历史上主要被上层阶级使用[1]。

在向印度出售的丝绸产品中，新时代的设计师们可以巧妙地结合印度本土的纹饰，打造出具有文化创意的丝绸用品或服装系列。因此，对于印度的纹样研究也至关重要。如图3-67所示，这是一件存放在巴黎吉美国立亚洲博物馆的北印度巴厘纱（Voile），产自19世纪的北方邦，其材质为织金丝绸缎。我们可以在一些家居纺织品中融入一些巴里纱的纹样，如窗帘、桌布、枕套和其他装饰品，抑或是当代服装中。

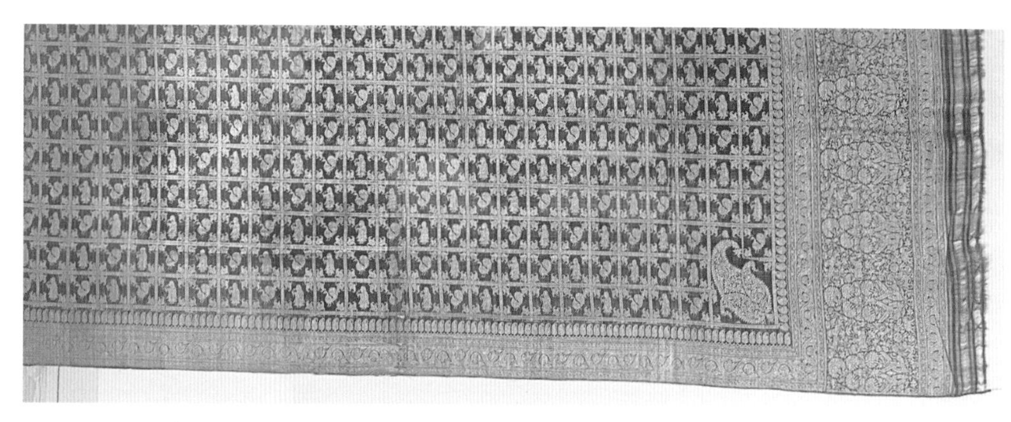

图3-67　北印度巴厘纱（Voile）（李潇鹏摄于巴黎吉美国立亚洲博物馆）

最后，随着印度中产阶级的增长和电子商务的兴起，印度国内外对高质量中国丝绸产品的需求一直在增长。新时代中国丝绸品牌不仅能满足印度市场对高品质产品的需求，还能加强文化连接，提升品牌价值和市场占有率。

2. 欧美文化的丝绸需求

中国丝绸文化对欧美社会具有深远的影响。新时代中国丝绸品牌在拓展欧美市场时，需要精心策划如何将东方的设计美学与西方的历史文化元素相结合，以确保产品能够吸引当地消费者（表3-26）。

表3-26　中国新时代丝绸吸引欧美消费者的策略

策略名称	策略描述
丝绸市场调研与消费者分析	深入研究欧美市场的时尚趋势、消费者喜好及文化特点，理解当地对新时代中国设计的需求和接受度
跨文化设计合作	新时代丝绸设计师可以与欧美设计师合作，结合中西设计理念，创造符合双方审美的新型产品
品牌故事文化传播	通过品牌故事，强调新时代中国丝绸的文化价值，与欧美文化历史共鸣
限量版与特别系列	结合西方文化节日或历史事件推出限量版或特别系列产品，吸引消费者

[1] MUTHU S S. Sustainable innovations in textile fibres[M]. Singapore：Springer Singapore，2018：14.

续表

策略名称	策略描述
高端市场定位	聚焦高端市场，突出丝绸产品的奢华感和工艺，吸引对高质量设计感兴趣的消费者
可持续性与伦理制造	注重可持续性和伦理生产，满足欧美消费者的环保需求和社会责任期待
多渠道营销策略	利用线上线下渠道推广，包括社交媒体、电商平台和实体店铺
客户体验与服务	提供高品质服务质量和个性化体验感，如定制服务，提升品牌形象和客户忠诚度
参与国际时尚活动	通过参加国际时装周等活动提升品牌知名度和影响力
文化教育与体验	举办文化展览、工作坊等活动，提供消费者深度了解中国设计美学和文化的机会

通过这些策略的实施，中国丝绸品牌可以更好地在欧美市场中定位自己，吸引欧美的目标消费群体，同时保持中国独特的文化特色和设计优势。新时期中国丝绸品牌的国际化战略在欧美市场的延展，涵盖了市场调研、品牌塑造、文化互动、营销推广及消费者体验等多个维度。

第一，通过对欧美市场时尚历史的深入分析后发现，自古以来，欧美对中国丝绸艺术既有强烈的需求也有较高的接受程度。丝绸在欧美成为一个非常具有代表性的奢侈品，产生了极大的社会文化需求。随着工业革命带来的机械化丝绸纺织品生产方式，手工织品、挂毯、地毯和刺绣的产量有所减少，价格也相应上涨，只有经济条件较好的人才能负担得起[1]。自那时起，欧美对于手工丝绸纺织品的追捧显著升温，而这种追捧多半是上层阶级的专属。随着新时代丝绸艺术新纪元的到来，中国手工丝绸艺术在欧美文化圈中的需求日益增长，这反映出欧美对中国传统丝绸工艺的极大尊重和高度评价。新时代由工艺美术大师徐永慧创作的手工丝绸刺绣（图3–68），在欧美市场颇受青睐。许多欧美消费者经常前来中国选购此类刺绣作品，这一现象反映了中国丝绸工艺在欧美文化中的文化需求。

▲图3–68　新时代手工刺绣　刺绣：徐永慧（李潇鹏摄于苏绣天地102号永慧刺绣）

第二，两千多年来，丝绸之路一直是古代东西方文明交流的纽带，其中丝绸纺织品扮演了商贸往来的重要角色。中国丝绸经陆海两路丝绸之路扩散至中、西亚及欧洲各地，成为汉唐文化对外交流的象征性物品。鉴于此，新时代的丝绸设计师可以深入挖掘丝绸之路深厚的历史文化底蕴，融合中西方设计哲学，创作出既符合当代审美又具有文化深度的创新产品。中国丝

[1] DEACON D A，CALVIN P E. War imagery in women's textiles：an international study of weaving，knitting，sewing，quilting，rug making and other fabric arts[M]. Jefferson：McFarland & Company，Inc，2014：20.

绸在中世纪的欧洲教堂中被大量使用，意大利教堂上的纹样受到了中国丝绸上的图案的影响[1]。丝绸纺织品在欧洲已经超越了实用主义或宗教仪式上的用途，成为文化自我表达的工具，如对文化身份的骄傲、对政治事业的支持、对在冲突期间失去的亲人的纪念以及对战争影响的记录等形式出现[2]。因此，欧洲自古以来就对中国的丝绸艺术具有一定的文化需求。

第三，新时代丝绸艺术家可以通过品牌或者历史故事，强调新时代中国丝绸的文化价值，寻找欧美文化与中国丝绸文化的历史共鸣从而满足欧美文化需求。例如，在一些新时代外销丝绸艺术品和服装中加入一些欧洲教堂元素，从而吸引一些欧美消费者。圣保罗大教堂的1245年教堂的财务清单上记载，斜纹丝绸布料常用于制作教堂的祭坛布、宝座套和祭服等装饰品[3]。在新时代，我们可以使用中国具有光泽感的优质丝绸，体现出欧洲教堂文化的华丽和庄重，展现新时代丝绸艺术的文化地位。图3-69中的丝绸圣衣边缘的蓝色波浪线代表了圣保罗（Sao Paulo）的海上旅程，在圣衣背面的红色印刷区域之间穿过黑色空白的线条可以被解读为圣保罗殉道的剑。我们可以借鉴丝绸圣衣的设计，在其中融入中华元素，将原有的简约线条转化为具有中国特色的植物纹饰（图3-70）。

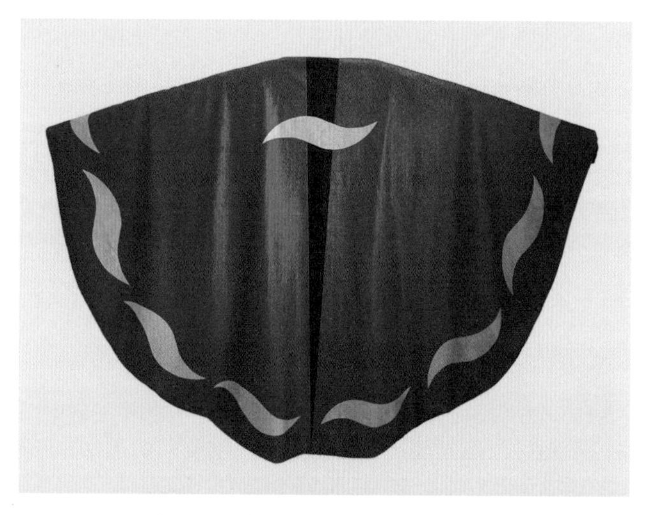

▲图3-69　丝绸圣衣（李潇鹏摄于英国时尚与纺织品博物馆）

▲图3-70　在圣衣中加入中国元素（服装效果图）

第四，通过探索新时代丝绸艺术的创新之路可以推出系列限量与特别版的丝绸作品。新时代丝绸艺术作品可以结合东西方节庆文化或重大历史时刻，旨在激发目标消费者的兴趣和收藏欲。在13世纪之前，教会是拜占庭帝国中丝绸织物的最大消费者，其中的丝绸用品包括教堂壁挂、家具、装订手抄本、圣物、丧葬包装和祭服等，这无疑进一步展示了中国丝绸在其社会中的地位和文化价值。新时代丝绸艺术设计师可以使用丝绸图案，通过各种生动的图像讲述一些故事。例如，生命之树、

[1] DEACON D A, CALVIN P E. War imagery in women's textiles: An international study of weaving, knitting, sewing, quilting, rug making and other fabric arts[M]. Jefferson: McFarland & Company, Inc, 2014: 19

[2] 同[1]。

[3] OWEN-CROCKER G R, SYLVESTER L M, CHAMBERS M C. Medieval Dress and Textiles in Britain: a multilingual sourcebook [M]. Woodbridge: Boydell & Brewer Ltd, 2014: 90.

天马等神话动物的图案，抑或狩猎场景和宗教故事的描绘，生动展现了当时社会的生活方式和宗教信仰[1]。

第五，新时代丝绸设计师可以满足欧美市场的高端文化需求，突出丝绸产品的奢华感和工艺，吸引对高质量设计感兴趣的消费者。在欧洲，法国大革命后见证了男性服装对奢华和花哨的放弃，风格逐渐趋于简约、实用；女装时尚则继续保持高标准和装饰性，采用了大量的丝绸服饰[2]。针对欧美男装女装的不同需求，新时代丝绸设计师可以针对这些特性，创造出一些丝绸产品满足欧美高端文化圈的需求。

新时代的丝绸服饰设计师可针对欧洲市场上的丝绸服装进行研究并汲取灵感，以此拓展欧美市场并顺应当地文化，并在此基础上融合中国丝绸的设计元素。图3-71中是一件属于拉纳元帅（1769—1809）的礼服，存放在法国陆军博物馆，该礼服采用丝绸天鹅绒和金线刺绣制作而成，边缘金饰处理，材料主要为丝绸和金。新时代的丝绸服饰设计师应借鉴该款服装的设计，在服饰的特定部位嵌入中国丝绸的经典纹理（图3-72）。

▲图3-71　拉纳元帅礼服（李潇鹏摄于法国陆军博物馆）

▲图3-72　加入中国元素的丝绸礼服（服装效果图）

新时代的丝绸服饰设计可以汲取欧洲历史中丝绸服装的精髓，对其进行创新性改造，融合中式元素，打造出中西合璧的服装风格。这种设计不仅提升了丝绸产品的奢华质感和精湛工艺，而且满

[1] DEACON D A，CALVIN P E. War imagery in women's textiles：an international study of weaving，knitting，sewing，quilting，rug making and other fabric arts[M]. Jefferson：McFarland & Company，Inc，2014：161.

[2] JONES J M. Gender and eighteenth-century fashion[J]. The Handbook of Fashion Studies，2013：121-36.

足了追求高品质设计感消费者的需求。例如拉纳元帅的宫廷外套（图3–73），使用了丝绒、丝绸和金线等材料。新时代丝绸设计师可以吸取其设计要素，结合中式审美，创作出时尚且具有文化内涵的新款礼服（图3–74）。

▲图3–73　拉纳元帅宫廷外套（李潇鹏摄于法国陆军博物馆）

▲图3–74　加入中国元素的丝绸礼服（服装效果图）

第六，为进一步开发欧美丝绸市场，新时代的设计师须致力于提供高端服务，如为欧美市场量身定制丝绸服装，以此提升新时代中国品牌的文化影响力，从而更好地打开欧美市场。新时代的丝绸设计师可将不同的设计流派融入丝绸艺术创作，促进丝绸艺术的创新与发展。

许多新时代的丝绸品牌仍在积极探索如何将艺术元素融入设计中，波普艺术因其独特的风格和文化符号，成为其中的热门选择之一。通过这样的融合，时尚界能够持续地为丝绸服饰带来新的生命和表达方式。在20世纪，波普艺术大师安迪・沃霍尔（Andy Warhol）创作了众多作品，并将这一艺术风格应用于丝绸服装设计之中。1955年，安迪・沃霍尔设计了“蝴蝶日快乐”丝绸印花（图3–75），其灵感来源于18世纪和19世纪的蝴蝶标本；蝴蝶图案似乎是安迪・沃霍尔表达幸福的一种特别的方式。比如安迪・沃霍尔于1955年设计的丝绸服装（图3–76）上就有蝴蝶图案自由地漂浮着，具有强烈的色彩和更加有力的绘画效果。

▲图3-75 “蝴蝶日快乐”印花（李潇鹏摄于英国时尚与纺织博物馆）

▲图3-76 蝴蝶图案（李潇鹏摄于英国时尚与纺织博物馆）

1959年安迪·沃霍尔使用油墨橡皮印章在丝绸围脖上进行了大量的设计（图3-77），包括平面化的图案和立体化的纹样。在1962~1963年，安迪·沃霍尔将粉丝与蓝色的大型冰激凌蛋糕图案（图3-78）印到了丝绸服装上。

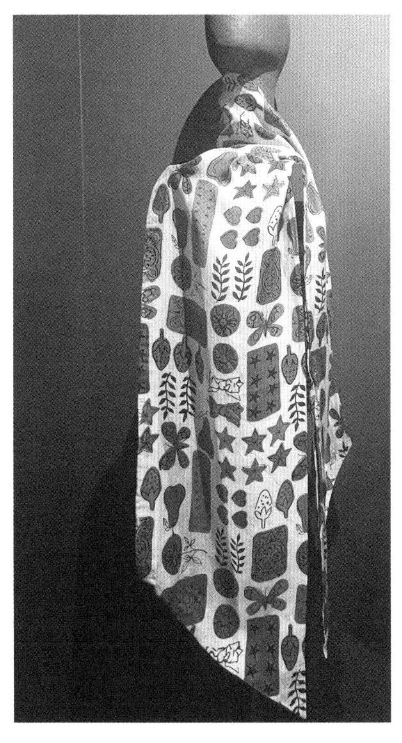

▲图3-77 油墨橡皮印章（李潇鹏摄于英国时尚与纺织博物馆）

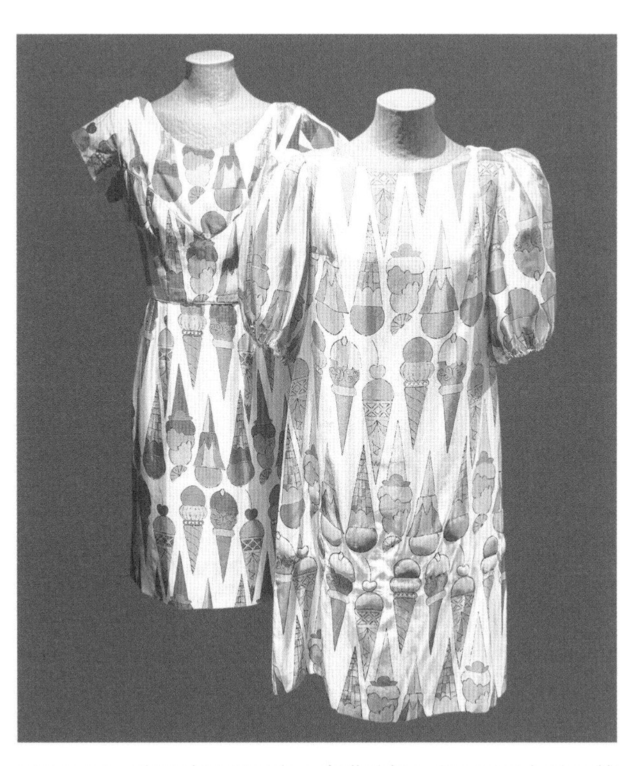

▲图3-78 冰激凌蛋糕图案（李潇鹏摄于英国时尚与纺织博物馆）

在新时代背景下，中国设计师们积极探索将波普艺术融入丝绸刺绣中的新途径。比如张黎星的作品（图3-79），巧妙地将波普艺术的现代表现手法与中国经典的脸谱图案相结合，对传统的霸王与虞姬的故事进行了新颖的阐释。该苏绣丝绸艺术设计利用脸谱的并置布局，打破了传统刺绣的常规范畴，注入了创新的理念与形式，极大地提升了艺术作品的表达力和视觉深度，为艺术创作开辟了新的领域。这种立足传统、融合现代的设计方式，不仅丰富了作品的文化内涵，还显现出设计者对于艺术和文化的深刻洞察力。

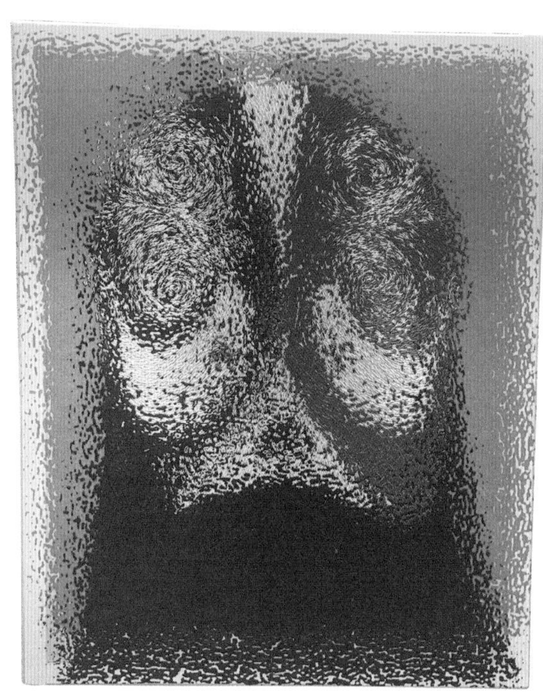

▲图3-79　苏绣作品《霸王别姬》 刺绣：张黎星 （李潇鹏摄于中国刺绣艺术馆）

综上所述，当新时代的丝绸设计师掌握了欧美市场的文化需求，便可依据这些需求量身打造符合目标消费者喜好的丝绸艺术产品。

3. 非洲文化的丝绸需求

在新时代背景下，作为全球服装生产与出口大国的中国，非洲市场上的纺织品和服装出口业务占据了举足轻重的地位。中国丝绸产品凭借高品质和先进的生产工艺，深受非洲消费者的青睐。同时，非洲独特的文化背景亦为中国丝绸的设计与创新提供了新的灵感源泉。

在非洲，丝绸不仅是一个服装面料选择，它在许多非洲文化中也是地位和财富的象征。丝绸的需求还可能与非洲设计师和时尚产业的崛起有关，他们越来越多地采用中国高质量的丝绸材料来创作服装和配饰，满足对奢侈品和独特传统服饰的需求（表3-27）。

表3-27　部分非洲丝绸服饰

非洲丝绸服饰名称	介绍
兰伯（Lambas）	兰伯是马达加斯加社会和宗教活动中穿着的传统披肩，这种纺织品是马达加斯加文化的高度象征，传统随葬用的兰伯通常由丝绸和牛皮制成❶
阿舒基（Aso Oke）	尼日利亚的阿舒基是一种传统的织物，常用于制作节日服装和其他特殊场合的服饰。几个世纪以来，制作布料的方式一直保持不变，但人们不断研究新的技术和生产方法，丝绸或者丝绸混纺材料成为豪华版的阿舒基面料来源❷
摩洛哥长袍（Moroccan Kaftan）	据《伊斯兰教百科全书》记载，长袍由奥斯曼帝国传入巴巴里国家，并以时尚的方式传播到摩洛哥❸。摩洛哥长袍由阿加维纤维或者丝绸制成，其有着光滑的质地和光泽，非常适合制作传统的摩洛哥服饰

研究非洲文化的丝绸需求对于新时代丝绸艺术创新研究非常重要，不仅能够推动传统丝绸艺术的现代化和国际化发展，还能促进中非文化的相互理解和交流，为中国丝绸产业的发展提供新的动力和方向。

中国与非洲国家之间的贸易关系在21世纪初期就已经显著加强，特别是在2000年成立的中非合作论坛（forum on china-africa cooperation，FOCAC），使双方的经贸合作得到了快速发展。中国出口到非洲的丝绸产品，不仅包括传统的丝绸面料，还包括丝绸制成的服装、配饰及其他丝绸制品。

在新时代，中国与非洲之间的贸易关系不断深化，丝绸作为中国的传统特产，也在这样的背景下被输出到非洲市场。中国丝绸以其独特的质地、图案和文化内涵，在非洲享有一定的市场份额，满足了非洲不同国家和地区对于高品质纺织品的需求。非洲有着丰富多彩的文化传统和服饰习惯，中国丝绸在出口时往往会根据非洲消费者的喜好和当地文化特点进行相应的设计改良，以符合当地市场。例如，丝绸产品可能会采用非洲传统图腾或者色彩，以此来吸引消费者。

此外，随着中国在非洲投资的增加，例如“一带一路”倡议的推进，中非贸易往来更加频繁，丝绸作为一种具有代表性的中国产品，其在非洲市场的影响力可能会进一步扩大，促进中非之间的经济合作和文化交流。

总体来说，非洲文化对丝绸艺术的需求体现出多样性的特点，以及人们从多个方面将这些优美的纺织品融入他们丰富的传统和现代生活实践中。

4. 伊斯兰文化的丝绸需求

伊斯兰文化对丝绸的需求为新时代丝绸艺术创新注入了活力，不仅促进了丝绸产业的持续发展，还推动了丝绸艺术文化在新时代的创新与发展。此外，不同文化之间的交流与融合也因此得以加强，从而丰富了丝绸艺术的内涵与外延。

通过研究伊斯兰文化的丝绸需求可以推动新时代丝绸艺术设计思维的创新，促进产品多样性，

❶ TORTORA P G，Merkel R S. Fairchild' s Dictionary of Textiles [M]. New York：Fairchild Publications，1996.

❷ AGABADUUD A B，OGUNRIN F O. Aso-oke：a Nigerian classic style and fashion fabric[J]. Journal of Fashion Marketing and Management：An International Journal，2006，10(1)：97–113.

❸ HOUTSMA M T. First encyclopaedia of Islam：1913–1936[M]. Leiden：Brill，1993.

同时这也是促进文化尊重和理解的重要途径。在伊斯兰文化中，早期伊斯兰法律和习俗对服装有一定的规定。在麦地那乌玛时期，当地出现了抵制奢侈的社会风气，许多伊斯兰经学家推荐保持谦逊和节俭的穿着方式，并谴责炫耀和奢华。

尽管在早期伊斯兰教观念中，丝绸、缎子、锦缎等材料制成的服饰及金饰被看作过分奢侈的标志，男性佩戴这些装饰被认为是在尘世中的不恰当之举。然而，随着伊斯兰社会经济的进步，这种倡导朴素的服饰观念逐渐淡出人心。比如，伦敦雷顿公馆所藏的19世纪奥斯曼帝国的丝绸挂毯（图3-80），便展示了在伊斯兰世界中产阶级对奢华面料服饰的追求，其将由丝绸、锦缎、缎子等材料制作而成的服装视为时尚趋势，这在一定程度上挑战了传统观念。这种变化不仅反映了社会的演进和不同社会群体对于着装态度的转变，也显示了丝绸服装在满足阿拉伯世界对文化多样性需求中的作用。在2023年秋冬巴黎时装周亚欧专场中，伊斯兰女装（图3-81）的亮相不仅展示了其文化对丝绸的特殊偏好，也向世界传达了伊斯兰时尚对丝绸这一传统材料的独到需求和审美观念。

▲图3-80　丝绸挂毯（李潇鹏摄于雷顿公馆）

▲图3-81　丝绸女装（李潇鹏摄于2023年秋冬巴黎时装周亚欧专场）

（二）消费者的文化需求

在新时代背景下，深入剖析消费者的文化需求对激发新时代丝绸艺术创新、提升产品在市场中的竞争力，以及促进文化艺术交流与发展方面，具有不可或缺的战略价值。

通过研究消费者的文化需求（表3-28），我们可以更好地把握丝绸艺术与市场之间的脉络，推动新时代丝绸产业与文化艺术的全面繁荣。在全球化的生产模式下，不仅传统民族家庭结构受到冲击，多个民族珍贵的非物质文化遗产以及祖传知识也面临着丧失的风险。以西方发达国家为引领的全球化进程，其负面影响不容忽视。各族群在追随主流文化潮流的过程中模仿跨国大品牌的商业和设计模式，这种趋同现象导致了文化多样性的严重流失，使许多民族特色和文化遗产面临着被淡忘的危机。

表3-28　新时代消费者的文化需求

研究目的	原因解释	预期效果
满足市场需求	了解消费者的文化需求可以帮助丝绸企业生产出更符合市场预期的产品	提高新时代丝绸产品市场接受度和销售业绩
个性化产品设计	消费者越来越追求个性化和具有文化寓意的产品	增加新时代产品的吸引力和差异化竞争优势
提升品牌价值	新时代品牌若能把握消费者的文化需求，将提升品牌与消费者的文化共鸣	加深新时代品牌忠诚度和品牌影响力
促进文化交流	研究消费者文化需求有助于丝绸艺术的跨文化交流和创新	丰富文化交流的内容和形式
教育和培养市场	通过新时代产品引导消费者了解丝绸文化，提升他们的文化素养	扩大消费者基础，形成良性市场循环
应对多元化挑战	不同文化背景的消费者有不同的需求和偏好	提升企业应对多元市场的能力
增强文化认同感	产品不仅仅是物质消费，更是文化和情感的载体	增加消费者对产品的情感依赖和认同感
推动可持续发展	了解消费者对环保和可持续文化产品的需求可以推动行业的可持续发展	促进产业的环保升级和社会责任实践

在新时代，消费者应该扮演更积极的角色，通过消费选择来推动时尚体系的改革。新时代中国消费者可以支持本土化和多样化的设计，反对盲目追求名牌和过度消费。由于经济全球化的影响，世界上很多民族正在失去民族文化和民族独特的价值观。新时代中国消费者需要支持本土化和多样化的设计，在继承传统本土文化的同时可以推动设计的多样化和创新，打破标准化和同质化的趋势。

新时代的消费者是推动时尚体系改革的重要力量。只有当消费者采取积极的行动时，时尚体系的文化多元化才有可能真正实现。

三、文化故事性和情感化需求

文化故事性和情感化需求是新时代丝绸艺术创新的重要驱动力（表3-29），它们不仅使产品本身更具吸引力，还能帮助品牌建立独特的市场定位，促进中国传统文化的传承和可持续发展。消费者也不再只关注产品的实用性，而是更加重视产品的故事性和情感价值。新时代丝绸艺术创新需要注重产品的文化故事性和消费者的情感化需求，让消费者在使用产品的同时，能够感受到产品背后的文化和故事。

表3-29　新时代文化故事性的研究意义

研究目的	原因解释	预期效果
增强产品吸引力	文化故事性和情感化可以使新时代丝绸艺术作品更具吸引力和感染力	提升新时代产品在市场上的竞争力和用户忠诚度
丰富品牌内涵	故事性和情感化赋予新时代品牌更深层次的文化内涵和情感连接	加深新时代消费者与品牌之间的情感纽带
满足消费者需求	新时代消费者越来越重视产品的精神价值和情感体验	扩大目标市场，提高新时代消费者满意度
促进文化传播	通过故事和情感的传达，有助于传播和推广丝绸艺术的文化意义	增加新时代丝绸艺术的社会影响力和认可度
创新营销策略	新时代故事营销和情感营销是有效的现代营销手段	吸引更多消费者，提高销售业绩
提升体验价值	结合新时代文化故事性和情感化设计可以提供更为丰富的用户体验	增强新时代产品的体验价值，与消费者建立持久关系
增加文化多样性	研究不同文化背景下的故事和情感，可以增加新时代丝绸产品设计的多样性	丰富新时代市场产品种类，满足多元化需求
强化社会责任	强调文化和情感也是企业履行社会责任和推动新时代丝绸艺术发展的方式	改善新时代企业公共形象，增强社会责任感

（一）故事性需求

新时代的丝绸艺术故事性是指丝绸艺术作品能够讲述一个或多个故事，这些故事可能来源于历史、文化、生活等各个方面。例如，一件丝绸衣服背后可能讲述的是古代皇宫的华丽生活，一幅丝绸画可能表达的是一段不同民族之间的历史文化故事。通过这些故事，丝绸艺术作品能够更好地与人们产生情感共鸣，增加其艺术魅力。

1. 中国丝绸文化的故事性

在中国社会，新时代丝绸艺术品不仅仅是一种常见的物品，它还承载了社会联系和文化传统。丝绸艺术品在中国历史上扮演着重要的角色，并在不同场合中具有不同的用途。

丝绸在中国几千年文明中一直是财富、艺术和文化的象征，相关的历史故事和文化含义极为丰富，深刻影响了中国乃至世界的文化和经济。在新时代，丝绸仍然是中国传统文化和艺术的重要组成部分，且在当代设计中得到了新的诠释和创新发展。

丝绸纺织品在中国社会中扮演着重要的角色，出现了大量与丝绸相关的历史故事（表3-30）。例如，在中国古代，丝绸纺织品也用于外交，通过将丝绸纺织品奖赏给游牧民族或者作为贡品，送给东南亚君主。自古以来，中国一直是丝绸的主要生产和出口国。早在2000年前的汉代，丝绸赠品不仅体现了其丰富的物质财富，也显示了其文明的优越性；丝绸纺织品作为外交手段，在一定程度上缓和了汉朝与匈奴的关系。因为匈奴没有丝绸的生产技术，所以丝绸对他们来说具有极高的价值。通过著名的丝绸之路，中国的丝绸被运往中亚、西亚甚至更远的地方。丝绸是中国文化的象征，它在中外交流中起到了重要的桥梁作用，无论是在古代的丝绸之路，还是在近代的贸易中，都展现出了丝绸的故事性和独特魅力。自古以来，中国的丝绸、瓷器、茶叶等商品便沿丝绸之路传向西方；同时，西方的金银、宝石、玻璃器皿、葡萄酒等商品也通过这条路线进入中国，极大地促进了东西方的交流。

表3-30　新时代丝绸文化故事

文化故事	描述
传说中的始祖	相传黄帝的妻子嫘祖是养蚕缫丝的始祖，她教人们如何饲养蚕，从而开始了中国的丝绸生产
丝绸之路	中国古代的丝绸之路是一条连接东西方的重要贸易路线，它不仅仅是商品交流的通道，也是文化、技术和宗教交流的纽带，对世界历史产生了深远影响
皇家象征	在封建社会，丝绸也是一种象征皇室尊贵的物品。它不仅用于皇室服饰，还用于朝廷的礼仪和日常用品
文学作品	在古代文学作品中，丝绸也是经常出现的元素，比如诗歌中常用来形容柔美、光滑和富贵
外交礼仪	丝绸作为中国传统的礼品，在对外交流中扮演着重要的角色，是中国对外展示其文明和富饶的象征
传统服饰	汉服、旗袍等传统中式服饰多采用丝绸材料，体现了中国传统服饰的风雅和精致
艺术载体	丝绸艺术不仅用作服装，还是中国传统绘画和书法的重要载体，如丝绸画和扇面
婚俗文化	在中国的传统婚俗中，丝绸也扮演着重要的角色。红色的丝绸被广泛用于婚礼装饰，象征着喜庆和吉祥
技艺传承	丝绸生产的各个环节，如养蚕、取丝、织造等，都是中国古老手工艺的重要组成部分，这些技艺的传承也是连接过去和未来的桥梁

2. 其他丝绸文化的故事性

在新时代，中国丝绸的外销可以通过讲述外国的丝绸故事来增强其国际吸引力。这种策略不仅传播了丝绸本身的文化价值，也促使中国丝绸与世界各地的文化故事和传统发生对话。在全球各类文化传统中，丝绸都承载着大量的故事元素，这显示出丝绸深厚的文化故事性与文化叙事性。

例如，在新时代中国丝绸品牌在拓展国际市场的征途中，可以重点开发丝绸帽饰，并设计一系列与不同文化相协调的丝绸服饰。这要求我们对外国的丝绸文化进行深入研究，并将中国传统丝绸图案融入其中，为新时代的中国丝绸外销注入新鲜活力。

位于英国伦敦的国家海事博物馆收藏有英国海军制服，这些服装主要由羊毛、丝绸、黄铜和金属线制成，特别是袖口内衬采用了黑色斜纹丝绸。

新时代设计师们可以从海军制服的典型元素中汲取灵感，如标志性的双排纽扣、金色臂章、肩章以及笔挺的领口，再将这些元素与中国传统丝绸纹样相融合。这些纹样可以是传统的龙、凤、牡丹或云纹图案，它们不仅赋予服装独特的视觉魅力，同时蕴含浓郁的文化意蕴（图3-82、图3-83）。

▲图3-82　中西融合外销服装效果图（一）

▲图3-83　中西融合外销服装效果图（二）

新时代丝绸设计师可以通过这种设计手法，将服饰变成东西方文化融合的缩影。此类设计理念的实践，不但能吸引追求个性化和文化深度的消费者，还能使中国丝绸品牌在国际舞台上彰显其创新设计能力和跨文化的魅力。

（二）情感化需求

新时代丝绸艺术的情感化需求指这些丝绸艺术作品能激发观者内心深处的多种情绪体验，包括愉悦、悲怆、愁闷以及对爱的渴望等。这类富含感情色彩的丝绸艺术，不只是提供了视觉上的审美，而且更深层次地触及了人们的情感世界，使人们在赏析艺术之美的同时，亦能感受到作品传递的情感共鸣。

在古代，中国传统的丝绸成功地满足了其对情感表达的需求。中国传统文化中对“吉祥美好”的追求一直是贯穿始终的主题，丝绸能够满足中国传统的情感需求。在原始社会，人们就在陶器和其他物品上绘制符号和纹样，这些纹样不仅使物体更美观，同时也寄托了人们对吉祥的美好向往；因此，丝绸是满足当时人们情感需求的重要载体。《庄子·人间志》中写道：“瞻彼阕者，虚室生白，吉祥止止”，《成玄英疏》中写道：“吉者福善之事，祥者嘉庆之征”；人类的吉祥意识几乎是随着人类的诞生而产生的[1]。

在新时代，随着消费者消费理念的变化，丝绸艺术创新也需要在设计、制作等各个环节，注重

[1] 耿榕泽．新中国丝绸纹样的设计社会学特征研究［D］．南京：南京艺术学院，2022.

故事性和情感化的表达，以满足人们的需求。综上所述，故事性和情感化也可以作为丝绸艺术创新的重要途径，通过讲述新的故事，表达新的情感，来推动丝绸艺术的创新和发展。

四、文化个性化需求

文化个性化是新时代丝绸艺术创新的重要方向之一，而要实现个性化，就需要在设计、制作、服务等各个环节进行创新和改进，以满足消费者的个性需求。设计文化是人类在物质与精神层面进行的有机创造过程的总称，包括思想理念、审美取向、信仰等精神文化，以及衣食住行等物质文化，丝绸艺术反映了人们在不同历史时期对于创作艺术的理解和探索（表3-31）。

表3-31　新时代文化个性化需求的研究意义

研究目的	原因解释	预期效果
提升产品差异化	通过个性化满足新时代消费者对于特色和差异化的追求	增加新时代丝绸市场的竞争力，吸引不同需求的消费者
强化用户体验	个性化服务能更好地反映消费者的个人品位和身份	提高丝绸艺术客户满意度
拓展市场细分	针对性地研究和服务不同文化背景的消费者群体	扩大市场范围，抓住细分市场的机会
促进文化创新	个性化需求的研究是推动丝绸艺术不断创新与发展的动力	丰富丝绸艺术的表现形式和内涵
增强文化自信	强调文化个性化有助于传承和弘扬民族文化特色	提升民族文化的国际影响力和自信心
适应市场趋势	新时代市场消费个性化、定制化趋势明显	使产品和服务更加符合市场发展趋势
提高价值附加	个性化产品往往能够带来更高的附加值	提升产品的经济价值和利润空间
促进技术进步	个性化需求推动新时代生产技术和设计方法的创新	促进产业的技术升级和提高效率

（一）设计个性化需求

新时代丝绸艺术的设计应当更加注重个性化，以满足不同消费者的审美需求。设计个性化需求涉及对传统图案的创新需求、对颜色的巧妙搭配需求等。设计个性化的影响使东方丝绸艺术和时尚成为跨越国界的交流媒介。丝绸制品和东方元素的使用不再仅仅是展示阶级地位，而是成为一种流行趋势和时尚标志。人们通过穿着丝绸服饰和使用东方元素的方式来表达自己对美的追求和个人品位的展示。

（二）制作个性化需求

在新时代的丝绸艺术创作中，除了追求设计的个性化以满足多元化的审美需求外，其生产过程也应当更加关注个性化的元素。这意味着可能会出现手工艺制作的复兴，手工艺以其独有的手感和温度回应市场对于原创性和特色化的追求。同时，定制化生产的模式也应当被更广泛地推行，针对不同消费者的独特需求，提供专属定制的丝绸艺术产品，从而使每一件作品都能更好地反映出个体的风格与品位，为消费者带来独一无二的艺术享受和情感体验。

以丝绸人造花为例，丝绸艺术不是千篇一律的工业产品，而是充满个性和独特性的艺术创作。从19世纪初开始，欧洲的丝绸人造花被广泛用于制帽业。传统人造花通常用来装饰帽子或者替代胸针；在近代，人造花也成为迷你帽中必不可少的装饰品，被制造出各种形状和颜色。人造花的保存时间比真花更长，可以反复使用，比真花更加经济实惠。

在新时代的服饰设计趋势中，人造花作为一种古典而又时尚的点缀元素，在多种饰品领域的应用越发广泛。它们或作为帽子上的亮点，或融入服装图案设计中，抑或作为各式配饰中的装饰亮片，凭借其鲜活的色泽与细腻的质地，为穿着者平添一分华丽的气质。人造花（图3–84）作为帽饰（图3–85），融入了传统与创新的设计理念，不但提升了时尚单品的视觉吸引力，也满足了现代消费者对个性美感的追求，在当前的流行文化中扮演了不可替代的角色。

▲图3–84　丝绸人造花

▲图3–85　丝绸人造花帽饰

（三）服务个性化需求

新时代的服务个性化与丝绸产品的个性化相辅相成，这可能涉及更加贴心的售前咨询、更加专业的售后保障、更加便捷的购物体验等。通过这种方式，消费者不仅可以享受丝绸艺术，也能享受到高质量的服务体验。

在古代，丝绸被视为贵重的奢侈品，只有统治者、贵族和高级军官才能穿着丝绸服装。丝绸的质地和纹样成为展示地位和权力的象征，如部分统治者的棺材内衬使用了红色丝绸，军官的装备内衬使用了黑色丝绸等。在清朝，丝绸也会服务清朝皇帝的一些个性化需求，以乾隆皇帝在举行盛大阅兵时所穿的丝绸礼仪服装（图3–86）为例，由三件外衣组成，圆锥形头盔上覆盖着混有精美宝石的金饰，顶部饰有一颗大珍珠和一只由黑貂皮条制成的白鹭；它的内衬是由丝绸制成的颈套和枕头，进行了绗缝和刺绣，同时，护腿由镀金钢横刃制成，下部饰有金丝皇龙图案。

由此可知，自古以来丝绸艺术便深深植根于个性化服务之中。进入新时代，这种传统的定制精神得以延续并焕发新的活力。我们不仅能够提供定制化的丝绸服饰，还能结合现代技术和材料，如人造丝以及合成丝绸，进一步推进个性化服务的深度和广度。如水天碧长裙（图3–87）通过这些丰富多样的面料选择，满足顾客在材质、风格及功能上的多元需求，使每一件产品都能够更加贴合顾客的个人喜好和生活方式，体现个性化服务在新时代丝绸艺术领域中的创新与发展。

新时代丝绸艺术的创新需求中，文化需求是一个重要的方面，需要我们在设计个性化、制作个性化和服务个性化等多个层面进行努力。

▲图3–86　乾隆皇帝丝绸礼仪服装

▲图3–87　水天碧长裙（李潇鹏摄于中国丝绸博物馆）

第三节　艺术需求

在新时代丝绸艺术的创新需求中，艺术需求无疑占据了至关重要的地位。新时代艺术需求主要表现在对艺术表现力、艺术创新和艺术价值的追求上。

通过研究新时代的艺术需求（表3-32），丝绸艺术可以更好地适应时代潮流，实现创新与传承的平衡，不仅保持其文化价值，还能够在现代社会中发挥更大的经济效益和社会作用。

表3-32　研究艺术需求对于新时代丝绸艺术创新的目的

研究动机	原因分析	预期成果
了解消费趋势	随着经济的发展和社会的进步，人们对美的追求和艺术品位有了新的升级和变化	通过对消费趋势的研究，可以指导新时代丝绸艺术产品的设计和生产，使之更符合当代审美
促进文化传承	在新时代背景下，如何保留丝绸艺术的传统元素同时又能创新发展，是一个重要课题	确保新时代丝绸艺术在传承中的活力，创新中的连续性，形成既古典又现代的艺术表达
拓宽艺术表现	新时代艺术不断涌现新的表现手法和风格，丝绸艺术亦需拓宽其艺术表现形式	推动传统丝绸艺术与新时代艺术的融合，创造多样化的艺术作品
增强市场竞争力	了解并满足新时代艺术需求，有助于提高产品的市场竞争力	生产出更受市场欢迎的新时代丝绸艺术品，提升品牌价值和市场份额
改进教育与培训	对艺术需求的研究可指导丝绸艺术教育和艺术家的培训方向	培养具有前瞻性和创新能力的新时代丝绸艺术家，促进行业持续发展
推动技术创新	新时代的艺术需求可能催生新的制作技术和材料的使用	促进新时代丝绸艺术生产工艺的进步，提升丝绸艺术品的品质与艺术价值
对接国际市场	国际上对中国新时代丝绸艺术的需求日益增长，了解这些需求对开拓国际市场至关重要	打造具有国际影响力的新时代丝绸艺术品牌，促进文化的国际交流与合作
提升文化自觉	研究新时代艺术需求能增强对民族文化特色的认知和自觉	增强民族文化自信，推动新时代丝绸艺术成为国家软实力的重要组成部分

一、传统丝绸艺术表现力的需求

自古以来，艺术表现力是新时代丝绸艺术创新的核心，也是其基本的需求之一。丝绸艺术需要通过细腻的技艺、独特的设计和精致的工艺，展现出丝绸的柔美、典雅和华丽，从而满足人们对艺术美感的追求。在新时代丝绸艺术的创新需求中，艺术需求是提升丝绸艺术核心竞争力、推动丝绸艺术持续发展的重要动力。

（一）传统丝绸纹样的艺术表现力需求

中国传统纹样可以通过新时代设计手法得到新的演绎，这不仅延续了历史文脉，亦为其注入了新的活力与时代意义，满足中国丝绸在全球时尚领域独特的艺术需求。中国传统丝绸纹饰以其工艺精湛、色泽浓郁而著称，其艺术表达之妙，堪称独树一帜。中国传统纹样从细腻如水墨丹青般的渲染，到严谨如几何构图的排列，无不蕴含着浓郁的中国文化底蕴与深邃的哲学内涵，展现了超凡的审美功力。无论是描绘自然界之美态，如幽兰、青竹、秋菊，抑或是承载吉祥寓意的经典图腾，如龙凤呈祥、蝙蝠展翼，其在丝绸之上的演绎均展现出强烈的视觉感召力与情感沟通力，恰到好处地满足了新时代设计对艺术性与个性化的追求。

自古至今，中国丝绸艺术纹样以其丰富的艺术内涵不断迎合着艺术的发展需求，中国的传统丝绸图案（图3–88）达到了对艺术表达力的高标准和深层次追求。

▲图3–88　汉代丝绸（李潇鹏摄于中国丝绸博物馆）

在新时代背景下，丝绸艺术仍旧可以利用动植物形象以及蕴含吉祥寓意的图案来丰富其艺术表现力。《齐东野语》记载了众多象征吉祥的动植物图案，如神兽麟凤、龟龙、驺虞、白雀，以及寓意美好的甘露、朱草等[1]。在丝绸纹饰中，动植物图案（图3–89）常用来象征好运和祝福，诸如代表吉祥如意的龙凤、富贵昌盛的牡丹、生命力旺盛的长春花及四季常青的各类花卉。《乐舞纹锦》（图3–90）作为具有浓厚中国传统文化特色的丝绸艺术品，其设计以乐舞场景为主，色彩斑斓，布局

▲图3–89　树叶纹锦　北朝（李潇鹏摄于中国丝绸博物馆）

▲图3–90　乐舞纹锦　北朝（李潇鹏摄于中国丝绸博物馆）

[1] 周密．齐东野语．卷六［M］．北京：中华书局，1983.

精致复杂，展现了生动的动态之美。

在新时代的背景下，丝绸艺术的发展可以通过描绘中国神话、民间故事等传统文化得到进一步的提升和创新。这些艺术化的故事不仅蕴含着丰富的历史文化信息，也承载着深厚的教育意义和艺术价值，是连接古今的文化纽带。中国丝绸艺术在创作过程中，往往致力于融合并再现传统故事，以满足对叙事性艺术表达的需求。丝绸设计师们常常汲取神话传说、民间故事等元素，将其转化为缂丝工艺中独具匠心的图案；如《紫芝仙寿图》便巧妙地将灵芝与雁相融合，创作出既写实又细腻的丝绸图样[1]。这样的纹样设计在很大程度上满足了对丝绸艺术表现力的追求。

进入新时代，传统刺绣图案与现代服装设计相结合，不仅丰富了服饰的艺术风格，而且在设计上融合了中国传统文化与现代审美，满足了新时代对艺术需求的追求。这种将中国传统刺绣技艺融入现代服装设计的做法，赋予了现代服饰更加广泛的创意和表现形式。刺绣元素如今在各类服装上广泛应用，涉及儿童服装、女性服饰和男性装束等众多领域。特别是在女性服装设计中，无论是精致的晚礼服、专业的职业装还是日常的装饰配件，添加刺绣细节都能够为其增添无限生机与独有的风采[2]。传统民族刺绣图案，尤其是动物造型（图3–91），历来是各民族对美好生活的向往与艺术表达需求的体现。

▲图3–91　明代刺绣蝴蝶花鸟纹裙片（李潇鹏摄于中国丝绸博物馆）

（二）传统丝绸艺术表现力与社会风俗需求

传统丝绸艺术作为中国几千年社会发展的镜子，受到社会风俗的影响和支配。社会风俗反映了中国各时期真实的社会生活，丝绸纹样中的民族风俗也能够体现中国各时期真实、通俗的文化形态，

❶周密．齐东野语・卷六[M]．北京：中华书局，1983．

❷李龙，余美莲．传统手工刺绣在现代丝绸服饰品中的设计应用[J]．山东纺织经济，2019(4)：52–53，47．

能够满足社会各界的艺术审美。社会风俗既是旧文化的保留，也是新文化的增加；在不同的历史条件和意识形态的制约和影响下，社会风俗发生了不同的演变❶。

在新时代的丝绸纹样中，有许多反映生活百态和风俗习惯的艺术题材。丝绸艺术纹样内容丰富，有的描绘了中国传统的民俗节日，通常有许多描绘节日民俗活动的丝绸纹样题材，普遍采用通俗简单的手法进行表现，具有浓烈的民俗审美倾向❷。这些丝绸纹样不仅是艺术作品，更是社会生活的缩影。通过研究这些纹样，可以了解中国各时期人们的日常生活和民俗活动，体现了社会的艺术文化。

在新时代的丝绸艺术中，丝绸作为书画装裱材料被广泛利用，极大丰富了艺术作品的审美维度和华美质感，有效迎合了中国社会的习俗喜好与艺术表现的追求。以精致的锦囊、匣子及书画装裱为例，这些传统的装裱方式是对丝绸材料的经典运用。丝绸在新时代书画装裱中的运用，不仅为艺术品添增了豪华与艺术的双重韵味，而且能透过多样化的装裱技艺，彰显作品本身的独特风采和创新精神。

二、近现代丝绸艺术创新

研究新时代中国丝绸艺术创新十分重要。首先，研究的重要性体现在对历史文脉的把握上，因为近现代的艺术创新构成了当代艺术发展的历史脉络和文化基础。其次，近现代社会经济的变迁直接影响了丝绸艺术表现形式和内容的更新，这为认识新时代艺术变革提供了社会背景的分析视角。同时，技术的进步、审美观念的演变以及国际文化的交流互动，都在近现代留下了深刻的印迹，这些因素共同塑造了丝绸艺术的发展轨迹。因此，探究这些原因对于揭示新时代中国丝绸艺术创新的动力、方向和潜在路径具有指导意义，有助于推动传统艺术在现代社会的传承与创新。

近现代丝绸艺术的创新是其适应艺术需求的核心。在坚守传统工艺的同时，丝绸艺术亟须融合现代设计元素，并探索新的艺术表现形态与技巧，以增强艺术吸引力及市场竞争力。丝绸以其独有的触感和光泽、丰富的图案与色彩，已成为包装设计领域的显著要素。新时代丝绸包装不仅凸显了浓郁的民族风情和文化底蕴，同样昭示了中国传统美学的独特魅力。

自工业革命之后，各种不同纺织产品之间的激烈竞争对丝绸提出了更高的艺术创新需求。从1840年开始，中国社会小农经济的瓦解导致大量农民和手工业者破产，中国第一批丝绸企业出现，部分农民和手工业者转型为工厂工人，中国的传统丝绸业开始转型。孙中山先生在《实业计画》中提出，世界对蚕丝的需求逐日增加，因此养蚕制丝的改良将是非常有利的事情。他建议在适宜的地方设立缫丝所，采用新式机器以满足国内外的消费需求，然后再设立制丝工场，以满足国内外的

❶ 耿榕泽. 新中国丝绸纹样的设计社会学特征研究 [D]. 南京：南京艺术学院，2022.

❷ 同❶。

需求[1][2]。

上海绸缎同业公会发布的国产绸缎样本（图3–92）在当时可以被视为丝绸艺术创新的代表。这些样本不仅展示了国产丝绸的多样性和独特性，而且体现了中国在丝绸制造技术和艺术设计方面的进步。通过这些精心设计的样本，上海绸缎同业公会能够向消费者和业界展示最新的绸缎流行趋势、图案设计和色彩搭配，促进了国内丝绸产品的市场竞争力。这不仅反映了当时市场对创新和美学需求的回应，也推动了中国丝绸工艺及艺术向更高水平的发展，从而在国内外市场树立起中国丝绸的新形象。

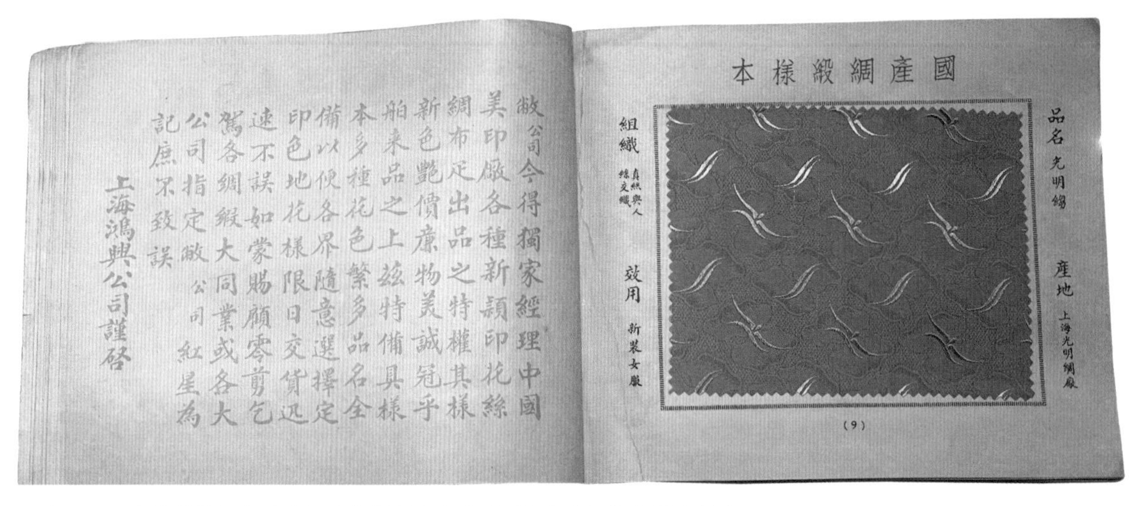
敝公司今得獨家經理中國
美印廠各種新穎印花絲
綢布定出品之特權其樣
新色艷價廉物美誠冠乎
舶來品之上茲特備具樣
本多種花色繁多品名全
備以便各界隨意選擇定
印色地花樣限日交貨迅
速不誤如蒙賜顧零剪乞
駕各綢緞大同業或各大
公司指定敝公司紅星為
記庶不致誤
上海鴻興公司謹啓

國產綢緞樣本
品名 光明錫
產地 上海光明綢廠
組織 真絲與人絲交織
效用 新裝女服
（9）

▲图3–92　上海绸缎同业公会国产绸缎样本（李潇鹏摄于中国丝绸博物馆）

新时代的丝绸艺术正处在传统与现代交融的关键时期。设计师们可以深入研究和借鉴近现代的丝绸连衣裙设计，这些设计往往强调剪裁、流线型以及对女性优雅身材的勾勒。如图3–93所示，左侧是一件1928年的丝绸绉缎连衣裙，存放在安特卫普时装博物馆，带有悬挂的骑士领带和褶饰元素；右侧则是一套1935~1939年的丝绸套装，同样存放在安特卫普时尚博物馆，其上印有舞动的农民形象。在这一基础上融入中国传统丝绸元素，可以利用传统的工艺技术，将中国传统纹样和符号嵌入现代丝绸服装设计中。通过这样的创新和融合，中国的丝绸连衣裙（图3–94）可以更好地适应国际消费者的审美和文化偏好，从而在国际市场上占据一席之地，拓宽外销丝绸市场。

新时代丝绸的艺术创新具有非常深厚的历史基础，能给行业提供巨大的竞争优势。1949年5月，江苏、浙江、上海等地相继解放，中国蚕丝公司及其附属机构被当地的军事管理机构接管，重新组建为新的中国蚕丝公司[3]。在中华人民共和国成立初期，中国的丝绸产业得到了政府的重点支持和关注。通过与苏联等新兴国家的贸易出口，丝绸产业作为传统的优势产业，产品受到全世界消费者的欢迎，为国家的发展和复兴提供了重要的经济支持。在那时，丝绸产业肩负为国家谋复兴和发展的

❶ 孙中山. 实业计画 [M]. 孙中山. 中山全书(二). 上海：上海中山书局，1927：188.
❷ 温润. 20 世纪中国丝绸纹样研究 [D]. 苏州：苏州大学，2011.
❸ 同❷。

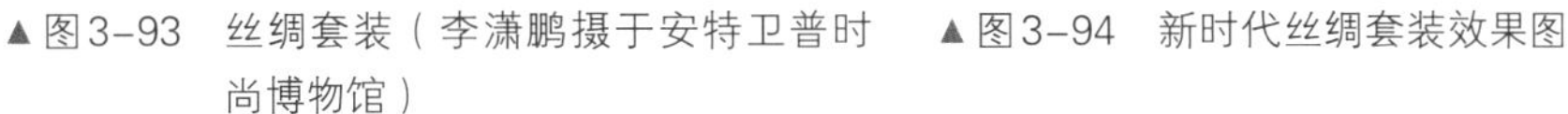

▲图3-93 丝绸套装（李潇鹏摄于安特卫普时尚博物馆）

▲图3-94 新时代丝绸套装效果图

重要历史任务。丝绸作为中国的优势产业，其独特的质感、色彩和纹理深受消费者的喜爱，为丝绸艺术的传承和发展打下了坚实的基础[1]。

三、提升新时代艺术价值的需求

在新时代的文化浪潮中，社会对艺术价值的需求呈现出多样化和深层次的趋势。人们不仅追求艺术作品本身的审美和创新，更渴望艺术能够反映时代精神、传递深刻思想并激发个人内省。艺术的价值正在被重新定义为一种综合体验，它跨越了视觉的饱览，触及情感的共鸣，进行思想的启迪和文化的互动。

艺术价值的提升是新时代丝绸艺术创新的目标。丝绸艺术不仅是实用性的产品，还是传承中国文化、展示中国魅力的重要载体。丝绸艺术可以通过文学、影视作品和绘画等形式，满足消费者对其艺术价值的需求。研究丝绸在文学艺术中的体现对于新时代极为重要（表3-33），因为它不仅助力传承和创新中华民族的传统文化遗产，还能促进文化自信和文化软实力的提升。在全球化的大背景下，丝绸作为中国文化的重要符号，其在文学艺术作品中的深入探讨与创新表现，有助于构建跨文化交流的桥梁，展示中国文化的独特魅力和时代精神。

❶ 温润. 20 世纪中国丝绸纹样研究 [D]. 苏州：苏州大学，2011.

表3-33 丝绸的文学艺术体现

文学作品	丝绸的文学艺术体现
《无题》	"春蚕到死丝方尽，蜡炬成灰泪始干"巧妙借用春蚕吐丝的形象，寓意对爱人的思念达到了极致
《红楼梦》	贾宝玉出场时的"石青起花八团倭缎排穗褂"是贵族的一种典型丝绸礼服，"八团"是衣面上用缂丝技艺或刺绣制成的八个彩团的图案
《金瓶梅》	书中的"两套杭州织造大红罗缎纻丝蟒衣"象征权力和财富
《飘》	斯嘉丽·奥哈拉（Scarlett O'Hara）是南方贵族的女儿，穿着各种华丽的丝绸裙子，象征着斯嘉丽早期的社会地位和生活态度，并与南北战争后的生活形成对比
《茶花女》	"绸缎、天鹅绒和花边绣品"反映了玛格丽特（Marguerite Gautier）身处社会上层，但内心空虚和孤独的生活状态
《圣诞欢歌》	"丝绸""绒毛"等纺织品是富豪费兹威格（Fitzweig）家的象征
《傲慢与偏见》	宾利（Bingley）的姐妹们穿着丝绸裙子，代表她们的贵族身份和富裕生活
《安娜·卡列尼娜》	安娜·卡列尼娜（Anna Karenina）是一个贵族妇女，她在社交场合常穿华丽的丝绸裙子，象征着她的地位和财富

研究丝绸在影视作品中的表现形式至关重要（表3-34），因为丝绸不仅是对中国悠久文化传统的一种现代诠释，也是全球化背景下中华文化向世界展示的重要窗口。在新时代，影视作品的流行和传播速度无比迅猛，它们早已成为文化交流的主要渠道。通过丝绸元素在影视中的创造性展现，可以促进国际社会对中国传统文化的了解和兴趣，增强文化互鉴。此外，影视作品中丝绸的艺术表现，还能激发国内外设计师和艺术家的创新灵感，推动相关设计、时尚和艺术产业的发展，为新时代的文化创意经济注入新动力。同时，丝绸影视作品的研究有助于提炼和传播中国美学，提升国家文化软实力，构建积极的国家形象，对实现文化自信、推动文化强国的战略目标具有深远意义。

表3-34 丝绸的影视作品表现形式

影视作品	表现形式
《甄嬛传》《延禧攻略》	丝绸被广泛用于宫廷服饰的制作，体现了古代皇室的奢华和繁荣
《乱世佳人》	女主角斯嘉丽·奥哈拉穿着华丽的丝绸裙子，体现其贵族身份
《权力的游戏》	皇室和贵族的华丽丝绸服饰和室内装饰展示了七大王国的奢华
《唐顿庄园》	贵族们身着华丽的丝绸衣服，反映了他们的地位和生活方式。此外，丝绸也被用在室内装饰窗帘和床罩中，增加了场景的豪华感
《红楼梦》	贾家都喜欢穿着丝绸服装，反映出他们的贵族身份和富裕生活
《大明宫词》	唐朝的皇后和贵妃们身穿华丽的丝绸衣裳
《卧虎藏龙》	女主角穿着精美的丝绸长袍，丝绸的轻盈与女主角的武艺高强形成鲜明对比，丝绸成为展示女性力量的工具
《玛丽皇后》	以16世纪苏格兰为背景的剧集中，玛丽（Marie Antoninette）和她的宫廷女子们身穿丝绸裙子，体现了当时的时尚和贵族生活
《泰坦尼克号》	女主角罗丝（Rose）身穿的丝绸晚礼服，既体现了她的贵族身份，又展示了20世纪初的时尚风尚
《国王的演讲》	伊丽莎白女王（Elizabeth Ⅱ）的丝绸服装，反映了她的皇家身份

续表

影视作品	表现形式
《罗马假日》	奥黛丽·赫本（Audrey Hepburn）在电影中穿着的丝绸裙子，既体现了她的皇家身份，也展示了20世纪50年代的时尚风尚
《了不起的盖茨比》	黛西（Daisy Buchanan）的丝绸裙子和头巾展现了20世纪20年代的时尚风格

新时代中国的丝绸艺术在传统美学和现代设计理念的融合下，不再仅限于服饰与装饰领域，它的魅力与实用性也被越来越多地应用于书籍和绘画的包装设计之中。精致的丝绸材质用于书籍封面或绘画的装裱，不仅增添了作品的观赏价值和收藏价值，还在触感和视觉上提供了一种独特的文化体验。中国古代的书籍、书法和绘画作品作为中国传统文化的精髓，在包装设计上非常注重细节和技巧，装帧多采用卷轴装。卷轴通常使用双层长方形织物，表层使用锦缎，里层使用素绢。举例来说，东大寺收藏的唐代经卷包装——最胜王经帙，采用团花织锦作为面料，再加上华丽的宝相花织锦缘边，展现了唐代繁花似锦的装饰风格[1]。这些包装设计体现了中国传统文化对细节和技巧的重视，通过精美的装饰和织锦缘边的运用，包装赋予了书籍和书画作品独特的艺术美感。

第四节　市场需求

在新时代，市场需求主要体现在消费者对丝绸艺术品的个性化需求、功能化需求，以及对环保和可持续性的需求。在德国也有类似于“丝绸之路”的专有名词，由于丝绸在历史上满足了非常重要的市场需求，1877年，德国地质地理学家李希霍芬（Ferdinand von Richthofen）在其著作《中国》一书中提出欧洲视角的“丝绸之路”（die Seidenstrasse）概念。

通过深入研究市场需求，新时代丝绸艺术创新可以更有针对性地调整其产品和服务，使之更加符合现代消费者的期待，从而提升市场竞争力和经济价值（表3-35）。这也有助于推动新时代丝绸艺术的可持续发展，使其能够适应不断变化的市场环境。

表3-35　研究市场需求对于新时代丝绸艺术创新的目的

研究维度	原因说明	预期影响
市场趋势	揭示新时代流行元素、色彩、设计风格，确保丝绸艺术与时尚潮流相结合	产品更加符合新时代市场趋势，吸引更多消费者，提高销量
消费偏好	了解新时代消费者对丝绸艺术品质、功能、审美等方面的偏好	开发定制化和个性化的新时代产品，提升消费者满意度和忠诚度

[1] 袁宣萍，陈百超．中国传统包装中的丝绸织物[J]．丝绸，2010(12)：40-44.

续表

研究维度	原因说明	预期影响
竞争分析	分析新时代丝绸行业竞争者的产品和市场策略，发现市场缺口和潜在机会	优化自身产品，形成差异化竞争优势，增强新时代市场地位
技术进步	跟踪新技术在新时代丝绸艺术中的应用，如数字化、可持续生产技术	通过新时代技术创新提高生产效率，创造新的产品特性
经济环境	评估宏观经济环境对消费者购买力和消费意愿的影响	灵活调整新时代产品定价和营销策略，适应经济波动
社会文化	理解社会文化变迁对丝绸艺术审美和文化价值的影响	强化丝绸艺术的文化内涵，与新时代社会价值观相融合
政策法规	关注与新时代丝绸艺术相关的政策法规变动，如出口限制、知识产权保护	合规经营，利用政策支持进行品牌推广和市场扩张
国际交流	探索国际市场对新时代丝绸艺术的需求，了解不同文化背景下的消费特点	调整出口战略，设计适合不同国际市场的产品

丝绸纺织品在中国历史上不仅满足了民间的市场需求，还是皇室成员和官僚们日常服饰中的重要组成部分，带来了非常丰富的市场需求。在明朝晚期，纳税所需的布匹直接交给政府代表；到了17世纪初，丝绸中间商开始承担这一职责[1]。到了20世纪下半叶，丝绸艺术（表3-36）适应了不断变化的市场环境，满足了市场需求。

表3-36　20世纪下半叶中国丝绸的市场需求

时期	市场需求
1950~1960年	1955年中国制定了“内销服从外销”的经营策略，为以外销为主体的丝绸纹样设计奠定了基础[2]。由于当时的中国外销市场主要国家为苏联、东欧、新加坡；这个时期的丝绸市场需求量最大的是提花织物，丝绸中融入了自然写生纹样、抽象与几何纹样等元素，满足了当时的市场需求
1961~1967年	从1961年到1967年，中国丝绸的外销市场逐渐从苏联等社会主义国家转向欧美和日本等资本主义国家。因此，这个时期的市场需求与之前有所不同，变形花卉纹样增多；也开始大量出现外来的纹样[3]
1971年	1971年的《上海联合公报》发布后，中国丝绸的外销市场以欧美国家为主。由于市场需求的变化，丝绸花卉纹样以变形花卉为主，动物纹样如蝴蝶、孔雀、贝壳等也开始流行[4]
1979~1982年	1979年到1982年，中国实行了改革开放政策，国家的经济管理原则转变为以市场经济为主导，丝绸外销至100多个国家和地区，内需市场也空前繁荣[5]
20世纪80年代	20世纪80年代初无论是内销还是外销，丝绸销售量都呈现有序健康增长的态势。这与全世界的丝绸市场需求和中国丝绸公司健康成长密不可分
20世纪90年代	20世纪90年代中期，世界丝绸产量已经达到了81000吨，全世界从事蚕丝饲养和加工工作的人口总数正迅速接近3500万

❶ DEACON D A, CALVIN P E. War imagery in women's textiles: An international study of weaving, knitting, sewing, quilting, rug making and other fabric arts[M]. Jefferson: McFarland & Company, Inc,2014:125.

❷ 温润. 20世纪中国丝绸纹样研究 [D]. 苏州:苏州大学,2011.

❸ 耿榕泽. 新中国丝绸纹样的设计社会学特征研究 [D]. 南京:南京艺术学院,2022.

❹ 同❸。

❺ 同❸。

尽管丝绸在世界纤维市场的占比不到10%，但其货币价值却是其他纤维的好几倍[1]。到了20世纪末，仅美国就进口了价值20亿美元的丝绸纺织品和服装。不难看出，尽管丝绸面临着种种挑战，但“纤维皇后”的全球贸易前景看起来仍然是积极的（图3–95）。

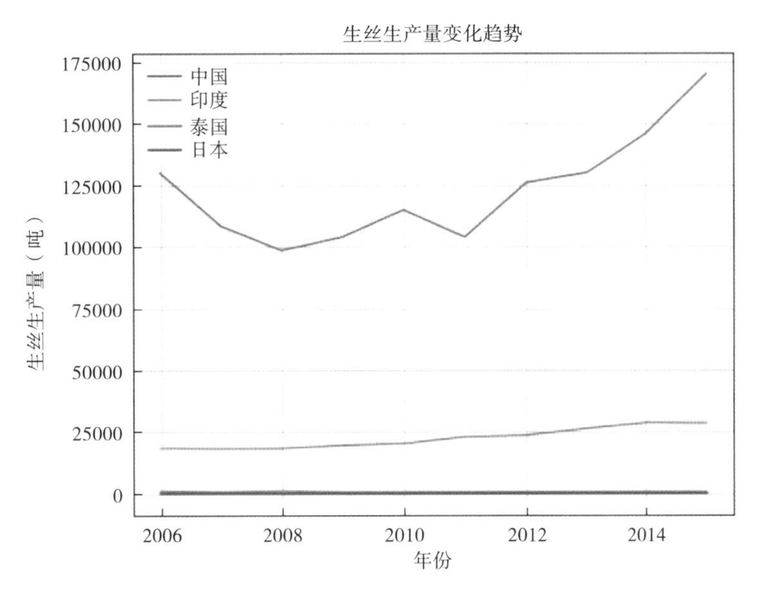

▲图3–95　2006～2015年全球生丝生产量（数据来源：Ministry of Textiles）

一、市场的个性化需求

在新时代，消费者越来越注重丝绸艺术品的设计独特性、文化内涵以及与自身个性的契合度。这就要求丝绸艺术品在设计和生产过程中更加注重消费者的个性化需求，提供定制化的服务。个性化需求是丝绸艺术市场未来发展的一个重要趋势，丝绸艺术品的生产者和销售者应当关注并满足这些个性化需求，以吸引更多的消费者。

随着鸦片战争后贸易权的丧失，丝绸出口受阻，中国逐渐成为丝绸的进口国。其中，“英国进口的纯丝绸价值达到了英金五十二万四千零十五磅，而来自法国的则占四十万零四千九百八十一磅。”各国将中国的原料运往国外加工后，再运回中国销售，获取了巨大的利润[2]。到了光绪末期，政府、工业和商业界都感到生活的艰难，不再像过去那样舒适[3]。

到了现代，随着中国政治经济文化的复兴，丝绸文化逐渐复兴，中国的丝绸产业重新成为世界的龙头老大。在丝绸纹样设计领域，中国成立了一批全国性丝绸社会团体以满足市场的个性化需求，其中以中国丝绸协会（成立于1986年）和中国丝绸流行色协会（成立于1982年）最为典型。这些协

❶ HALLETT C，JOHNSTON A. Fabric for fashion，the complete guide：natural and man–made fibres[M]. London：Laurence King，2014：113.

❷ 温润. 20 世纪中国丝绸纹样研究 [D]. 苏州：苏州大学，2011.

❸ 同❷。

会的成立旨在促进丝绸生产的发展、扩大出口、丰富内销市场和提高经济效益。中国丝绸协会的成员包括来自全国丝绸行业的农、工、商、贸、科、教等企事业单位和有经验的专业人员。到1992年，协会已经拥有434个企业、丝绸院校、研究所、省市自治区丝绸协会等团体会员，以及1165位个人会员[1]。协会的职责包括推动丝绸生产的发展、扩大出口、丰富内销市场和提高经济效益。中国丝绸流行色协会由中国丝绸公司在上海设立，协会致力于研究国际流行色，推动流行色信息的传播和预测，并与市场导向相结合。目前，该协会已经拥有400个团体会员。除了这些全国性团体外，中国丝绸协会、流行色协会等还在各省市自治区设有分会，为本地区的丝绸行业提供服务。这些丝绸团体随着社会主义市场经济的发展而逐渐壮大，政府也将一些管理职能转交给这些团体，以更好地发展中国的丝绸业。

（一）设计个性化

消费者对于丝绸艺术品的设计越来越讲究独特性和个性化，比如在丝巾、领带、服装等产品上，消费者希望看到的不仅是传统的图案，也希望看到设计师的独特创意和现代审美。

新时代的丝绸艺术创新可以通过博物馆周边或者文创产品的形式实现，以此满足国内的设计个性化的需求。在博物馆文创产品种类统计中，大都会艺术博物馆、台北故宫博物院和上海博物馆都已经设立了自己的在线商店。电子商务和多渠道销售已经成为博物馆商店发展的重要方向。

新时代丝绸主题的相关博物馆在产品开发过程中确实可以采取更积极主动的策略。通过引入专业设计团队和品牌授权，可以提升产品设计的专业性和品牌影响力。公开征求社会提案也是一个好的建议，既可以吸引优秀的设计和生产团队，也可以让更多的人了解和参与到博物馆的文化创意产品开发中来。同时，这也是一种有效的市场推广手段，开发具有苏州丝绸博物馆特色的文化创意产品，可以满足市场的需求。例如，丝绸文创扇子产品（图3-96）、丝绸文创艺术品（图3-97）等个性化的丝绸艺术品满足了设计个性化需求。

▲图3-96 丝绸文创扇子产品（李潇鹏摄于苏州苏扇博物馆）

▲图3-97 丝绸文创产品（李潇鹏摄于中国刺绣艺术馆）

❶ 耿榕泽. 新中国丝绸纹样的设计社会学特征研究 [D]. 南京：南京艺术学院，2023.

同时，丝绸艺术在服装艺术上也能够满足设计个性化的需求。在法国，Martine Sitbon设计的1997~1998年秋冬季成衣系列“Les Arbres”展现了一款特殊的丝绸连衣裙（图3-98），这款裙子采用了蚀刻丝绸织物和绒面天鹅绒的材料，该系列丝绸服装目前被收藏于巴黎时尚博物馆。

▲图3-98 Les Arbres（李潇鹏摄于巴黎时尚博物馆）

（二）定制个性化

在新时代，消费者可以根据自己的需求定制独一无二的丝绸艺术品，比如定制一款颜色、图案、尺寸都符合自己需求的丝绸艺术品。以时尚设计领域为例，在国内外市场，定制服装均展现了极致的个性化服务模式。

在国内，以中国丝绸博物馆中郭培设计的服装为例（图3-99、图3-100），这些丝绸服装满足了丝绸艺术的定制个性化需求。其灵感来源于郭培对中国经典青花瓷的热爱，礼服采用蓝白色调交相辉映，其图案设计以龙凤纹作为主题，辅以缠枝花卉和云纹等传统元素，寄托着中华文化中吉祥如意的深层寓意。礼服的后背装饰着巨型蝴蝶结并拖有长裙，使其在造型上宛如一件活灵活现的青花瓷器，尽显青花瓷那独特的清雅和古典魅力。

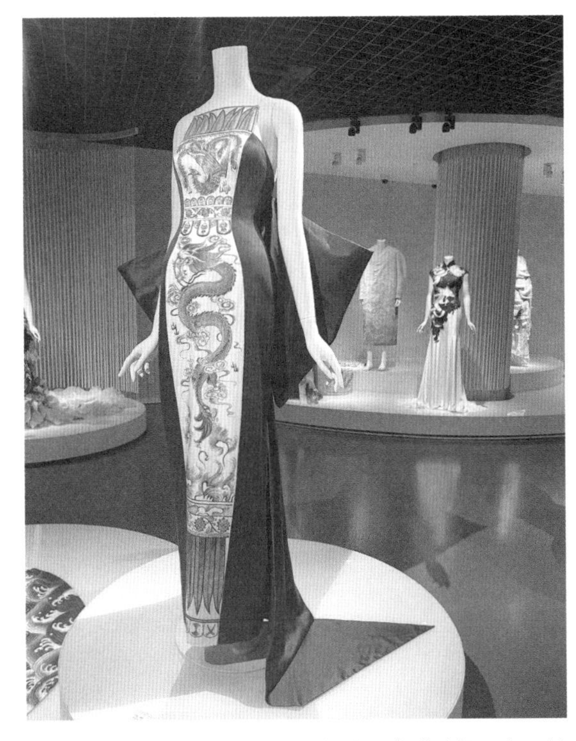

▲图3-99 青花古韵 设计：郭培（李潇鹏摄于中国丝绸博物馆）

▲图3-100 青花古韵（局部）（李潇鹏摄于中国丝绸博物馆）

在国外，以巴黎时尚博物馆中的丝绸服装为例（图3–101、图3–102），这件丝绸服装艺术品满足了丝绸艺术的定制个性化需求。在1997~1998年的秋冬季高级定制时装展中，设计师克里斯蒂安·拉克鲁瓦（Christian Lacroix）设计了一款包含束腰和裙子的丝绸裙装。这款裙装材质为淡紫色的丝质裥纹布和酒红色的裥纹布带，该款设计作为克里斯蒂安·拉克鲁瓦在巴黎高级定制系列的一部分，展现了其独特的设计理念和精良的工艺。

▲图3–101　拉克鲁瓦的高级定制系列（李潇鹏摄于巴黎时尚博物馆）

▲图3–102　拉克鲁瓦的高级定制系列（局部）（李潇鹏摄于巴黎时尚博物馆）

（三）使用个性化

丝绸作为一种高端的材料，在家居、装饰、服装等方面的应用也越来越广泛。消费者可以根据自己的生活方式和喜好，选择不同用途的丝绸艺术品。

丝绸艺术品因其独特的质感、色彩和纹理，给人带来美的享受，因此在艺术市场上有着稳定的需求。无论是丝绸织物、丝绸绣品还是丝绸画，都备受国内外市场的青睐。丝绸艺术品的收藏和交易活动非常活跃，为丝绸产业提供了可持续的需求。丝绸艺术家们为了适应现代社会的需求，通过创新的设计和工艺将丝绸艺术融入当代艺术表达中，赋予其新的内涵和形式。这种创新发展为丝绸艺术市场带来了新的动力和吸引力。中国的丝绸之路是丝绸和贸易的重要通道，沿线的丝绸文化遗产吸引着大量的文化旅游者。这些游客对于丝绸艺术品的使用个性化需求也在推动市场的发展，使丝绸艺术品成为旅游纪念品和礼品的热门选择。

（四）文化个性化

消费者可以从各时代的丝绸艺术中感受到自己喜欢的文化元素，比如传统的中国文化、地方特色文化等。在中国，丝织品的生产一直扮演着重要的角色，丝绸艺术市场除了受到文化传承和艺术市场需求的驱动外，创新发展和文化旅游需求也推动着丝绸文化市场的发展。丝绸艺术市场不断注入新的活力和机遇，成为一个稳定的市场。

缂丝艺术作为丝绸艺术的一种文化表现形式，显著地体现了中国文化的个性化特征。古代缂丝机器简易，属于平纹木质结构，由后轴、横木、筘杼、竹制部件及脚踏板等构成；该机器（图3-103）在构造上与过往农村妇女用的织布机相似，只是在规格和样式上更为精巧。

缂丝，是一种以未加工的生丝作为经线，以彩色充分处理过的熟丝作为纬线，通过特殊的“通经回纬”技术织造的平纹织品。其独特之处在于，彩色纬线在构成图案的同时，能够创造出类似雕刻般的立体效果，使图案浮现于织物之上，边界分明。这种技艺（图3-104）能使图案与底色、不同颜色间形成细微的断裂感，宛若用刀雕琢而成，这正是所谓的“通经断纬”手法。古籍中对缂丝的描述“承空观之如雕镂之像”，正指此种织法；其复杂的织造技法包括“结”“掼”“掏”“戗”“打梭”“绕”“子母经”及“绞花线”等多种手法，每一种都巧夺天工。

▲图3-103　缂丝机（李潇鹏摄于中国刺绣艺术馆）

▲图3-104　20世纪沈金水制金地缂丝牡丹（李潇鹏摄于苏州博物馆西馆）

在唐朝，缂丝最初用于编织人物和景色设计以及佛教图像；挂毯编织使用部分经纬纱线进行平织，使纺织品具有双面性，缂丝技术使用生丝作为经线，多种颜色的熟丝作为纬线；当挂毯被举起透光时，由于不同颜色的线交替而产生的垂直间隙是可见的❶。缂丝在宋朝达到了最高的流行度，其特色是强调古典色彩、精致描绘和逼真设计。到了明朝，缂丝获得了复兴，增添了绘画装饰，并包括各种主题，如风景、佛教图像、历史和神话故事以及名画的复制。很多缂丝艺术品受到版画和绘画的影响。在明清时期，男性和女性编织师都参与了缂丝的制作❷。如图3-105中的清代丝绸缂丝服饰采用圆形领口和宽大的右翻襟，袖子宽松并卷起；领口处以玄色为底，饰以宽幅的蝶纹绲边。内衬为粉色的平练素绸，外层则是湖绿色的面料，整体以金色冰裂纹缂丝技艺精织而成；服饰上还巧妙点缀着以白色梅花及采用“三蓝法”绣成的淡青色竹叶图案。20世纪的缂丝腰带（图3-106）则是一种结合了传统工艺与时代审美的装饰品。在这一时期，缂丝技艺不仅被用于制作高级服饰和挂帷，也被广泛应用于腰带的装饰之中；这种腰带通常选用精细的生丝作经线，以多彩的熟丝为纬线，通过复杂的织造技法缔造出丰富的图案。20世纪的缂丝腰带往往以其精美的图案、鲜明的色彩和立体的纹理受到人们的喜爱，不仅是穿着者社会地位的象征，也反映了当时的服饰文化和审美趋向。

▲图3-105　清代湖绿色缂丝冰梅纹氅衣（李潇鹏摄于苏州博物馆西馆）

▲图3-106　20世纪缂丝腰带（李潇鹏摄于苏州博物馆西馆）

❶ DEACON D A，CALVIN P E. War imagery in women's textiles：An international study of weaving，knitting，sewing，quilting，rug making and other fabric arts[M]. Jefferson: McFarland & Company，Inc，2014：127.

❷ 同❶。

莨纱绸以其独特的轻薄、顺滑、清凉透气、耐磨抗皱、抑菌除虫、快干易洁等特性而闻名。这种丝绸在中国广东地区的丝织业中具有重要地位，被誉为“软黄金”[1]。在20世纪20年代，佛山、顺德、番禺等地的“白坯纱”织造业和晒莨业日益兴盛。南海西樵的各个家庭作坊生产的丝织品琳琅满目，其中包括纱、罗、绫、绸等各式丝织品。顺德和南海的丝织机数量达到了上万台，从事晒莨和丝织的工人达到了3万多人。每年产出的纱绸达到了250万匹，产品远销全国各地甚至海外[2]。当时，员工的薪资收入普遍较高，这一时期被看作广东丝业的发展高峰。然而，由于其生产工艺复杂，材料环保，莨纱绸成为国内最贵重的丝绸品种。尽管如此，莨纱绸的市场需求仍然旺盛，体现了人们对丝织品质量要求和审美需求的提升。

二、市场的功能化需求

消费者对丝绸艺术品的功能也有更高的要求。消费者期待丝绸艺术品能够满足他们的健康、舒适等需求。比如，一些丝绸艺术品可以采用抗菌、防紫外线等功能性的丝绸材料，满足消费者的功能性需求。功能化需求是丝绸艺术市场未来发展的一个重要趋势，丝绸艺术品的生产者和销售者应当关注并满足这些功能化需求，以吸引更多的消费者。

（一）舒适功能

丝绸是一种自然的、可呼吸的面料，具有良好的舒适性和亲肤性。消费者可能会关注丝绸产品如何提供更好的穿着舒适体验，比如丝绸睡衣、丝绸床品等。丝绸作为一种天然纤维具有舒适性、透气性、耐久性和可持续性等优点。消费者越来越注重产品的环保性和可持续性，因此对天然纤维的需求也在不断增加。蚕丝作为主要的蛋白质基天然纤维被广泛用于服装、室内装饰、地毯和床上用品等领域，甚至包括丝绸填充的羽绒被。丝绸的产量相对较小，约为13万吨，但仍然是一种用于高价值纺织品的特种纤维[3]。

（二）装饰与保健功能

丝绸以其特有的光泽和丰富的色彩极适用于装饰，消费者可能会关注丝绸如何提升家居或服装的美感，如丝绸窗帘、丝绸围巾等产品。丝绸拥有优良的保暖和湿度调整性能，能带来良好的保健效果。消费者可能会对丝绸产品如何实现保健功能产生兴趣，如丝绸枕头、丝绸眼罩等。

---

❶ 徐娅丹. 莨纱绸在室内与家具设计中的应用研究 [J]. 家具与室内装饰，2021(4)：34-37.

❷ 同❶。

❸ ARTUR C，VINCENT A N，WANG Q. Advances in Textile Biotechnology[M]. Sawston：Woodhead Publishing，2019：77.

（三）环保功能

丝绸是一种可再生、可降解的材料，符合现代消费者对环保和可持续发展的关注。消费者可能会关注丝绸产品如何实现环保，比如采用无公害染料的丝绸产品、推广丝绸回收再利用等。

文化需要与可持续环保需求相结合（表3-37），满足现代的新兴文化需求，天然野生丝便成了选择之一。过度消费和浪费也加剧了环境问题，我们需要寻求一种更加可持续和公正的时尚体系，这就需要从产业链的各个环节将文化与可持续发展进行融合。我们可以利用推动绿色生产，减少浪费和污染；倡导公平贸易，保护劳动者权益；推动本土化和多样化的设计，以保护和传承地方文化等方法来满足文化与可持续需求。

表3-37　文化需要与可持续环保需求结合

研究目的	原因解释	预期效果
提升文化自觉性	了解文化在可持续发展中的作用，提高对传统文化价值的自觉性保护意识	增强文化保护和传承的积极性
引领消费趋势	随着环保意识的提升，消费者越来越偏好可持续的文化产品	扩大生态友好型产品的市场份额
促进产业升级	结合文化与可持续发展，促使丝绸艺术和产业实现绿色转型	提高丝绸产业的环境和经济效益
增强国际形象	展现对文化与可持续发展的重视有助于提升国家或地区的形象	增加国际合作机会并扩大影响力
拓宽发展视野	融合文化与可持续发展需求有利于开拓新的研究和应用领域	创造多元化的发展机会
推动社会进步	文化是可持续发展的重要组成部分，对社会进步具有积极影响	促进社会的全面和谐发展
教育公众意识	提升公众对丝绸文化和可持续发展重要性的认识	增强公共环境意识和文化责任感
创新商业模式	结合文化与可持续发展需求可以驱动新的商业模式创新	促进经济模式的转变和新商业价值的创造

1. 野生丝绸的优点

世界上许多地区的野生丝绸可以满足文化和可持续性需求。从文化的角度来看，野生丝绸可以帮助保护和传承传统的手工艺技能和知识，同时也可以满足消费者对独特、原创和有故事的产品的需求。从可持续性的角度来看，野生丝绸的生产可以减少对环境的影响，这是因为野生蚕不需要像养殖蚕那样以大量的桑叶作为食物，也不需要大规模的养殖设施。此外，野生丝绸的生产过程往往不涉及化学染料和处理剂，从而减少了对水质和土壤的污染。因此，野生丝绸有潜力成为一种环保、可持续的纺织材料，同时也可以满足消费者对于独特、高质量和有故事的产品的需求。

野生丝绸的生产和使用通常反映了一个地区的传统、习俗和技术发展水平，对于当地丝绸文化的可持续发展具有重要意义，同时也展示了当地人们对美丽、舒适和奢华的追求。野生丝绸满足了文化与可持续需求，丝绸无论是作为一种消费品，还是作为一种文化和社会象征都非常重要。中国、南亚和欧洲自古以来就会利用一些野生丝绸；然而，与养殖蚕丝相比，野生蚕丝的产量一直相对较小，无法实现大规模工业化生产。

2. 野生丝绸的缺点

野生丝在颜色和质地上有所欠缺，色彩不够均匀主要有以下两个原因：第一，蛹已经从茧中钻出来，野生茧通常出现断裂，所以组成茧的丝线长度较短，这导致了野生丝绸的质量较低，是制约其销售的主要因素。然而，野生蚕丝可以为世界部分地区数百万部落居民提供重要的收入来源，使其成为适合商业开发的基地❶。第二，许多野生丝茧被一层矿物质覆盖，这阻碍了获得长丝纤维的尝试❷。在面料性能上，野生丝绸很大程度上不如中国的传统桑蚕丝绸；同时，野生蚕丝也更难染色，因为需要去除野生蚕蛾茧外层的矿物质。

三、市场的可持续需求

随着环保和可持续发展理念的深入人心，消费者对丝绸艺术品的环保和可持续性也有较高的要求。这就需要丝绸艺术品在选材、生产、包装等环节，尽可能地减少对环境的影响，实现绿色生产。

比如可以开发丝绸废料在制造无纺布中的潜在应用。这个创新的想法不仅能够循环利用丝绸废料，降低生产成本，也能够创造出一种新的、有潜力的，能够在各种领域内发挥作用的产品。无纺丝绸织物可以根据不同的需求，生产出不同重量和特性的产品。无纺丝绸织物的潜在用途非常广泛，可以用于制作保暖服装内衬、头饰、领带、床毯、地毯、家居装饰品、汽车坐垫和隔热材料等。除此之外，无纺丝绸织物还可以用于制作一些艺术手工制品，如壁画、挂毯、墙面覆盖材料，还有礼品标签、钱包、餐桌垫、照片衬垫、日记本、相册封面、贺卡名片和灯罩等。丝绸废料在循环利用和创新应用上的巨大潜力，对于推动丝绸产业的可持续发展具有重要意义。

荧光丝绸的开发是丝绸市场推动可持续发展的一种新趋势。通过转基因家蚕的研究，日本的科研人员成功地开发出世界上首批具有荧光和其他先驱特性的丝绸。荧光丝线是通过提取家蚕茧中的丝线制成的，研究人员已经开发出三种转基因家蚕系列。第一种系列生产发出绿色、红色或橙色荧光的丝线。这些丝线是通过向家蚕卵中引入促进荧光蛋白生成的基因而生产出来的；利用从水母提取的基因可以实现绿色荧光，这项技术是由诺贝尔奖获得者下村脩开发的。而利用从珊瑚中提取的基因可以实现红色和橙色荧光，这是一项已经在商业应用中使用的技术；荧光丝线在时尚行业有很大的潜力，并且预计高端服装生产商对其将有很大需求❸。荧光丝绸可以为时尚品牌和设计师提供独特的创意和设计选择，为产品增添时尚和创新元素。这种新型丝绸不仅可以在服装上使用，还可以应用在室内装饰、艺术品和其他纺织品上，为产品增添亮点和独特的视觉效果；荧光丝绸的开发不仅推动了丝绸市场的创新和发展，也为丝绸产业注入了新的活力❹。这种新趋势将吸引更多消费者关注和购买荧光丝绸制成的产品，从而促进市场份额的增长和可持续发展；同时，荧光丝绸的开发也体现了科技与传统艺术的结合，为丝绸产业带来了更多的可能性和机遇。

❶SLATER K. Environmental impact of textiles：production，processes and protection[M]. Amsterdam：Elsevier，2003：29.

❷MUTHU S S. Sustainable innovations in textile fibres[M]. Singapore：Springer Singapore，2018：14.

❸RYSZARD M K，MARIA M. Handbook of natural fibres: volume 1: types，properties and factors affecting breeding and cultivation[M]. 2nd Edition，Sawston：Woodhead Publishing，2020：168.

❹ 同❸。

第四章 新时代丝绸艺术创新原则

新时代丝绸艺术创新研究

新时代丝绸艺术创新原则主要包括守正创新原则、科技创新原则、可持续发展原则、美学时尚原则和文化叙事原则。这些丝绸艺术创新原则涉及了许多领域和创新方法（表4-1）。

表4-1　丝绸的创新方法

创新方法	内容
融合创新	新时代丝绸艺术的创新原则需要进行融合创新，即把不同的艺术风格、理念和技术结合，创造出独特的丝绸艺术作品，包括将丝绸艺术与绘画、雕塑、摄影等结合
科技创新	新时代丝绸艺术的创新原则也可以通过科技创新来实现，利用新的制作技术和工具（数字打印、3D打印等）创造出传统丝绸工艺技术无法实现的效果。丝绸艺术的创新也可以采用新的商业模式，如电子商务、社交媒体营销等
新材料	新时代丝绸艺术创新原则需要复合使用不同的材料，如复合一些可再生或可持续的材料，以实现新的艺术效果并响应环保理念
社会文化	新时代丝绸艺术也可以反映出社会和文化的变化，丝绸艺术家可以通过丝绸艺术作品反映社会问题，探索不同文化背景下的丝绸艺术
教育方式创新	新时代丝绸艺术可以通过新的教育方式（虚拟现实、线上教育）来引导人们学习和了解丝绸艺术形式

新时代丝绸艺术创新原则涉及许多领域，包括设计理念、技术应用、材料使用、艺术表达等要素的创新。

第一节　守正创新原则

“守正创新（表4-2）”是中国传统艺术理论中的重要概念，其原则主张在尊重和保持传统的基础上进行创新，以实现艺术的现代化和时代化，特别是在有着深厚历史和文化传统的丝绸艺术中。

表4-2　守正与创新

守正	“守正”强调对传统艺术形式和精神的尊重和传承，这意味着艺术家需要深入了解丝绸艺术的历史、技术、理念等，并在创作中继续使用传统元素。这不仅可以保持艺术的连续性，也可以在某种程度上保证艺术作品的质量和深度
创新	“创新”部分则强调在尊重传统的基础上寻找新的艺术表现形式和内容。这可能涉及使用新的材料、技术、设计理念等，也可能涉及探索新的主题和表达方式，创新可以使艺术更具有时代感，更能引起观众的共鸣

“守正创新”原则在丝绸艺术中的应用，在于强调保留丝绸艺术的传统元素，具体来说，丝绸艺术的守正创新包括尊重技艺传统、保持文化持续性、主题与表达创新和跨界融合创新。

一、丝绸艺术的传承

“守正”意味着要尊重和传承丝绸艺术的传统工艺和技术，如印染、蜡染、刺绣、扎染、贴绣和抽纱等。这些传统工艺技术是丝绸艺术的基础，也是其独特魅力的重要来源。

（一）丝绸艺术的历史传承

丝绸艺术最早由中华民族发展和完善，新时代的中华民族也有义务和责任继续将传统丝绸艺术发扬光大。

丝绸的印染工艺包括纱线染色和面料染色。中国的传统丝绸刺绣工艺种类丰富、历史悠久（表4–3），各种丝绸工艺都反映了各个地区的文化风貌、人文历史和经济发展等多方面的特色。中国传统刺绣至少有9大类43种之多，不同种类的针法运用能够产生各种特色的效果❶。

表4–3　丝绸印染工艺的历史传承

时期	内容
春秋战国	《左传》中提到上层社会“衣必文彩”，丝绸精炼工艺发展出灰练和水练这两种技术；传统植物染早期以红花、地黄和木蓝等材料为主，后随着绞缬和夹缬等印染技术的进步，丝绸艺术变得更加生动和有趣❷
唐朝	根据《唐六典》记载，唐朝的丝绸染料高达三十多种，出现了铁和铝媒介剂，使丝绸的着色稳定性大大加强❸。唐代以茜草(传统红色植物染料)、栀子（黄色）、紫草（紫色）等植物染料为主❹。正如《唐六典》所云：“练染之作有六：一曰青，二曰绛，三曰黄，四曰白，五曰皂，六曰紫”
宋朝	宋代发明了“药斑布（蓝印花布）”，制作方法为使用石灰和豆粉调制进行防染❺
明朝	明代的印染包括染彩色丝帛、雕造花版、印染班缬等技术，在生产实践中创造了“拔染”技术❻
清朝	丝绸印染受到西方冲击，出现了大量新型作坊，丝绸图案优美粗犷、装饰性增强

自古以来，坚守传统和求新求变是丝绸艺术发展中的重要策略和基本准则。唐朝丝绸艺术将传统丝绸艺术与外来艺术进行了深度融合与创新，成为最具代表性的案例。通过传承传统丝绸工艺技术，唐朝的丝绸艺术融合了中华传统丝绸艺术和外来艺术文化。相较于魏晋南北朝时期保守的丝绸艺术，如联珠对饮纹锦袍（图4–1）只对纹样进行吸收和模仿，唐朝通过融合中华传统丝绸艺术与外来丝绸艺术，创造新的丝绸艺术形式。在新疆吐鲁番、甘肃敦煌、青海都兰等地出土的唐代“联珠双凤纹锦”和“联珠对龙纹绫”就是将龙凤图案加上联珠圈，展现出唐代艺术的包容性，出现了中西合璧的唐代丝绸艺术形式❼。

❶ 李龙，余美莲．传统手工刺绣在现代丝绸服饰品中的设计应用 [J]．山东纺织经济，2019(4)：52–53，47.

❷ 杨贤．中国古代服饰制作工艺研究 [D]．武汉：武汉理工大学，2006.

❸ 同❷。

❹ 俞磊．浅析唐代丝绸纹样的艺术特色 [J]．江苏丝绸，2002(4)：35–39.

❺ 同❷。

❻ 同❷。

❼ 同❷。

▲图4-1　联珠对饮纹锦袍（李潇鹏摄于中国丝绸博物馆）

（二）新时代丝绸艺术的传承

“守正”在传统丝绸文化中具有一定的必要性，丝绸文创产品的创新设计是新时代丝绸艺术传承的重要方向。

丝绸文化作为中国传统工艺的文化遗产具有经济效益。2020年中国开发的文化产品种类已经超过了12.4万种，实际收入超过了11亿元人民币[1]。以甘肃省博物馆为例，铜奔马毛绒玩具一经上市便受到了广大消费者的热烈追捧，一周内的销售量便高达2万[2]。

二、保持中华文化的连续性

“守正”是为了保持中华文化的连续性，意味着要在作品中保持中华文化的元素和精神。虽然丝绸本质上是物质，但其背后却承载着人类文化的精神内涵。丝绸不仅仅是一种物质，也具有文化的象征意义。丝绸的设计和制作过程体现了中华文化在艺术、哲学、宗教等多个领域的观念。这些观念通过丝绸的纹理、颜色、图案等形式表达出来，使每一件丝绸制品都成为一种独特的文化符号。

（一）汉字与丝绸文化符号

在5000多个常用汉字中，有两百多个汉字加入了丝绸的意象，在许慎的《说文解字》中，

---

❶舒静，等．博物馆文创产品频频“出圈”的背后[J]．光明日报，2022-08-24.

❷同❶。

"糸""巾"和"衣"字旁分别为260字、75字和120多字,在宋本《玉篇》中,"糸""巾"和"衣"部约为459字、172字和294字[1]。

以丝绸艺术为主的中华文化包含着大量的中国独特元素,中国古代丝绸文化对中国和世界文明史的影响是极其广泛的,这种影响几乎涉及人类文明史的各个领域。中国诗歌是汉语文学中最精致的艺术形式之一,它充分展现了汉字的表现力和美学特质,《诗经》《桑丝歌》《采桑度》和《织锦曲》等诗歌描绘了丝绸生产的故事,这些与丝绸相关的诗歌都是中华文化连续性的重要表达。

(二)传统丝绸工艺的连续性

丝绸传统工艺的连续性在当代得到了更多的重视。中国传统丝绸艺术家有意识地将我们的传统文化和现代设计结合起来,保护了丝绸传统文化的连续性(表4-4),成为丝绸文化的守护者。

表4-4 丝绸传统文化的连续性

桑蚕的养殖	传统丝绸工艺始于桑蚕的养殖,经过数千年的发展,优良的蚕种和桑树种植技术得以保存和传承。养蚕技术的传承,比如掌握蚕的生长周期、饲养方法等,至今仍是丝绸生产中的关键环节
缫丝技术	缫丝技术是将蚕丝从茧中提取出来的技术,经过长期的优化与发展,形成了独特的手工缫丝和机械缫丝方法。这些技术不仅高效,而且能够保证丝线的质量和强度
织造工艺	中国传统的织造技术,如经编、纬编和提花等,都在现代丝绸生产中得到应用。同时,传统的手工织造工艺,如宋锦、云锦等,因其复杂的工艺和独特的美学价值受到广泛欢迎
染色工艺	传统的丝绸染色采用自然染料,如植物的根、叶、花等,并有独特的染色技术,如扎染、夹染等
融合不同工艺	丝绸工艺不断吸收和融合其他文化元素,适应新的审美和市场需求,创造出新的产品和设计,使丝绸工艺既古典又现代
传统工艺的教育	中国在多个层面上进行丝绸工艺的教育和传承。在学校开设相关课程,培养新一代的丝绸工艺人才,提高公众对丝绸文化的认识
国家政策的支持	中国政府通过非物质文化遗产保护政策等措施鼓励和支持传统丝绸工艺的保护和发展

(三)其他国家的中华丝绸艺术

中国古代发展了独特的培育精致桑蚕的工艺,成为许多世纪以来唯一的丝绸生产国[2]。自蚕丝被发现并用于织造以来,由其制成的丝绸具有独特的光泽、柔软的手感和优秀的保温性能,受到了亚欧大陆上众多贵族和皇室的青睐。丝绸被认为是最美丽和优雅的自然纤维,虽然已经发明了许多合成纤维,如尼龙、涤纶等,它们在成本和耐用性上具有优势,但仍无法完全复制丝绸的所有特性。

欧洲曾出现了大量中国丝绸纹样,中国传统文化中的龙、凤、莲花、牡丹等图案随着丝绸之路的贸易传入欧洲后,也渐渐地融入了欧洲的纺织品设计中。古罗马曾由于对中国丝绸艺术的追捧导致大量黄金外流,古罗马统治者出现了恐慌,开始对中国丝绸制品进行一定的污蔑,宣传丝绸是颓

[1] 赵丰. 中国丝绸博物馆藏品精选[M]. 杭州:浙江大学出版社,2022:21.

[2] HALLETT C, JOHNSTON A. Fabric for fashion, the complete guide: natural and man-made fibres[M]. London: Laurence King, 2014:105.

废和不道德的，试图将其描述成一种过于轻浮的物品；古罗马还颁布了几项法令，试图禁止人们在经济和道德上佩戴丝绸，但是这并未影响中国丝绸在欧洲的流行[1]。

中国丝绸织物和具有中国丝绸纹样的欧洲丝绸织物出现在欧洲各个国家收藏馆和博物馆中，其中在维多利亚和艾尔伯特（V&A）博物馆、装饰艺术博物馆、国家艺术博物馆等博物馆中出现了大量的丝绸收藏[2]。中国古代丝绸文化的影响十分深远，涉及在全球文明史中的各个领域。欧洲的设计师深受中国艺术的启发，他们不仅采用了中国的传统纹样，还将这些纹样与欧洲的设计元素结合，创造出了独特的风格。在法国的路易十四、路易十五和路易十六时代的皇宫装饰中可以看到大量的中国风格纹样和装饰艺术，同时，法国里昂的丝绸也吸纳了许多中国元素。

中国古代丝绸文化对世界文明史的影响是极其广泛和连续的，这种影响几乎涉及整个文明史的各个领域，而这种影响主要是通过丝绸之路这条连接东西方两大文明的通道实现的。

总而言之，中国古代的丝绸文化影响深远，丝绸之路的影响力确实可以看作世界历史的“主轴”，因为丝绸之路在很大程度上塑造了欧洲中世纪甚至现代世界的面貌。通过这条路线，中华文化得以影响全世界，丝绸成为不同文明之间沟通的“桥梁”。

三、技术与材料创新

“守正创新”可以通过技术与材料进行创新，“创新”部分可以体现在使用新的材料和技术上；例如，丝绸艺术家可以尝试使用高科技染料、丝绸复合材料或者采用数码打印、数字刺绣等现代技术来制作丝绸艺术品。

第一，各种高科技对传统丝绸工艺的更新与替代出现在了商业社会的方方面面，如CAD软件、Photoshop和人工智能绘画软件（Midjourney）。这些软件的出现和应用大大缩短了丝绸艺术工艺品的交货期，使企业生产能够适应不断增长的社会需求。通过高科技的染色和数字刺绣可以提高产品颜色的准确度、图案的精确度和产品的完成度，将一些传统染色工艺无法展现的一些艺术表达轻松生产。由于数码印花在理论上没有浪费，同时具有更低的成本、更环保的方式和更大的经济效益，数码印花减少了上市和储存的时间，是一种非常科学的生产模式。

第二，中国上千年以来的丝绸艺术作品就是丝绸技术与材料创新的结果，中国不断改进的丝绸纺织工艺为丝绸艺术家提供了日常创作的机会。丝绸技术和材料的创新不仅体现在丝绸手工艺品上，还体现在丝绸织物上的中国传统图案和装饰上。在信息时代和数字时代背景下，一些最费力的手工艺已经不需要再使用双手完成，而是可以借助一些高科技的现代工具。设计师使用CAD、

[1] HALLETT C，JOHNSTON A. Fabric for fashion，the complete guide：natural and man-made fibres[M]. London：Laurence King，2014：107.

[2] PAGÁN E A，SALVATELLA M M G，PITARCH M D，et al. From silk to digital technologies：a gateway to new opportunities for creative industries，traditional crafts and designers. The SILKNOW case[J]. Sustainability，2020，12(19)：8279.

Photoshop、Midjourney等计算机辅助设计软件，改变了传统丝绸的印花模式。数字喷墨技术使大量的图案和装饰在丝绸织物上得以快速复制❶。数字成像已经是现在丝绸艺术创新中不可分割的组成部分，许多丝绸艺术家、工业纺织设计师和服装设计师严重依赖各种数字技术而不是手工制作技能。

第三，未来的丝绸印染技术和材料的创新可能不仅仅包括染色剂，涂料行业纳米技术的发展使未来的印染工艺甚至可以开始染一些表面的电路或者新型导电颜料，以此配合嵌入式电子产品。2006年，荷兰飞利浦设计公司推出了皮肤探针系列，40款产品将智能材料与身体相连的交互式和环境传感特性相结合，对情感和情感计算的兴趣鼓励设计师考虑将交互式属性、嵌入式传感器和执行器集成到他们的印刷设计中❷。由此可知，未来丝绸纺织的守正创新可以将一些功能性的印花藏在图案中，从而增强丝绸艺术产品的功能性。

四、跨界融合与表达创新

在新时代，“守正创新”可以通过主题的跨界融合与表达创新实现。以中国丝绸博物馆的“中华蚕丝绸文化影响研究与再创作”展览为例，艺术家探索可持续、博物馆、脱贫攻坚（图4-2）、数字艺术（图4-3）和元宇宙等主题，将丝绸艺术与书法（图4-4）、时装等艺术形式或者科技结合起来，创造出新的艺术形式。

▲图4-2　云龙村：一个浙江蚕桑丝重镇的蝶变　作者：方炳华（李潇鹏摄于中国丝绸博物馆）

▲图4-3　浅藏的流淌（李潇鹏摄于中国丝绸博物馆）

▲图4-4　神游　作者：李舜（李潇鹏摄于中国丝绸博物馆）

❶ NI THIKUL N, FAITH K, KERRY W. Crafting textiles in the digital age[M]. London：Bloomsbury Publishing，2016：18.

❷ 同❶。

总的来说，“守正创新”原则鼓励艺术家在尊重和保留丝绸艺术的传统基础上勇于创新，以实现艺术的发展和进步。我们应坚持守正创新的基本理念。在创新过程中，既要保留传统服装的优点，又要去除其不适应现代社会的部分。例如，我们应该坚持中国独特的审美观，同时舍弃诸如裹脚这样的错误传统，坚守正确的，改变不良的。这样的融合和改造就是创新的真谛，我们应该在尊重并秉承传统的基础上吸收各种优秀的创新元素，使设计作品既具有深厚的文化底蕴又充满现代感和时代气息。

第二节　科技创新原则

在丝绸艺术中，坚持科技创新原则可以推动艺术作品的创新和发展。科技创新原则是鼓励艺术家利用新的科技工具和方法进行创作。科技创新通常包括许多领域的科技创新，包括借助科技手段改善用户体验创新、社交媒体平台创新和跨领域融合创新等。

一、借助现代工具

科技创新原则需要尊重传统，借助科技的力量，如用3D打印、数码印花、热转印等工具来实现新的创作方法。

（一）3D打印

丝绸在欧美文化中被称为纺织品的“女王”，这不仅归功于其自然的光泽和滑爽的手感，还因为丝绸具有一些非常特别的物理和化学特性[1]。丝绸作为一种天然纤维，除了在传统的纺织品和服装行业中使用外，还可以被用于制造3D打印的复合材料。

极致盛放品牌在2017年创作了《侵天篇》3D打印婚纱（图4–5），此设计灵感来自数字雕塑艺术。设计师选取凤凰羽毛作为设计核心元素，通过现代技术如“人体三维扫描”“人体数据模型构建”“数据模型输出”及“三维打印”等一系列高精尖工艺步骤，实现了在数字时代对个体量身定制的全新理念。此3D打印作品选用的服装材质为热塑性聚氨酯弹性体（TPU），该材料不仅具备高强度拉伸、高抗拉性、韧性强和抗老化等特点，而且环保。在未来，3D打印服装（图4–6）会越来越常见。

[1] RYSZARD M K，MARIA M. Handbook of natural fibres：volume 1：types，properties and factors affecting breeding and cultivation[M]. 2nd Edition.Sawston：Woodhead Publishing，2020：147.

▲图4-5 《侵天篇》3D打印婚纱（李潇鹏摄于中国丝绸博物馆）

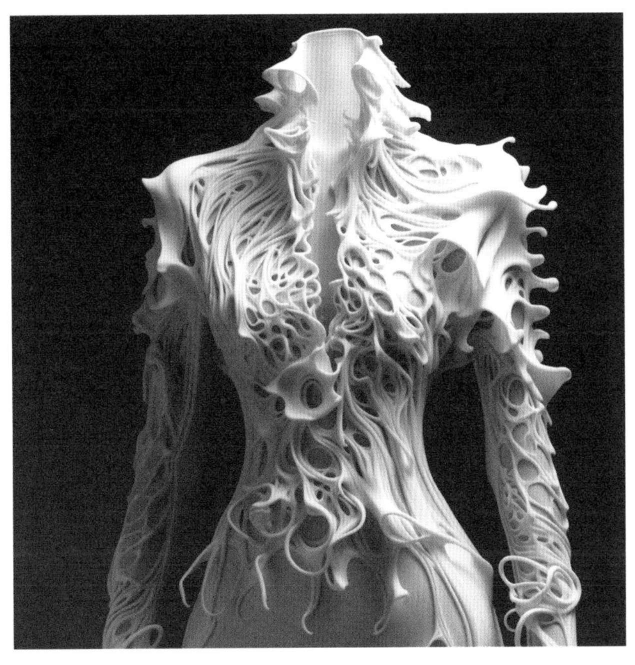

▲图4-6 3D打印服装模拟图（服装效果图）

（二）染色工艺

进入新时代，我们应紧紧把握当前工业革命的机遇，对丝绸艺术中的染色技术实施系统性的革新和革命性的提升。工业革命的发生以纺织业的大规模繁荣为标志，并改变了世界纺织工业，英国第一次工业革命的技术创新为丝绸染色的现代化提供了基础[1]。

1856年，伦敦皇家化学学院的一名年轻助理威廉·亨利·帕金（William Henry Perkin）正在做一个合成奎宁的项目，偶然发现了一种淡紫色染料（苯胺紫）[2]。随后，为了应对苯胺染料日益增长的需求量，许多科学家推进了他们对替代着色剂的研究[3]。然而，经过了一段时间的发展，设计师们发现合成染料对环境具有非常强的破坏力，设计师们开始重新青睐天然染料（表4-5）。

表4-5 合成染料与天然染料

特性	合成染料	天然染料
色彩范围	丰富多彩，色彩鲜艳，选择广泛	相对有限，颜色较柔和，可能难以复制精确的颜色
色牢度	通常较高，耐光、耐洗、耐摩擦	通常较低，容易褪色，需要特殊处理来提高色牢度
生产成本	较低，因为合成过程可控，易大规模生产	较高，提取过程复杂，染料稀有，生产规模通常较小

❶ HALLETT C，JOHNSTON A. Fabric for fashion，the complete guide: natural and man-made fibres[M]. London：Laurence King，2014：108.

❷ NORTH J. Mid-nineteenth century scientists[M]. London：Pergamon Press，1969.

❸ PIKE A，et al. U-Series dating of palaeolithic art in 11 caves in spain[J]. Science，2012，336(6087)：1409-1413.

续表

特性	合成染料	天然染料
环境影响	潜在的环境污染，某些合成染料可能含有有毒物质	环境友好，可生物降解，但某些天然染料的提取可能对环境有不利影响
耐久性	通常比天然染料耐用	需要更频繁地维护和谨慎处理，以保持颜色
健康和安全性	某些合成染料刺激皮肤或引起过敏反应	通常认为对人体更安全，过敏反应较少
应用范围	适用于各种纤维，包括人造和合成纤维	最适合天然纤维，可能不适合某些合成纤维
上色一致性	色彩一致性好，批量生产时容易保持相同的色调	受季节、原料品质等因素影响，色彩可能存在批次差异
历史和文化价值	相对较新，没有天然染料那样的悠久历史和文化价值	拥有悠久的历史和文化背景，与某些地区的传统和手工艺术密切相关
可用性	易于获得，生产和供应链在全球广泛分布	可能难以获得，特别是某些稀有的天然染料

如表4–5所示，合成染料与天然染料各有各的优势与劣势，合成染料颜色更准确、成本更低、着色更快，因此越来越受欢迎；缺点也很明显，用合成染料染色会产生大量的如漂白剂和重金属的有毒液体废物[1]。随着合成染料的问世，丝绸染色工艺迎来了划时代的转折点，标志着合成染料与天然染料共存互补的新纪元的开启。新中国成立后，丝绸染色工艺历经了20世纪50年代的手工印花、70年代的自动筛网印刷机、80年代自主生产印花设备，并引入了新型的印花方法。中国丝绸印花技术经历了从手工到机械化、自动化的巨大转变，丝绸染色工艺也逐渐完善[2]。这一系列的技术革新和改革不仅极大地提高了生产效率和产品质量，也使印花丝绸的设计制作从手工劳作中解放出来；尤其是全自动印花技术的引入，不仅提高了套版的准确度、印制的精细度、均匀性和轮廓的清晰度，也极大地改善了工人的劳动条件[3]。这个历程展示了中国丝绸产业在技术创新和自主研发方面的努力，也体现了中国丝绸产业在全球市场上的竞争力[4]。

（三）丝绸复合材料

丝绸是一种具有卓越机械性能的纤维，丝绸的这一特性使其被广泛应用于各种纤维增强复合材料。近年来，人们广泛考虑将其作为环氧树脂和其他可生物降解聚合物树脂制成的复合材料的增强材料；丝纤维的组织可以通过确保复合材料的足够强度和良好可变形性，从而显著提高冲击抗性[5]。

[1] MEHTA R. Occupational Hazards Caused in Textile Printing Operations [EB/OL]. [2013-4-14].

[2] 耿榕泽. 新中国丝绸纹样的设计社会学特征研究 [D]. 南京：南京艺术学院，2022.

[3] 同[2]。

[4] 同[2]。

[5] RYSZARD M K，MARIA M. Handbook of natural fibres：volume 1：types，properties and factors affecting breeding and cultivation[M]. 2nd Edition.Sawston：Woodhead Publishing，2020：166.

二、借助计算机科技创新

丝绸艺术创新可以通过科技创新应用，利用计算机科技平台（人工智能）以创新的方式创作丝绸艺术。

（一）数码印刷技术

信息技术的发展极大地改变了人们的工作、生活、学习和沟通方式，数码印刷的发展确实突破了许多传统纺织品印刷的限制，如印刷方法的材料种类、染料的类型和染料可用性等[1]。数码纺织印刷提高了印刷的效率和灵活性，其优势在于其快速、便宜、易于使用。数码纺织印刷是纺织印刷行业的一种重要发展趋势，它为纺织印刷带来了新的可能性，也带来了新的挑战。

数码印刷技术使印花丝绸的生产从手工劳作转变为机械自动化连续生产，使印花丝绸的设计和生产从手工劳作中解放出来，技术水平得以提高；全自动印花为印花丝绸的设计和生产带来了许多便利，提高了套版的准确度、印刷的精细度、均匀性和轮廓的清晰度[2]。

（二）计算机辅助技术

20世纪80年代末我国引入了计算机辅助纹织设计系统和纹板自动制作系统；随后引进了电子提花机，提花丝绸的生产方式经历了从手工到自动化的巨大转变[3]。现在，丝绸艺术创新通过大量的数字博物馆展现在人们面前，通过数字化和虚拟现实技术的引入，观众可以从不同的角度和距离欣赏丝绸艺术品，增加了艺术品的观赏价值。这个历程展示了中国丝绸产业在引入新技术和自主创新方面的努力，也体现了中国丝绸产业在全球市场上的竞争力[4]。

（三）丝绸艺术与网络社交媒体

丝绸艺术创新可以通过利用网络和社交媒体平台共享和传播丝绸艺术。网络社交媒体在当代社会中起到了极其重要的作用，它改变了人们获取信息、交流沟通、生活娱乐等诸多方面。对于丝绸艺术而言，网络社交媒体也提供了一个全新的平台，使其有了更大的传播空间和更多元的展示形式。

首先，网络社交媒体让丝绸艺术的传播不再受地域限制，全世界的人们都可以通过网络来欣赏和了解丝绸艺术。艺术家们可以将自己的作品上传到社交媒体上，让更多的人赏识和购买。这不仅为艺术家们提供了更大的展示空间，也让更多的人有机会接触和欣赏到丝绸艺术。其次，网络社交媒体为丝绸艺术提供了丰富多样的表现形式。艺术家们可以通过视频、图片、直播等方式向公众展

❶ CARDEN S. Digital textile printing[M]. London：Bloomsbury Publishing，2016：26-27.
❷ 耿榕泽. 新中国丝绸纹样的设计社会学特征研究 [D]. 南京：南京艺术学院，2022.
❸ 同❷。
❹ 同❷。

示丝绸艺术的魅力，甚至可以通过互动的展示方式让观众参与丝绸艺术的创作过程。此外，网络社交媒体还为丝绸艺术提供了一个集聚和交流的平台。艺术家、研究者、爱好者等在社交媒体上互相交流、分享心得、探讨技术难题，共同推动丝绸艺术的发展。

综上所述，网络社交媒体为丝绸艺术的传播、展示和交流提供了全新的可能，已经成为推动丝绸艺术发展的重要力量。

第三节　可持续发展原则

丝绸艺术创新也需要遵循可持续发展原则。清华大学著名教授柳冠中曾说“可持续设计”符合“中国方案”的发展目标，是重组知识结构、产业链，以及整合资源，创新产业机制，引导人类社会健康、合理、可持续生存与发展的过程[1]。奢华，不是中华文化的传统，换不来世界的敬慕[2]。

可持续性（sustainability）在1987年被联合国世界环境与发展委员会定义为生态系统永远保持多样性和活力的属性[3]。经济学家 Rene Passet在1979年提出的三层框架（图4-7）构成了现代的可持续性的三原则，即环境原则、经济原则和社会原则[4]。可持续发展原则在丝绸艺术中包括三个方面，即以保护环境为前提，以经济发展为基础，以社会繁荣和人类的幸福生活为目标。

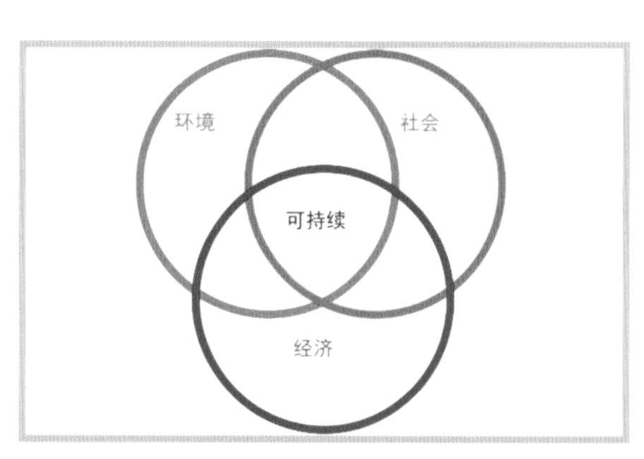

▲图4-7　可持续三原则

一、环境可持续原则

随着人们对环境保护关注的逐渐加强，消费者对可持续环保面料的需求也逐渐上升，越来越多的污染开始受到人类的重视（表4-6），一些环保组织和国家政府开始禁止使用某些有害染料与化学物质。因此，以丝绸和棉花为首的天然纺织品正在见证一个全新的绿色消费需求时代。

❶ 刘新，张军，钟芳. 可持续设计 [M]. 北京：清华大学出版社，2022：10.

❷ 同❶。

❸ IMPERATIVES S. Report of the world commission on environment and development：our common future[J]. Accessed Feb，1987(10)：1–300.

❹ SHIROLE V. An introduction to sustainable textile production[J]. BTRA Scan，2017，47(3)：10–19.

表4-6　纺织品污染种类

污染种类	污染排放	污染结果
空气污染	二氧化碳	温室效应
	有毒气体	生物中毒
	烟雾污染	能见度低
水质污染	高温污染	鱼类应激
	染色液体	饮用水污染
	有毒液体	水体中毒
土地污染	盐碱污染	植物枯萎
	有毒固体	食物链中毒
	生物污染	疾病死亡
噪声污染	高频污染	耳朵失聪
	低频污染	建筑损坏
视觉污染	视线受阻	美感缺失
	废弃垃圾	垃圾超负荷
	烟雾污染	视线受阻

许多服装品牌已经意识到了改变现有生产和消费模式的紧迫性，因此开始采用更环保和可持续的材料和制造方式。例如，女演员艾玛·沃特森（Emma Watson）就曾身穿一件由回收塑料瓶、有机棉和有机丝绸制成的Calvin Klein 100%可持续连衣裙出现在红毯上，这一行为向公众传递了强烈的环保信息，也促使品牌重新审视他们的生产模式和对可持续性的立场。歌手和制片人法瑞尔·威廉姆斯（Pharrell Williams）则与G-Star RAW合作推出了一系列名为"Raw for the Oceans"的服装产品，这一系列被宣传为最可持续的牛仔系列，其材料全部来自回收的海洋塑料[1]。法瑞尔·威廉姆斯也是该品牌的代言人之一，他利用自己的影响力提高了公众对这些环保问题的认识。这些行为表明环保和可持续性已经成为时尚行业不可忽视的因素，许多公司已经开始把这些因素融入他们的市场营销和业务战略中。他们意识到，如果要跟上时代的步伐，就必须彻底改造他们的生产和消费模式，让其更加环保和可持续。

（一）丝绸与环境可持续概述

环境可持续发展原则是可持续发展的核心问题，通常指人类对环境产生尽可能小的不利影响；经济原则是环保产品应该能够在全球市场上与不环保的产品竞争；最后，社会原则则是尊重公平贸

[1] MUTHU S S. Circular economy in textiles and apparel: processing, manufacturing, and design[M]. Amsterdam: Elsevier Science & Technology, 2018: 132.

易的社会因素和有关人民的健康等权利[1]。

环境可持续性的重要性在于对生态环境进行保护，旨在保护诸如大气、土壤等自然资源并维持生态平衡。然而，服装产业在供应链管理（表4-7）和生产过程中，如染色、烘干、运输、化学品的使用以及自然资源的消耗等环节，对环境产生了巨大的影响。

表4-7　纺织品供应链污染

供应链	环境影响
水污染	服装生产中的染色和处理过程需要使用大量的水，并且产生的废水含有色素、化学品和其他有害物质，这些水如果未经处理就排放到河流和湖泊中，会严重污染水体
能源消耗	在服装的生产过程当中需要消耗大量的能源，这种能源通常来源于化石燃料，从而导致温室气体排放的增加
化学品使用	在纺织品的制造过程中，需要应用多种化学物质，包含染料、整理剂、助剂等，这些物质可能给环境和人体健康带来潜在危害
固体垃圾	在服装的生产过程中会产生大量的剩余面料、废旧服装及包装材料等固体废弃物，若这些废弃物未经妥善处理，将会导致垃圾填埋场问题的产生
水资源耗用	在棉花等天然纤维的生产中，需要大量的水资源，特别是在干旱地区，这可能导致水资源的过度开采和生态环境的破坏
碳足迹	服装行业的全球供应链需要产品在全球范围内进行运输，这无疑增加了碳足迹

丝绸作为公认的可持续纺织材料之一，具有使用生命周期长、洗涤次数少、天然可降解、可循环等优势，而且比棉花等可持续材料使用更少的水且产生更少的化学污染[2][3]。中国丝绸产业也正在努力开发各种环境可持续方法，包括原材料的可再生、采用各种植物染料和减少碳足迹等方法来促进丝绸纺织品可持续发展[4]。

现阶段的可持续设计企图通过覆盖服装产品的生命周期以减缓环境影响；然而在发达国家，目前的服装消费模式依然被视为是不可持续的。以英国为例，尽管该国已经制定了一系列时尚可持续性策略；但是在2012~2016年，服装和纺织废物的数量却从2400万吨增至2620万吨[5]。这些数据表明服装产业对环境的影响仍然较大，还需要进一步采取措施来改善（表4-8）。使用环保和可持续材料，如有机丝绸、天然染料等，不仅可以减少对环境的影响，还能提升艺术作品的品质和价值[6]。

❶ SHIROLE V. An introduction to sustainable textile production[J]. BTRA Scan，2017，47(3)：10–19.

❷ BABU K M. Silk：processing，properties and applications[M]. Sawston：Woodhead Publishing，2018.

❸ 全面客观评价丝绸产品生命周期倡议书 [J]. 丝绸，2021，58(8)：2.

❹ LIN S H，MAMMEL K. Dye for two tones：The story of sustainable mud-coated silk[J]. Fashion Practice，2012，4(1)：95–112.

❺ 李潇鹏，冯妍，李正．可持续服装设计现状研究 [J]. 服装设计师，2023，(6)：118–122.

❻ 同❺。

表4-8 服装行业的可持续发展措施

措施	内容
使用可持续材料	许多服装品牌开始使用有机棉、再生纤维、无害染料和天然纤维，这些材料对环境的影响较小
改进生产流程	通过使用节能技术、减少水消耗的染色工艺和环保的化学品处理方法来减少生产过程中的环境足迹
循环和回收计划	一些品牌推出了旧衣回收计划，鼓励消费者将不再穿的衣物回收给品牌，以便进行再利用或循环利用
透明供应链	越来越多的服装品牌致力于提高供应链的透明度，允许消费者和监管机构追踪产品的来源，确保其生产过程符合社会和环境标准
减少废物	一些品牌采用零废弃设计的生产策略
减少碳排放	一些服装品牌计算整个生产过程的碳足迹，并投资植树、可再生能源项目等以补偿其碳排放
耐久设计	设计更耐穿、经典且不易过时的服装，鼓励消费者购买质量更好、寿命更长的产品，而非频繁更换衣服
促进消费者意识	教育消费者有关可持续时尚的知识，并鼓励他们做出更环保的选择
认证和合作	一些企业与诸如全球有机纺织品标准（GOTS）、公平贸易等组织合作，以确保其产品符合国际认可的可持续和道德标准
创新和研发	投资研究和开发新的环保材料和技术，如使用菌根真菌制造的生物皮革、回收塑料瓶制成的纤维等

通过这些措施（表4-8）能够减少对环境的负面影响，在市场上建立起积极的品牌形象，并吸引越来越多注重可持续生活方式的消费者。如表4-8所示，服装行业可以通过这些措施逐步实现更环保的生产方式，减少对生态环境的破坏，从而朝着可持续发展的目标前进。

（二）建立可持续循环系统

构建一套完整的可持续循环系统是丝绸在环境可持续发展中的重要策略。桑蚕丝绸作为一种可再生纺织材料，其生产过程涵盖了桑树种植、蚕茧生产、生丝提取以及丝织品织造和印染等环节。由于桑蚕丝绸纺织品的特性，其生产过程中会不可避免地产生许多副产品，如桑树、蚕蛹、丝胶及丝废料等。丝绸可持续设计应具有循环系统的理念，不仅关注丝绸的回收，甚至关注丝绸各类副产品的回收处理，从而构建一个循环系统，使人类从自然环境中提取的资源能够循环再利用[1]。

1. 桑树的可持续种植

桑树的种植是桑蚕丝绸生产的首个环节，桑树的可持续种植需要包括两个最重要的因素，即桑树的有机种植和应用最新的科学技术。

有机桑树的种植促进了桑蚕丝绸产业的可持续发展。桑树的种植兼具生态价值和经济价值，从生态角度分析，桑树具有涵养水源、减少泥沙淤积和净化环境等功效；从经济角度分析，桑叶和枯枝都具有很高的经济价值，包括动物饲料、药用价值和造纸原料等[2]。每年从1公顷的桑树园中能获得

[1] GOLDSWORTHY K，EARLEY R，POLITOWICZ K. Circular speeds：a review of fast & slow sustainable design approaches for fashion & textile applications[J]. Journal of Textile Design Research and Practice，2018，6(1)：42-65.

[2] ALDEN W. Eco-Fashion's Animal Rights Delusion[J/OL]. Fall 2021.(2021). [2022-9-14].

12~15吨养蚕废弃物，包括蚕沙、未喂食的剩余桑叶、软枝、农场杂草等，在适当堆肥后，可以产生上百公斤的氮、磷、钾，以及所有必需的微量营养素，这些营养素又可以作为桑树的废料从而形成一套循环系统[1]。由此可知，桑树的种植有利于实现丝绸产业的可持续发展，是生态友好型的极佳模式。理想的可持续桑树模型应该是在没有农药和化肥的情况下种植，并且依靠自然降雨进行灌溉。但是实际情况是：1英亩（约4046.86平方米）的桑树园每年会收到1.5吨肥料和12~15次杀虫剂，这对于桑树园中的有益生物和蚕虫造成了显著的有害影响[2]。因此，养蚕产业应该推广有机农业模式以促进桑蚕产业健康可持续发展。

桑蚕丝绸相关的科学技术知识也已经应用于有机桑树种植业。在中国，以香港利润基金全球控股有限公司创建的Bombyx组织为例，Bombyx向四川省南充市仪陇县的农业工作者提供了许多最新技术，以确保他们能够了解丝绸生产的最新技术，包括养蚕、桑树种植和改良蚕种[3]。该组织致力于建立一个环保的有机养蚕基地，在生产过程中通过节约用水和有效利用各种能源，减少碳排放的同时恢复土壤的活力，以此种植健康的有机桑树[4]。在印度，以迈索尔的桑蚕模式为例，印度中央纺织局丝绸委员会标准化了一些有机肥料，包括农家肥、堆肥、蚯蚓堆肥和绿粪肥等，并且开发了生物肥料和叶面喷雾剂，以此有机地促进桑树园土壤的健康[5]。

桑蚕丝绸的可持续发展离不开有机桑树种植和科学技术的发展。这些科学的有机农业模式有助于推进桑蚕产业“育繁推”一体化和环境可持续化发展，是桑蚕丝绸可持续循环系统中非常重要的一环[6]。

2. 蚕蛹的回收利用

蚕蛹是蚕茧缫丝后产生的第一个副产品，其回收利用是桑蚕丝绸产业环境可持续循环系统发展的重要一环。蚕蛹含有油、蛋白质和碳水化合物，已经被用于饲料、食品、能源和环境等领域[7]。

首先，蚕蛹不但可以被制作成蛹粉，从而代替鱼料生产家禽的饲料，而且可以被进行油炸，作为低碳蛋白质来源使用[8][9]。其次，由于蚕蛹含油脂约为30%，因此，开发环保、高效的蚕蛹油脂提取工艺技术具有一定的实用价值[10]。蛹油现在主要应用于生物柴油和医药领域，但是容易腐烂是蚕蛹

❶ PRABU，M J. Organic farming in mulberry for sustainable silk production.[J/OL].(2016-3-30).[2022.10.15].
❷ 同❶。
❸ TRACEY G. Bombyx Discusses Silk Sales in China and CSR Efforts-The sustainable fiber firm' s president talks about its initiatives in CSR and sustainability.[J/OL].(2019-8-8)[2022-11-1].
❹ 同❸。
❺ 同❶。
❻ 周卫阳.《江苏省蚕种管理办法》解读 [J]. 中国蚕业，2021，42(3)：69-72.
❼ REDDY N，ARAMWIT P. Sustainable Uses of Byproducts from Silk Processing[M]. New York：John Wiley & Sons，2021.
❽ WANG M，LIU Y，WU J，et al. Eco-friendly utilization of land in the Three Gorges reservoir area's subsidence zone - an example of planting mulberry trees[J]. Sericulture Science，2017，43(5)：861-865.
❾ 蚕蛹是畜禽的好饲料 [J]. 饲料研究，1992(2)：30.
❿ 张道平，苏小建，何星基，等. 采用酶解法提取蚕蛹油脂的工艺条件优化 [J]. 蚕业科学，2013，39(4)：828-831.

主要缺点之一，因此，处理和预处理蚕蛹的新技术开发至关重要[1]。

3. 废丝的回收利用

废丝是丝绸工业生产的主要副产品之一，对其进行回收利用也是丝绸环境可持续发展的重要一环。废丝约占桑蚕丝绸总产量的50%，我国每年约产生25万～35万吨废丝[2]。可持续丝绸纺织产业将继续探索利用各种酶来提高丝绸脱胶效率和丝绸纤维的质量从而减少丝绸废料的比例。

废丝可以从三个方面进行可持续的回收利用再加工，分别是纺织复合材料、储能材料和其他材料[3]。废丝相关的纺织复合材料可以是合成塑料或者生物塑料等；废丝能够制作储能材料是因为废丝通过碳化可以作为超级电容器的电极材料[4][5]。由此可知，更多废丝相关材料需要通过生物工程技术的研究来实现。

4. 丝胶的回收利用

丝胶是桑蚕丝绸的另一个重要副产品，具有非常高的回收价值。丝绸纤维主要由丝胶蛋白（20%~30%）、丝素纤维（65%~75%）组成，人们为了得到丝素纤维，首先要去除鞘层——丝胶[6]。丝胶蛋白加工后可以形成二维结构或三维结构，二维结构形式主要有用于伤口处理的水凝胶和作为共混或交联剂的丝胶膜；三维结构形式则包括医学应用、生物工程和细胞培养。现阶段丝胶的应用主要有五个方向，包括以抗菌活性、抗肿瘤和运输药物为主的医学方向的应用、丝胶抗衰老特性在化妆品方向的应用、以组织工程为主的生物技术的应用、以不褪色织物染料为目标的纺织工业的应用和在聚酯织物表面用于空气过滤的应用[7]。由此可知，丝胶的回收利用可以促进丝绸材料的环境保护和经济效益。

最后，制丝和缫丝加工过程中使用了大量的水来清洁蚕丝并去除丝胶，这些废水应该处理后进行回收并且再次利用，从而构建一个循环系统，以此保护环境，促进丝绸产业的可持续健康发展[8]。

（三）丝绸的可持续染色策略

印染行业是全球最具污染性的行业之一，丝绸的可持续染色研究不可避免地成为丝绸环境可持

❶ REDDY N，ARAMWIT P. Sustainable uses of byproducts from silk processing[M]. New York：John Wiley & Sons，2021.

❷ YANG X，CAO Z，LAO J，et al. Screening for an oil-removing microorganism and oil removal from waste silk by pure culture fermentation[J]. Engineering in Life Sciences，2009，9(4)：331-335.

❸ REDDY N，ARAMWIT P. Sustainable uses of byproducts from silk processing[M]. New York：John Wiley & Sons，2021.

❹ TAŞDEMLR M，KOÇAK D，USTA i，et al. Properties of polypropylene composite produced with silk and cotton fiber waste as reinforcement[J]. International Journal of Polymeric Materials，2007，56(12)：1155-1165.

❺ LI X，ZHAO J，CAI Z，et al. Free-standing carbon electrode materials with three-dimensional hierarchically porous structure derived from waste dyed silk fabrics[J]. Materials Research Bulletin，2018(107)：355-360.

❻ TOPRAK T，ANIS P，AKGUN M. Effects of environmentally friendly degumming methods on some surface properties，physical performances and dyeing behaviour of silk fabrics[J]. Hybrid materials based on ZnO and SiO，2020(58)：380-387.

❼ VERMA V K，SUBBIAH S，KOTA S H. Sericin-coated polyester based air-filter for removal of particulate matter and volatile organic compounds (BTEX) from indoor air[J]. Chemosphere，2019 (237)：124462.

❽ BABU K M. Silk：processing，properties and applications[M]. Sawston：Woodhead Publishing，2018.

续中的重要研究方向。

在传统丝绸染色中，中国传统涂泥染色法使用了植物染料、珠三角富含单宁的淤泥和来自太阳的热量等天然的原料使丝绸纺织品更加符合环境可持续设计的标准；同时，以转基因桑蚕和改良含染料配方的食物为主的新型绿色工艺染色也给我们提供了新的研究方向。

1. 传统丝绸的可持续染色策略

首先，天然染色可以避免化学染料的污染问题，有利于自然资源的保护。丝绸的常规染色通常有四种，分别是酸性染色、活性染色、直接染色和天然染色[1]。其中，可持续丝绸常规染色方法的首选就是使用天然植物染色，利用天然染料取代传统的化学染料是丝绸纺织品可持续发展的重要组成部分。

中国从明朝开始已经大规模使用传统的涂泥工艺进行染色，并且使用各种植物和蔬菜等天然染料来创造各种颜色[2]。其中，以涂泥工艺进行染色的香云纱被纺织界称为“软黄金”，其是使用植物染料薯莨作为染料的丝绸面料。现代的香云纱已经使用各种果汁和植物创造各种丰富的颜色，如使用栀子或者姜黄染黄色、鼠李（*Rhamnus davurica*）染绿色、南板蓝叶染蓝色等[3]。印度作为世界第二大丝绸生产国，也有许多丝绸的天然印染的方法。其中，以金盏花（*marigold flower*）植物最为典型。尽管染料对环境没有太多污染，但是染色过程中使用了大量的合成增稠剂和黏结剂，这些废水和废物仍然会造成环境污染[4]。因此，具有悠久历史的中国传统涂泥植物染是可持续丝绸染色的一个非常优质的染色方法。

20世纪90年代初，深圳的服装公司开始研发真丝晒莨技术；进入21世纪，随着人们对生活品质要求的提高和可持续时尚趋势的流行，越来越多的企业开始挖掘和重塑传统的晒莨染整技术；近十年来，深圳梁子时装公司对传统的莨纱绸染整技术进行了深度的开发和改良，不仅保留了其传统的东方美感，也融入了国际时尚的理念，引领了丝绸行业时尚趋势的发展[5]。

2. 丝绸的新型绿色工艺染色

新型绿色工艺染色包括研发转基因桑蚕和研究改良含染料配方的食物，即直接让蚕生产彩色丝绸。由于桑蚕体内转移类胡萝卜素具有缺陷，尽管能够生产彩色蚕茧，但是在脱胶之后只会产生白色的丝素蛋白；因此，直接使用桑蚕生产彩色丝绸并不可行[6]。所以，新型绿色工艺染色才需要进行转基因桑蚕和研究改良含染料配方食物的研发，以此生产真正的彩色丝素蛋白。

一方面，利用转基因技术养蚕可以生产出彩色丝素蛋白。通过研发转基因桑蚕，人们现在可以创造出彩色荧光的蚕丝。这是通过基因工程的方法，将荧光蛋白基因插入培养的桑蚕中，通过桑蚕

[1] BABU K M. Silk: processing, properties and applications[M]. Sawston: Woodhead Publishing, 2018.

[2] LIN S H, MAMMEL K. Dye for two tones: the story of sustainable mud-coated silk[J]. Fashion Practice, 2012, 4(1): 95–112.

[3] 同[2]。

[4] SANGAMITHIRAI K. Assessing the effect of natural dye for printing on silk[J]. Man-Made Textiles in India, 2020, 48(8): 270–272.

[5] 徐娅丹. 莨纱绸在室内与家具设计中的应用研究[J]. 家具与室内装饰, 2021(4): 34–37.

[6] SANGAPPA S, DANDIN S B, TRIVEDY K, et al. Coloured cocoons to coloured silk[J]. Indian Silk, 2007: 22–24.

的生物反应，以此创造重组蛋白改变丝的固有色❶。

另一方面，利用含有特殊染料成分的桑叶可以生产彩色的丝素蛋白。由于染料从家蚕的消化道经过血淋巴扩散到丝腺，一些特殊染料的成分可以决定染料与蚕腺中丝胶蛋白和丝素蛋白结合的优先级❷。因此，蚕在经过喂食含有喷雾染料溶液的改良桑叶饲料后，可以使染料和丝素蛋白结合，从而在没有印染的情况下生产出环保的彩色丝绸❸。这些彩色丝绸颜色的纯度可以通过控制染料的浓度来实现，这种绿色工艺染色减少了处理传统染色工艺中产生的有毒染料废水量❹。

总而言之，丝绸产业中的环境可持续发展原则从可持续循环系统（图4–8）和可持续丝绸染色这两个方面入手，最终研究出了一套可行的丝绸产业环境可持续发展的原则。如图4–8所示，从桑树生产到织造过程中，丝绸产业应该对丝绸的副产品进行回收利用，尽可能把生产过程中对自然环境的不利影响降到最低；在印染过程中，丝绸产业应该弘扬中国传统环保丝绸染色方法，并加大研发转基因桑蚕和改良含染料配方的桑叶。

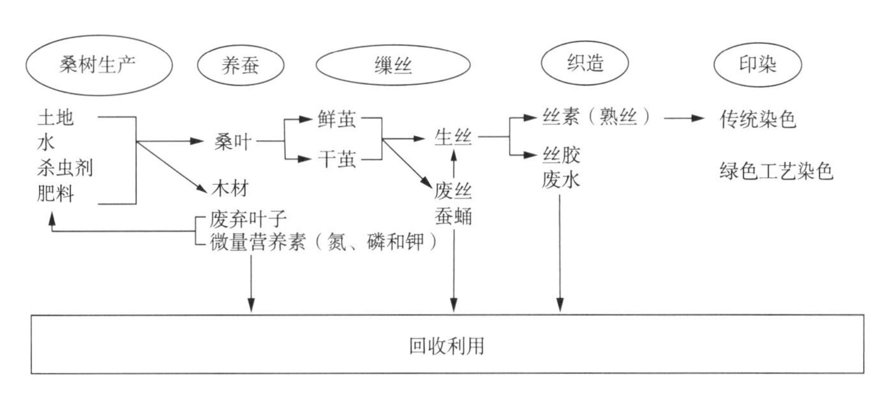

▲图4–8 丝绸产业可持续循环系统

二、经济可持续原则

经济可持续性是可持续发展的一个重要方面，其核心是在保证当前和未来世代的需求得到满足的同时，实现经济活动的长期稳定与增长。这需要采取一些经济可持续发展措施（表4–9），平衡经济增长与环境保护、社会福祉之间的关系。

❶ ZHAO Y, LI M, XU A, et al. SSR based linkage and mapping analysis of C, a yellow cocoon gene in the silkworm, Bombyx mori[J]. Insect Science, 2008, 15(5): 399–404.

❷ NISAL A, TRIVEDY K, MOHAMMAD H, et al. Uptake of azo dyes into silk glands for production of colored silk cocoons using a green feeding approach[J]. ACS Sustainable Chemistry & Engineering, 2014, 2(2): 312–317.

❸ TANSIL N C, LI Y, KOH L D, et al. The use of molecular fluorescent markers to monitor absorption and distribution of xenobiotics in a silkworm model[J]. Biomaterials, 2011, 32(36): 9576–9583.

❹ 同❷。

表4-9　经济可持续发展措施

关键点	内容
资源效率	提高生产过程中的资源使用效率，特别是对有限的自然资源，如矿物、化石燃料等进行合理管理
环境保护	确保经济活动不会导致环境退化，包括减少温室气体排放、避免生态系统破坏和生物多样性丧失
社会公平	经济增长应当伴随社会公正与包容性的提升，确保经济成果的公平分配，提高所有社会成员的生活水平
长期思维	公司和政策制定者需要考虑长远利益而非仅仅关注短期利润，包括对未来资源的需求和潜在的环境影响
循环经济	推动经济模式从线性模式转变为循环模式，通过设计可回收和可再利用的产品来最小化废物和资源的流失
风险管理	评估并管理环境和社会风险对经济活动的影响，如气候变化对农业生产的威胁，或者资源枯竭对制造业的影响
创新驱动	鼓励技术和业务模式的创新，找到新的途径来提高生产效率、开发可持续产品和服务
透明度与责任	企业应提高运营的透明度，并对环境和社会负责，这包括实施环境和社会治理（ESG）报告
教育与培训	投资教育和培训，提升劳动力技能，适应未来市场需求，特别是在可持续技术和行业中

通过经济可持续发展措施，公司可以确保在不牺牲环境和社会福祉的情况下，实现经济的长期繁荣与发展。

近年来，中国大力发展丝绸文化产业建设，转变丝绸产业经营方法和提高丝绸产品的附加值，如凯喜雅、臣臣、喜得宝等品牌在品牌战略的扶持下逐步实现了创意产业升级[1]。然而，中国丝绸产业缺少可持续相关理论体系的支持。

中国的丝绸经济产业可持续发展原则应该包括以下几点：第一，继续坚持丝绸产业文化建设，不仅传承中国古老的丝绸文化，还体现现代的设计风格；第二，通过塑造丝绸纺织奢侈品和绿色环保产品的形象，进行丝绸经济可持续系统化理论研究，顺应当今国际上的可持续发展理念，以此拓宽国际丝绸市场；第三，研究高科技丝绸相关产品，始终站在最前沿，拓宽丝绸产业的发展方向。

（一）坚持丝绸产业文化建设

可持续的奢侈纺织品是保护和促进当地传统文化发展与创新的重要工具之一。丝绸自身的独特属性使其具有可持续奢侈品的众多属性，是当之无愧的可持续奢侈品。作为可持续的奢侈品，中国传统丝绸提供了许多机会支持各地的传统工艺，发现被遗忘的人才，对脱贫攻坚、农村致富和乡村振兴起到重要的作用[2][3]。可持续奢侈品通常包括各种细节、工艺、创新、高质量和排他性等属性，价格则是这些属性的结果[4]。可持续奢侈品不仅可以促进环境保护，还可以促进社会的健康发展，它们是不同民族文化、艺术和创新的载体，是当地工艺遗产的见证。中国传统丝绸是中华文化的瑰

[1] 孙颖，甘应进．谈中国丝绸的品牌推进战略 [J]．丝绸，2007(5)：1–3.

[2] TRACEY G. Bombyx discusses silk sales in china and CSR efforts–the sustainable fiber firm' s president talks about its initiatives in CSR and sustainability.[J/OL].(2019–8–8)［2022–11–1］.

[3] 周卫阳．《江苏省蚕种管理办法》解读 [J]．中国蚕业，2021，42(3)：69–72.

[4] MUTHU S S，GARDETTI M A. Sustainability in the textile and apparel industries[M]. Cham: Springer，2020.

宝，极大地丰富了中国的文化遗产。尤其是在新时代的背景下，可持续丝绸纺织品是弘扬传统文化的重要产品，通过可持续丝绸设计可以全面推动丝绸艺术传承与创新，并且促进产业健康发展❶。

由于中国对非物质文化遗产的重视、中国丝绸产业的文化建设和中国丝绸作为可持续的奢侈品本身具有的独特魅力，在这些条件的共同作用下，中国各地丝绸工艺品更加专注于细节、工艺质量、精致度和创新性，从而又增强了中国传统丝绸的竞争力。中国一定要坚持丝绸产业文化建设，因为如果缺乏一定的政策支持和文化建设，一些传统丝绸产业可能会受到一定的冲击。丝绸产业应该坚持丝绸产业文化建设，并且利用传统工艺、传统文化和现代科技等方法，为区域收入和经济增长作出贡献。

（二）宣传丝绸产品的可持续性

可持续设计理念对于欧美市场具有非常强的影响力，丝绸拓宽国际市场不但需要进行文化建设，还需要一些入乡随俗的策略，即融入国际上的可持续设计这一设计理念。在20世纪80年代末，随着世界认识到消耗自然资源的危机性和可持续发展的必要性，它成为一个时尚界的流行术语❷。在1992年里约热内卢地球峰会之后，时尚行业的品牌开始寻找方法来减少他们对地球和人类的负面影响，逐渐影响了欧美的消费者❸。然而，我国没有形成可持续设计相关的系统化理论，因此，我们需要通过各种方法，宣传丝绸面料是一种可持续面料。

1. 学术层面宣传

在学术层面上，我们需要证明丝绸是可持续环保纺织材料之一。对此，可以通过大量的可持续丝绸面料研究，为丝绸产品的可持续性制定一个体系化的学术评估标准，使丝绸的可持续性更加具有说服性、科学性和完整性，更有效地保护中国丝绸产品在海外消费者心中的地位。

2. 品牌宣传

在品牌建设上，丝绸品牌要想跻身国际市场，必须充分认识到目前市场上的不利因素，或者借鉴华伦天奴的丝绸产品成功经营策划的经验。在对丝绸市场现状和前景充分调研的基础上，挖掘品牌文化内涵，进行准确的品牌定位❹，实时调整品牌的策略，在文化建设的同时融入可持续环保理念，宣传丝绸面料的环保属性。拓宽丝绸的国际市场需要中国丝绸品牌在品牌营销时考虑到当地一些消费者的偏好，如麦当劳、肯德基进入中国市场就需要适应中国消费者的口味，中餐进入欧美市场也要适应欧美消费者的口味。中国丝绸品牌的不利因素就是在品牌宣传的时候，没有做到“入乡随俗”，让国际消费者感受到中华文化的魅力和中国丝绸品牌的可持续环保魅力。华伦天奴的丝绸产品

❶ 王小萌，李正．新时代江苏丝绸艺术传承与创新发展路径探析 [J]．丝绸，2020，57(12)：126-131.

❷ RAY S，NAYAK L. Marketing Sustainable Fashion：Trends and Future Directions[J]. Sustainability，2023，15(17)：6202.

❸ 同❷。

❹ 李敏，唐晓中．服装品牌定位及多元化品牌策略 [J]．纺织导报，2003(2)：49-52.

融合了古罗马文化和可持续设计理念，通过各种单色的天然染料将他们的丝绸产品打造成可持续奢侈品，其中以红紫色（Tyrian purple）的天然染料最为出名。

中国的丝绸也有很多可持续实践，仅仅是暂时没有形成可持续环保的体系。中国的一些海外设计师就曾经通过一些中国传统的天然染色方法，使丝绸与可持续环保相关联。Sophie Hong作为现代泥涂丝绸的真正先驱，在米兰、纽约和巴黎时装周上设计了各种颜色的泥涂丝绸服装，受到了广泛的关注[1]。自2001年以来，中国设计师梁子也在她的系列中使用了泥涂丝绸，尽管不是为大众设计而是为一个小而独特的目标市场设计，但是在全世界拥有了一批可持续设计的追随者。除此之外，Tran Hung、Linda Louder Milk、Carol Lee Shanks和Christina Kim等设计师也大量使用泥涂丝绸并通过精心设计，提升了泥涂丝绸的市场竞争力。中国风奢侈品牌 Shanghai Tang 在世界各地都有精品店，提供了大量的丝绸套装供人们选择，受到了世界各国的欢迎。中国的泥涂丝绸作为一种理想的高端奢侈品面料，使制造商更有动力保存和继承传统的环保丝绸，以满足对当前环保和可持续产品的强势需求。

3. 线上互联网

我们需要在互联网上将丝绸面料树立成一个可持续纺织奢侈品。通过网络让更多国际上的消费者能够意识到丝绸是一种可持续环保面料，塑造中国丝绸品牌文化，通过互联网这个媒介拓宽海外丝绸市场，将可持续融入中国丝绸的文化中。

（三）研发高科技丝绸产品

丝绸作为少数几种塑造了世界历史的商品之一，其纺织应用主要在纺织品领域、生物工程和生物医药领域，丝绸的非纺织应用主要在化妆品和保健品领域[2]。研究丝绸产业相关的高科技应用可以给未来的丝绸产业发展提供更多的选择，增加未来丝绸产品的收益。在生物工程和医疗领域，大力研究生物医学和化妆保健，确保丝绸在未来拥有更大的市场需求。

三、社会可持续原则

社会可持续性（表4-10）是可持续发展三大原则之一，它专注于提高人类的生活条件和福祉，保障社会的公正与包容。

[1] HONG L，ZAMPERINI P. Making fashion work interview with Sophie Hong Taipei，Sophie Hong Studio[J]. Positions：East Asia Cultures Critique，2003，11(2)：511–520.

[2] CAVACO–PAULO A，NIERSTRASZ V A，WANG Q. Advances in Textile Biotechnology[M]. Sawston：Woodhead Publishing，2019.

表4-10 社会可持续发展措施

社会可持续原则	内容
公平劳动	确保工人获得公正的报酬，工作时间合理，工作环境安全
社会包容	消除基于性别、种族、宗教或年龄的歧视，促进多样性和包容性
社区发展	支持当地社区的发展，通过提供就业机会、改善基础设施和教育来提高社区居民的生活水平
消费者权益	提供高质量和安全的产品，确保消费者权益得到保护，包括透明的产品信息和诚实的营销实践
健康安全	在生产过程中采取措施保护工人和消费者的健康与安全，减少生产活动对公共健康的影响
教育技能	通过培训提高员工的技能和职业发展潜力，有助于提高整体生产力和创新能力
企业透明度	企业应在经营中展现出高度的透明度，对社会和环境负责，包括实施公平贸易和道德采购标准
社会创新	鼓励和支持解决社会问题的创新方法，如通过社会企业或合作伙伴关系来提供社会服务或解决社会问题
可持续消费	引导消费者培养可持续消费习惯，减少浪费和对资源的过度消耗

这些社会可持续原则的要素确实可能难以量化，但它们可以通过一系列指标和框架来进行评估，如社会责任投资指数、企业社会责任（CSR）报告、全球报告倡议（GRI）标准等。通过这些工具，组织和企业可以衡量和改进其在社会可持续性方面的表现。社会可持续原则要求在丝绸艺术的生产和销售过程中，必须尊重工人和消费者的权益。换句话说，社会可持续性关注的是经济系统对人类的影响，其目标是通过消除贫困、提高工人的生活水平和创造公平的社会环境等方式，来提高人类的生活质量。社会可持续的要素包括健康、安全、公平、社会企业家精神、治理和企业责任、消费习惯和效率等，这些要素在大多数文献中都被描述为不可量化的要素。

虽然有些人认为目前的观点过于以人为中心，既不实用也不能衡量，但不可否认设计的目的就是创造出能够提高人类生活质量的东西。服装设计对于推动社会可持续和提高人类的生活质量具有重要的责任。因此，服装设计师应当在设计过程中考虑社会可持续的原则，并将其融入设计之中。

1. 利用法律法规规范丝绸市场

首先，公平的贸易需要法律的手段进行保护，世界各国都出台了各种法律法规加强资源保护和规范各行各业的竞争模式。以中国的桑蚕丝绸行业为例，《中华人民共和国畜牧法》和《江苏省桑种管理办法》有效规范了丝绸市场，为新时代桑蚕丝绸市场公平竞争提供了法律武器，有利于社会的可持续发展[1][2]。然而，由于丝绸产业在生物工程领域、医疗领域和化妆领域的各种高新科技应用也如雨后春笋般地出现，在未来的实践中一定会出现新的挑战。在未来，桑蚕丝绸会在不同领域中出现各种创新应用，桑蚕丝绸相关的法律法规需要不断与新时代的桑蚕丝绸产业相适应。

❶ 周卫阳.《江苏省蚕种管理办法》解读[J]. 中国蚕业，2021，42(3)：69-72.

❷ 吴利军. 基于法律角度分析畜牧业饲料管理——评《中华人民共和国畜牧法》[J]. 中国饲料，2020(9)：149-150.

2. 提高当地人生活质量

中国传统丝绸作为可持续的奢侈品，提供了许多机会来支持各地的传统工艺，对脱贫攻坚、农村致富和乡村振兴起到重要的作用[1][2]。可持续奢侈品通常包括各种细节、工艺、创新、高质量和排他性等属性，价格则是这些属性的结果。印度的丝绸产业通过集群化发展也在寻找社会可持续发展的办法。创新创业公司（Resham Sutra）为印度的丝绸工业制造了一系列机器，包括一些太阳能驱动的纺丝机，希望以此赋予印度野生丝绸工业的妇女权利，提高印度当地妇女的生活质量[3]。该公司通过探索卷丝、捻丝、纺丝、编织等不同环节，开发优化了各种纺织机器，积极探索解决印度丝绸行业农村妇女所面临问题的解决方案[4]。创新创业公司的一系列操作提高了当地人们的收入，提高了当地人们的生活质量。

由此可知，丝绸产业应该尊重贸易公平原则，并且利用传统工艺、传统文化和现代科技等方法，为区域收入和经济增长作出贡献，促进社会可持续健康发展。

3. 社会可持续中的文化延续

在文化层面上，可持续的奢侈纺织品是保护和促进当地传统文化发展与创新的重要工具之一[5]。可持续的奢侈品不仅可以促进环境保护，还可以促进社会的健康发展，它们是不同民族文化、艺术和创新的载体，是当地工艺遗产的见证。以中国传统丝绸为例，大多数丝绸产品都是艺术品，是中华文化的瑰宝，极大地丰富了中国的文化遗产。尤其是在新时代背景下，可持续丝绸纺织品是弘扬传统文化的重要产品，通过可持续丝绸设计可以全面推动丝绸艺术传承与创新，并且促进产业健康发展[6]。

在丝绸艺术的生产和销售过程中，应尊重工人和消费者的权益，并提供良好的工作条件。丝绸艺术应尊重和包容不同的文化和传统，通过艺术作品来推广和保护文化多样性。

总的来说，可持续发展原则鼓励艺术家在创作丝绸艺术的过程中，考虑到环保、社会和文化等多方面的因素。

❶ TRACEY G. Bombyx Discusses Silk Sales in China and CSR Efforts – The sustainable fiber firm’s president talks about its initiatives in CSR and sustainability.[J/OL].(2019-8-8)[2022-11-1]

❷ 周卫阳.《江苏省蚕种管理办法》解读 [J]. 中国蚕业，2021，42(3)：69-72.

❸ Resham sutra-weaving narratives of sustainable empowerment[J/OL]. (2020-1)[2022-10-11].

❹ 同❸。

❺ SOM A，BLANCKAERT C. The road to luxury：the evolution，markets，and strategies of luxury brand management[M]. New York：John Wiley & Sons，2015.

❻ 王小萌，李正. 新时代江苏丝绸艺术传承与创新发展路径探析 [J]. 丝绸，2020，57(12)：126-131.

第四节　美学时尚原则

丝绸艺术的美学时尚原则指的是丝绸艺术在创新的过程中，需要关注艺术创作、现代审美和时尚趋势。丝绸艺术创作中可能应用的一些美学时尚原则包括审美趋势原则、创新设计原则、个性化和多样性原则、实用性原则等。

一、审美趋势原则

丝绸艺术的审美趋势原则通常是关注和理解当下的主流审美趋势，设计师将其融入丝绸艺术作品中，使作品更具现代感，更能引起观众的共鸣。

在国内艺术领域，中国丝绸艺术创新的案例充分证明了中国古典元素与现代服装设计相结合的可能性，这种结合恪守了现代审美发展的设计原则。新时代的设计师们汲取中国传统云肩（图4-9）的设计精髓，创造出结合丝绸艺术特色的服装作品——《刀马旦》（图4-10）。鉴于中国丝绸艺术的独特风格和元素，研究传统云肩（图4-11）能够较好地迎合时尚界对审美趋势的要求。

▲图4-9　中国传统云肩（李潇鹏摄于苏州博物馆西馆）

▲图4-10　刀马旦　作者：渔・凌睿婉（李潇鹏摄于中国丝绸博物馆）

▲图4-11　传统云肩（李潇鹏摄于苏州博物馆西馆）

在国际艺术舞台上，丝绸艺术也展现出其适应性，紧跟全球审美发展潮流。它不仅保留了传统的东方韵味，还吸引了来自世界各地艺术家的创新思维，使之成为跨文化交流的桥梁，顺应并引领了国际审美趋势。在孔雀革命（Peacock Revolution）中，丝绸作为一种材料扮演了重要角色，它的自然光泽和柔软质地使其成为制作那些醒目、华丽服饰的理想选择。丝绸可以很好地呈现鲜亮的颜色和复杂的图案，这与孔雀革命时期追求个性表达和视觉冲击力的时尚趋势完美契合。“孔雀革命”的口号在20世纪60年代由时装设计师哈代·艾米斯（Hardy Amis）提出，男性服装的一个标志就是搭配飘逸的丝巾，无论是天鹅绒西装还是饰有大胆图案的夹克，搭配飘逸的丝巾和更长的头发，都展现了男性时尚的新面貌[1]。

如表4-11所示，在国际丝绸艺术舞台上，玛丽·麦克法登、阿扎丁·阿拉亚和纳西索·罗德里格斯等著名设计师都曾经将审美趋势的原则应用于丝绸艺术。

表4-11　丝绸的审美趋势案例

丝绸的审美趋势案例	内容
玛丽·麦克法登（McFadden·Mary）	玛丽·麦克法登创造了一种独特的制作褶皱丝绸的方法，这种技术为丝绸服装的设计和制作带来了新的可能性，引领了审美趋势
阿扎丁·阿拉亚（Azzedine Alaia）	阿扎丁·阿拉亚被誉为“贴身之王”，他主要使用柔软的皮革或丝绸，通过创新的交叉缝合技术，将服装完美地贴合在女性身上，展现出女性的曲线美[2]
纳西索·罗德里格斯（Narciso Rodriguez）	纳西索·罗德里格斯在担任Cerruti的设计总监期间，为卡罗琳·贝塞特（Carolyn Bessette）和约翰·F.肯尼迪（John F. Kennedy）的婚礼设计了一件礼服，这款斜裁的珍珠丝绸长裙以其简约、优雅和性感的设计赢得了广泛的赞誉[3]

二、创新设计原则

丝绸艺术的创新设计原则，关键在于突破传统束缚，探索创新的形式与框架，追寻前所未有的表达手法及设计思路（表4-12），以期实现艺术与时尚的和谐统一。

❶ KENNEDY A, STOEHRER E B, Calderin J. Fashion design, referenced: A visual guide to the history, language, and practice of fashion[M]. Beverly: Rockport Publishers, 2013: 28.
❷ 同❶。
❸ 同❶。

表4-12　丝绸的表达手法及设计思路

手法及思路	内容
创意剪裁	新时代设计师对传统旗袍的剪裁进行现代化改造，比如调整腰线高度，缩短裙摆，甚至可以将其改造为上衣或裤装
面料创新	虽然丝绸是传统旗袍的主要材料，但新时代设计师也会尝试使用混合面料、蕾丝、丝网等新材料，甚至是丝绸合成面料，创造不同的质感
装饰创新	传统的旗袍装饰往往是精细的刺绣，现代设计师可能采用数字印花、珠片、亮片或其他现代装饰工艺，以适应当下的时尚趋势
色彩图案创新	旗袍的颜色和图案也更加多样化，不再局限于传统的红色和黑色，而是采用更加大胆和丰富的色彩组合，以及抽象图案、当代艺术图样等
功能创新	现代旗袍可能会更加注重实用性和舒适性，比如使用拉链替代传统的扣子，增加口袋或者使用弹性面料，以适应现代女性活跃的生活方式
文化融合	在全球化的背景下，旗袍设计吸收其他文化的元素，比如结合日本和服的设计理念或西方的时装剪裁技术，创造出跨文化的时尚风格

作为时尚领域中的一环，丝绸艺术的创新设计理念得到了充分的体现，以丝绸旗袍为例，其显著符合创新设计的原则。丝绸旗袍的服装设计融入了现代元素，持续在国际舞台上呈现独特的时尚吸引力与深厚的文化内涵。

如表4-13所示，丝绸旗袍的艺术设计一直在发展中不断地融入新元素，符合创新设计的原则。旗袍的演变与社会文化的变迁密切相关，反映了时代的变化和人们审美观的发展[1]。

表4-13　丝绸旗袍的发展历程

时间段	发展历程
17世纪初	旗袍起源于满族的传统服饰，初期的旗袍（称为“旗装”或“满族长袍”）较为宽松，覆盖了身体的大部分区域
20世纪20年代	上海成为时尚中心，丝绸旗袍开始现代化改良，裁剪变得更加贴身，短袖、高领、腰部收紧，更加凸显女性身材曲线。1929年，国民政府颁布了新的服装制度，确定了旗袍的基本样式，旗袍开始在社会上普及[2]
20世纪30年代	丝绸旗袍进一步流行，成为中国女性的标准着装，被认为是东方美学和女性魅力的象征。这个时期的旗袍通常由丝绸或者人造丝制成，配有精美的手工刺绣，常常作为上流社会女性在晚宴和社交活动场合的着装。旗袍的样式融合了中西元素，变化多样，如长度的变化和腰身设计的改变
20世纪40年代	丝绸旗袍的下摆和袖子又开始缩短，领子高度降低，甚至没有领子，这标志着流线型旗袍的出现，它强调显示女性身体曲线和优雅风姿[3]
20世纪80年代	改革开放后，旗袍作为中国传统文化的象征开始复兴
20世纪90年代至今	旗袍在不同场合被作为正式服装穿着，如婚礼、宴会等，并常常出现在国际时尚舞台上，被许多国际明星和第一夫人所穿着

❶ 徐宾，温润．民国丝绸旗袍纹样装饰艺术探微［J］．丝绸，2020，57（1）：62-66.

❷ 同❶。

❸ 同❶。

三、个性化和多样性原则

丝绸艺术的个性化和多样性原则是尊重个性化和多样性，鼓励艺术家根据自己的独特视角和感受进行创作。

中国传统刺绣扇袋（图4-12），在新时代社会传承与发展中，以其独特的手工艺和丰富的文化内涵，成功回应了市场对个性化与多样性的需求。这些扇袋不仅在材质、图案设计上多样化，更在工艺上展现了个性化的魅力，满足了不同消费者的审美和使用偏好。

▲图4-12　刺绣扇袋（李潇鹏摄于苏州博物馆西馆）

在现代刺绣艺术创作中，李娥英的双面绣《牡丹》台屏（图4-13）以及广绣的《行乐图》桌屏（图4-14）成为个性化和多样性原则的杰出代表。《牡丹》台屏以其精湛的双面绣技艺和鲜明的个性特色，体现了高超的工艺水平和艺术创新。《行乐图》桌屏则通过细腻的广绣手法，展现了多样的文化内涵和审美风格，两者均展现了现代刺绣艺术在传承中的创新与多元化追求。

▲图4-13　现代李娥英双面绣《牡丹》台屏（李潇鹏摄于苏州博物馆西馆）

▲图4-14　广绣《行乐图》桌屏（李潇鹏摄于苏州博物馆西馆）

如表4-14所示，查尔斯·弗雷德里克·沃斯（Charles Frederick Worth）和马瑞阿诺·佛坦尼（Mariano Fortuny）作为国外丝绸服装艺术的重要设计师，满足了个性化和多样化的设计原则。

表4-14　丝绸艺术的服装美学时尚多样性

丝绸个性化案例	内容
查尔斯·弗雷德里克·沃斯	沃斯设计的丝绸连衣裙以其奢华的面料和饰边以及融合时代服饰的元素而闻名，他设计出大量的个性化丝绸定制礼服❶。在巴黎博览会上，他展示了一条镶有金色刺绣的白色丝绸宫廷裙❷
马瑞阿诺·佛坦尼	他设计的Delphos连衣裙能够轻松挂在肩上，旅行时可以揉成一团。在大多数女性都穿着紧身胸衣和合身衣服的时代，Delphos连衣裙代表了一种解放❸。佛坦尼作为时尚设计师和纺织艺术家有着独特的手法和创新精神，他使用从中国和日本直接进口的丝绸和法国里昂的天鹅绒，这些材料被用于他无数多样性的设计中❹

丝绸艺术的个性化和多样化在考陶尔德画廊（The Courtauld Gallery）的绘画中也有所体现。埃德加·德加（Edgar Degas）的《舞台上的两个舞者》（*Two Dancers on a Stage*）（图4-15）中的两位舞者佩戴丝绸和亚麻丝带，穿着棉质罗缎紧身胸衣、棉质和丝绸芭蕾舞短裙；她们的裙装由黑色的褶边纱和丝绸蕾丝制成的袖子褶边组成。在雷诺阿（Renoir）的*La Loge*（图4-16）中，他画了他喜欢的模特之一——尼尼·洛佩兹（Nini Lopez），她的裙子由黑色褶皱薄纱和丝质蕾丝袖口组成。

▲图4-15　《舞台上的两个舞者》（李潇鹏摄于考陶尔德画廊）

▲图4-16　*La Loge*（李潇鹏摄于考陶尔德画廊）

❶ POLAN B，TREDRE R. The great fashion designers：from Chanel to McQueen，the names that made fashion history[M]. London：Bloomsbury Publishing，2020：7.

❷ BREWARD C. "Worth Charles Frederick". Oxford dictionary of national biography. Vol. 60.[M]. Oxford：Oxford University Press. 2000：351-352.

❸ POLAN B，TREDRE R. The great fashion designers: from Chanel to McQueen，the names that made fashion history[M]. London：Bloomsbury Publishing，2020：29.

❹ POLAN B，TREDRE R. The great fashion designers: from Chanel to McQueen，the names that made fashion history[M]. London：Bloomsbury Publishing，2020：31.

这件艾卡特（IKAT）服装（图4–17）位于德国柏林国家博物馆，IKAT是一种来自印度尼西亚的丝绸染色技术，其特点是在编织之前，将织物的经线分成多束并进行染色，大衣的内衬使用的就是用这种技术制作的丝绸面料；后来在苏联时期才开始使用棉和合成纤维。

▲图4–17　艾卡特（IKAT）服装（李潇鹏摄于德国柏林国家博物馆）

四、实用性原则

丝绸艺术的实用性原则（表4–15）可以理解为在保持艺术性的同时也注重作品的实用性。

表4–15　丝绸艺术的美学时尚实用性原则

实用性原则	内容
耐久性	丝绸制品需要提高耐用性，如研究复合丝绸面料来增强丝绸的结实度
舒适性	丝绸制品应该设计得既美观又舒适，适合长时间穿着，如选择高透气性的丝绸材质，确保服装的舒适贴身
清洁性	丝绸制品应易于清洗和保养，如开发可机洗的丝绸面料
多功能性	丝绸制品应适合多种场合和用途，如设计一些从办公室到晚宴转换的多用途丝绸服饰
适应性	丝绸制品应兼顾不同气候和体型变化，如从冬季到春季转换的多用途丝绸服饰
可持续性	丝绸制品应采用环保的生产方式，如使用有机养蚕、环保染色等方法

第五节　文化叙事原则

在丝绸艺术创作中，文化叙事原则主要关注如何通过艺术作品来表达和传播文化信息和故事。文化叙事原则包括文化表达原则、艺术作品故事性原则、文化传承原则、时代性原则和寓教于乐原则等。

一、文化表达原则

丝绸艺术的文化表达原则要求艺术作品深刻反映其所植根的文化背景与价值理念。这一原则可以通过精心挑选主题、巧妙构思图案以及恰当运用色彩等手段得以体现。

（一）主题选择

一方面，丝绸艺术的主题选择可以体现地域文化，即选择传统节日、历史事件或地标性建筑等相关的主题。丝绸艺术的主题选择往往与其所在地区的文化紧密相连。“五星出东方利中国”丝绸图案（图4-18）是一件织锦护臂上的主要设计元素，《史记·天官书》曾记载“五星分天之中，积于东方，中国利；积于西方，外国用兵者利”。这一图案记录了当年的五颗行星同时出现在东方天空，而“利中国”则可能反映了当时人们认为这一天象具有吉祥寓意。

▲图4-18　“五星出东方利中国”丝绸图案（李潇鹏摄于中国丝绸博物馆）

另一方面，丝绸艺术可以展现全世界各民族故事，设计师可以通过丝绸艺术讲述民族传说、神话或重要的文化故事。在美国，丝绸艺术和其他多种艺术形式一样，被用作表达和传播文化故事的媒介。曾经的一些奴隶或自由人也能够获得一定程度的财富和社会地位，他们通过购买昂贵的时髦服饰来展示他们的身份和品位，这些服装包括法国刺绣马甲、丝绸帽子和华丽的胸针等[1]。1827年7

[1] WHITE S，WHITE G. Stylin’ African-American expressive culture，from its beginnings to the zoot suit[M]. Ithaca：Cornell University Press，2018：29.

月5日，《商业广告报》描绘了纽约游行先锋队伍着装，游行队伍中的人们都戴着装饰有金边的丝巾，其中游行指挥官戴着礼帽，打着丝绸领带，系着腰带，服装上饰有金色丝花边[1]。

（二）图案设计

设计师可以在图案设计中融入传统的符号和图腾，如龙、凤凰、莲花等，这些都是中华文化中富有象征意义的元素。这些丝绸艺术中的图案设计可以反映各民族风格，如苗族的银饰图案、藏族的唐卡元素等。

首先，在中国，大量传统宫廷丝绸图案设计具有一定的文化叙事性；宫廷中的十二章纹中的每一种图案都被赋予了深厚的思想内涵和象征意义，并被广泛应用于古代帝王的袍服中。十二章纹（表4-16）不仅是等级礼仪制度的产物，其思想内涵和应用目的也是图案设计重要的思维依据。

表4-16　宫廷中的十二章纹

章纹名称	象征意义	具体描述
日	天象，皇权	通常以金乌在中心表示
月	天象，阴阳调和	常见的形式是月兔或蟾蜍
星辰	天文	常与日月一同出现，象征天空
山	稳固	代表国家的稳固和高大
龙	帝王之气、权力	象征帝王
华虫	文治武功	象征吉祥，也象征帝后
宗彝	礼器，祭祀	代表国家的礼仪
藻	水草，清洁	如莲花，象征清洁和纯洁
火	光明、祛邪	象征光明和驱逐邪恶
粉米	食物丰饶	稻米，代表国家农业的丰收
黼	文明、文德	交叉的白色纹样，象征文明和文德
黻	武德	交叉的黑色纹样，象征武德

其次，等级礼仪制度下的丝绸图案设计在官服中得以广泛应用（图4-19、图4-20），其设计理念主要侧重于可识别性，并在历代中不断发展。丝绸艺术贯穿了中国等级礼仪制度的发展历史（表4-17）。等级礼仪制度作为自奴隶社会至封建社会的社会集团划分机制，是阶级差距的一种体现，也是传统文化体系中人们对等级观念和身份认同的表现方式。尽管等级礼仪制度是统治阶级为维护其统治地位的管理手段，但却在无形中推动了图案设计的创新和发展。

[1] WHITE S，WHITE G. Stylin' African-American expressive culture，from its beginnings to the zoot suit[M]. Ithaca：Cornell University Press，2018：97.

▲图4-19　龙纹（李潇鹏摄于大英博物馆）

▲图4-20　慈禧的服装（李潇鹏摄于大英博物馆）

表4-17　丝绸等级礼仪制度的体现

朝代	丝绸表现	等级礼仪制度体现
周朝	冠服制度中使用丝绸	通过冠服的材质、颜色区分等级，官员及贵族使用细腻的丝绸制作礼服
秦朝	官服严格区分	丝绸用于表明官员阶级，服饰简朴，强调统一和权威
汉朝	刺绣丝绸图案丰富	官员等级和身份通过服饰上的丝绸图案来区分。贾谊在《新书·服疑》中详细规定了在“五礼”场合不同等级人士所穿的服饰形制、色彩和图案，以确保“贵贱有级，服位有等……天下见其服而知贵贱”
魏晋南北朝	文人风尚丝绸艺术	服饰更加注重个性化，但仍然有等级制度的限制
唐朝	丝绸图案多样化	官服图案规定详细，丝绸的质地和图案等级化。《新唐书·舆服志》中提到的一些图案，例如“鹘衔瑞草”“雁衔绶带”“地黄交枝”等，都是不同官品等级所专有的符号，体现了唐代服饰制度的精细和复杂
宋朝	制度化程度高	服饰制度更为精细，官员和士大夫阶级的丝绸服饰有明确规定
元朝	融合多元文化	尽管有等级制度，但蒙古族和汉族的文化融合影响了丝绸图案。在元代，龙袍上出现的“双角五爪龙”是对传统龙图腾的一个创新设计[1]。这种龙形象通常结合日月图案，日月代表着“日”和“月”的天象，象征着皇帝至高无上的权力和神圣不可侵犯的地位
明朝	图案规制严格	严格的等级制度，丝绸图案和颜色用以明确官员等级。代文字装饰所使用的字数较少，主要是一些表意吉祥的单字或词语，如“寿”“万寿”“平安”“大吉”等，在纹样中反复出现[2]

❶ 王言升，张蓓蓓. 中国传统丝绸图案设计思维研究——基于传统文化的分析 [J]. 丝绸，2016，53(10)：45-51.

❷ 刘远洋. 明代丝绸纹样中的文字装饰研究——以北京艺术博物馆藏明代大藏经丝绸裱封为中心 [J]. 博物院，2022(5)：79-86.

续表

朝代	丝绸表现	等级礼仪制度体现
清朝	龙袍象征皇权	满族入主中原后，龙袍及丝绸服饰成为制度化的等级和权力象征；例如，故宫博物院所藏的雍正年间皇后朝袍上的图案为五彩云间金龙戏珠、日月和龙纹图案[1]

以清朝的图案设计为例，牛津Ashmolean博物馆所藏的清代丝绸长袍（图4-21）选用了丝绸缎面并配以平纹蓝色丝绸作为内衬，长袍上运用了缎针、细针、镶金线等多种复杂针法，绣出圆形与波浪纹样，边缘则饰有锦边。该长袍上绣有花瓶、蝴蝶、牡丹与荷花等图样，是专为年轻女性设计的非正规场合宫廷着装。尽管中国宫廷服装遵循严格的规范制度，但皇室成员私下所选服饰则大为宽松，款式、图案与色彩多随个人喜好而定。慈禧太后对于宫廷服饰有着明显偏爱，自1861年垂帘听政起至19世纪末期，非正式宫廷服饰的质量与数量有了显著增长。

▲图4-21　清代丝绸长袍（局部）（李潇鹏摄于牛津Ashmolean博物馆）

牛津的Ashmolean博物馆收藏了一件19世纪清代丝绸织锦长袍（图4-22），衣身上的龙纹装饰是用金线刺绣的，整体底色布满了寓意吉祥的纹样，与之相配的黄色丝绸内衬及锦边进一步彰显其华丽特色，为清代皇帝诸子的穿着之选。此长袍上采用的风格化云纹背景巧妙地融入了佛教符号，如无尽结、火轮和海螺等，点缀有象征吉祥与繁盛的蝙蝠、鱼和桃等图案。

[1] 王言升，张蓓蓓．中国传统丝绸图案设计思维研究——基于传统文化的分析［J］．丝绸，2016，53(10)：45-51.

▲图4-22　清代丝绸织锦长袍（李潇鹏摄于牛津Ashmolean博物馆）

（三）色彩运用

选择在特定文化中具有特定含义的色彩（表4-18），如中国的红色象征喜庆和好运，而白色在某些文化中可能代表哀悼。结合传统色彩搭配原则，比如使用对比鲜明或和谐统一的色彩组合，这些搭配往往蕴含着特定的文化美学。

表4-18　丝绸的颜色

丝绸的颜色	内容
红色	红色丝绸在中国文化中象征着喜庆、幸福和好运。它常用作婚礼和节日庆典的装饰，以及新春期间的衣物和装饰品材料
黄色	在唐高祖武德七年（624年）颁布的《武德令》中，黄色被确定为皇帝独有的颜色[1]，象征权力和尊贵。明清时期，皇帝的龙袍多采用明黄色丝绸，以彰显其至高无上的地位。
蓝色	蓝色通常与宁静、清凉和远见相关联，它在绘画和陶瓷艺术中也非常常见，蓝色丝绸衣物在历史上有时用于特定等级的官员服饰

❶ 俞磊．浅析唐代丝绸纹样的艺术特色[J]．江苏丝绸，2002(4)：35-39.

续表

丝绸的颜色	内容
白色	在中国，白色在传统上与哀悼和丧事相关联，这种色彩的丝绸通常用于葬礼和其他与悼念相关的场合
黑色	黑色在中国文化中是一种权威和正式的色彩，也与深沉和神秘相关。它可以用于官员的服饰，表示其稳重和权威
紫色	紫色丝绸被认为代表财富、高贵和神秘。在某些朝代，紫色也是皇室成员的特权色彩

以唐朝为例，《通典》（表4–19）中记载唐太宗时期："三品以上服紫，四品、五品以上服绯，六品、七品以上绿，八品、九品以上青"；到了唐高宗时期，《旧唐书》记载："四品服深绯，五品服浅绯，并金带。六品服深绿，七品服浅绿，并银带。八品服深青，九品服浅青，并鍮石带。"

表4–19　《通典》与《旧唐书》记载的颜色

时期	官品级别	颜色	时期	官品级别	颜色
唐太宗	三品以上	紫	唐高宗	三品以上	紫色
	四品	绯		四品	深绯
	五品			五品	浅绯
	六品	绿		六品	深绿
	七品			七品	浅绿
	八品	青		八品	深青
	九品			九品	浅青

二、艺术作品故事性原则

丝绸艺术的故事性原则应具有一定的故事性，通过艺术形式讲述有意义的故事，引起观众的共鸣。

（一）中国丝绸的故事性

在中国，丝绸上的文字通常是通过织造、刺绣、印刷或书写的方式添加的（表4–20）。在中国历史上，这些文字不仅起到装饰的作用，往往还具有特定的文化、历史或政治意义。

表4–20　丝绸上的文字

丝绸上的文字	内容
织造	古代丝绸织造技术非常发达，能在丝绸上织入复杂的图案和文字，如宋织等，这些高级丝绸上的文字与图案通常都描述了与丝绸艺术相关的故事
刺绣	在丝绸上刺绣文字是中国传统刺绣艺术的一部分，这些文字可能是诗句、寓言、祝福语或其他富有故事性的文字
印刷	丝绸也可以通过印刷技术来添加文字；可以是手工印刷，如使用木版、石版或铜版印刷，也可以是现代化的机械印刷

续表

丝绸上的文字	内容
书写	使用毛笔和墨水在丝绸上直接书写也是一种常见的方式，这种方式需要高超的书法技巧，因为丝绸的表面比较滑，不易控制墨迹

如表4-20所示，纸张容易受到湿气、虫蛀和其他自然因素的破坏，而丝绸纺织品则可以更好地保护文字和图案，使其更加持久。因此，将文字记录在纺织品上可能是为了保护和保存这些重要的记忆和文化遗产。

在中国历史上，丝绸被视为一种由神赐予的纺织品，丝绸的起源有许多传说故事，其中最著名的是关于中国古代的黄帝妃子嫘祖的故事。相传在公元前3000年左右，嫘祖（图4-23）在皇宫的后花园中偶然发现了一群蚕在吃桑叶并吐丝。有一天，她正喝茶，一颗蚕茧不小心掉进了她的茶杯中。当嫘祖试图用手指拿出这个茧时，她发现了蚕丝的端头，并能够缓缓拉出一根细丝。她惊奇地发现这条丝非常长且极为坚韧。嫘祖随后开始了系统的养蚕和缫丝实践，终于发明了丝绸，这一发明对中国乃至全世界的文化和经济都产生了深远的影响。

▲图4-23　嫘祖像（李潇鹏摄于中国丝绸博物馆）

早在汉朝时期，石刻就描绘了丝绸织造的场景。在男耕女织的中国古代封建社会中，从8岁开始，中国的女孩就学习种植和收割棉花、亚麻和苎麻，以及与丝绸生产相关的一切技巧，包括孵化蚕卵（图4-24）、剥茧、纺纱、织布和制作服装[1]。

▲图4-24　孵化蚕卵及养蚕（李潇鹏摄于苏州丝绸博物馆）

[1] DEACON D A, CALVIN P E. War imagery in women's textiles: an international study of weaving, knitting, sewing, quilting, rug making and other fabric arts[M]. Jefferson: McFarland & Company, Inc, 2014: 125.

（二）外国丝绸的故事性

外国丝绸也具有一定的文化叙事性（表4-21），在《缝合的生活》这本书中曾有一个用各种纺织品讲故事的设计项目。纺织艺术家罗莎琳德·怀亚特（Rosalind Wyatt）通过215件代表伦敦人生活的服装来展示城市的历史；其中，罗莎琳德制作了一双爱德华七世时期的丝绸舞鞋，她用针线复制了玛丽·皮尔斯（Mary Pierce）的入院记录，并将其缝制在她从贫民院离家出走的鞋中[1]。她的丝绸舞鞋作品以一种独特且个性化的方式传达了人们的情感和记忆，同时也为观众提供了对过去时光的深入反思。

表4-21　丝绸艺术作品故事性

设计师	丝绸艺术作品故事性
卡洛姐妹（Callot Soeurs）	1895年，卡洛姐妹的高级女装品牌在Taitbout街正式成立，并逐步发展壮大。在初期阶段，姐妹们利用自身的优势，采用古董蕾丝和丝带制作内衣和衬衫，继而推出了装饰有蕾丝褶边的路易十五风格的花卉丝织礼服，其中丝绸艺术作为讲述路易十五故事的艺术表现手法[2]
珍妮·兰万（Jeanne Lanvin）	珍妮·兰万设计的服装极度美丽，体现了传统的女性美学观念。她最精致的设计是她的丝绸礼服，这种宽松的晚礼服通常由丝绸塔夫绸制成，似乎是在讲述18世纪的宫廷故事
让·巴杜（Jean Patou）	1921年，让·巴杜在温布尔登网球公开赛上为网球选手苏珊娜·朗格伦（Susanna Langren）设计了一件直筒的白色无袖开衫和一条短款的白色丝绸褶边裙，立即引起了轰动[3]；1924年，将毛衣与配套印花的褶边裙和印花丝巾搭配，创造了一种主导了多年的艺术风格[4]。这些丝绸服饰艺术具有丰富的故事性，符合文化叙事原则
克里斯托巴尔·巴伦西亚加（Cristóbal Balenciaga）	当知名时装设计师玛德琳·维奥内特（Madeleine Vionnet）卧床不起时，巴伦西亚为她制作了一套粉红色的丝绸被子长裤套装，供她接待客人[5]
查尔斯·詹姆斯（Charles James）	尽管查尔斯·詹姆斯认为1953年的“四叶草礼服”才是他职业生涯的巅峰之作，但不可否认的是，其最知名的设计是“La Sirène”丝绸裙子[6]
休伯特·纪梵希（Hubert de Givenchy）	休伯特·纪梵希在其众多高级定制系列中，使用了大量的丝绸面料，纪梵希非常喜欢使用公爵缎、府绸、双色塔夫绸和锦缎讲故事[7]
诺曼·诺兰（Norman Norell）	诺曼·诺兰的第一个系列就设计了丝绸连衣裙和长羊毛晚礼服。到了20世纪50年代，他用丝绸和蕾丝制作了带有宽大裙摆的衬衫裙，并将粗花呢夹克与缎面的领子和缎面的舞会礼服混搭[8]

[1] PRAIN L. Strange material：storytelling through textiles[M]. Vancouver：Arsenal Pulp Press，2014：40.

[2] POLAN B，TREDRE R. The great fashion designers：from Chanel to McQueen，the names that made fashion history[M]. London：Bloomsbury Publishing，2020：12.

[3] POLAN B，TREDRE R. The great fashion designers：from Chanel to McQueen，the names that made fashion history[M]. London：Bloomsbury Publishing，2020：51.

[4] POLAN B，TREDRE R. The great fashion designers：from Chanel to McQueen，the names that made fashion history[M]. London：Bloomsbury Publishing，2020：53.

[5] POLAN B，TREDRE R. The great fashion designers：from Chanel to McQueen，the names that made fashion history[M]. London：Bloomsbury Publishing，2020：61.

[6] POLAN B，TREDRE R. The great fashion designers：from Chanel to McQueen，the names that made fashion history[M]. London：Bloomsbury Publishing，2020：114.

[7] POLAN B，TREDRE R. The great fashion designers：from Chanel to McQueen，the names that made fashion history[M]. London：Bloomsbury Publishing，2020：125.

[8] POLAN B，TREDRE R. The great fashion designers：from Chanel to McQueen，the names that made fashion history[M]. London：Bloomsbury Publishing，2020：131.

续表

设计师	丝绸艺术作品故事性
卡尔·拉格斐（Karl Lagerfeld）	卡尔·拉格斐的大量连衣裙定制礼服都使用丝绸作为材料，如时尚怪人Anna Piaggi的衣橱里的第一件拉格斐设计的连衣裙就是用丝绸制作的，图案是装饰艺术风格的流行音乐唱片机[1]
卡尔文·克莱恩（Calvin Klein）	卡尔文·克莱恩的广告中经常出现各种丝绸艺术，讲述一些历史的故事，在阳光明媚的意大利别墅世界里，配有设计师风格的丝绸靠垫和精致的瓷器，这些丝绸都装饰着古典和文艺复兴时期的华丽图案

三、文化传承原则

深入探究世界范围内的丝绸文化传统对于促进当代丝绸艺术创新颇具意义。此举助力于揭示多元文化环境中，丝绸艺术作品的独有风格及其蕴含的深层次文化意蕴，为新时代的设计师们提供了极为广泛的创作灵感。透过比较各文化的艺术视角，能有效发掘古老手工艺中蕴藏的创新可能性。在此过程中，既保护和继承了宝贵的文化遗产，又融合了当代的科技与思想，推进了丝绸艺术在现代社会中的演变与更新，确保其能在新时代背景下展现出更加生动的艺术魅力。

（一）中国丝绸艺术的文化传承

丝绸文化源远流长，起始于中国古代的辉煌文明之中。数千年来，中国的文化传承不仅深深植根于国内各地，也跨越国界，对全球产生了广泛的影响。当今中国的印染工艺，凝聚了历代匠人的智慧与技艺，是传统与现代交融、创新与保守相协调的文化传承的生动体现。

根据考古发现，早在新石器时代晚期的杨家湾文化和龙山文化时期，中国就已经开始了丝绸生产。丝绸之路将中国的丝绸和其他商品传播到亚洲、非洲和欧洲。例如，1972年至1974年在长沙马王堆出土的公元2世纪西汉皇家陵墓中，有许多保存完好的丝绸物品[2]。这些丝绸物品的染色方法中的部分染料一直传承到了今天，包括红堇和原小檗碱。在1237年，蒙古人的长袍本来是由毛毡和羊皮制成的，但当时它们已经被丝绸和金线取代[3]。忽必烈可汗的宴会有4万人参加，那些客人用精美的丝绸和黄金餐巾纸裹着鼻子和嘴，以免被食物和饮料的气味或流出物污染[4]。

文字的传承也是文化承传的一个关键环节，将文字融入丝绸纹饰中正是中国丝绸文化传承的一个重要路径。在汉代，已经出现了将文字装饰于丝绸纹样中的做法；汉晋时期，一种被称为“铭文锦”的装饰方式盛行，以无极锦和长保子孙锦为例（图4-25），这种方式主要以云气动物纹（图4-26）或几何纹为主体[5]。铭文锦将文字艺术与纹样图案巧妙地结合在一起，静态的文字笔画与

[1] POLAN B，TREDRE R. The great fashion designers：from Chanel to McQueen，the names that made fashion history[M]. London：Bloomsbury Publishing，2020：182.

[2] LAI G. Colors and color symbolism in early Chinese ritual art[J]. Color in Ancient and Medieval East Asia，1991：85.

[3] CLAIR K S. The golden thread：How fabric changed history[M]. New York：Liveright Publishing，2019：88.

[4] 同[3]。

[5] 刘远洋. 明代丝绸纹样中的文字装饰研究——以北京艺术博物馆藏明代大藏经丝绸裱封为中心[J]. 博物院，2022(5)：79-86.

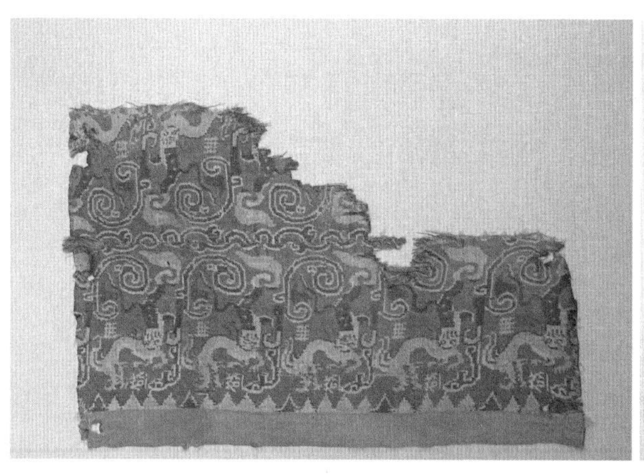

▲图4-25　无极锦和长保子孙锦（李潇鹏摄于中国丝绸博物馆）

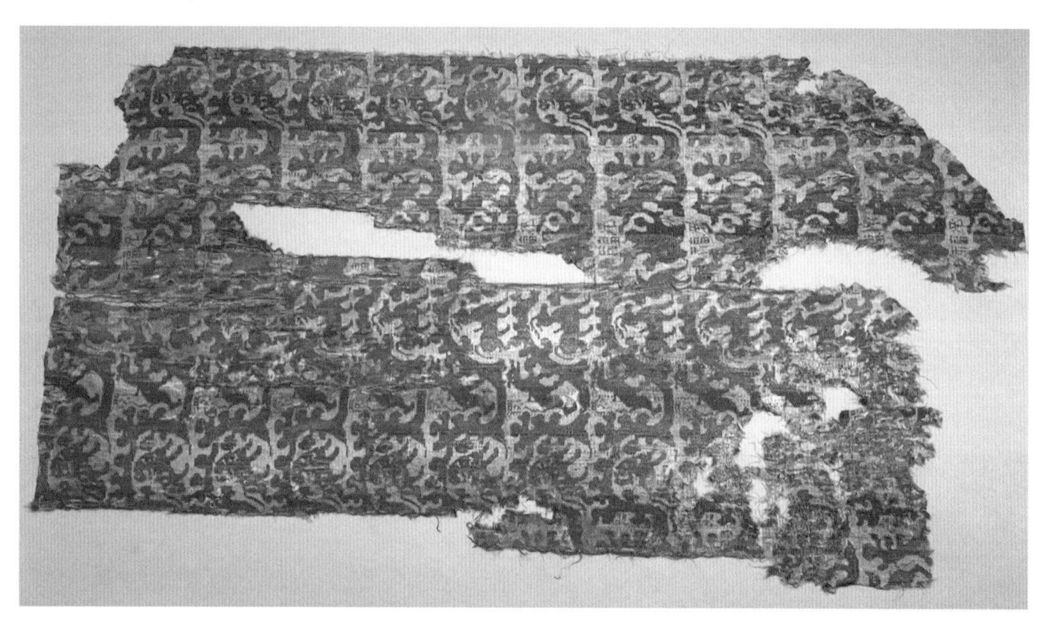

▲图4-26　云气动物纹锦（李潇鹏摄于中国丝绸博物馆）

动态的纹样图案相呼应，实现了一种奇妙的和谐统一，传承了中华传统丝绸文化。

以清朝服装艺术为例，图4-27是一件紫色团花暗花的清代旗女缎衣，这种缎衣通常是直身袍，长度至膝下，两侧有至腋下的开衩，开衩顶部装饰有如意云头。图中这件缎衣采用立领、大襟、袖长至腕，下摆略微弧形，采用紫色团花纹暗花缎作为衣料。领缘、袖口和开衩处都进行了镶边处理，特别是在袖口处，镶嵌了多层宽窄不等的花边，看上去仿佛穿了几件衣服。这是清代女子服饰重边饰的一大特点，到了清朝后期，甚至出现了“十八镶”的说法，足见装饰风气之盛。另一件红绸地彩绣“蝶恋花”纹衣（图4-28），是清代满族妇女穿用的直身长袍，也称为“旗服”。这件长袍是旗服的一种，采用大襟右缠，抱服左右开衩至腋下，并镶饰如意云头，领、袖端、衣襟及周边都镶嵌有刺绣花边，其面料图案为花蝶。这种长袍通常配有无袖坎肩，下穿花盆底鞋，给人们带来耳目一新的感觉。

▲图4-27 紫色团花暗花缎衣（李潇鹏摄于中国丝绸博物馆）

▲图4-28 红绸地彩绣“蝶恋花”纹衣（李潇鹏摄于中国丝绸博物馆）

（二）阿根廷丝绸艺术的文化传承

阿根廷的丝绸艺术在很大程度上受到了欧洲和当地原住民文化的影响。受一些历史原因影响，阿根廷的文化是独特的融合文化，这种融合在丝绸艺术中得到了体现。虽然在阿根廷，丝绸并不像在亚洲那样有着深远的历史，但是阿根廷的艺术家们已经成功地将丝绸艺术融入他们的作品中，并且发展出独特的表达方式。这种丝绸艺术的文化传承，反映了阿根廷人民对美的独特追求和对文化传承的尊重。

肌溜蚕丝是阿根廷当地特有的一种野生丝绸产品。在蝴蝶飞离茧之前，阿根廷人会收集这些茧；茧内还会有未化蛹为蝴蝶的毛毛虫，这可以通过茧的重量来判断；人们会将茧挂起等待蝴蝶孵化出来，然后才开始制作过程。在多娜·帕布拉·基罗加（Donna Pablo Kiraga）的传统工艺之下，肌溜蚕丝绸被制成了非常特殊的线和针织衫，成为当地文化遗产的一部分。这种技艺传承了阿根廷祖先的智慧，其一直被视为文化瑰宝，而且这一传统一直由女性来传承。肌溜蚕丝被视为一种可持续、天然且可再生的材料[1]。

[1] GABRIEL M, GARDETTI M A, COTE-MANIÉRE I. Coyoyo silk: a potential sustainable luxury fiber[J]. Sustainability in the Textile and Apparel Industries: Sourcing Natural Raw Materials, 2020: 49-86.

（三）伊斯兰丝绸艺术的文化传承

伊斯兰丝绸艺术的文化传承深深植根于伊斯兰教的教义和文化中。这种艺术风格的发展受到了古代波斯、阿拉伯、中亚以及奥斯曼帝国等国家和地区的影响。伊斯兰教义禁止穆斯林男性穿丝绸，因为丝绸被认为是女性化和不必要的奢侈，虔诚的人被建议“一辈子穿丝绸就会失去奢侈”。尽管有禁令禁止男性使用丝绸，但它在女性当中仍然很受欢迎。

在伊斯兰丝绸艺术中，常见的图案包括复杂的几何图形、植物图案及阿拉伯文书法。这些元素不仅反映了伊斯兰艺术的审美观，也象征了伊斯兰教的一些主要信仰。例如，几何图案和植物图案的对称性和无尽的重复性象征着宇宙的无限性和神的永恒；阿拉伯文书法则常常用于描绘诸如《古兰经》等宗教文本的经文。

此外，丝绸在伊斯兰文化中也有特殊的地位。在历史上的一些伊斯兰社会中，丝绸被视为一种象征富裕和地位的珍贵物品。同时，它也被用于制作各种日常用品和宗教物品，如服装、帷幔和祈祷地毯。

（四）欧洲丝绸艺术的文化传承

欧洲丝绸艺术的文化传承可以追溯到公元6世纪，由拜占庭帝国引入。中世纪时期，欧洲的丝绸生产主要集中在意大利的威尼斯、佛罗伦萨和热那亚等城市。这些城市是丝绸之路的重要节点，也是丝绸艺术的传播和发展中心。

欧洲丝绸艺术的特点是图案华丽、色彩丰富，常见的设计元素包括花草、动物、人物和建筑等。这些元素不仅反映了欧洲人的审美取向，也展示了他们对自然和社会的观察和理解。在历史的演变过程中，欧洲丝绸艺术也受到了各种文化的影响。例如，意大利文艺复兴时期的丝绸艺术在设计上受到了古希腊和罗马艺术的启发；在1216年，国王亨利二世的多塞特郡科夫城堡被发现了至少有185件丝绸衬衫[1]；法国路易十四时期的丝绸艺术则体现了巴洛克艺术的华丽和精致。

图4-29、图4-30中的华丽的法国元帅制服是在布伦海姆战役（1704年）后带到英国的，这件外套由优质厚重的布料制成，颜色为“普鲁士蓝”，配有丝绸袖口，华丽的包扣纽扣采用金亮片和金属丝精心制作而成，具有法式风格；在法国，路易十四国王和他的宫廷树立了一种宏伟的服装标准，这种华丽的外套可以在九年战争或西班牙王位继承战争中发现。

图4-31中的扇子收藏于英国伦敦的扇子博物馆，是德国流行的布氏扇子（Brise Fan），由象牙和丝绸制成。图4-32是一款1792年的用双面丝绸叶片装饰的法国扇子，装饰有花饰和百合花，且彩色雕刻着康德王子和路易十六的两个兄弟的三重肖像。

欧洲丝绸艺术依然保持着独特的风格和魅力，成为欧洲文化遗产的重要组成部分。威尼斯的穆切尼戈宫博物馆、普拉托的普拉托博物馆和米兰的波尔迪・佩佐利博物馆都珍藏着来自不同文化背景

[1] CLAIR K S. The golden thread: How fabric changed history[M]. New York: Liveright Publishing, 2019: 88.

▲图4-29　法国元帅制服（李潇鹏摄于英国陆军博物馆）

▲图4-30　法国元帅制服（局部）（李潇鹏摄于英国陆军博物馆）

▲图4-31　布氏扇子（李潇鹏摄于英国伦敦扇子博物馆）

▲图4-32　双面丝绸叶片（李潇鹏摄于英国伦敦扇子博物馆）

的古代丝绸织品，具有重要的历史价值。无论是在时尚界，还是在家居和室内设计中，我们都可以看到欧洲丝绸艺术的影子。欧洲丝绸艺术这些例子展示了丝绸在历史上的重要性和文化传承的地位，丝绸被视为一种奢侈品和地位的象征，其价值和吸引力一直持续至今[1]。

[1] CLAIR K S. The golden thread: How fabric changed history[M]. New York：Liveright Publishing，2019：88.

（五）印度丝绸艺术的文化传承

印度的丝绸艺术拥有丰富的历史和多样化的文化传统。丝绸在印度被用于制作各种服饰，如著名的纱丽（Sari）、多塔（Dhoti）和库塔（Kurta）。

丝绸艺术文化在印度也有着悠久的历史和深厚的文化传承。在历史上，丝绸是上层种姓使用的，而棉花在传统上是贫穷种姓使用的。印度教徒精心制作的丝绸纱丽在婚礼等庆祝仪式上具有特殊的意义；印度的织锦中心在印度首都，满足了皇室和寺庙的神灵对昂贵丝绸织物的需求[1]。

四、时代性原则

丝绸艺术的现实性原则，即丝绸艺术作品应与现实生活紧密关联，反映和评论时代和社会的现象，艺术作品具有较强的时代性[2]。

（一）中国丝绸的时代性原则

中国丝绸的时代性原则涉及丝绸在不同历史时期的生产、使用和设计中所反映的特定文化和社会价值观。这些原则与当时的技术水平、审美偏好、社会结构和经济条件息息相关。

1. 古代时期的时代性

（1）中国封建社会时期的象征。在封建社会中，丝绸是财富、权力和社会等级的体现。皇室和贵族专用的丝绸品种和图案，以及特定的穿着规则，反映了严格的社会等级制度。封建社会时期的丝绸反映了文化大融合的时代性特点，大量外来纹样涌入，极大地丰富了中国丝绸的装饰图案，如南北朝时期的动物纹和螺旋状云气纹、唐朝时期的“山”字和“吉”字、宋元时期的寿字卷云纹等[3]。

（2）中国古代宗教。丝绸在宗教礼仪（图4-33）中的使用显示了其神圣性，佛教和道教的经文常常书写在丝绸上，这表明了丝绸在精神和宗教生活中的重要地位。

丝绸在墓葬中的使用也反映了丝绸艺术的时代性。丝绸在中国的多个方面用途首次展现在商朝，丝绸艺术通常出现在葬礼上，墓葬中的玉器、青铜器等物品常常用丝绸包裹。例如，在中国中部长沙的马王堆考古遗址中，人们发现了一系列精心装饰的棺材，其中一具棺材被嵌套在另一具棺材中。在其中一具棺材中，最内层的棺材上有丰富的图案，并且被覆盖着几何纹样的羽毛织锦。另外，人们还在墓中发现了装饰丧服的丝绸手稿。公元前316年下葬的包山二号墓中还发现了77种不同的纺

---

[1] HALLETT C，JOHNSTON A. Fabric for fashion，the complete guide：natural and man-made fibres[M]. London：Laurence King，2014：110.

[2] 袁宣萍，陈百超. 中国传统包装中的丝绸织物 [J]. 丝绸，2010(12)：40-44.

[3] 刘远洋. 明代丝绸纹样中的文字装饰研究——以北京艺术博物馆藏明代大藏经丝绸裱封为中心 [J]. 博物院，2022(5)：79-86.

▲图4-33　明代环编绣佛像（李潇鹏摄于中国丝绸博物馆）

织品，其中包括十五条丝绸裹尸布[1][2]。

（3）文化交流。通过理解中国丝绸的时代性原则，我们可以看到这一传统材料是如何随着时间的推移而演变的，它不仅仅是一种纺织品，更是中国文化和社会变迁的见证者。丝绸之路不仅带去了商品，也带去了中国的艺术和工艺技术。

图4-34是一件约1750年的法国无袖束腹衣，采用华丽的鲑鱼色丝绸制作，胸部区域坚硬。两条较厚的纵向带子加强了前边缘，并形成了深深的向下拉伸的峰部；该款束腹衣的内衬采用麻布、丝绸和鱼骨制成，上面的图案极具中国特色，是中国风图案影响法国服装的重要历史记录。目前被德国柏林装饰艺术博物馆收藏。如图4-35所示，这件服装设计概念源自“DIY”手工包，主要使用了真丝线、PVC以及其他各类综合材料。我们通过刺绣、手绘、数码印花、复合过塑等多种工艺手法的组合和融合，可以创作出丰富多彩的图案和肌理效果。

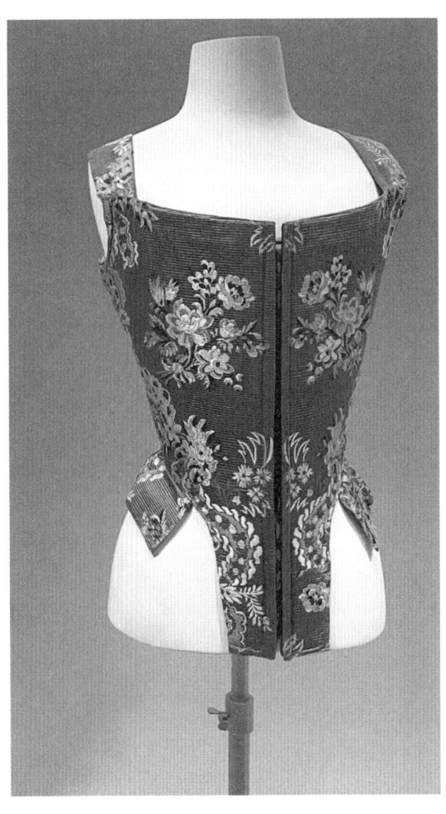

▲图4-34　法国束腹衣（李潇鹏摄于德国柏林装饰艺术博物馆）

（4）近现代丝绸的时代性。随着工业革命的到来，丝

❶ LAI G. Colors and color symbolism in early Chinese ritual art[J]. Color in Ancient and Medieval East Asia，1991：25-43.

❷ CLAIR K S. The golden thread: How fabric changed history[M]. New York：Liveright Publishing，2019.

▲图4-35　中国红　作者：王鸿鹰（李潇鹏摄于中国丝绸博物馆）

▲图4-36　晚清汉族女性服饰（李潇鹏摄于大英博物馆）

绸生产的机械化使生产效率大幅提高，丝绸开始向更广泛的社会群体普及。虽然传统丝绸工艺面临现代化的冲击，但依然有在努力进行，以保存和传承这一古老工艺，同时也在不断创新，以适应现代审美和市场需求。从欧洲进口的化学染料带来了新颖且鲜艳的色彩，这对时尚产生了深远的影响。在清朝，受到西方服饰的启发，更具有线条感和贴身的服装在女性中间广受欢迎。一些原本只有满族人穿着或只在宫廷穿着的丝绸服饰开始被大众接受和使用，包括蒸汽船在内的各种图案都是欧洲物品上取材并加以创新的。典型例子如图4-36中的晚清汉族女性服饰，上面绣有流行小说和歌剧中的人物，袖子使用了对比鲜明的颜色，上有一系列细密刺绣的丝绸片和相对窄的侧褶，鲜艳对比的紧身裤覆盖了大腿到小腿的部分，反映了1840~1900年中国服饰艺术的发展。

2. 新时代的时代性

在全球化的背景下，中国丝绸以其独特的魅力和卓越的工艺赢得了国内外市场的青睐。同时，中国丝绸也在不断地吸收和融合国际设计元素，推动创新发展，使丝绸产品不仅在国内受到热烈欢迎，在国际市场也受到了广泛追捧。

中国丝绸的创新表现在多个方面。在设计上，中国丝绸结合了现代审美理念，打破了传统的框架，引入了更多元、更具个性的设计元素，使丝绸产品更加时尚、新颖。在工艺上，中国丝绸也在传统的基础上，引入高科技，提高了丝绸的质量和舒适度。在营销上，新时代中国丝绸利用网络和电子商务平台，扩大了销售渠道，提高了品牌的国际影响力。

新时代中国丝绸的创新和全球化，不仅推动了中国丝绸产业的发展，也让全世界的人们有更多的机会欣赏和享用中国丝绸的美，提升了中国文化的国际影响力。

（二）外国丝绸的时代性原则

研究外国丝绸的时代性原则，对新时代中国丝绸艺术的创新具有不可或缺的重要性。它使艺术创作者能够洞察丝绸艺术在不同历史时期的发展脉络，理解各个文化背景下丝绸如何反映社会变迁和时代精神。通过这些研究，中国的设计师和艺术家得以借鉴国际经验，使自身作品不仅能够传承民族的传统美学，也能同时吸纳全球视野下的创新理念。这样的融合有助于推动中国丝绸艺术在新时代的文化交流中展现更多元化的创意，更好地融入全球化的艺术语境，进而开拓丝绸艺术在当代的新路径，赋予其更加丰富的时代内涵和全球影响力。

1. 古希腊和古罗马时期外国丝绸的时代性

古希腊和古罗马时期，大约从公元前8世纪开始到公元5世纪结束。欧洲对丝绸种植的最早记录由古希腊哲学家亚里士多德（Aristotle）完成，并提到茧的产物被卷绕并用于编织；“蚕”这个词源于希腊语的“ser”意为“丝绸”[1]。早在公元前4世纪，生丝就从中国运输到了古希腊；古罗马时期的哲学家老普林尼（Gaius Plinius Secundus）曾写道：“他们像蜘蛛一样编织网，成为女性奢侈服装的材料，被称为丝绸”。

古罗马时期，丝绸开始与颓废和过度奢侈联系起来。卡里古拉皇帝以热爱奢华而臭名昭著，众多富有的古罗马男人渴望用丝绸来装饰自己和他们的妻子。古罗马对于丝绸的大量需求导致黄金外流，引起了统治者的恐慌，其采取了有力的措施来禁止男人穿戴丝绸制品，例如，参议院便颁布法令规定在经济和道德层面，人们不得佩戴丝绸。

2. 中世纪外国丝绸的时代性

丝绸不仅是一种奢侈品，其使用和流通还深刻地影响着社会结构、经济活动、文化交流、时尚潮流，以及军事和政治领域。通过这种多维度的影响，丝绸在中世纪（表4-22）成为欧洲文化和历史的一个重要组成部分。

表4-22　中世纪（5~15世纪）时期外国丝绸的时代性

时代性特征	描述
宗教象征	用于制作法衣、祭坛布等教会用品，常装饰有宗教象征图案，如十字架、圣像等，显示宗教的中心地位
社会地位	丝绸通常被皇室、贵族和高级教士使用，作为社会地位和财富的象征
商业与贸易	通过丝绸之路从中国传入中东、拜占庭，再到欧洲，成为重要的国际贸易商品
文化交流	拜占庭丝绸工艺受到中东和中国的影响
工艺技术	中世纪晚期，在意大利和法国等地出现了本土化的丝绸工艺技术，如织锦和里昂丝绸
时尚与潮流	随着城市兴起和资产阶级形成，丝绸成为流行时尚的一部分，不再仅限于贵族
军事与政治	丝绸有了军事用途，如制作弩弓的弦，用于外交礼物，体现其在军事和政治上的价值

[1] HALLETT C，JOHNSTON A. Fabric for fashion，the complete guide：natural and man-made fibres[M]. London：Laurence King，2014：106.

丝绸通过丝绸之路传到中东、欧洲和其他亚洲部分地区（表4-23），成为贸易和文化交流的重要商品。数千年来，丝绸纺织品在全世界发挥着重要作用。丝绸艺术品在该地区具有多种功能，包括作为仪式礼物、货币形式和宗教用途等。

表4-23 丝绸在中东、欧洲和其他亚洲部分地区的影响

时间	事件	影响
6世纪	丝蚕走私进入拜占庭	拜占庭开始了自己的丝绸生产，结束了中国对高质量丝绸的垄断
7世纪至12世纪	白桑栽培和蚕的养殖	希腊成为拜占庭帝国的丝绸生产中心
12世纪	技术转移扩散	诺曼人完成了对英格兰的征服，将丝绸生产技术带到了西西里，西西里岛成为欧洲新的丝绸生产和贸易中心，技术扩散到其他南欧地区
1453年	君士坦丁堡陷落	许多丝绸工业的熟练工人和商人，在君士坦丁堡陷落后逃亡到了西欧，特别是到了意大利城邦，如威尼斯、佛罗伦萨和卢卡，仅在佛罗伦萨就有80多家作坊和至少7000名工匠，这些地区随后成为新的丝绸生产中心[1]

3. 文艺复兴时期外国丝绸的时代性

文艺复兴时期的欧洲，在丝绸设计中融入了人文主义和自然主义的元素，反映了对古典艺术和人类身体美的重新评价。

意大利普拉托地区的纺织品生产历史最早可以追溯到中世纪早期，高品质奢华织物的生产一直是普拉托地区纺织业的主要支柱，如锦缎、切绒织物、塔夫绸和丝绸缎纹织物，用于豪华的装饰、世俗和礼仪服装[2]。在14世纪和15世纪，普拉托与其他欧洲地区为附近的佛罗伦萨富裕的家族提供高品质丝绸服装和室内丝绸装饰面料。表4-24展示了文艺复兴时期外国丝绸的时代性。

表4-24 文艺复兴时期外国丝绸的时代性

时间	地区/城市	事件	影响
14世纪中期	法国	路易十一开始发展国家丝绸工业	旨在减少法国与意大利的贸易逆差
14世纪90年代末	西班牙	天主教重新征服期间，犹太人和摩尔人被驱逐	西班牙丝绸工业受到打击，但塞维利亚、格拉纳达和巴伦西亚的一些纺织厂存活了下来
1535年	法国里昂	两位商人获得皇家特许，发展丝绸工业	里昂的丝绸生产垄断权确立，成为欧洲丝绸贸易的中心，丝绸形成自身的纺织品特色
16世纪	英格兰	亨利四世调查丝绸业	由于技术转移和专业技能的缺乏，英格兰未能在当时成功建立起一个独立的丝绸工业

[1] HALLETT C, JOHNSTON A. Fabric for fashion, the complete guide: natural and man-made fibres[M]. London: Laurence King, 2014:107.

[2] PADOVANI C, WHITTAKER P. Sustainability and the social fabric: Europe' s new textile industries[M]. London: Bloomsbury Publishing, 2017:142.

续表

时间	地区/城市	事件	影响
16世纪60年代	英格兰	法国胡格诺派教徒逃亡到英格兰	胡格诺派教徒带来了养蚕和编织的技能，伊丽莎白一世鼓励他们在英格兰西南部建立贸易，伦敦斯皮塔菲尔德成为英格兰丝绸中心
17世纪中叶	法国里昂	丝绸工业高度繁荣	使用超过14000台织布机，养活了三分之一的城市人口
17世纪	英格兰	小冰河期的低温	英国低温气候对于英国丝绸产业产生了冲击

如表4-24所示，16世纪的欧洲经历了一系列重要的时尚变革，男性服饰也进行了变革。这个时期的时尚变化促进了丝绸长袜和其他丝绸针织服饰的生产和流行。丝绸长袜和运动衫作为艺术品和历史文物被收藏在博物馆中，反映了当时的社会地位和时尚趋势。当时的精美丝绸制品常被个人收藏家收藏，展现了16世纪的服装文化和社会生活。

亨利八世（图4-38）穿着紧身上衣和长袜，戴上一项带有许多羽毛的大帽子，他的紧身上衣上精心装饰着从西班牙进口的丝绸，丝绸颜色丰富。路易十四（图4-39）穿着丝绸制品，上有天鹅绒和花边装饰，他的长袜和外套同样有丝绸装饰。

▲图4-38　亨利八世

▲图4-39　路易十四

4. 工业革命外国丝绸的时代性

随着工业革命的到来，欧洲的丝绸生产开始实现机械化，尤其是在法国里昂和意大利米兰等地（表4-25）。英国虽然最早完成工业革命，但17世纪英国的异常气候条件阻碍了其国内丝绸产业的发展。到18世纪，法国、英国和意大利在丝绸设计创新方面已然成为竞争对手。

表4-25 工业革命外国丝绸的时代性

世纪	地区	事件	影响
18世纪	英国斯派特尔菲尔兹	丝绸工业进入高峰	家庭作坊逐步被工厂系统取代，丝绸产品开始机械化生产
19世纪	英国	丝绸工业衰退	因外国竞争及其他纤维的兴起，如棉和合成纤维，丝绸产业逐步衰退
1869年	埃及	苏伊士运河开通	欧洲工业革命后，从亚洲进口的生丝变得更加有竞争力
1876年	日本	1868年明治维新运动开始	日本织工被派往法国研究编织方法和复制法国锦缎
19世纪50年代	意大利和法国	蚕的寄生虫疾病暴发	意大利成功恢复丝绸产业，然而法国丝绸业未能全面复苏❶
20世纪	意大利和法国	工业化进展	随着工业化的发展，当地农业人口转向工厂工作，生丝主要靠全面进口；丝绸制造中心仍然是科莫和里昂地区❷

5. 现当代外国丝绸的时代性

（1）全球化和多样性。现代世界的丝绸艺术和生产体现了全球化的影响，设计和制作方法中融合了多元文化的元素。在不同文化中，丝绸的时代性原则反映了各种社会经济条件、技术进步、艺术潮流以及社会价值观的变化。欧洲、中东、印度、日本和东南亚等地区都有自己独特的丝绸文化和丝绸历史，随着丝绸的普及和传播，每个地区都在丝绸的生产和使用中留下了自己的独特印记。

以泰国丝绸为例，1901年泰国朱拉隆功国王邀请日本专家为丝绸生产的现代化提供建议，泰国蚕业开始快速发展；到了1910年，泰国丝绸每年出口超过35吨❸。1948年，美国企业家吉姆·汤普森（Jim Thompson）创立了泰国丝绸公司，生产独特而美丽的手工编织织物，激发了许多制作复制品的灵感，成功地将自己的产品介绍给了时尚名人，包括有影响力的时尚编辑戴安娜·弗里兰（Diana Vreeland）、服装设计师艾琳·莎拉夫（Irene Sharaff）和巴黎设计师皮埃尔·巴尔曼（Pierre Balmain），为《国王》《我》和《宾虚》等好莱坞史诗制作定制编织丝绸作品❹。

20世纪初，日本的丝绸扇子（图4-40）由象牙漆器、珍珠母和丝绸制成，其受到中国文化的影响，满足了丝绸艺术的时代性和多样性需求。

❶ HALLETT C，JOHNSTON A. Fabric for fashion，the complete guide: natural and man-made fibres[M]. London：Laurence King，2014：108.

❷ 同❶。

❸ HALLETT C，JOHNSTON A. Fabric for fashion，the complete guide: natural and man-made fibres[M]. London：Laurence King，2014：111.

❹ 同❸。

（2）时尚和设计。丝绸已逐渐成为国际时尚领域的重要元素，设计师们常常借助丝绸的质感和光泽，打造高档时装或者可持续时尚。可持续丝绸生产则越来越注重可持续性和伦理问题，如环保染料的使用和公平贸易的实践问题。

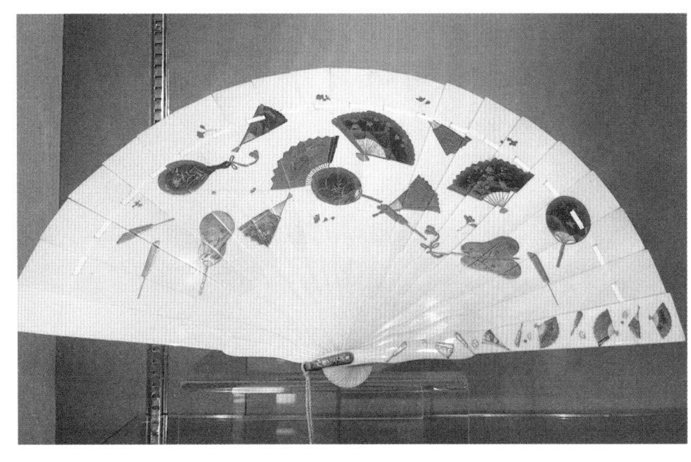

▲图4-40　日本的丝绸扇子（李潇鹏摄于英国伦敦扇子博物馆）

图4-41中展示的巴黎时尚博物馆的丝绸服装由川久保玲设计，包括上衣、裙子和芭蕾舞鞋。其材质包括弹性聚酰胺纤维面料、填充鹅毛的塔夫绸和皮革；其中，塔夫绸指的是用优质桑蚕丝经过脱胶的熟丝以平纹组织织成的绢类丝织物。德国柏林装饰艺术博物馆收藏的黑色天鹅绒晚礼服（图4-42）由伊夫·圣·洛朗为迪奥品牌设计，这款1958年的优雅女性晚礼服特点是深V领口和腰部的大丝绸缎带，及膝长度的宽裙由三层硬化的薄纱布料制成，裙子的标签上写着“Christian Dior Paris”。

▲图4-41　川久保玲设计作品（李潇鹏摄于巴黎时尚博物馆）

▲图4-42　黑色天鹅绒晚礼服（李潇鹏摄于德国柏林装饰艺术博物馆）

五、寓教于乐原则

新时代丝绸艺术的寓教于乐原则通常不仅提供艺术享受，艺术作品也可以传达知识和信息。“寓教于乐”的原则在丝绸艺术中也能得到体现，即通过视觉艺术传递更深层的教育意义和文化价值。在历史上，丝绸是一种承载着丰富的文化内涵和教育意义的奢华物质产品。

（一）历史与传说的描绘

丝绸上织入的图案和场景往往描绘了重要的历史事件、传说故事或是宗教主题（表4-26），这些图案不仅美观，也有助于传播历史知识和道德观念。

表4-26　历史与传说的描绘

主题	功能	意义
历史事件	教育与纪念	记录并传播重要的历史时刻
传说故事	教育与娱乐	传递传统故事和道德教训
宗教主题	祭祀与教化	用于宗教仪式和展示信仰
象征和寓意	表达与传递	传达特定的象征意义和文化价值
社会地位	区分与标志	标识身份和社会等级
审美表达	艺术与审美	反映特定时代的艺术风格

（二）艺术作品

丝绸的艺术作品通常包括文学作品和图案纹饰。在丝绸上绣制诗文，既展示了书法艺术，也传达了文学作品的深意，鼓励人们学习并领会其哲学和文化寓意。许多丝绸纹饰具有吉祥的寓意，如蝙蝠代表福气，鹿寓意长寿，这些图案在审美的同时也传达了美好的祝愿，起到了教化的作用。丝绸艺术的制作本身就是一种技艺传承。从老一辈工匠到新一代，这种传承不仅仅是技能的传递，也是文化和传统的教育。

经书的装帧也可以称得上是一种特殊的丝绸艺术，经书的包装非常精致，长方形的经折式装帧的经册通常采用一块方形的双层织物进行包裹，外层为锦缎，内层为素绢，经册被完全包裹在内，并用丝绸缝上标签。例如，清代乾隆时期用锦缎包装的《白伞盖仪轨经》，其经典装帧样式源自对古印度佛经装帧形式的模仿，并在其基础上稍加变化，被称为“梵夹装”。

（三）科学知识的传播

丝绸上的图案（表4-27）可能反映了当时的科学成就或天文知识，如对星座、动植物等的精确描绘，既美观又有教育意义。

表4-27　科学知识的传播

科学元素	功能	意义
天文图案	教育与装饰	展示天文知识，教育人们关于宇宙的结构
植物绘制	教育与记录	记录植物种类，传播植物学知识
动物描绘	教育与科研	展示动物学知识，反映自然世界的多样性
地理图案	导航与展示	展现当时的地理知识，可能用于教育或导航
数学几何	设计与美学	使用数学和几何原则创造美学图案

总的来说，文化叙事原则鼓励艺术家在创作丝绸艺术作品时，充分考虑作品的文化内涵和社会意义，实现艺术和文化的有机结合。

第五章 新时代丝绸艺术创新价值构成

新时代丝绸艺术创新的价值构成是多元复杂的，可以从文化价值、艺术价值、社会价值和美学价值进行深入分析。

首先是文化价值，它根植于丝绸艺术深厚的历史传统和文化内涵。丝绸艺术的创新能够促进文化遗产的传承与发展，增强民族文化自信，为保护全球文化多样性贡献力量。其次是艺术价值，新时代的丝绸艺术创新不仅丰富了艺术的表现形式和技巧，而且提升了艺术的表达深度，使艺术作品更具时代感和创造力，提高了艺术本身的审美和收藏价值。再次是社会价值，丝绸艺术的创新能够反映社会变迁，传递时代精神，它是促进社会进步和文明交流的重要媒介，有助于提升国家软实力和文化影响力。最后是美学价值，新时代的丝绸艺术创新强调个性化与现代审美的结合，不仅追求形式上的美感，更注重作品在情感、思想上与观众的共鸣，推动了美学观念的更新和审美范式的拓展。

结合这四个方面的价值构成，新时代丝绸艺术创新的价值体现了其在继承与发展中的动态平衡，可以映照出一个时代文化与艺术的进步与变革。

第一节　社会价值

在新时代丝绸艺术创新中，社会价值是一个重要的组成部分。丝绸艺术创新能够推动产业升级，带动相关产业链的发展，能够促进就业和增加社会财富。丝绸艺术创新不仅能满足人们日益多元化、个性化的消费需求，还能提升人们的生活质量。

一、推动产业升级

新时代丝绸艺术的创新不仅是一种文化和艺术上的突破，它还是推动整个丝绸产业升级的强大动力。通过创新的设计和制作方法，丝绸产业能够从传统手工业转型为拥抱现代化和智能化技术的前沿产业。这种转变不仅提高了丝绸产品的质量和工艺水平，还增强了产业的市场竞争力。新时代丝绸艺术提升了相关的新型数码印花技术和生态染色技术，这些技术又进一步提升了丝绸产业的可持续性。

（一）手工丝绸的产业升级

首先，中国古代的传统丝绸产业升级是一个逐步发展完善的过程。在工业革命之前，中国的丝绸技术和生产是世界上最为先进的。

1. 中国古代手工丝绸产业

中国在公元前2640年左右就开始了丝绸生产，并逐步发展成为高度技术化和专业化的产业。在工业革命之前，中国的丝绸制造长期以来一直是全球的标杆。表5-1是中国丝绸产业从最初的原始腰机到机械生产之前的发展过程，每一次丝绸技术的革新都推动了丝绸纺织品质量和艺术水平的提升。

表5-1 中国古代手工丝绸产业的升级历程

时间	产业技术升级
新石器时代	原始腰机
商	单层提花织物
	绞经罗
	刺绣技术
周	初创织锦
战国	踏板织机
	提花机（另一种说法在汉代出现）
西汉	多综式提花机
东汉	花本式提花机
魏晋南北朝	完善脚踏丝车
唐	“出水干”缫丝工艺
	束综提花机
宋元时期	普通织机使用两片综片
元	踏板立机
	踏板卧机
元明时期	互动式双综双蹑机

2. 外国手工丝绸产业

在新时代背景下，研究外国手工丝绸产业对丝绸艺术的创新具有重要意义。首先，这使我们能够了解全球丝绸产业的多样化发展趋势和独特的制作工艺，在此基础上探索和融合不同的技术和设计理念。其次，通过学习和借鉴具有独特文化特色和艺术风格的外国手工丝绸艺术，能够激发中国丝绸艺术家的创造力，推动丝绸艺术在传统与现代、东方与西方之间的创新性对话。新时代丝绸艺术家了解并研究国际市场的需求和审美方向，能够提升中国丝绸艺术的国际竞争力，打造具有国际影响力的丝绸品牌。

在工业革命之前，外国丝绸手工业的生产中心主要以印度、波斯（今伊朗）和拜占庭帝国为主。波斯的丝绸手工技术是伊斯兰文化和东西方交流的重要成果之一（表5-2）。

表5-2　中亚手工丝绸产业的升级历程

时间段	发展与特点
古代至中世纪早期	波斯通过丝绸之路的贸易，引进了丝绸生产技术
萨珊王朝（224~651年）	波斯开始大量生产丝绸，波斯的萨珊织物以精美的设计和高质量闻名，成为贸易商品。生丝沿着丝绸之路从中国进口到波斯，然后染色并编织成细卷和锦缎[1]；丝绸纺织品随后沿着贸易路线再出口回东方或者向西运到拜占庭和欧洲的新兴王国[2]
	11世纪，波斯织工发明了Lampas织造技术，此技术可以产生类似锦缎的效果，但有更复杂的图案和纹理；Kemha也成为一种流行的重型丝绸织物，常用于皇家和贵族的服饰
伊斯兰世纪（8~15世纪）	13世纪，伊朗人发明丝绒，即在绒头经纱（垂直）下方、空隙纬纱（水平）区域用金属线编织。在奥斯曼帝国时期，割绒丝绒被称为"Kadife"；他们的工匠还开发了一种复杂的技术，称为锯齿交织编织技术
	1492年，随着穆斯林和犹太人被驱逐出格拉纳达，许多丝绸艺人搬到了摩洛哥，摩洛哥丝绸织锦成为奥斯曼帝国可展示地位的装饰面料
蒙古帝国时期（13~14世纪）	波斯丝绸生产进一步发展，蒙古统治者支持丝绸工艺，并将其作为重要的收入来源。当埃及和叙利亚的马穆鲁克王朝（1250~1517年）击败蒙古人时，工匠们从伊朗和伊拉克向南逃亡，将大型拉机上的丝织技艺带到了开罗
萨法维王朝时期（16~18世纪）	在沙阿阿巴斯一世（1587~1629年在位）的领导下，首都伊斯法罕成为丝绸纺织生产的主要中心，皇家也命令在全国各地建立了工厂，特别是在亚兹德和卡尚

自9世纪开始，意大利成为二级丝绸生产商（表5-3），由于与阿拉伯、希腊和欧洲北部城市的经济交流，意大利地区逐渐在与神圣罗马帝国的贸易和战争中崭露头角，成为欧洲东部与西部之间的缓冲区[3]。在11世纪，威尼斯发展成为东西方之间的中心纽带，它成为一个市场型城市和一个不断扩大的贸易点[4]。

表5-3　欧洲丝绸产业的升级历程

时间	城市	发展与影响
9世纪	卢卡、威尼斯等	1. 意大利作为丝绸二级生产商开始发展 2. 受到阿拉伯、希腊和犹太工匠影响，改进了丝绸生产技术
10~13世纪	博洛尼亚、卢卡、米兰	1. 这些城市因生产廉价轻丝绸而闻名 2. 丝绸产业成为欧洲的一部分，卢卡成为早期的丝绸生产中心
14~15世纪	威尼斯	1. 威尼斯成为重要的港口城市，其地理位置促进了与东方的贸易 2. 威尼斯开始在丝绸产业中与波斯和中国竞争 3. 丝绸和其他奢侈品的贸易使威尼斯富裕起来
16世纪	威尼斯、佛罗伦萨	1. 佛罗伦萨的丝绸工艺得到提升，使用金银线织造丝绸 2. 威尼斯继续作为丝绸贸易的中心，扩展其商业影响力
17~18世纪	里昂	1. 法国里昂成为欧洲丝绸生产的中心 2. 意大利的影响力开始减弱，但依然保持着其在高端丝绸市场的地位

[1] FELTHAM H. Lions，silks and silver：the influence of Sasanian Persia[J]. Sino-Platonic Papers，2010(206)：1-51.

[2] VOLBACH W F. Early decorative textiles[M]. London：Poul Hamlyn Foundation，1966.

[3] GECZY A. Fashion and orientalism: dress，textiles and culture from the 17th to the 21st century[M]. London：Bloomsbury Publishing Plc，2013.

[4] 同[3]。

威尼斯商人大量进口生丝，然后用英国人的方式编织再加工。到了17世纪早期，丝绸供应约2200包（近25万公斤）。在陆地上，这些生丝来自土耳其前首都布尔萨和叙利亚地区；在海上，它的路线则是从波斯北部的马赞达兰、舍尔万、卡拉巴赫和吉兰岛穿过里海❶。

在16世纪后半段，日本的丝织业发展较为显著，但其自身原料生产远未能满足需求。根据西班牙人的记载：当时日本每年需要220500公斤的生丝，日本自产的生丝只有94500公斤至126000公斤，大约一半的生丝需求都依赖进口。他们记录道："即便将所有来自中国或马尼拉的生丝都运至日本，对他们来说仍然供不应求。"❷

（二）机械生产丝绸的产业升级

随着工业革命的到来，特别是第二次工业革命机械化和工业化浪潮，欧洲国家如意大利、英国和法国，通过机械化大规模生产丝绸。

1. 世界机器丝绸生产

世界机器丝绸生产的发展演变可以追溯到工业革命时机械化开始取代传统的手工技艺。尽管欧洲的丝绸生产开始较晚，但是发展迅速。

三次工业革命对于丝绸产业产生了深远的影响（表5-4）。到了18世纪30年代中期，法国里昂地区的大部分织机都配备了手拉提花机；手拉提花织机在织造速度和效率上都大大超过了传统木机。第二次工业革命后，机械化和自动化在纺织业中的应用成为常态，这包括新的丝绸生产机器，如自动织机和改进后的提花织机，使丝绸和其他纺织品的生产变得更加高效和经济；铁路和轮船的发展改善了原材料和成品的运输效率，使丝绸产品能够快速地到达距离生产地较远的市场。

表5-4　机械化丝绸产业的历史演变

时间	地区/国家	发展与特点
18世纪中叶	英国	工业革命的起点
		发明和改进了纺织机械，如水力纺织机和后来的蒸汽动力纺织机
		1770年，苏格兰人培耳氏发明了平板印花法❸ 1785年培耳氏又发明了圆筒印花机❹
18世纪末	法国	雅卡尔提花织机的发明，允许更复杂的图案被自动织造
19世纪初	法国、意大利	丝绸产业开始机械化，尤其是在里昂和科莫等地
19世纪中叶	美国	在宾夕法尼亚州的巴特斯维尔等地，丝绸产业开始机械化
19世纪末至20世纪初	日本	明治维新后，日本一度成为世界上最大的丝绸出口国

❶ GECZY A. Fashion and orientalism: dress, textiles and culture from the 17th to the 21st century[M]. London: Bloomsbury Publishing Plc, 2013.

❷ 范金民.16至19世纪前期中日贸易商品结构的变化——以生丝、丝绸贸易为中心[J].安徽史学,2012(1):5-14.

❸ 温润.20世纪中国丝绸纹样研究[D].苏州:苏州大学,2011.

❹ 同❸。

续表

时间	地区/国家	发展与特点
20世纪初	全球（包括中国）	第一次世界大战期间，丝绸被用于军事用途，如降落伞制造
20世纪末至21世纪初		传统丝绸生产国的丝绸产业现代化
20世纪80至90年代		计算机辅助设计（CAD）系统开始被用于丝绸设计
		生产管理和库存控制系统开始数字化
21世纪初		丝绸产业的供应链管理（SCM）和企业资源规划（ERP）系统实现数字化，网络平台和在线商城使丝绸产品的国际销售变得更加便捷
21世纪10年代		社交媒体成为市场推广和客户互动的重要平台
		电子商务的快速发展，提供了一个全新的丝绸产品销售渠道
		数字印花技术使个性化和小批量生产变得经济化
21世纪20年代		人工智能（AI）和大数据分析被用来预测市场趋势和优化库存
		增强现实（AR）和虚拟现实（VR）技术开始用于提供新的购物体验
当前与未来		高级数字化制造技术，如3D打印，被探索用于创造新型丝绸
		区块链技术被用来提高供应链的透明度和安全性
		网络平台和数字化工具继续促进全球化贸易，丝绸产业变得更加互联互通

第三次工业革命，也称为数字革命，指的是从20世纪下半叶开始的一系列科技变革，特别指的是电子设备的普及、计算机技术的发展以及互联网的兴起。第三次工业革命给丝绸业和更广泛的纺织业带来了自动化和控制技术、计算机辅助设计（CAD）、数字印花技术、供应链管理、社交媒体和电子商务的新技术。

2. 中国丝绸生产的产业升级

世界各地的纺织产业，包括中国（表5-5）都正在经历从手工向机械化、自动化和智能化的转变，丝绸行业也不例外。这种丝绸产业的升级是由科技进步和经济效益驱动的。机械化生产通过精确的机器操作，提高了生产效率，减少了劳动力需求。

表5-5 中国丝绸生产的产业升级历史

时期	内容
19世纪末	引进飞梭机构，又利用齿轮传动来完成送经和卷布动作
20世纪初	我国进一步采用铁木机和电力织机，织机动力由电力驱动 我国引进了贾卡式纹版提花机，随后又逐渐扩大了针数并将机身改成铁制 印染设备也从传统“一缸两棒”的简单作坊转向机械化生产[1]

[1] 温润. 20世纪中国丝绸纹样研究 [D]. 苏州：苏州大学，2011.

如表5-5所示，中国在短短十几年的时间里完成了欧美丝织工业近百年的历程。从1912年到1925年左右，丝织业从传统木机变成手拉机，最后更换成了电力织机。在20世纪初，印染设备也开始了机械化的转型。以上海为例，上海的丝绸炼染企业率先引进蒸汽锅炉进行染绸，并增设了动力驱动的离心脱水机、整理机等设备，大幅提升了炼染和后续整理的质量[1]。

中国加入世界贸易组织（WTO）后，现代丝绸产业不仅恢复了往日的活力，更是在全球丝绸行业中重新确立了领导地位。中国丝绸以深厚的文化积累、创新的设计理念和先进的生产技术，不断提升产品质量和市场竞争力，赢得了国际市场的广泛认可。

在新时代，中国丝绸无论是在技术革新、市场拓展，还是在文化传播与交流方面，都有望继续引领全球丝绸行业走向更加繁荣和多元的未来。

二、带动就业

丝绸产业需要桑叶、蚕茧等大量原材料，这推动了农民向城市的流动，提供了大量的就业机会（表5-6）。丝绸艺术的创新可以带动相关产业链（设计、研发、生产、销售等）的发展，从而增加就业岗位，促进社会经济的稳定和发展。

表5-6　2015年的丝绸就业人口

国家	2015年的丝绸就业人口
中国	超过100万丝绸工作者
印度	70万个家庭
泰国	20000个丝织团体

以2015年为例，中国作为世界上最大的丝绸生产国有100万丝绸工人；在印度，丝绸业为70万个家庭提供了就业机会；泰国有20000个丝织团体[2]。

（一）中国丝绸艺术带动就业

中国的丝绸艺术能够带动就业。自古以来，尽管丝绸纺织品以赋税形式为主，但是它的发展不仅可以为社会提供大量的就业机会，也可以推动经济社会的发展，对中国经济和就业产生了巨大影响（表5-7）。

❶温润. 20世纪中国丝绸纹样研究[D]. 苏州：苏州大学，2011.

❷Fibre2Fashion. Revival of Italian Silk Industry.

表5-7 丝绸对中国经济和就业的影响

历史时期	丝绸对中国经济和就业的影响
商周	丝绸主要用于礼器和贵族的衣物，尽管主要作为赋税，但也提供了一定的织造和染色的就业机会
秦汉	丝绸之路带动了秦汉时期的丝绸贸易和生产；《后汉书·本纪·光武帝纪（上）》记载："野蚕成茧，被于山阜，人收其利焉"，人们已经开始使用其制作成絮棉满足商业需求。《淮南子》记载："然非得女工煮以热汤"，可知已经有专门的女工从事缫丝的工作
魏晋南北朝	丝绸工艺更加精细，需求增加，丝绸生产相关行业就业人数也随之增加。三国时期，三国均大力发展桑蚕事业，《三国志·华覈传》记载了东吴"广开农桑之业"；蜀国丝绸业则是蜀国的经济支柱；曹魏已经设置了宫廷丝织作坊。根据《邺中记》记载，"石虎中尚方御府中巧工作锦织成署皆数百人"；南北朝时期，官府染织作坊在一定程度上满足了一些就业
隋唐五代	丝绸成为国家经济的重要组成部分，提供了大量的就业机会。唐代官营丝绸生产机构工人进一步增多，根据《新唐书·百官志三》记载过的丝绸工匠将近500人；同时，丝绸私营作坊以定州何明远家的500张绫机最为典型
宋	丝绸工艺进一步发展，出现了纬编织等新工艺，带动了更多的就业。少府监、内诸司和地方官营均提供了就业。以少府监为例，在少府监属下的绫锦院（南宋工匠数千人）、染院（工匠613人）、文思院（30个作坊）、文绣院（绣工300人）。南宋时期，在苏州、杭州、成都等地设置织锦院（官营丝织业机构），各有织机数百架，工匠数千人，民间私营作坊更多
元	丝绸工艺得到保护和发展，提供了大量的就业机会。根据《元史·百官志》记载，当时丝绸作坊超过72所
明	丝绸业进一步发展并逐渐规范化，带动了大量的就业。洪武年间匠户服役的地点均在南京，迁都北京后服役地点主要集中于北京。关于丝绸就业人员，《明实录》记载：南京五万八千，北京十八万二千；《大明会典》记载：轮班工匠共有六十二个行业、二十三万二千八十九名。同时，据《明史》记载，"明制：两京织染，内外皆置局（中央官局）……南京有神帛堂、供应机房，苏、杭等府亦各有织染局，岁造有定数"。明朝后期的织工大约为官织染局的数倍，苏、杭、松、嘉、湖五大丝绸重镇的出现标志着明朝丝绸产业的蓬勃发展，丝绸产业在很大程度上带动了明朝的就业。明代晚期，随着城市化的进程，大型城市车间成为中国生产大部分丝绸布料的地方。这些车间里，男女工人共同劳作，使用复杂的织机生产出各种花纹繁复的丝绸织物❶
清	清初，虽然丝绸业受到一些压力，但仍然是重要的就业领域。乾隆年间的苏州也是丝绸产业的重要就业中心之一，《长洲县志·卷十七》记载道："专其业者不啻万家"；道光年间，南京"缎机以三万计，纱绸绒绫不在此数"。清朝的官营织造业主要在北京（内织染局）、南京（江宁局）、苏州（苏州局）和杭州（杭州局）。然而，清朝中期的民间织工已经是官营织造局的十几倍了❷；南京在道光年间曾有缎织机3万张，苏州纱缎就业人员则高达3万名❸。19世纪末，尽管西式工厂制造开始引入，但在中国，尤其在农村地区，丝绸纺织依然是很多家庭的重要经济来源
民国	汽车、火车等新型交通工具的出现，促进了丝绸的运输和贸易。民国时期，由于第二次工业革命期间电力的普及，上海丝绸产业异军突起，一跃超过苏杭成为中国最大的丝绸生产基地。1926年，杭州的手拉提花织机数量进一步增加，达到了6100台；之后，电力织机的引进改变了传统的手动织造方式，大幅提高了生产效率❹
当代	丝绸艺术的复兴和科技的发展为丝绸产业创造了新的就业机会，如设计师、机器操作员、市场营销等。但是随着我国丝绸行业去产能步伐的逐渐加快，丝绸行业企业数量呈逐渐减少的趋势。到了"十二五"末（2015年底），由于之前的丝绸产业产能过剩，全国规模以上的丝绸企业数量减少208家，降幅为24.5%；缫丝加工企业、绢纺和丝织加工企业、丝印染精加工企业数量分别减少178家、28家和2家，降幅分别为40.1%、8.1%和3.3%。2020年中国有规模以上丝绸工业企业数量641家，较2019年减少34家。依据国家统计局的数据，2021年我国规模以上的丝绸企业实现的营业收入达到了682.59亿元，相较于上一年度，同比增长了10.45%；其利润总额为32.99亿元，同比增长了74.30%。这表明丝绸行业在经济效益上有了显著提升，中国的丝绸制造企业数量也由小规模作坊发展成具有规模效应的工厂

自宋代起，中国的丝绸产业重心逐渐南移至南京、苏州和杭州等地；丝绸私营作坊的兴起极大地刺激了丝绸产业的就业需求❺。到了明代，由于明朝资本主义萌芽的"账房"经营方式，丝绸产业

❶ DEACON D A，CALVIN P E. War imagery in women's textiles：An international study of weaving，knitting，sewing，quilting，rug making and other fabric arts[M]. Jefferson：McFarland & Company，Inc，2014：126.

❷ 赵丰. 中国丝绸通史 [M]. 苏州：苏州大学出版社，2005：478.

❸ 赵丰. 中国丝绸通史 [M]. 苏州：苏州大学出版社，2005：592.

❹ 温润. 20 世纪中国丝绸纹样研究 [D]. 苏州：苏州大学，2011.

❺ 同❹。

可以根据营业情况及时调整织机数量，大大节约了成本，突破了原来织造局的匠籍制，是商品经济发展的一大进步❶。虽然官方的丝织机构众多且分布广泛，但丝织品的主要生产地仍然集中在北京、南京、苏州和杭州这四个地方。清朝初期，官方沿袭了明朝的制度，利用明朝遗留下来的丝绸织造基础，设立了专门生产绸缎的江南三织造，进一步巩固了南京、苏州和杭州作为丝织品生产重心的地位❷。民国时期，电力织机的引入和发展推动了中国丝织业的进步，有力地抵御了外来商品的冲击，对于稳定国内丝织就业起到了重要作用。

新时代的丝绸产业在中国带动就业的方面起到了重要的作用（表5-8）。丝绸产业的发展需要大量的技术研发、生产加工和市场开发等各类人才，从而为社会提供大量的就业机会。

表5-8　新时代背景下丝绸对中国就业机会的影响

丝绸产业	影响
技术研发	丝绸产业的技术创新、模式创新和应用创新都需要各类专业人才的参与，丝绸生产智能化的实现需要有一批掌握相关技术的专业技术人才。在这个过程中，可以提供大量的研发、设计、技术改造等相关就业机会
生产加工	丝绸产业的生产加工环节也需要大量的技术工人和操作工人。苏州丝绸产业聚力培育高水平创新产业集群，构建优势产业链，让"苏州丝绸"激发更强的发展活力，其中就包括大量的生产加工的就业机会
市场开发	丝绸产品的市场开发和销售也是一个就业的重要渠道，需要一批市场营销、品牌管理、销售服务等专业的人才
文化传承	丝绸产业也提供了一批与文化、旅游、商业相结合的就业方向，如丝绸特色小镇、文旅结合产业园、商业街区和文化场馆等

（二）外国丝绸产业带动就业

在新时代背景下，研究外国丝绸产业在带动就业方面的经验对国内丝绸产业的发展具有重要意义。首先，它提供了一个关于如何通过艺术创新来促进产业发展和就业增长的实际案例，为中国丝绸产业的转型升级提供了可借鉴的模式。丝绸产业的发展往往伴随着对技术工人、设计师和营销人员等各类人才的大量需求，而艺术创新是吸引和培养这些人才的关键。此外，外国丝绸产业的就业带动效应还涉及产业链的多元化和价值链的提升，这些都需要艺术和技术的不断创新来支撑。因此，了解和汲取外国丝绸产业成功的经验，对激励国内丝绸行业通过艺术创新实现更广泛的社会和经济效益，增强产业的综合竞争力是至关重要的。

丝绸产业在全球范围内都是一个重要的就业领域，这个行业的就业机会涵盖了从养蚕、纺丝、织造到染色、打印、销售等各个环节。印度、巴西、泰国和越南等国的丝绸产业为数百万人提供了就业机会。这些国家的丝绸产业往往与农业紧密相连，丝绸生产过程中的大部分工作都在农村地区进行。在一些发达国家，如法国和意大利，虽然丝绸生产规模相对较小，但丝绸产业仍然是这些地方的重要就业领域。丝绸产业在这些地方通常关联着时尚和奢侈品产业，创造了大量的设计师、工

❶温润.20世纪中国丝绸纹样研究[D].苏州:苏州大学,2011.

❷同❶。

艺师和销售人员的就业岗位。

1. 意大利丝绸产业带动就业

丝绸之路两端的中国和罗马在历史上就有接触与交往。在繁忙的丝路往来中，中国和罗马共同创造了人类文明，并在世界文明史册中留下了独特的印记。詹姆斯·米尔沃德（James Millward）将丝绸之路视为一段“通过贸易、外交、征服、移民和朝圣进行的事物和思想交流的历史，强化了从新石器时代到现代的亚欧非大陆的融合”[1]。

自13世纪以来，意大利的丝绸工业就在卢卡、佛罗伦萨、米兰、热那亚和威尼斯等城市取得了重要的发展，这些城市的丝绸工人通过创新设计和多样化生产，带动了丝绸产业的繁荣。欧洲丝绸的农业生产起始于14世纪末，桑树从意大利南部开始广泛种植[2]。

中国生产的豪华、轻质纺织品成为长途旅行者和商人的理想商品。随着罗马帝国与南欧的直接和间接的接触，罗马帝国对丝绸的崇拜迅速增长，丝绸成为经济实力、军事实力和身体美的象征[3]。之后，马可·波罗（Marco Polo）将中国的丝绸引入威尼斯，他在《马可·波罗游记》中对丝绸艺术的描述激发了欧洲人的极大兴趣，使欧洲人对东方商品有了更为深入的理解和认识。

表5-9是意大利的丝绸产业和就业情况，随着时间的推移，意大利的丝绸产业模式被传播到了其他的丝绸生产中心，比如法国的里昂和西班牙的瓦伦西亚。这些城市继承并发扬了意大利的丝绸产业。

表5-9　意大利的丝绸产业和就业情况

时期	意大利的丝绸产业和就业情况
1265年	萨米特织工行会（Arte dei Samiteri）成立，威尼斯地区不再仅进口奢华面料，开始模仿中东地区的丝绸面料，小规模地自行生产厚重的纯丝织物（samites）；这些丝绸织物具有天鹅绒般的触感和缎子般的光泽。这种丝绸面料是中世纪最珍贵的丝绸面料，通常出现在法衣和华丽的衣服上
1317年	威尼斯成为意大利的丝绸贸易中心，根据文献记载：大约30个商人家庭和300名工匠（纺纱工、织工、染工等）从卢卡抵达威尼斯，威尼斯的丝绸业真正腾飞了
1366年	随着与其他国家和城市内部的竞争日益加剧，意大利政府颁布法律控制所有纺织行会；到1366年，三个意大利丝绸纺织业行会合并
15世纪末	随着威尼斯丝绸业的蓬勃发展，当地大约有2000个作坊在运营
1450年	1450年后，意大利通过法律禁止使用二级丝来编织优质丝绸（drappi da parangon）。因此，威尼斯丝绸业使用希腊和巴尔干地区的丝绸制作奢华的锦缎和天鹅绒
16世纪	当地丝绸逐渐多样化，西班牙和意大利南部的“细”生丝以及威尼斯“terraferma”和博洛尼亚的液压工厂生产的细经线（“orsoglio”）等丝线都受到了意大利丝绸生产商的追捧

[1] WINTER T. Geocultural power：China's quest to revive the Silk Roads for the Twenty-First Century[M]. Chicago：University of Chicago Press，2019：24.

[2] PAGÁN E A，SALVATELLA M M G，PITARCH M D，et al. From silk to digital technologies: a gateway to new opportunities for creative industries，traditional crafts and designers. The SILKNOW case[J]. Sustainability，2020，12(19)：8279.

[3] 同[1]。

续表

时期	意大利的丝绸产业和就业情况
当代	华伦天奴的丝绸服装设计注重细节，在直接就业、间接就业和产业链就业上产生了巨大的影响。塔罗尼也是一家意大利的丝绸纺织公司，以生产高质量的丝绸和其他高档纺织品而闻名；它的产品远销70个国家，不仅被许多国际知名的时装品牌所使用，还被用在梵蒂冈的旗帜上。佛罗伦萨的塞塔里西奥基金会（Fondazione Arte della Seta Lisio）则致力于生产珍贵的丝织品和培养高度专业化的织工，他们使用传统的提花织机，传承可能会逐渐被遗忘的纺织技艺

2. 法国丝绸产业带动就业

法国的丝绸产业起源于中世纪，以精美的设计和优良的品质在全球范围内享有极高的声誉（表5–10）。

表5–10　法国的丝绸产业和就业情况

时期	法国的丝绸产业和就业情况
14世纪初	法国的丝绸产业开始逐渐崛起，阿维尼翁的尼梅区于泽县成为法国第一个生产丝织品的城市，其他城市如兰斯、普瓦捷、特鲁瓦和巴黎等地也陆续出现丝织生产
1419年	查理七世创办了一年两次、每次为期6天的里昂丝绸集市
1466年	路易十一颁布了一系列法令发展丝绸加工产业，使法国的丝绸工业得到了一定的发展，并与意大利威尼斯等地的丝绸业形成了竞争
1495年	查理八世从波斯引进蚕种，开始蚕的农业生产
1515年	弗朗索瓦一世颁布法令，对里昂的特权进行了许可，对丝绸产业的工人和技术人员提供了保护
17世纪后半叶	在路易十四的领导下，法国的丝绸也走在了时尚的前沿，成为欧洲各国宫廷丝绸服饰的风向标
1853年	法国蚕业达到顶峰，该年蚕茧产量52万担，生丝2200吨

起初，里昂成了意大利丝绸的出口市场，成为意大利丝绸通向法国的重要通道。尽管1466年路易十一提出的部分提议在执行过程中遇到了一定的阻力，但不可否认这些提议对法国丝绸业的发展起到了重要作用。在1536年，他们选择支持了这个提议，弗朗索瓦一世给予他们制造金、银和丝绸织物的特权[1]。

在18世纪末，丝绸织物的生产和相关活动成为里昂经济的驱动力，据估计，里昂丝绸业雇用了6万多人，吸引了15万居民；里昂丝绸生产的增长有利于法国东南部蚕业的发展[2]。

英国伦敦的扇子博物馆中收藏着19世纪20年代的布利斯扇子（Brise Fan），图5–1中的扇子由金属、丝绸和动物的角制成，图5–2中的布利斯扇子由动物角、丝绸和玻璃制成。这两把丝绸扇子代表了法国当时的时尚潮流，丝绸扇子的流行也为当时的丝绸行业提供了就业机会。

在现代，法国的阿尔卑斯地区的各部门现存大约40家仍在丝织行业活跃的企业（从纱线生产到

❶ PAGÁN E A，SALVATELLA M M G，PITARCH M D，et al. From silk to digital technologies：a gateway to new opportunities for creative industries，traditional crafts and designers. The SILKNOW case[J]. Sustainability，2020，12(19)：8279.

❷ 同❶。

▲图5-1　布利斯扇子（一）（李潇鹏摄于扇子博物馆）

▲图5-2　布利斯扇子（二）（李潇鹏摄于扇子博物馆）

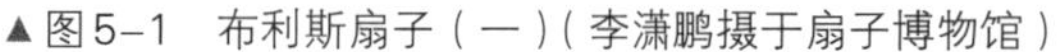

织物制造），提供了大约1500个职位[1]。由于当地传统企业难以确保丝织设备的现代化，丝织业的发展依赖时尚集团的资金投入[2]。爱马仕和香奈儿就是这样的典型案例。爱马仕的纺织控股公司掌控了从编织到印刷、染色和整理的所有步骤，主要由20世纪80年代以来收购的公司组成，其中绝大多数位于里昂地区[3]。在2016年，香奈儿集团成为Denis et fils公司的股东之一；此公司位于Montachal，主要生产顶级的天然丝绸面料。香奈儿的支持使这家中小企业得以现代化，2018年造就了约60人的就业数[4]。

3. 印度丝绸产业带动就业

印度的丝绸业是经济发展的重要部分，为大量的人提供了就业机会，涉及120多万户蚕农家庭和850万人口[5]。印度的蚕丝业由中国传入，最早可追溯到公元前140年。几个世纪以来，印度的丝绸业不断发展，产出的生丝也销往罗马等地。印度商人在东南亚岛屿地区进行印花和编织布料的贸易，每一种独特的图案都是为该地区特定的地点所制作的。这种贸易布料在过去的几个世纪里一直被视为区域认同和财富的象征。印度丝绸产业的历史发展，以及其对就业的带动作用是显著的，它不仅提供了大量的就业机会，而且在提高社会弱势群体的社会经济地位方面发挥了重要作用。

4. 西班牙丝绸产业带动就业

18世纪，西班牙的巴伦西亚市崛起为一个丝绸制造中心，成为西班牙的主要丝绸生产地。西班牙皇家丝绸工厂位于圣卢西奥，是在国王费尔南多四世、阿玛莉亚王后和国王卡洛斯三世的统治下建立的。圣卢西奥的历史深深地与丝绸产业的发展交织在一起，当地的钟楼被联合国教科文组织认

❶ PAGÁN E A，SALVATELLA M M G，PITARCH M D，et al. From silk to digital technologies：a gateway to new opportunities or creative industries，traditional crafts and designers. The SILKNOW case[J]. Sustainability，2020，12(19)：8279.

❷ 同❶。

❸ 同❶。

❹ 同❶。

❺ ASTUDILLO M F，THALWITZ G，VOLLRATH F. Life cycle assessment of Indian silk[J]. Journal of Cleaner Production，2014(81)：158-167.

定为世界遗产。

在1750年，西班牙的皇室得到了里昂的生产授权；在瓦伦西亚聘请了众多的绘图师和来自里昂的丝绸面料生产商[1]。1756年，他们获得了西班牙皇室的许可，这些许可使他们能够在瓦伦西亚的丝绸工业中处于主导地位。因此，在皇室的鼓励下，主要的丝绸和金银制造商开始聘请人来训练瓦伦西亚的织工和设计师。卡洛斯三世在1784年通过皇家命令明确设立了用于纺织生产的建筑，并将里昂生产模式作为主要的丝绸中心进行模仿。19世纪初，这些体系在瓦伦西亚及其周边地区大量扩展[2]。

1861年，萨沃伊王朝入侵并将该地区并入皮埃蒙特王国，瓦伦西亚工厂被私有化停止运作。尽管如此，这个工厂的历史和它对于丝绸产业的贡献，仍然对瓦伦西亚市和整个西班牙的丝绸文化有着深远影响。

5. 德国丝绸产业带动就业

克雷费尔德是德国的一个城市，以其生产丝绸的历史而闻名。这个城市被誉为德国的"丝绸之都"。

在18世纪，克雷费尔德的丝绸制造主要在小型家庭作坊中进行，但随着技术的进步和市场需求的增长，这些小作坊逐渐发展成为大型的丝绸纺织工厂，为克雷费尔德带来了经济效益。克雷费尔德的丝绸产品因其优良的质量和精美的设计而受到高度评价。然而，随着工业革命的到来和合成纤维的发明，自然丝绸的需求量开始下降，克雷费尔德的丝绸产业也逐渐衰退，但是这个城市的丝绸文化仍然得以保留。

6. 东南亚丝绸产业带动就业

东南亚地区的丝绸产业是当地经济的重要组成部分，带动了大量的就业（表5-11）。丝绸产业涉及蚕种、蚕茧、生丝、绸缎产品等多个环节，需要大量的劳动力参与。

表5-11　东南亚丝绸产业和就业情况

国家	东南亚丝绸产业和就业情况
泰国	泰国的丝绸产业为约200万人提供了就业机会。丝绸产业主要集中在东北部的伊桑地区，这个地区以生产泰国丝绸（Thai Silk）而著名
越南	在越南，丝绸产业也有着悠久的历史。越南的丝绸生产包括养蚕、纺丝、织造和染色等各个环节，为不少农户提供了稳定的收入来源。此外，越南丝绸产品在国际市场上也享有一定的知名度
柬埔寨	丝绸产业是柬埔寨一个重要的就业领域，其丝绸产业主要集中在首都金边和西北部的希安里克省

东南亚地区的丝绸产业对当地的就业贡献巨大。东南亚的丝绸产业源于公元前2世纪，中国的丝绸通过海上丝绸之路传播至东南亚，传播方式包括以物易物、朝贡贸易及买卖贸易。

---

[1] PAGÁN E A，SALVATELLA M M G，PITARCH M D，et al. From silk to digital technologies：a gateway to new opportunities for creative industries，traditional crafts and designers. The SILKNOW case[J]. Sustainability，2020，12(19)：8279.

[2] 同[1]。

三、提升生活质量

在新时代背景下，丝绸艺术的创新不仅是对传统手工艺的继承和发扬，更是对现代审美和生活方式的一种回应。丝绸艺术通过引入新的设计理念，融合高科技材料和技术，赋予丝绸产品更多的个性化和功能性特征，满足了人们物质和精神的双重追求。此外，创新推动的丝绸艺术作品不仅美观大方、触感舒适，还能反映个人品位和身份，从而提升人们的生活质量，增添生活的色彩和乐趣。

1. 丝绸艺术提升中国生活质量

在漫长的历史进程中，中国丝绸艺术始终处于不断的创新与发展之中，绽放着时代的光彩。丝绸艺术不仅体现了中华文化的深厚底蕴，增强了民族的文化自信，还丰富了人们的休闲生活。丝绸艺术的繁荣有效地促进了社会经济的发展，成为连接传统丝绸与现代，促进文化与经济融合的重要桥梁。

（1）增强文化自信。丝绸艺术的发展和传承可以增强中国人的文化自信和民族自豪感，有助于提升人们的精神生活质量。丝绸艺术不仅展示了中国的文化魅力，也反映了中华民族的智慧与才能。

中国的丝绸纹样以其精美绝伦的设计和各种纹样不仅在中国广受欢迎（图5–3），还深刻影响了其他国家的服装艺术。18世纪，中国丝绸纹样传入法国，中国丝绸深刻影响了法国的时尚界，其中尤以男士背心的纹饰最为显著。这些背心常采用中国龙、凤和各种吉祥图案纹样，将东方美学巧妙融入西方服饰之中。法国的设计师们通过这种跨文化的设计交流，创造出既有法式优雅，也带有异域风情的时装艺术，展现了中西融合的独特魅力。图5–4是一款源自1775～1790年的法国男士背心，采用奶油色丝绸制作并绣有丝绸图案，这款无袖的高领背心大约在1775年开始流行，并在18世纪80年代被改良以适应时尚趋势。

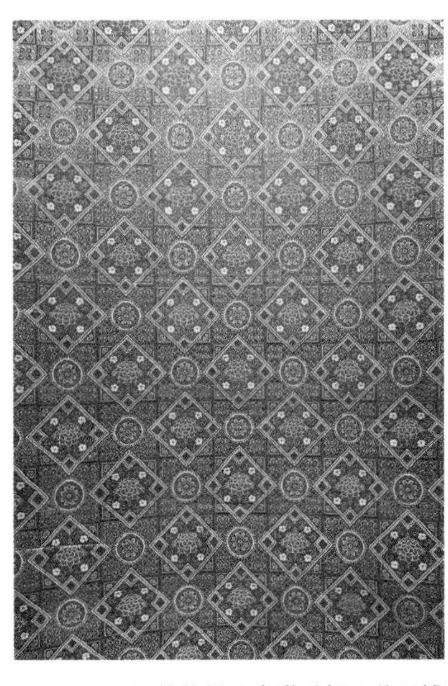

▲图5–3　织锦纹样（李潇鹏摄于苏州博物馆西馆）

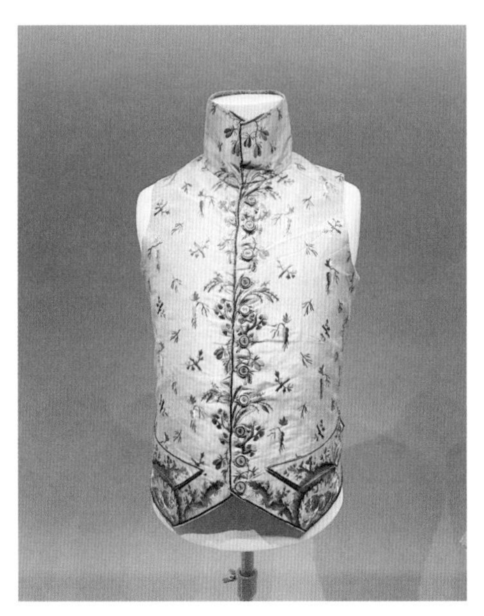

▲图5–4　法国男士背心（李潇鹏摄于德国柏林装饰艺术博物馆）

（2）提高生活质量，丰富休闲生活。丝绸艺术在家居装饰、服装设计等方面可以提高生活质量；且丝绸艺术的学习和创作也可以作为一种休闲活动，丰富人们的业余生活。以宋朝为例，人们偏爱将华丽的锦缎和刺绣作为身份象征，这种丰富的色彩和纹样展现了他们的休闲生活和独特品位。在宋代，文人阶层崛起，他们推崇的是一种内敛的优雅，追求的是一种清淡而素雅的生活方式和审美品位。因此，他们倾向于选择质地轻薄、色彩淡雅的纱丝制品，这种审美趋势影响了大众，导致了纺织品市场上对于纱和生丝的需求增加。

（3）促进经济发展。丝绸艺术也是中国的重要产业之一，丝绸艺术制品的销售可以推动经济发展，提高人们的物质生活水平。丝绸艺术的发展也会吸引更多的旅游业和文化产业的投资，进一步推动经济的发展。丝绸艺术产业以文创产品作为丝绸艺术实践，为中国乃至世界人民创造更加美好的明天。

2. 丝绸艺术提升全世界生活质量

丝绸艺术的创新是满足人们追求美好生活的重要途径，它不仅提供了高品质的生活用品，还传播了中华文明，提升了人们的生活品质。

在古代，中国丝绸纺织品可以提升贵族与上层社会的生活质量，加强皇室和教会的等级制度[1]。罗马历史学家塔西图斯（Tacitus）在其著作中记载：“公元62年，一名名为玛蒂尔达的凯尔特女战士被俘，她当时身着一件饰有丝绸刺绣的内衣[2][3]”，这件丝绸刺绣服装便是其贵族身份的表现。由于欧洲对丝绸的狂热，拜占庭在6世纪通过两个僧侣从中国偷带回了桑蚕和丝绸生产的技术；此后，拜占庭人在丝绸生产和销售上实施了国家垄断。

中国丝绸出现在欧洲生活的方方面面，提升了欧洲的生活质量。在俄国，宫廷和贵族的高级面料最初是通过从波斯和印度进口实现的；后来，俄国发现中国生丝和丝绸的质量比波斯更好，中国的丝绸便成为这些高级面料中的重要组成部分[4]。在德国，一款1720年左右制作的德国丝绸缎面手套（图5-5）彰显了当时工艺的精细与奢华；其由绣花的丝绸缎面制

▲图5-5　德国丝绸缎面手套（李潇鹏摄于德国柏林装饰艺术博物馆）

❶ WINTER T. Geocultural power: China’s quest to revive the Silk Roads for the twenty-first century[M].Chicago: University of Chicago Press，2019:27.

❷ DEACON D A，CALVIN P E. War imagery in women’s textiles: an international study of weaving，knitting，sewing，quilting，rug making and other fabric arts[M]. Jefferson: McFarland & Company，Inc，2014:30.

❸ TACITUS. The annals[M]. CHURCH A J，BRODRIBB W J，trans. The Great Books of the Western World，vol. 14. Chicago: Encyclopaedia Britannica，2007:150.

❹ 苏淼，赵丰. 瑞典馆藏俄国军旗所用中国丝绸的技术与艺术特征研究 [J]. 艺术设计研究，2018(3):30-35.

成，内衬选用了柔软的塔夫丝绸，增加了穿戴的舒适度，而内部填充的麻布则为手套提供了必要的结构支撑。其设计的细节和纹饰借鉴了当时流行的中国风格，体现了东方艺术在欧洲贵族时尚中的深远影响。

四、增强民族自豪感

丝绸艺术的创新可以增强民族自豪感和弘扬中国特色社会主义核心价值观。丝绸之路的命名源于中国的丝绸贸易，丝绸沿着这条路线传播到西方，引领了西方时尚数百年（表5-12）。

表5-12　丝绸之路的故事

旅行家	丝绸之路的故事
马可·波罗	他的《马可·波罗游记》记录了他在13世纪末14世纪初沿丝绸之路到达中国的经历。他对中国的详细描述，包括丝绸生产、大运河、邮政系统和火药等，使欧洲人首次了解到中国的众多奇观。他的游记在欧洲引起了巨大的轰动，激发了人们对东方的好奇和探索欲望，弘扬了中国的文化
伊本·巴图塔（Ibn Battuta）	他是一位摩洛哥的伊斯兰学者和旅行家，他的《伊本·巴图塔游记》记录了他14世纪在伊斯兰世界的旅行，包括北非、西亚、印度和中国等地的城市、文化和宗教内容

丝绸之路增强了中国的民族自豪感。马可·波罗和伊本·巴图塔的游记是关于丝绸之路的冒险和发现的引人入胜的故事。这两位旅行家的游记为我们了解丝绸之路和当时的世界提供了珍贵的第一手资料。中国的丝绸工艺和样式通过丝绸之路传到了中亚、波斯、阿拉伯和欧洲，极大地影响了这些地区的丝绸制作技术和艺术。

丝绸艺术作为中华民族的伟大发明和文化标识，以其鲜明的民族特色和深厚的历史底蕴，在弘扬社会主义核心价值观方面具有不可替代的作用。丝绸艺术的创新不仅在于其技艺和材料的创新，更在于其理念和价值观的传承和发扬。丝绸之路是现代最浪漫化和神话化的贸易线路。在西方，它唤起了欧洲对中国的所有神秘和幻想，塑造了跨越广阔时间和空间的伟大文明的形象和丰富多彩的中华文化[1]。

丝绸艺术的创新体现在推动传统手工技艺与现代时尚潮流的结合，使丝绸艺术在现代社会中依然熠熠生辉。通过丝绸艺术的传播和丝绸历史的普及，可以增强人们的社会责任感和民族自豪感。在汉朝，丝绸艺术对匈奴来说是一种重要的地位象征，显示了他们的地位和财富。在匈奴的坟墓中经常出现珍贵的锦缎，丝绸的出现不仅丰富了匈奴精英的社会地位和财富，也为匈奴和中国之间的文化交流提供了契机，影响了匈奴社会的发展和变化[2]。公元前51年，匈奴宫廷对丝绸的需求越来

❶ WINTER T. Geocultural power: China's quest to revive the Silk Roads for the twenty-first century[M]. Chicago：University of Chicago Press，2019:25.

❷ YU Y. Trade and expansion in Han China：a study in the structure of Sino-Barbarian economic relations[M]. California：University of California Press，2021:47-48.

越大，他们收到了3000公斤的丝线和8000件丝绸织物；到公元33年，增加到了8000公斤丝线和18000件丝绸织物❶❷。

丝绸的朝贡体系和市场贸易涉及的是外国使节、僧侣、商人和旅行家。朝贡体系的过程包括他们向长安献上特色礼物，唐朝以更有吸引力的丝绸作为回赠。这种朝贡体系赋予了丝绸更丰富的内涵。市场贸易则是在长安的东西市进行，这里是商品集散地和商业交易中心。丝织品行业有10种不同的细分行业，市场上丝织品的交易非常活跃。通过经营丝织品，一些人积累了财富，比如西安的张氏家族。外国人参与丝绸贸易，使丝织品从长安散播至世界各地，例如，西域胡僧在长安购买高品质的丝绸，制成袈裟，然后通过骆驼运输到印度。这些精美的袈裟给讲经的高僧增添了神秘和传奇的色彩；张籍的《凉州词》描绘了当年丝绸之路上的场景，即驼队源源不断地向西方运输丝绸❸。

19世纪末期，西方工厂被引入中国，但家庭纺织品生产在中国仍然非常重要；尤其是在农村地区，丝绸纺织品为家庭提供了重要的经济支持。虽然妇女不再生产士兵装备布料，但她们仍然继续纺织棉花和麻布，并为自己的嫁妆制作纺织品。在20世纪初，“从事典型女性工作的丝绸女工不仅能够养活自己，还能为整个家庭购买食品，当然也能为他们提供衣物”❹。消费者对丝绸艺术品的需求不仅是因为其美感和艺术价值，还是因为丝绸的历史和文化背景，以及对环保和可持续发展的关注。中国丝绸产业的历史和发展为丝绸艺术市场提供了稳定的需求基础。这个市场在文化传承、艺术市场的需求驱动下不断发展，创新发展和文化旅游需求也推动着市场的增长。丝绸艺术市场将继续为丝绸艺术产业的发展提供稳定的支持。

自20世纪90年代以来，随着社会主义市场经济体制的建立，国有丝绸企业逐渐实现转制上市，丝绸企业的发展模式也由原先的生产型转变为生产经营型❺。20世纪90年代，在国内外市场盛行的砂洗绸使过去备受欢迎的真丝提花与印花技术备受冷落；以精美纹样取胜的新旧花色品种因此遭遇了冷落❻。这一现象反映了市场变化对丝绸纹样以及生产技术的影响；同时也对中国丝绸企业的经营提出了新的挑战。

总的来说，丝绸艺术的创新既包括技艺的创新，也包括理念的创新。通过丝绸艺术的创新，我们可以更好地传承和弘扬社会主义核心价值观，也可以让丝绸艺术在现代社会中焕发出新的生命力。

❶ CLAIR K S. The golden thread：How fabric changed history[M]. Liveright Publishing，2019：70.

❷ YU Y. Trade and expansion in Han China：a study in the structure of Sino-Barbarian economic relations[M]. California：University of California Press，2021：47-48.

❸ 姚培建．千年丝绸见唐风——唐代丝绸评述 [J]．丝绸，1997(4)：40-43，5.

❹ DEACON D A，CALVIN P E. War imagery in women's textiles：an international study of weaving，knitting，sewing，quilting，rug making and other fabric arts[M]. Jefferson：McFarland & Company，Inc，2014：126.

❺ 温润．20世纪中国丝绸纹样研究 [D]．苏州：苏州大学，2011.

❻ 同❺。

第二节　文化价值

在新时代丝绸艺术创新的价值构成中，文化价值是非常重要的一环。丝绸艺术是中国传统文化的重要载体，其创新能够传承和弘扬中华优秀传统文化，能够提高生活品质，促进中外文化交流和提升国家文化软实力。

一、传承和弘扬传统文化

新时代的丝绸艺术创新需要建立在传承中华传统丝绸艺术的基础上，不断地弘扬和发扬光大中华优秀传统文化。丝绸艺术的传承和弘扬对于保护和发展中国传统文化具有重要的意义。

（一）丝绸艺术的传承

新时代丝绸艺术的传承不仅涵盖了精湛的丝绸生产和加工技术，还包括了丰富多样的丝绸纹饰与图案设计，以及深邃的丝绸艺术审美理念。为保持这些传统艺术的活力，我们需要通过深入的历史研究来探索其源流，通过师承和实践来学习这些古老的技艺，同时也需通过教育的普及来培养更多对丝绸艺术有兴趣的后继者。这种多角度的传承方式有助于丝绸艺术在现代社会中继续发扬光大，保持其生命力和影响力。

1. 丝绸生产和加工技术

自古至今，中国的丝绸生产技术经过无数代人的传承与精进，不断发展完善，成为中华民族的宝贵文化遗产。在中国，古老而精细的丝绸生产和加工流程主要分为五个基本步骤：养蚕、取丝、纺丝、染色以及织造，每一步都凝聚了丝绸工匠世代的智慧和熟练技艺。这些工序的精湛技术不仅保证了丝绸产品的高品质，也使中国丝绸在全世界享有盛名。这些丝绸生产和加工技术在中国已经传承了几千年，无论是在古代还是现代，都被视为珍贵的技艺。不可否认的是，传统的丝绸生产和加工方式正在逐渐被现代化的机器所替代。

2. 丝绸纹饰和图案的设计

丝绸纹饰和图案设计涉及色彩、形状、线条、比例和空间等元素，需要设计师有敏锐的观察力、丰富的想象力和熟练的绘画能力。这意味着丝绸纹饰和图案设计需要设计师的深厚艺术修养和专业技能。

（1）春秋战国时期丝绸纹饰的传承创新。在春秋战国时代，丝绸提花织品纹样中的动物象征常常与几何纹样相互融合，以“杯纹”“折线纹”和“菱格纹”等几何图案作为案例，这些纹样都采用了对称式的构图方式[1]。丝绸的植物纹在中国文化传统中具有特殊的地位。早在春秋战国时期，莲花

[1] 李颖. 中国古代织机改造与丝绸提花织物纹样的发展演变 [D]. 苏州：苏州大学，2006.

纹就已经广泛流行，被用作各种装饰品和器物的装饰图案；东汉时期佛教的莲花纹的意义和表现形式得到了极大的拓展。

（2）唐朝丝绸纹饰的传承创新。北朝时期的丝绸绢地团花纹绣（图5-6）和莲花狮象纹锦（图5-7）满足了当时的文化需求。在唐代，丝绸织造技术的传承与创新需求更为迫切，唐朝的纬显花技术就是一个标志性的创新实例。唐朝不仅从中西亚引进了纬显花技术，还吸收了当地的提花技巧，这一创新正是为了适应当时社会文化需求的产物。正如李颖在《中国古代织机改造与丝绸提花织物纹样的发展演变》中所指出的，这些织造技术的改进与丝绸提花织物纹样的发展演变，充分展现了唐代在丝绸文化艺术领域的创新精神。

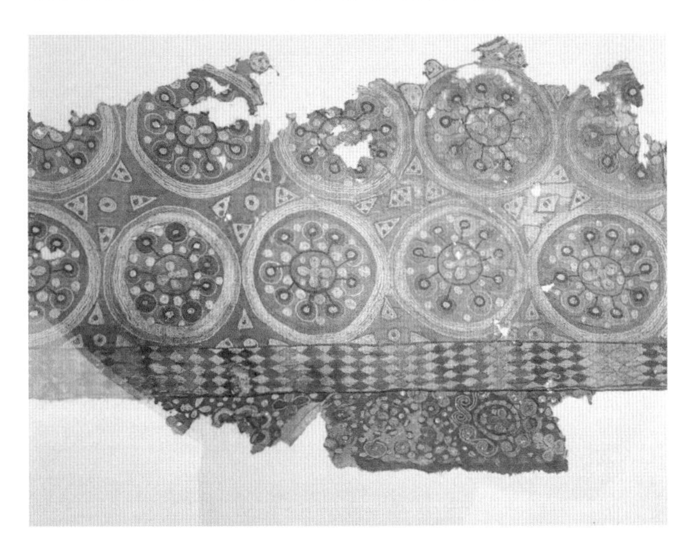

▲图5-6　北朝绢地团花纹绣（李潇鹏摄于中国丝绸博物馆）

▲图5-7　北朝莲花狮象纹锦（李潇鹏摄于中国丝绸博物馆）

唐朝丝绸纹饰融合了中西亚丝绸纹饰和中国传统丝绸纹饰。由于中西亚大部分地区气候干旱炎热，绿色植物因其稀缺性而被视为生命的象征，因此被广泛应用在各类工艺品上；这些植物纹样随着纺织技术的引入，打破了中国丝绸提花织物以动物纹为主体的装饰形式，从唐代开始，动物和植物纹样并重的装饰形式逐渐形成❶。

唐朝丝绸纹饰在技术上进行了重大的创新。“夹缬”始于唐，据《唐语林》记载，其发明者是唐玄宗柳婕妤之妹，她“性巧慧，因使工镂板为杂花，象之而为夹缬”。其名也屡见于唐代史料，指的是一种用两块雕刻成图案对称的花板夹持织物进行防染印花的工艺及其工艺制品（图5-8、图5-9）。斜纹纬锦技术也被中国的织绣工匠所采纳，并发展出了具有中国特色的斜纹纬锦丝绸。由于唐朝丝绸之路的繁荣，丝绸提花织物与中亚、西亚等地的艺术风格发生了深度交融，产生了许多独特且富有创新的丝绸生产和加工技术。唐朝时期，丝绸之路成为中国与西亚文化交流的重要通道。这种以波斯锦为代表的西亚织锦技术，在唐代的经济文化交流中，反过来对中国的丝绸织造技术产生了影

❶ 李颖．中国古代织机改造与丝绸提花织物纹样的发展演变[D]．苏州：苏州大学，2006.

▲图5-8　唐代小团花纹锦袍（李潇鹏摄于中国丝绸博物馆）

▲图5-9　花卉纹刺绣夹缬罗（李潇鹏摄于中国丝绸博物馆）

响，解决了经线起花花回小和使用颜色单调的问题；这种纬锦技术与多综多蹑束综提花机的结合，使生产纬起花织物成为可能[1]。

唐朝当时的文化包容性极强，唐朝的丝绸织物纹样中出现了大量的外来图案。中国丝织历史中的植物纹样及其表现形式的变化是具有文化意义的。葡萄纹样是早期传入中国的纹样之一，据记载，它在东汉时期的丝绸织物中就已经出现，并且在唐代更为流行。以源自地中海地区的一种蔓生植物——金银花纹为例，其在唐代的丝绸提花织物中非常流行，丝绸提花织造技术中的团花纹样从唐代至明清一直是提花织物的主要纹饰之一，它的特点是将纹样组织成圆形单元，然后按照一定规律在丝绸织物上排列。由于唐代人们崇尚“肥”“满”“圆”的美学特征，团花纹样在当时备受欢迎。唐代的团花纹样以花卉为主题，形状呈圆形或近似圆形，并按照“米”字骨格进行规则的散点发射状排列。牡丹纹饰在唐代开始流行，被誉为“花中之王”，这与唐朝当时的繁荣有关，人们追求奢华和富丽堂皇的生活，牡丹正好符合这种审美需求。

中国丝织品中的植物纹样及其表现形式的变化不仅反映了与中西亚的文化交流，也展示了中国丝织工艺的技术演变和审美观念的变迁[2]。树纹在波斯艺术中被称为“生命树”，带有植物崇拜的含

[1] 李颖. 中国古代织机改造与丝绸提花织物纹样的发展演变[D]. 苏州：苏州大学，2006.

[2] 同[1]。

义；因此，在丝绸提花织物中，树纹通常被布置在两个对称动物的中心位置❶。

（3）宋代丝绸纹饰和图案的传承。宋代文化完成了从开放繁华向内敛淡雅的转变。宋代的文化更注重精神内涵，强调个人修养和道德理想，这种文化特点深深影响了以后的中国文化。

宋代末期，文人士大夫对丝绸艺术有了更高的需求；一些丝绸布料的生产转移到了国营制造厂，出现很多被征用的男性和女性工人❷。丝绸纹样迎合了市民阶层的审美需求和对世俗生活的热爱。在丝绸纹样中，花卉既代表了自然的美，也寓含着吉祥和富贵的象征意义；莲花代表纯洁和高雅，牡丹象征富贵和繁荣，菊花则象征长寿和坚韧❸。龙和凤是中国传统文化中的神话动物，象征皇权和贵族，也寓意着吉祥和幸福。

由于宋代社会经济的繁荣，宋代丝绸艺术融合了各种丝绸纹样元素。宋代的丝绸艺术家们赋予了凤凰更加细腻生动的形象，他们注重描绘凤凰的细节，使其看起来更加秀美优雅。丝绸艺术家通过精巧的线条和色彩的运用，使凤凰的形象更加丰富和立体；这种纤细秀丽的凤凰形象，不仅出现在各种绘画和雕刻作品中，也广泛应用于丝绸、陶瓷、金银器皿等各种工艺品上，成为宋代文化艺术的一个重要特征❹。

宋代丝绸纹饰也反映出当时的佛教文化。佛教文化中的磬、鼓板、锭、元宝等丝绸纹样既体现了佛教文化，也寓含着对吉祥、幸福美好的期盼❺。菊花纹样在中国文化中有着重要的地位，代表了高洁的品格和坚韧的精神。在宋代，人们对菊花的热爱达到了顶峰，菊花纹样也在这个时期广泛流行。宋代的菊花纹样包括从花骨朵到大花的各个生长阶段，展现了菊花的生命力和生长过程，也体现了宋代人们对于生活和自然的热爱。

（4）明清丝绸纹饰和图案的传承。丝绸纹饰常见于中国古代官员的服饰中，各种精美丝绸图案成为表达身份权力的重要媒介。明朝时期，汉族的官员服饰以丝绸儒服为主，由朝服、常服、庆服等构成；腰束皮带，头戴翎巾或者幞头，以此来显示其身份、地位。清朝满族丝绸服饰以简洁实用的长袍为主，腰带一般用丝绸编织，颜色和图案反映了官员的等级和身份❻。

1759年，清朝开始实行标准化的宫廷着装规定，宫廷服装被分为正式和非正式两类，服装的材质包括夏季的丝纱、秋季的绸缎、冬季的棉衬和毛皮衬里❼。在清朝宫廷的女性正式服饰中，丝绸旗装上半身有方形领口和醒目的肩章，这些设计具有保暖作用；下半身则是一条由丝绸制成的褶边裙，裙上绣有寿字、花和龙的图案❽。

---

❶李颖．中国古代织机改造与丝绸提花织物纹样的发展演变 [D]．苏州：苏州大学，2006.

❷DEACON D A，CALVIN P E. War imagery in women's textiles：an international study of weaving，knitting，sewing，quilting，rug making and other fabric arts[M]. Jefferson：McFarland & Company，Inc，2014：126.

❸岳兰兰．宋代丝绸纹样艺术研究 [D]．郑州：郑州大学，2014.

❹同❸。

❺袁宣平，赵丰．中国丝绸文化史 [M]．济南：山东美术出版社，2009：147.

❻GARRETT V. Chinese dress：from the qing dynasty to the present day[M]. North Clarendon：Tuttle Publishing，2008：15.

❼GARRETT V. Chinese dress：from the qing dynasty to the present day[M]. North Clarendon：Tuttle Publishing，2008：34.

❽同❼。

3. 丝绸艺术的审美理念

丝绸艺术的审美理念是多元的，它既体现了中国文化的优雅精致，也融入了实用美与自然美的和谐统一。丝绸艺术的审美理念包括重视自然与和谐、注重线条和色彩、追求精致和细腻、追求实用与美观。

丝绸艺术在设计上常常借鉴自然元素，以表达人与自然的和谐统一。在中国丝绸图案中，不同民族的动物纹样表达存在着显著差异。在一些少数民族中，人类与动物的关系是竞争关系。但在中国主流的传统视角中，人与动物的关系更多的是和谐共生和相互尊重。这主要源于中国传统文化中的道教和儒教思想，强调人与自然和谐共处。因此，在中国的丝绸纹样中，动物往往被赋予了“祥禽瑞兽”的象征意义❶。在中华人民共和国的丝绸纹样设计中，大量吉祥的象征意义出现。这是传统文化观念的延续，也体现了中国传统美学，正如郭廉夫曾说：“图必有意，意必吉祥。❷”

传统丝绸艺术也融合了当今的诸多艺术流派，形成了一种独特的审美观念。当代丝绸艺术强调线条的流畅和色彩的鲜艳，以大几何纹和小几何纹为例，这些纹样反映出中国传统艺术的柔美和优雅。小几何纹是丝织品中最早出现的一种几何图案形式，通常是由简洁的直线构成的条格或菱形框架，并在其中填充简易的几何图案，如回纹、云雷纹、点纹和十字形纹等❸。大几何纹是基于小几何纹的进一步发展的形式，通常以较大的几何图案作为框架，并在其中填充小型的几何图案，从而形成比较大的、复杂的大型几何纹样❹。

丝绸制作工艺精巧，细腻的线条和细密的织造工艺体现了中国人追求精致生活的审美观念。丝绸艺术不仅是一种美学表达，也是历史和文化的载体，蕴含着各种图案和符号。

中国的丝绸审美影响了整个欧洲。以一件产自1770年至1780年的法国服饰艺术品为例，这套平纹丝绸服装（图5-10）包括一件大衣和一条奶油粉红色条纹丝绸裙，采用具有中国花卉图案的塔夫绸进行装饰。另一件迪奥“郁金香”系列的长款晚礼服（图5-11）上有大量中国纹样装饰，设计于1953年，采用了来自里昂的丝绸制造商Bianchini Ferier的丝绸塔夫绸，并且使用了精致瓷器般的中国丝绸纹样。

丝绸艺术不仅追求美还注重实用性，如丝绸包装设计、丝绸服饰设计、家居丝绸用品设计等。以丝绸包装设计为例，中国丝绸在包装设计领域历史悠久，商代青铜器和玉器上附着的丝绸织物痕迹，说明商周时期的青铜礼器可能被丝绸裹着；在传世的文献和绘画艺术作品中，丝绸也常作为包装的材料；最后，丝绸还被广泛用于各类日常用品的包装❺。由此可知，丝绸包装种类丰富、形式多样，丝绸艺术无疑是中国丝绸文化的重要一环。

❶ 王言升，张蓓蓓. 中国传统丝绸图案设计思维研究——基于传统文化的分析 [J]. 丝绸，2016，53(10)：45-51.

❷ 耿榕泽. 新中国丝绸纹样的设计社会学特征研究 [D]. 南京：南京艺术学院，2022.

❸ 李颖. 中国古代织机改造与丝绸提花织物纹样的发展演变 [D]. 苏州：苏州大学，2006.

❹ 同❸。

❺ 袁宣萍，陈百超. 中国传统包装中的丝绸织物 [J]. 丝绸，2010(12)：40-44.

▲图5-10　中国花卉图案的塔夫绸礼服（李潇鹏摄于德国柏林装饰艺术博物馆）

▲图5-11　“Alicia”的长款晚礼服（李潇鹏摄于德国柏林装饰艺术博物馆）

（二）丝绸艺术的弘扬

丝绸艺术的弘扬主要包括丝绸艺术的展览推广、创新发展和国际交流等。

1. 丝绸艺术的展览和推广

丝绸艺术的展览推广是弘扬丝绸文化的重要环节，不仅可以帮助人们了解丝绸的历史，还可以欣赏丝绸艺术的魅力。各大丝绸主题的博物馆和艺术展览馆都会定期举办丝绸艺术展览，展示各种丝绸制品，如丝绸织物、刺绣、丝绸画等丝绸艺术品。通过这些展览，人们可以近距离接触丝绸艺术，了解其制作工艺和艺术价值。丝绸艺术的推广可以通过各种方式进行，如举办丝绸艺术讲座、开展丝绸艺术工作坊、发行丝绸艺术图书和上传视频等，这些活动可以帮助公众了解丝绸艺术的知识。

苏州丝绸博物馆是弘扬丝绸艺术的典型案例。苏州丝绸博物馆位于中国江苏省苏州市，它以展示丝绸文化和丝绸工艺为主，弘扬和传承了中国丝绸文化。苏州丝绸博物馆占地约10000平方米，馆内设有基本陈列、临时展览、多功能报告厅、学术研究、文化交流等功能区域。其中，基本陈列展示了丝绸的起源、丝绸之路、丝绸工艺、丝绸服饰等内容，临时展览则不定期展出各类丝绸艺术品。苏州丝绸博物馆是人们了解丝绸历史和文化、感受丝绸艺术魅力的重要场所。苏州丝绸博物馆还与国内外的博物馆、学术机构、设计师等进行合作，共同推广和研究丝绸文化和艺术。

苏州丝绸博物馆的馆藏艺术品非常丰富，包括古代丝绸织物、刺绣、丝绸服饰、丝绸画等各种形式的丝绸艺术品。这些艺术品不仅展示了丝绸艺术的美丽和精致。以苏州丝绸博物馆馆藏文物——隋朝的黄地套环联珠对鸟纹绮单衣为例，此丝绸服装采用立领右衽的形式，保存状况良好，反映了北方民族的服饰特点❶。清代传世织金锦大陀罗尼经被，是清代藏传佛教信仰背景下独特的陪葬物藏品，其品相完整且保存良好，该经文被是用桑蚕丝、棉纤维和捻银线交织而成的大型提花织锦❷制成的。

2. 丝绸艺术的创新发展

丝绸艺术的创新发展是一个持续不断的过程，随着科技、设计和市场需求的变化而不断发展。其是一个综合性的过程，涉及设计、材料、技术和市场等多个方面。

（1）莨纱绸的创新和发展。莨纱和莨绸都是采用晒莨染整工艺，这种工艺使两者都具有柔顺耐用、抑菌保健等多种功能。在岭南文化中，人们比较注重生活的实用性和审美性，他们喜欢使用各种贴近生活的美好图案纹饰来装点事物，这些莨纱绸的图案纹饰通常寓意吉祥、幸福和富裕，如蝙蝠、鱼、莲花、石榴等纹样❸。

莨纱绸具有一定的历史文化属性（表5-13）。唐代已有关于薯莨的记载，沈括和明代李时珍都曾记述过薯莨的染色作用。明代永乐年间，广东莨纱已经出口到国外。据《广东省志·丝绸志》记录，清朝道光年间，广东佛山南海地区已经开始采用晒莨工艺进行绸织；据《广东省纺织工业史》记载，同治时期的佛山南海、顺德、番禺等地也开始出现了采用晒莨工艺染整的“莨绸”❹。《西樵山志》记载，1915年，西樵镇的程家四兄弟通过改良织造设备和技术，创造了一种名为“马鞍丝织提花绞综”的织法，织出了纽眼通花、透气透光的香云纱❺。

表5-13 莨纱绸的创新和发展

莨纱绸	莨纱绸的创新和发展
材料创新	随着科技的发展，研究者们开始尝试使用更多种类的烟莨以及其他材料，以提高莨纱绸的质量和性能。一些研究者开始尝试将竹纤维、木薯淀粉等植物纤维与烟莨混合，制成新型的莨纱绸
工艺创新	通过改进生产工艺，提高莨纱绸的生产效率和质量。一些研究者开发出了新的纺丝技术，使莨纱绸的丝线更细腻，质地更均匀；或者通过改进染色和印花工艺，使莨纱绸的色彩更丰富，图案更精美
设计创新	莨纱绸的设计也在不断创新，以适应不断变化的市场需求。设计师们通过结合当下的流行元素，设计出各种新颖、时尚的莨纱绸产品，满足消费者的审美需求

到了20世纪60年代，化纤织物以其价格低廉、易于生产和养护等优势，再次冲击了丝绸市场，

❶崔粲．苏州丝绸博物馆精品文物系列推介［J］．江苏丝绸，2020(Z1)：15-16.
❷同❶。
❸徐娅丹．莨纱绸在室内与家具设计中的应用研究［J］．家具与室内装饰，2021(4)：34-37.
❹同❸。
❺同❸。

特别是莨纱绸。由于化纤织物的出现，更多的人转向了价格更亲民、更易于打理的化纤织物。这些因素都导致莨纱绸的市场需求大幅度下降，产量大跌。莨纱绸要想实现创新和发展，就必须在多个方面进行努力。莨纱绸进行材料创新、工艺创新和设计创新等方法，才能适应市场的变化，满足消费者的需求，确保自身的生存和发展。

3. 丝绸艺术的国际交流

丝绸艺术是中国古代文化的重要组成部分，影响了全球的服装、艺术和生活方式。188年，东汉赠送给日本优质蚕蛹，这是中日两国交流的历史见证，也标志着中国丝织技术的传播❶。日本受到中国的影响，平安时代的绘画、书籍和版画通过描绘妇女在丝绸织造、染色、晾晒、剪裁和缝制等方面的劳作，展现了当时日本妇女的生活状态。在平安时代，丝织刺绣的图案和颜色的选用是基于社会等级的差异进行的。丝绸刺绣图案的范围从佛教符号扩展到包括中国的凤凰和龙，以及鸟类和花卉等元素❷。

到了16世纪，印度妇女开始为葡萄牙市场制作独特的丝绸刺绣被褥，这些被褥原料从中国进口，因巧妙地融合了印度、葡萄牙和中国三种不同文化的纺织图像而闻名，丝绸图案有植物、鸟类和瑞兽等❸。到了17世纪初，这些丝绸刺绣图案中出现了圣经故事、希腊罗马神话故事、葡萄牙士兵和帆船的图像❹。这些丝绸被褥就是丝绸艺术国际交流的最好证明。

在19世纪末至20世纪初，中国开始和工业文明的西方文化接触（表5-14）。新艺术和装饰艺术风格的引入，使丝绸旗袍设计变得更具多样性和创新性；科学且合理的制作技术使旗袍的结构更加贴合身体，造型更为流畅均衡，纹饰更加简洁且富有时尚感❺。

表5-14 丝绸艺术的国际交流

丝绸艺术的国际交流	内容
展览与展示	全球各大博物馆、艺术展览会，经常会展出中国的丝绸艺术品。同时，中国也会定期举办丝绸艺术展览，向世界展示中国丝绸的魅力
学术研究	丝绸艺术是世界艺术史研究的重要领域。世界各地的学者都在进行丝绸艺术的研究，不断深化对丝绸艺术的理解
商业交流	中国的丝绸产品，如丝巾、丝绸家纺等，都受到全球消费者的喜爱
文化交流	通过丝绸艺术，外国人可以了解到中国的历史、文化和生活方式

总的来说，丝绸艺术的国际交流不仅有助于推广中国文化，也有助于促进世界文化的交流和融合。

❶ DEACON D A，CALVIN P E. War imagery in women's textiles：an international study of weaving，knitting，sewing，quilting，rug making and other fabric arts[M]. Jefferson：McFarland & Company，Inc，2014：129.

❷ 同❶。

❸ Museu Nactional Machado. Textiles.

❹ 同❸。

❺ 徐宾，温润. 民国丝绸旗袍纹样装饰艺术探微[J]. 丝绸，2020，57(1)：62-66.

二、提高生活品质追求

丝绸的文化价值不仅体现在其本身的奢华上，更体现在其对生活品质提升的重要作用上。丝绸的柔滑、光泽和透气性使丝绸产品备受欢迎，并被视为提升生活品质的重要元素。

丝绸在服装、家居、艺术等多个领域都有广泛的应用。在服装领域，丝绸服饰被视为高品质的代名词，它的柔滑质地和光泽感使穿着者显得尊贵高雅。

在家居领域，丝绸床上用品、窗帘、桌布等的优雅和舒适为家居生活增添了一份奢华和品质。丝绸也是一种重要的画、刺绣、挂毯等艺术品表现媒介，这些艺术品的独特魅力和艺术价值也是丝绸文化价值的重要组成部分。

（一）丝绸提高中国人的生活品质

丝绸，以其华美的色泽、柔软的质地和富有艺术美感的纹样，自古以来就被视为一种高贵的材料，深受人们的喜爱；它在提高中国人生活品质方面，具有重要作用。

第一，丝绸以其天然的光泽和柔滑的手感，提升了人们在日常生活中的舒适感，其轻薄的质地让人感到轻盈且舒适。当代丝绸服装（图5-12）在贴身穿着时能够有效调节体温，适应不同的气候变化，其良好的吸湿排汗性能也保持了肌肤的干爽。这些特性使丝绸不仅成为一种奢华的象征，更成为提高生活品质的实用选择。

第二，丝绸艺术以其绚丽的色泽和精致的纹理，丰富了扇面绘画（图5-13）和刺绣等传统艺术形式，增强了作品的观赏价值，提升了人们对美的认知和欣赏力。在家居装饰领域，丝绸制品如窗帘、床罩等，不仅增添了居室的雅致风格，也体现了主人对生活品质的追求和艺术品位。丝绸艺术

▲图5-12　当代丝绸服装（李潇鹏摄于中国丝绸博物馆）

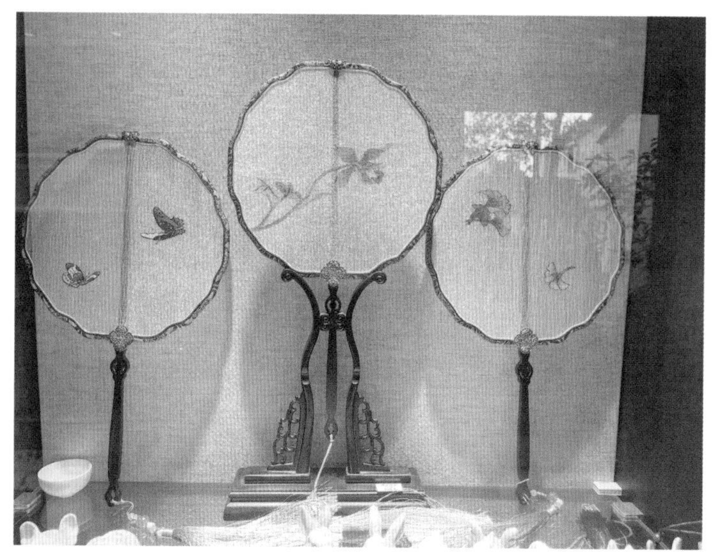

▲图5-13　丝绸扇子（李潇鹏摄于苏扇博物馆）

品既是对传统手工艺的传承，也展现了现代设计和艺术审美的完美融合，为生活空间带来了别样的文化气息和美学体验。

第三，丝绸曾作为皇家专属之物，不仅是帝王贵族衣着的象征，亦体现了朝廷的富裕与尊贵。丝绸作为外交礼品，常被用于对外贸易和礼节性赠予，展示了中国深厚的文化底蕴和国力。此外，通过这种方式，丝绸还成为连接中国与世界的纽带，促进了不同文明间的交流与相互尊重。普利茅斯The Box博物馆收藏的丝绸蟒袍（图5-14）是中国古代皇家宫廷服饰的代表。该袍适用于正式礼仪活动，类似于现代婚礼礼服；袍身绣有龙纹，并且蟒袍上的各种佛教纹样不仅是吉祥的象征，还寓意着尊贵、和谐及智慧。

第四，丝绸产业作为中国传统的支柱产业之一，其生产与销售活动对提振国内经济发展起到了显著的推动作用。高品质的丝绸产品不仅在国内市场享有盛誉，亦在国际贸易中占据重要地位，为中国带来了可观的经济收益和外汇。此外，丝绸行业的繁荣也带动了相关农业、制造业和服务业的发展，为促进就业和提升经济水平贡献了力量。

▲图5-14　丝绸蟒袍（李潇鹏摄于普利茅斯The Box博物馆）

第五，丝绸不仅是一种珍贵的纺织品，更是中华文化遗产的重要载体，其制作蕴含了养蚕、缫丝、染色和织造等传统技艺，承载着深厚的文化和历史价值。此外，丝绸上的印、绣、绘、染、织等工艺（图5-15），都是中国传统艺术表现形式的集合，反映了民族文化的审美追求和技艺智慧。通过丝绸这一介质，无数艺术家和工匠将古老的中华文明以及其独有的艺术风格代代

▲图5-15　印、绣、绘、染、织工艺（李潇鹏摄于江南丝绸文化博物馆）

传承，继续向世界展现中国的文化魅力。

（二）丝绸提高伊斯兰人的生活品质

丝绸服装的穿着习俗反映了当时伊斯兰社会对生活品质的追求。在伊斯兰的乌玛亚德王朝时期，丝绸作为一种奢侈的面料，被广泛用于制作哈里发及其朝臣的服装。丝绸的华丽光泽和柔软质地使丝绸服装成为权力和地位的象征；哈里发和他的随从更是穿着各种丝绸衣服，不仅提高了服装的观赏性，也进一步强调了他们的尊贵地位[1][2]。此外，在上埃及的Qasr Ibrim挖掘出的马穆鲁克时期的面纱是用深红色的丝绸制成的，边缘则是用棕色的羊毛编织的[3]。

据阿尔·瓦什沙（Al Vashsha）所述，阿拉伯男士的时尚穿着通常会堆叠多层衣物，在这些长袍之上，他们会穿上一件由尼沙普尔的亚麻和丝绸制作的jubba[4]。在这个时代的阿拉伯人服装中，伊拉哈（Irhaa）和卡狄（qaa）以及由丝绸和山羊毛制成的长袜（jawrab，这个词源自波斯语的“gilrab”）是从波斯引入的时尚品，提升了人们的生活品质[5]。

（三）丝绸提高欧洲人的生活品质

在欧洲，丝绸缎子的制作工艺复杂，需要经过精细的工序才能完成，所以它的价值较高，被视为一种奢侈品；穿着绸缎制成的服饰，可以展现出优雅而高贵的气质，提高人们的生活品质。2007年，在“高级时装文化”展览中展示的迪奥“泽米尔（Zémire）”系列就是丝绸提高欧洲人生活品质的实例；1954年，玛格丽特公主（Margaret Rose）在布伦海姆城堡中首次公开亮相此系列，其服装材质主要为灰色的丝绸缎子[6]。

在中世纪，英国大量的丝绸服饰进入了舞台服装表演领域，提高了欧洲贵族精神舒适度，提高了欧洲人的生活品质。由于英国爱德华三世所颁布的服装等级规定，低阶仆人将奢华的服饰转售，大量的二手丝绸、塔夫绸制成的服装和甚至带有金色效果的丝绸斗篷、领巾和长袜被用于装饰舞台表演，出现了大量时尚而奇幻的丝绸舞台服装[7]。

在5世纪至13世纪期间，科普特丝绸挂毯和拜占庭丝绸织物在全欧洲和地中海地区广受欢迎[8]。这些精美的丝绸艺术品以其鲜艳的色彩、金色的线条和繁复的设计成为那个时代的象征。拜占庭的

❶ STILLMAN Y. Arab dress. A short history: from the dawn of islam to modern times[M]. Leiden: Brill, 2003:43.

❷ MEZ A. The renaissance of islam[M]. BAKHSH S K, MARGOLIOUTH D S Trans. Patna: Gubilee Printing and Publishing House, 1937:63.

❸ EASTWOOD G. A medieval face-veil from Egypt[J]. Costume, 1983, 17(1):33-38.

❹ STILLMAN Y. Arab dress. A short history: from the dawn of islam to modern times[M]. Leiden: Brill, 2003:44.

❺ 同❹。

❻ SHERIDAN J. Fashion, media, promotion: the new black magic[M]. New York: John Wiley & Sons, 2013:61.

❼ BROOKS A. Clothing poverty: the hidden world of fast fashion and second-hand clothes[M]. London: Bloomsbury Publishing, 2019:112.

❽ DEACON D A, Calvin P E. War imagery in women's textiles: an international study of weaving, knitting, sewing, quilting, rug making and other fabric arts[M]. Jefferson: McFarland & Company, Inc, 2014:160.

丝绸织物和丝绸挂毯同样以其醒目的色彩、金色装饰和精密的设计而闻名。在拜占庭的法典中，尤其是在《戴克里先敕令》和《狄奥多西法典》中都对丝绸染工、织工、金绣工和裁缝有所记载[1][2]。这些行业的繁荣说明了丝绸生产和加工在当时社会经济中的重要作用。

丝绸扇子也是重要的丝绸艺术品，尤以绸缎材质的扇子最为流行。在伦敦扇子博物馆中有一把1760年法国的扇子（图5-16），由珍珠与绸缎制成，提高了当时的欧洲生活品质。

▲图5-16　珍珠与绸缎扇子（李潇鹏摄于英国伦敦扇子博物馆）

在18世纪末，由塔夫绸制成的长袍常常被年轻的欧洲女性穿在柔软的连衣裙之上。这种长袍拥有两片式的长袖和低胸线设计，背部紧贴肩膀，裙摆部分略微呈现出拖尾的样式[3]。1790年，巴洛克和洛可可风格的时尚用品主要由丰富华丽的丝绸制作而成。19世纪初的摄政时期，人们的时尚品位发生了变化，开始倾向于古典主义，偏好轻质的丝绸或纯棉的制品[4]。

在18世纪末期，欧洲和北美的女性服装风格开始出现变化，早期的垂帘式设计与更精细的裁剪图案相结合。那时衬裙与长袍（英式长袍与法式长袍）逐步成为整个18世纪的主流时尚[5][6]。正如诺拉·沃夫（Nora Wolf）所述，到了18世纪90年代末，开袍通常由极薄、轻且脆的丝绸制作而成，装饰有细条纹或小点点图案[7]。

意大利的皮埃蒙特地区拥有丰富的水资源、桑树种植业和优质养蚕业，促进了当地工业和农业的发展。从16世纪末到19世纪初，皮埃蒙特开始与热那亚的丝织工合作，皮埃蒙特提供生丝并购买珍贵的织物进行出口，生产珍贵的丝绸和天鹅绒，提高了当地人们的生活品质[8]。

---

❶ MUTHESIUS A. Studies in byzantine and islamic Silk weaving[J]. London：The Pindar Press，1995：306.

❷ DEACON D A，CALVIN P E. War imagery in women's textiles：an international study of weaving，knitting，sewing，quilting，rug making and other fabric arts[M]. Jefferson：McFarland & Company，Inc，2014：160.

❸ PALMER A. Looking at fashion: the material object as subject[J]. The Handbook of Fashion Studies，2013：268-300.

❹ 同❸。

❺ ARNOLD J. Patterns of fashion 1: Englishwomen' s dresses and their construction c.1660-1860[M]. London：Wace，1964.

❻ Diderot D，d' Alembert J，eds. L' Encyclop é die，ou Dictionnaire raisonn é des sciences，des arts des m é tiers[M]. New York: Dover，[1751-1780] 1959.

❼ PALMER A. Looking at fashion: the material object as subject[J]. The Handbook of Fashion Studies，2013：268-300.

❽ PAGÁN E A，SALVATELLA M M G，PITARCH M D，et al. From silk to digital technologies：a gateway to new opportunities for creative industries，traditional crafts and designers. The SILKNOW case[J]. Sustainability，2020，12(19)：8279.

在19世纪末，巴黎丝绸时尚影响了整个欧洲的时尚界。在巴黎歌剧院的帝国宫殿内，风度翩翩的绅士和身着丝绸长裙的淑女们有时候甚至盖过了舞台上演出的风头，带着从容的态度展示他们的穿搭艺术，成为众人关注的焦点❶。

在20世纪，丝绸开始与其他类型的材料融合，使其不单在奢侈品领域中保持其独有的优势，也在更广大的生活领域中得以显现。合成丝绸提升了丝绸的耐久度，让其更适合常态化的使用。除此之外，合成丝绸仍保留了原有丝绸的柔滑质地和光亮度，视觉效果并不逊于天然丝绸，让更多的人有机会享受到丝绸带来的舒适体验。

1954年2月，纪梵希使用特制丙烯酸和丝绸混合，设计出“革命性”的衬衫裙，松散地贴合在身体周围，展示了面料的柔韧性、良好的悬垂性和可洗性❷。这些丝绸混合礼服有绿松石色、黄色和玫瑰色，这些颜色是由奥伦改进的染色能力而实现的❸。自1989年起，爱马仕集团一直是法国领先的丝织企业，使用了法国大部分的进口丝绸。

许多博物馆中也记录了丝绸服饰如何提高欧洲人的生活品质。如图5-17所示，左侧是一款1760~1765年的英国银色亮片背囊式长袍，由长袍、胸衣和裙子组成。这款华丽的背囊式长袍采用象牙白色的丝绸面料，饰有银色的金属丝刺绣；配套的刺绣鞋也是这套银色亮片背囊式长袍的一部

▲图5-17　丝绸服饰（李潇鹏摄于德国装饰博物馆）

❶ POTVIN J. The places and spaces of fashion，1800–2007[M]. New York：Routledge，2013：19.

❷ Blaszczyk R L. The hidden spaces of fashion production[J]. The Handbook of Fashion Studies，2013：181–196.

❸ 同❷。

分，同样采用象牙白色的丝绸面料，绣有银色的金属亮片和金属饰边。中间是1785～1790年的法国男士西装，由瓶绿色的丝绸天鹅绒和象牙白色的丝绸缎子制成，刺绣使用的是银色的金属丝和多色丝线。这套西装的短裤和外套都使用了天鹅绒面料，绣有镀银的金属亮片。右边是一款1775年的法国丝绸长袍，特别适合年轻的女孩，此袍经过裁剪形成了长腰部。

（四）丝绸提高其他亚洲地区人的生活品质

丝绸融入了其他亚洲地区社会生活的方方面面，如日本的和服和茶道文化等，大大提高了日本的生活品质。在江户时代的日本，随着丝绸刺绣技术不断提升，金银丝线的使用成为一种流行趋势，镶线、缎绣和法式打结等技术被用来创作复杂的设计[1]。丝绸刺绣被广泛应用于各种物品的装饰，包括和服、腰带，甚至家居用品，如屏风和窗帘。丝绸刺绣在日本的茶道中也起着重要的角色，茶艺师经常使用丝绸刺绣的布料来营造茶会的美学环境[2]。

丝绸鞋子以其优雅、舒适和独特的美感成为提高生活品质的重要案例。在不丹，贵族在正式场合会穿着一种名为“tshoglham”的靴子。这种靴子的特点是富有艺术感的刺绣和贴花，传统上是由丝绸制成，丝绸的柔软性和光泽度使这种靴子既舒适又美观，体现了不丹人对美的独特追求和对传统的尊重，也反映了不丹社会的等级制度和对权力的尊重[3]。

三、促进中外文化交流

丝绸艺术的创新通过吸纳和融合外来文化元素，推动自身的发展促进中外文化的交流。通过丝绸，中国的书法、绘画、哲学等多种文化形式得以传播到西方。

（一）丝绸之路促进中外文化交流

丝绸奢侈和尊贵的象征意义使丝绸成为中国和西方文化交流的桥梁。公元前2世纪，丝绸之路不仅推动了商品的交换，还推动了中国与西方国家之间的文化交流。丝绸之路是东西方交流的重要通道，传播了中西方的商品、文化、科技和艺术。当丝绸之路的商品抵达欧洲后，许多城市就成为重要的贸易中心。法国的图尔、里昂和圣艾蒂安，意大利的博洛尼亚、都灵、佛罗伦萨和威尼斯，以及西班牙的格拉纳达、塞维利亚和瓦伦西亚，这些城市都因为丝绸之路的贸易而繁荣起来。

考古学家在瑞典、丹麦、芬兰和挪威的坟墓中曾发现中国丝绸的残片，这表明在中世纪早期，中国丝绸已传播到了这些地区。1904年，在挪威韦斯特福尔发现了一百多块丝织品碎片，这代表着

[1] DEACON D A，Calvin P E. War imagery in women's textiles: an international study of weaving，knitting，sewing，quilting，rug making and other fabric arts[M]. Jefferson：McFarland & Company，Inc，2014：133.

[2] 同[1]。

[3] ALTMANN K. Fabric of life-textile arts in Bhutan: culture，tradition and transformation[M]. Berlin：Walter de Gruyter GmbH & Co KG，2015：25.

当时斯堪的纳维亚地区与东方世界之间已有贸易和文化交流[1][2]。

受丝绸之路的影响，“东方”这一术语早于“时尚”开始流行。17世纪，西班牙强制的奢侈礼仪时尚饱受诟病，新兴的东方风情的混合丝绸和东方风味的印花布重新成为一种极受欢迎的时尚服饰[3]。直到18世纪，“时尚”才逐渐形成了一个与现今相似的完整概念，而丝绸自古以来被认为是东方时尚的代表。

（二）丝绸制品的传播促进中外文化交流

丝绸刺绣、丝绸画等丝绸制品是中国文化的重要载体。通过丝绸制品的传播，中国的丝绸艺术得以在世界范围内广受欢迎。丝绸贸易促进了中西方的经济交流，也推动了文化的交融，使世界文化更加丰富多彩。

许多早期的坟墓和圣物箱中，由中国丝绸制成的物品十分常见。欧洲的神职人员和贵族也非常喜欢丝绸，他们会花费大量的金钱购买和收集丝绸；这些丝绸被用来装饰教堂和贵族的住所，如宗教仪式、王室庆典等；例如，法国图勒的早期主教的遗体就被包裹在丝绸中，这体现了丝绸在当时社会中的重要地位和崇高价值[4]。它不是一种普通的材料，而是一种象征，代表了尊贵、纯洁和神圣。

▲图5-18　伦敦的中国传统戏曲丝绸鞋（李潇鹏摄于大英博物馆）

在不丹，高品质的夹克主要由进口的丝绸、聚酯纤维或棉布制作而成。富裕的不丹女性会在特殊场合穿着精美的织锦夹克，其中来自中国香港的丝绸织锦受到青睐[5]。在20世纪90年代初，精英阶层的不丹女性更倾向于选择用色彩鲜艳的丝绸作为日常休闲服饰[6]。

在英国伦敦大英博物馆“共续英华”中国特展（图5-18）中，一双丝绸鞋子和一把扇子见证了中国传统戏剧传入英国的历史，让英国人了解

❶ FRANKOPAN P. The silk roads: a new history of the world[M]. London: Vintage, 2017: 116.
❷ CLAIR K S. The golden thread: How fabric changed history[M]. New York: Liveright Publishing, 2019: 89.
❸ GECZY A. Fashion and orientalism: dress, textiles and culture from the 17th to the 21st century[M]. London: Bloomsbury Publishing Plc, 2013.
❹ CLAIR K S. The golden thread: how fabric changed history[M]. New York: Liveright Publishing, 2019: 89.
❺ ALTMANN K. Fabric of life-textile arts in Bhutan: culture, tradition and transformation[M]. Berlin: Walter de Gruyter GmbH & Co KG, 2015: 30.
❻ 同❺。

到了中国的传统戏剧，促进了中国和英国之间的文化交流。

四、提升国家文化软实力

丝绸艺术不仅是中国古老文化的重要组成部分，还是中国对外文化交流的重要载体。在提升国家文化软实力方面，丝绸艺术具有非常重要的作用。

（一）文化标识和民族骄傲

在历史上很长一段时间里，中国都是丝绸的唯一产地，中国桑蚕的生产已有大约五千年的历史。甲骨文是中国国家身份和文化遗产的象征，其中与丝绸相关的词汇反映出当时丝绸生产已经成为重要的经济活动。桑树和蚕的文化意义不仅体现在它们与生产活动的关联上，而且还体现在神话传说、宗教仪式和社会习俗上[1]。

丝绸舞台服装是中国国家标识之一。图5-19是一件丝绸舞台服装，它以丰富多彩的刺绣、层次分明的云肩和领口而闻名。这条丝绸裙子有两层长流苏和尖尖的装饰带，根据保存下来的戏曲人物画可以推断，这件服装是用于演绎公主、女神或仙女角色的服装。

▲图5-19　丝绸舞台服装（李潇鹏摄于大英博物馆）

[1] VAINKER S J. Chinese silk: a cultural history[M]. New Brunswick: Rutgers University Press, 2004.

（二）文化交流与技术创新

丝绸是国际贸易的商品和文化交流的媒介。通过丝绸艺术，中国向世界各国分享了其美学观念和生活方式。丝绸艺术的发展带动了相关产业链的经济增长，包括丝绸制造、销售、旅游等。

丝绸艺术的制作流程反映了中国精湛的传统手工技艺，对其进行精心保护和传承对于文化遗产的维护至关重要。历经岁月的脚踏式缫丝机（图5-20）与提花机（图5-21）不仅见证了丝绸艺术在中欧跨文化交流的演进，也展示了技术创新与传统工艺的和谐融合。现代技术如小花楼织机（图5-22）进一步实现了传统工艺与新式设计手段的融合，为丝绸艺术带来了前所未有的创新潮流。

▲图5-20　踏脚式缫丝机（徐凌豪摄于法国里昂丝绸博物馆）

▲图5-21　提花机（徐凌豪摄于法国里昂丝绸博物馆）

▲图5-22　小花楼织机（李潇鹏摄于南京云锦博物馆）

（三）国际形象塑造

优质的丝绸产品和丝绸艺术展览在国际上展示了中国的良好形象，提升了国家的文化软实力和国际影响力。“丝绸之路”成为远距离贸易的典型代表，它描绘了一个关于跨境市场和边界贸易的画面[1]。对于那些愿意翻山越岭的人来说，丝绸提供了巨大的回报[2]。

自古以来，中国的丝绸文化对世界文化产生了深远的影响。19世纪40年代初，由我国设计师设计的不丹皇冠由丝绸制成，成为不丹统治者的个人象征。当晋美南杰（Jigme Namgyal）担任通萨的侍从（Zimpon）时，他遇到了他江秋尊珠（Jangchub Tsundru）；江秋尊珠对他产生了重大影响，为晋美南杰设计了神圣的乌鸦王冠，从那时起，乌鸦王冠就成为不丹国王的象征[3]。此乌鸦皇冠由中国和英国的丝绸刺绣和丝织品、丝缎、棉布、丝绣、镀银黄铜配件和镀金铜箔制成；这些材料的使用体现了丝绸产业在当地文化和艺术中的重要地位[4]。

（四）艺术与教育

新时代丝绸艺术的展示与教育不仅彰显了传统工艺，还对提升国民的艺术鉴赏力起到了关键作用。通过展览、互动讲座及学校课程的融入，这一艺术形式赋予了人们更深层次的文化认知与审美视角。这样的文化推广活动，不断提高了公众的文化素质，也为社会营造了一个更加和谐、富有同理心的文化氛围，促进了不同文化间的交流与理解，为构建一个多元共融的社会文化环境奠定了坚实基础。

自古以来，丝绸出现在很多故事中。在《一千零一夜》中，提卡拉绳（tikka）经常出现，用于绑定阿拉伯长袍上的sirwiil。这些拉绳通常由最优质的丝绸制成，在中世纪的阿拉伯浪漫文学中频繁出现[5]。在阿拉伯文学中，女士会将她的提卡赠给她的崇拜者作为爱情的象征，这与欧洲浪漫故事中的女士可能会赠送围巾给骑士的行为类似[6]。

丝绸艺术品也出现在世界各地的博物馆中。瑞典陆军博物馆收藏着300多面由中国丝绸制作而成的俄国军旗。这些被用来制作俄罗斯军旗的中国丝织品都是轻薄的单层织品，其中使用的提花织品大多为暗花织品[7]。这些丝织品的图案展示出中国明末清初丝织品纹样的特性[8]。

位于浙江杭州的中国丝绸博物馆是全球首个以丝绸为主题的专业博物馆，也是全球最大的丝绸

[1] WINTER T. Geocultural power：China’s quest to revive the Silk Roads for the twenty-first century[M]. Chicago：University of Chicago Press，2019：28.

[2] 同[1]。

[3] ARIS M. The raven crown：the origins of Buddhist monarchy in Bhutan[M]. London：Serindia Publications，2005.

[4] ALTMANN K. Fabric of life-textile arts in Bhutan: culture，tradition and transformation[M]. Berlin：Walter de Gruyter GmbH & Co KG，2015：14.

[5] STILLMAN Y. Arab dress. A short history：from the dawn of islam to modern times[M]. Leiden：Brill，2003：44.

[6] 同[5]。

[7] 苏淼，赵丰. 瑞典馆藏俄国军旗所用中国丝绸的技术与艺术特征研究[J]. 艺术设计研究，2018(3)：30-35.

[8] 同[7]。

▲图5-23　杭州中国丝绸博物馆（摄影：李潇鹏）

博物馆（图5-23）。它主要展示中国丝绸的历史、丝绸生产和加工技术的发展，以及丝绸艺术等内容，也举办各类丝绸相关的学术研究和交流活动。博物馆的展馆分为丝绸之路、丝绸起源、丝绸工艺、丝绸文化、丝绸服饰、丝绸贸易等多个部分。这些展览通过大量的实物、模型、图片和互动设施，生动形象地介绍了丝绸的历史、生产工艺和使用情况，让参观者能够全面了解到丝绸的魅力，以及它在中国历史和文化中的重要地位。

北京艺术博物馆（图5-24）的艺术教育课程旨在培养参与者的艺术欣赏能力和创造力。这些课程涵盖了各种艺术形式，包括丝织物编织和染色等，既有基础入门类的，也有深度进阶类的。一方面，博物馆的艺术课程通过提供丰富的艺术素材和创作工具，引导参与者自由探索和表达，激发他们的创造力。另一方面，这些课程还通过资深艺术家的实践指导和理论讲解，帮助参与者提升艺术技巧和理论知识，扩大艺术视野。此外，北京艺术博物馆的艺术教育课程还具有丰富的互动性，鼓励参与者进行团队合作和思想交流，这不仅可以培养他们的团队协作和沟通能力，也有助于激发新的创意和灵感。

▲图5-24　北京艺术博物馆（摄影：李潇鹏）

法国里昂丝绸博物馆（图5-25）是探索丝绸艺术与工艺传统的重要场所，其致力于将丝绸文化的精粹与艺术教育相结合。通过丰富的藏品展示、实践工作坊和专家讲座，博物馆不仅向公众传授丝绸制作的精湛技艺，还激发了访客对丝绸艺术历史和美学价值的深入理解。这些教育活动为各年龄层的观众提供了互动体验，旨在培养新一代对传统工艺的尊重和对艺术美的认识，进而促进艺术文化的传承和创新。

▲图5-25　法国里昂丝绸博物馆（摄影：徐凌豪）

2019年，全世界的丝绸城市网络项目启动，期望在2025年之前汇聚12个国际丝绸之城，首批成员城市包括中国的杭州、日本的东京、巴西的龙岛和库里蒂巴、西班牙的巴伦西亚和意大利的科莫；所有从养蚕到编织、印刷、染色和整理的活动，都成为这些城市的博物馆的主题[1]。这些博物馆多位于曾经养蚕或生产丝线的地区，主要展示养蚕的相关事宜。展示从养蚕到编织和纺纱的全过程，塞文内斯国家公园也在保护和弘扬与丝绸生产和加工相关的文化遗产方面作出了贡献[2]。

五、增强民族文化自信

丝绸艺术的发展和繁荣可以增强一个国家或地区的文化自信，推动其文化和经济的发展。丝绸

---

[1] PAGÁN E A, SALVATELLA M M G, PITARCH M D, et al. From silk to digital technologies: a gateway to new opportunities or creative industries, traditional crafts and designers. The SILKNOW case[J]. Sustainability, 2020, 12(19): 8279.

[2] 同[1]。

艺术是一种重要的文化遗产，它反映了一个国家或地区的历史、传统和艺术价值观。丝绸艺术的发展和繁荣不仅可以提升一个国家的艺术水平，还可以增强民族文化自信。

（一）丝绸工艺增强民族文化自信

首先，丝绸艺术是一种独特的艺术形式，它涉及的技术和工艺，如丝绸的染色、编织、刺绣等，都需要高度的技能和创新思维。在这个过程中，艺术家们可以发挥他们的想象力和创造力，创造出独特而美丽的作品。

“水瑟丹青：白云红树图”（图5–26）与“东方祥云”（图5–27）两款服饰设计巧妙地融合了中国丝绸工艺的深厚文化底蕴和独特艺术风韵。这些丝绸艺术品采用传统丝绸手工技艺精心制作，以细腻的工艺和丰富的色彩，完美呈现了作品主题，彰显了中国丝绸文化的独特美感。这种艺术创作不仅是对丝绸文化美学的展示，还是对民族文化自信的一次提振。在国际舞台上，这些扎根于中国传统的设计作品受到了广泛赞誉，有效提升了中国文化软实力。

▲图5–26　水瑟丹青：白云红树图　作者：薄涛（李潇鹏摄于中国丝绸博物馆）

▲图5–27　东方祥云　作者：劳伦斯·许（李潇鹏摄于中国丝绸博物馆）

丝绸因其质地轻薄、色彩鲜艳，常被用于制作军旗。丝绸军旗不仅视觉效果出色，而且易于在风中飘扬，从而吸引人们的注意。丝绸的质地也使军旗在携带和存放时更为方便。根据瑞典档案记载，瑞典在某次战争中缴获的旗帜包括300多面使用中国丝绸制成的俄国军旗，这些俄国军旗是由一片片的各色中国丝绸按照主题图案的形状裁剪缝制而成的，这种缝制技艺被称为“拼绣”，并且正反面都绘制了相同的图案主题❶。新样式的俄国丝绸军旗是俄国的国家符号，是西方军旗风格和东方丝绸的完美结合体❷。

（二）丝绸文化增强民族文化自信

新时代丝绸作品中的图案、色彩和设计反映了一种特定的文化风格和审美观。中国通过丝绸影响了整个亚欧大陆，各地丝绸艺术作品可以代表一个国家或地区的艺术成就。

中国的丝绸一直是罗马贵族的首选商品，至少可以追溯到公元前4世纪，当时的罗马进口中国丝绸贸易主要经过印度和波斯❸。公元1世纪，丝绸之路建立后，中国成为贸易大动脉的关键部分。

在中世纪，欧洲许多国家的丝绸纺织中心蓬勃发展。在800年，法兰西皇帝的查理曼大帝由教皇利奥三世加冕，其使用了奢华的丝绸刺绣制品❹。在12世纪，中东人民在意大利南部和西西里岛建立了养蚕业和丝绸织造业❺。

2008年，北京奥运会的颁奖礼服中富含着中国丝绸文化，这一文化具有深远的历史和丰富的内涵。这些礼服的设计和制作充分运用了中国传统的丝绸工艺，展现了中国丝绸文化的魅力和精致。这种文化认同不仅在国际平台上展示了中国丝绸文化，还增强了民族文化自信心。

（三）丝绸经济繁荣增强民族文化自信

丝绸艺术的繁盛不仅是文化传承的象征，还促进了国家经济的发展。这些精致的丝绸作品以无与伦比的艺术价值成为吸引国内外消费者的重要因素。随着越来越多的人对丝绸的高度赞赏，丝绸艺术的魅力也为文化旅游产业注入了新活力，激发了相关文化产品和服务的创新与发展；展览会、艺术交易和相关工艺品的销售成为推动经济增长的新亮点。丝绸艺术品的国际交易也加强了国与国之间的文化交流，提升了国家文化软实力。

丝绸的影响导致了大量白银外流，查士丁尼在540年宣布了丝绸价格的上限，导致波斯人集体抗议。尽管在552年，蚕被一群传教士走私到拜占庭，但丝绸的生产还是由东方垄断，东方的纺织工业和贸易继续繁荣发展❻。尽管早前丝绸纺织品已经传入西方，但丝绸产品仍然是稀有商品。12世纪，精细丝绸服饰逐步在西方传播开来，如束腰丝绸外衣❼。

---

❶ 苏淼，赵丰．瑞典馆藏俄国军旗所用中国丝绸的技术与艺术特征研究[J]．艺术设计研究，2018(3)：30–35.

❷ 同❶。

❸ GECZY A. Fashion and orientalism：dress，textiles and culture from the 17th to the 21st century[M]. London：Bloomsbury Publishing Plc，2013.

❹ DEACON D A，Calvin P E. War imagery in women's textiles：an international study of weaving，knitting，sewing，quilting，rug making and other fabric arts[M]. Jefferson：McFarland & Company，Inc，2014：19–20.

❺ 同❹。

❻ 同❸。

❼ 同❸。

第三节　艺术价值

在新时代丝绸艺术创新的价值构成中，艺术价值占有重要的地位。新时代丝绸艺术创新的艺术价值不仅体现在丰富艺术形式和艺术表现力方面，也体现在引领艺术潮流、激发艺术创新活力和推动艺术领域的发展方面。

一、丰富艺术形式

丝绸艺术创新能够为我们提供多样化和丰富的艺术形式（表5-15）。丝绸艺术的独特之处在于其融合了传统工艺与现代审美，每一件丝绸艺术作品都凝聚了艺术家的心血和创新思维。我们应当鼓励和支持丝绸艺术的创新发展，一起分享丝绸艺术带来的美好。中国丝绸纹样设计的发展丰富了中国的传统文化和审美价值观。丝绸纹样设计的变化，不仅反映了社会变迁，也反映了女性地位的提升和审美观念的演进。

表5-15　丝绸艺术形式

艺术形式	描述
丝绸绘画	使用丝绸作为画布，以特殊的颜料进行绘画
丝绸刺绣	用丝线或其他材料在丝绸上刺绣出各种图案
丝绸编织	用丝线编织出各种精美的丝绸产品
丝绸印染	通过染色和印花技术在丝绸上创造出各种图案
丝绸服装设计	使用丝绸作为材料，设计、制作出各种服装
丝绸装饰艺术	使用丝绸创作各种装饰品，如丝绸挂饰、丝绸壁挂等
丝绸书法	在丝绸上进行书法创作，给人带来不同的视觉体验
丝绸雕塑	使用丝绸进行立体创作，制作出各种丝绸雕塑
丝绸摄影	结合丝绸和摄影，创作出具有独特艺术效果的作品

（一）丝绸服装设计

丝绸服装设计师利用丝绸的质地柔软、光泽度良好、透气性佳等特点，设计出各种款式和风格的丝绸服装（表5-16）。丝绸设计需要充分考虑丝绸的特性和服装的款式、色彩、图案等元素。

表5-16　丝绸服装设计

丝绸服装设计	描述
传统式样	中国的旗袍、唐装，日本的和服等都是利用丝绸的特性，设计出具有各自国家和地区特色的传统服装

续表

丝绸服装设计	描述
现代时装	许多时装设计师也会选择丝绸作为他们设计的材料，因为丝绸能够增加服装的奢华感和舒适度
高级定制	丝绸是高级定制服装的常用材料，设计师会根据顾客的需求设计出独一无二的丝绸服装
休闲服装	丝绸也可以用于设计各种休闲服装，如丝绸衬衫、丝绸裙子等，这些服装既时尚又舒适

丝绸服装设计需要考虑的因素有很多，包括丝绸的颜色、质地、图案等，还需要考虑服装的款式、剪裁、装饰等。另外，设计师需要考虑时尚趋势和消费者的需求。

丝绸服装设计是一种结合了艺术性和实用性的设计。收藏于巴黎时尚博物馆的1997年春夏季的山本耀司成衣系列（图5-28），包括一件外套式丝绸连衣裙、一顶无边阔帽、一把阳伞、一双手套和一双芭蕾平底鞋，这些都是由丝绸缎面、草编材料、绉纱和丝绸雪纺等精心制作而成的。图5-29中的这件位于巴黎时尚博物馆的长款美人鱼裙由设计师约翰·加利亚诺（John Galliano）为迪奥品牌设计，该裙由黑色丝绸塔夫绸制成，并由Genave公司以热带花卉为主题进行了绘画装饰，还设计了双层束腰和耳环。

▲图5-28　1997年春夏季山本耀司成衣系列（李潇鹏摄于巴黎时尚博物馆）

▲图5-29　长款美人鱼裙（李潇鹏摄于巴黎时尚博物馆）

（二）丝绸织物纹样

丝绸织物的各种动植物纹样反映了艺术风格的多样化和形式的多元化。动物纹样在中国丝绸织物的发展过程中扮演了重要的角色（表5-17），其演变过程反映了艺术风格的变迁和文化交流的影响[1]。

表5-17 丝绸动物纹样

时期	动物纹样特点
汉代	以传统动物为主题，如龙、凤等
魏晋时期	新的动物纹样开始出现，如狮子、大象、骆驼、野猪和孔雀等
唐代	动物纹样开始越来越多地表现禽类，如鸾凤、鹦鹉、鸳鸯和仙鹤等，纹样更加生活化和世俗化。动物纹样往往与花鸟、植物和几何等纹样结合在一起
宋元明清时期	动物纹样仍然广泛流行，多数被穿插在缠枝花中，纹样形象更加生动和优美，且更富有生活情趣

宋代的丝绸纹样在题材上的丰富性与文化的大繁荣相匹配，各种类型的纹样因世俗文化的崛起而出现[2]。随着历史的发展，丝绸织物上的动物纹样从单一的传统动物发展到多样化的动物种类，表现形式也从较为单一的形象展现，发展到与花鸟、植物和几何等纹样的综合展现，丝绸织物的纹样变得更加丰富多彩。

明清时期的丝绸艺术达到了高峰，丝绸制品中的吉祥纹样已经发展成熟。这些纹样主要包括梅兰竹菊、牡丹、莲花、石榴等植物纹样，灯笼、香炉、瓶花、团扇、葫芦和铜钱等器物纹样。在植物纹样中，石榴、葡萄、佛手、柿子、葫芦等都是常见的纹样形象；例如，“榴开百子”纹寓意子孙兴旺，葡萄象征着人们希望子孙绵长、家庭兴旺，佛手作为纹样则象征着多福[3]。

二、提升艺术表现力

丝绸艺术可以更好地表达艺术家的创作思想和情感，更准确地传达给观众，从而提升其艺术表现力。

丝绸独特的物理和文化属性使其成为一个富有表现力的媒介。艺术家可以利用这些特性来创造视觉上和触觉上都能引起共鸣的作品，这些作品不仅展示了精湛的技术，还能传递深远的情感和文化信息。丝绸艺术不仅是一种传统工艺，还是一种具有强大表现力的现代艺术形式（表5-18），能够通过视觉和触觉的结合，提供独特的美学体验。

表5-18 丝绸提升艺术表现力

特性	描述	艺术价值
质感光泽	丝绸的天然光泽和细腻手感	增加视觉深度和动态效果，让图案更加生动

[1] 李颖．中国古代织机改造与丝绸提花织物纹样的发展演变[D]．苏州：苏州大学，2006.

[2] 岳兰兰．宋代丝绸纹样艺术研究[D]．郑州：郑州大学，2014.

[3] 耿榕泽．新中国丝绸纹样的设计社会学特征研究[D]．南京：南京艺术学院，2022.

特性	描述	艺术价值
色彩表现	对颜色的敏感反应，能够展现丰富而鲜明的效果	实现柔和渐变效果，提供独特的色彩体验
流动性与柔软性	丝绸的物理流动性和柔软度	用来表达运动和节奏，增强作品的表现力
多样性与适应性	可以通过织造、绣花、印刷、染色和绘画等不同技术手段进行加工	为艺术家提供广泛的表现工具，适应多样的艺术创作
文化与历史	丝绸艺术携带着丰富的文化内涵和历史传统	作品能够体现时代交汇感，增加额外的意义和深度
创新与现代性	与现代艺术手法的结合，创造新的表现形式	推动艺术的创新发展
触感与互动	由于其质地，丝绸艺术品能够引发观众的触觉反应	增强观众参与感和互动性，提供全面的艺术体验
灵活性与空间感	丝绸的轻盈可塑性，可以在三维空间中塑形	探索艺术作品与空间关系，创造出新的视觉和空间体验

三、满足人们的艺术审美需求

人们的审美需求在不断升级，丝绸艺术的创新可以满足人们对美的新追求，提升人们的艺术审美体验。丝绸艺术确实能以独特的方式满足人们对美的追求和对艺术审美的需求。

丝绸艺术能满足多维度的审美需求，从视觉和触觉享受到文化和情感体验，从审美多样性到创新和可持续性（表5-19），丝绸艺术为人们提供了一个全方位的审美平台。

表5-19　丝绸提升艺术表现力

审美需求	描述	如何满足
视觉享受	丝绸的自然光泽和纹理为视觉艺术提供独特的美感	通过独特的光线反射增添画作或装饰品的视觉效果
触觉体验	丝绸的柔滑质感为触觉提供愉悦	吸引人们触摸和感受艺术品，增加互动性
文化鉴赏	在丝绸艺术中融入丰富的文化元素和历史传统	使人们在欣赏艺术的同时体验和学习不同的文化
情感表达	艺术家可以在丝绸上传达情感和故事	观众能感受到艺术作品的情感深度和艺术家的情感投入
审美多样性	通过不同的技艺（如刺绣、织造等）展现多样化的美学	提供多元化的艺术表现形式，满足多样性需求
创新与个性化	丝绸艺术与现代技术和概念结合，不断创新	创作符合现代审美的个性化艺术品
奢华感	丝绸艺术品的高端和奢华属性	联系到高雅和精致，满足人们对优雅生活方式的向往
可持续性审美	使用天然材料的丝绸艺术符合环保和绿色生活的审美观念	强调可持续发展理念，符合现代对环境友好的追求

首先，中国的传统刺绣采用真丝绣线进行精细缝制。在古代，丝绸满足了当时贵族和上层社会的艺术审美需求。马王堆出土了大量西汉初期的丝织品，云气纹主要出现在丝绸刺绣中；汉代中晚期织物纹样开始逐渐丰富，云气灵兽纹、几何纹等纹样满足了艺术审美需求[1]。在所有阶层中，人们

[1] 李颖．中国古代织机改造与丝绸提花织物纹样的发展演变[D]．苏州：苏州大学，2006.

对于巫术和神仙学说非常热衷，因此云气灵兽纹样常出现在织锦和众多艺术品中[1]。

在近代，尽管各种人造丝冲击了丝绸市场，丝绸刺绣（彩绣、凸绣、珠片绣和扁带绣）还是可以满足现代人对服装的审美需求[2]。英国伦敦扇子博物馆中20世纪早期的中国丝绸扇子（图5-30左）由漆木和丝绸制成；欧洲的布里斯（Brise fan）扇子（图5-30右）由假象牙、丝绸和水粉制成，在欧洲备受欢迎，满足了当时人们的艺术审美需求。

中国丝绸扇子

欧洲的布里斯扇子

▲图5-30　扇子（李潇鹏摄于伦敦扇子博物馆）

民国时期丝绸旗袍的纹样为了满足当时的艺术审美需求，采用了写实的风格，不再是古代的平面化造型，而是通过焦点透视和明暗光影等技法塑造物体的立体形态[3]。杭州天伦绸庄丝织（图5-31）的丰富色彩是丝绸立体纹样的基础，提高了人们的艺术审美需求。

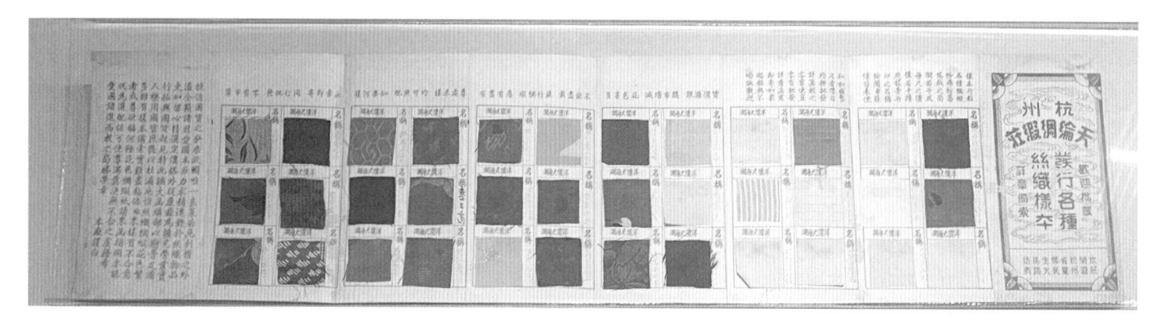

▲图5-31　杭州天伦绸庄丝织样本（李潇鹏摄于中国丝绸博物馆）

❶ 李颖．中国古代织机改造与丝绸提花织物纹样的发展演变[D]．苏州：苏州大学，2006.

❷ 李龙，余美莲．传统手工刺绣在现代丝绸服饰品中的设计应用[J]．山东纺织经济，2019(4)：52-53，47.

❸ 徐宾，温润．民国丝绸旗袍纹样装饰艺术探微[J]．丝绸，2020，57(1)：62-66.

中国近代丝绸艺术的发展过程是丝绸逐步适应人们的新兴艺术审美需求的历史过程。首先，西方文化的引入改变了人们的审美观，人们不再只喜欢传统的“五彩斑斓”，而开始追求清雅色彩[1]。其次，各种化学染料引进和一些新兴染色技术的出现，导致丝绸织品的颜色有了更多的选择（图5-32、图5-33），丝绸艺术能够满足越来越多的小众群体。

▲图5-32　粉色花软缎异形花袄（李潇鹏摄于中国丝绸博物馆）

▲图5-33　皎月色花卉纹缎袄（李潇鹏摄于中国丝绸博物馆）

四、丝绸艺术引领艺术潮流

丝绸艺术创新具有创新性、前瞻性，能引领艺术潮流，推动艺术界的发展。丝绸艺术在一定的社会思潮和哲学思潮的影响下，涌现出大量的新兴艺术思想和创作倾向的潮流。

（一）新的创作理念

新的创作理念在新时代的丝绸艺术创新中扮演着至关重要的角色。丝绸艺术家们打破传统束缚，将现代设计思维与古老的丝绸工艺相结合，探索了前所未有的表现形式。环保意识的兴起使新一代设计师在丝绸艺术创作中更加注重可持续性，使用环境友好材料。科技的进步让数字化和虚拟现实等技术成为丝绸艺术表达的新工具，拓宽了创意的边界。跨文化的交流也为丝绸艺术带来了新灵感，艺术家们汲取不同文化元素，创作出具有全球吸引力的作品。社会主题的融入使丝绸艺术作品不仅成为美的载体，更成为传递社会信息和促进思想交流的平台。最终，这些新的创作理念与创新实践共同推动了丝绸艺术的现代转型，使其在新时代绽放出新的光彩。

近现代各种艺术风潮（表5-20）对中国丝绸中的几何纹样产生了较大的影响，例如立体主义、未来主义和波普艺术等。丝绸纹样从这些艺术风潮中进行了借鉴，对自身风格产生了重大影响。

[1] 徐宾，温润．民国丝绸旗袍纹样装饰艺术探微[J]．丝绸，2020，57(1)：62-66.

表5-20　风潮对丝绸艺术的影响

艺术风潮	对丝绸艺术的影响
立体主义	立体主义强调了多视角和立体结构的重要性（图5-34），体现为一种强调几何形状和立体感的设计
未来主义	未来主义倾向强调速度、动力和机械化，体现为描绘动态形象或者采用机械化、现代化的元素（图5-35）
构成主义	构成主义（图5-36）主张艺术应该只关注纯粹的视觉元素，体现为更加简洁、纯粹的几何设计
表现主义	表现主义（图5-37），强调艺术家的内心感受和情感表达，体现为更加自由、富有情感的设计
超现实主义	超现实主义（图5-38）强调梦境和无意识的表达，体现为不合逻辑或者梦幻的图案设计
抽象主义	抽象主义（图5-39）强调完全摆脱具象，通过色彩和形状来表达感情，体现为几何图案
波普艺术	强调大众传媒和消费文化的影响，体现为用流行的或者大众的图像符号

▲图5-34　丝绸花卉立体主义纹样

▲图5-35　丝绸未来主义纹样

▲图5-36　丝绸构成主义纹样

▲图5-37　丝绸表现主义纹样

▲图5-38　丝绸超现实主义纹样

▲图5-39　丝绸抽象主义纹样

国外时装设计师约翰·加利亚诺的设计常常充满了历史和文化元素，他善于利用丝绸的质地和流动性来打造既美丽又具有戏剧性的服装。他为迪奥品牌设计的一些高级定制服装，就充分利用了丝绸的优雅和奢华，通过复杂的刺绣、褶皱和裁剪技巧，将丝绸变成了令人惊叹的艺术品。约翰·加利亚诺设计的丝绸服装充分展示了他的创新精神和艺术才华，他的丝绸艺术作品不仅影响了时尚界，也成为丝绸艺术的一部分，他的设计理念和技巧对其他设计师以及丝绸艺术的发展都产生了积极的影响。以1995年到1996年秋冬加利亚诺的服装设计为例❶。在这场秀中，褶皱丝绸柱状衣服配有蓬松袖子，搭配着刺绣的斯宾塞夹克；其他款式上有流苏装饰，豹纹和仿猴毛被用来装饰一件戏剧性的黑色和金色锦缎晚装大衣的拖尾；卡拉·布鲁尼（Carla Bruni）穿着一件鸽灰色丝质紧身连衣裙，胸前有克莉奥佩特拉风格的珐琅翼状图案❷。在1997年春夏“马戏团”系列中，他在连衣裙上使用了中国披肩的印花图案，并加上了具有披肩效果的流苏装饰❸。

在2000年，爱马仕风格的丝绸织物与迪奥的提花织物相结合，形成了独特的艺术潮流；这种混搭风格配上具有帮派说唱风格的大型镀金项链，形成了一种既典雅又前卫的时尚风格❹。这种独特的潮流混搭，不仅展现了丝绸的多元化，也反映了当时的时尚风潮。

（二）广大的集体潮流

在新时代背景下，集体潮流对丝绸艺术的创新起着极其关键的推动作用。随着当代艺术与时尚元素的融合，丝绸艺术正在经历一场前所未有的革新浪潮。年轻一代设计师们汲取传统丝绸工艺的精髓，将现代审美融入其创作之中，赋予经典材质以新的生命。社交媒体的兴起为丝绸艺术家提供了一个广阔的平台，使他们的作品能够迅速触达全球观众。广大的集体潮流与新时代精神相结合，正在形塑丝绸艺术的未来，使其成为文化与创意产业的重要组成部分。

新时代的国潮丝绸艺术创新正在与广泛的集体潮流相融合（图5-40、图5-41），引领着传统文

▲图5-40　丝绸“国潮”纹样

▲图5-41　丝绸“国潮”纹样

❶ TAYLOR K. Galliano：spectacular fashion[M]. London：Bloomsbury Publishing，2019：112.

❷ 同❶。

❸ TAYLOR K. Galliano：spectacular fashion[M]. London：Bloomsbury Publishing，2019：148.

❹ TAYLOR K. Galliano：spectacular fashion[M]. London：Bloomsbury Publishing，2019：193.

化的复兴。这种创新深受年轻一代的喜爱，他们倾向于穿戴展示民族风格与现代审美相结合的丝绸制品。通过将传统丝绸元素与当代流行趋势相结合，设计师们成功地将古典艺术转化为现代时尚语言。国潮丝绸艺术的创新不仅仅是款式和图案的更新，更是以传达文化自信和审美意识为前提进行创新。社交媒体的广泛使用成为国潮丝绸艺术宣传的加速器，使其快速流行起来，形成新的集体潮流。这股潮流不断吸引和激励着更多的艺术家和设计师加入国潮创新的行列，共同推动着中国传统艺术的现代化转型。最终，新时代的国潮丝绸艺术创新正在成为全球文化多样性中一道独特而亮丽的风景线。

丝绸也在嘻哈音乐潮流中占有一席之地。美国的嘻哈音乐艺人图帕克·夏库尔（Tupac Amaru Shakur）、艾斯·库珀（Ice Cube）和DJ Quik等从穿戴深色牛仔服和团队头巾转变为穿戴昂贵的双排扣西装、丝绸衬衫和圆顶帽；这些服饰在乔治·阿玛尼（Giorgio Armani）、乔瓦尼·范思哲（Giovanni Versace）和吉安弗朗科·费雷（Gianfranco Ferré）等意大利时装设计师的推动下，已经在高级时尚圈内流行起来[❶]。在拉斯维加斯的迈克·泰森（Mike Tyson）比赛中，众多嘻哈音乐爱好者身着乔瓦尼·范思哲设计的色彩鲜艳的丝绸印花衬衫，成为一道亮丽的风景线[❷]。

1980年，年轻人对冷战紧张局势感到厌倦，当时欧洲的失业率也正以惊人的速度上升。时尚潮流创造了一种流行的青少年形象，他们穿着丝绸和天鹅绒服装，扮演着一种虚张声势的海盗角色或者孔雀般的外观[❸]，丝绸和天鹅绒被用来描绘19世纪早期花花公子的形象[❹]。流行歌手乔治·迈克尔（George Michael）、普林斯（Prince）和迈克尔·杰克逊（Michael Jackson）等人穿着各种新型奢华的丝绸服装，采用了极度夸张的造型[❺]。

五、激发艺术创新活力

丝绸艺术创新是激发艺术家和创作者创造力的重要源泉。它鼓励艺术家跳出传统框架，利用新材料和新技术打造出独一无二的作品。创新不仅为艺术创作者提供了全新的视角，更是打开了探索未知领域的大门，激发出他们的好奇心和探索欲。丝绸艺术家能够连接历史与现代，将古老的丝绸艺术与当代文化相融合，创造出具有时代意义的作品。新的创作方法和思考路径赋予了艺术作品更深的思想内涵和更丰富的情感表达。艺术感染力的增强能使作品更好地与观众产生共鸣，激发他们的情感与认知反应。这样的创新活力推动艺术作品在形式与内容上不断进行突破，使其成为跨越时空的文化传达者。

丝绸几何纹样（表5-21）以其精确的对称性和简洁的线条，在新时代的丝绸艺术中表现出独特

❶ BARNARD M. Fashion theory: a reader[M]. New York: Routledge，2020:250.

❷ 同❶。

❸ CARNEGY V. The 1980s[M]//ELGIN K. 2nd edition. Infobase Learning，2006.

❹ 同❸。

❺ 同❸。

的魅力。这些纹样往往融合了数学的严谨性与艺术的美感，展现出一种秩序之美，为现代设计提供了无限灵感。在新时代的设计中，艺术家们不拘泥于传统几何形式，而是探索更为动态和抽象的几何表达方式。

表5-21　丝绸几何纹样特点

时期	几何纹样特点
先秦时期	特定丝绸纺织技术条件下发展出的几何纹，主要为块面风格
唐代	几何纹以龟贝纹、方格纹、多角形纹为主，更精致、严谨和繁复，更注重装饰性和生活化❶
宋元时期	受到伊斯兰文化的影响，琐文得到了兴盛；琐文的结构严谨、环环相扣，风格繁缛精细❷
明清时期	八答晕的设计是将一个大的平面空间分为八个部分，通常是通过四条相互垂直和交叉的线条来划分。在每个交叉点上，会设置一个几何形状的框架，如圆形或方形。然后在这些框架内部，填充如菱形、正方形、三角形等几何纹样。这种设计方法使整个作品具有强烈的视觉冲击力和层次感。几何形框架的添加增加了设计的复杂性和精细感，而填充在框架内部的几何纹样则增加了作品的丰富性和动态感

丝绸设计师对几何纹样解构和重组，创造出了新颖的视觉效果。数字打印技术使复杂的丝绸几何纹样制作变得更加精细和高效。随着全球文化的交流，丝绸几何纹样也开始吸收其他文化元素，形成跨文化的艺术风格。这些创新活动不断推进丝绸艺术的发展，使其在新时代的文化语境中焕发出新生，丰富了现代艺术的表现形式。

第四节　美学价值

在新时代，丝绸艺术创新的价值构成体现在提升审美体验、创新美学观念、引领审美趋势、提升生活品质、塑造美的环境等方面。

一、提升审美体验

丝绸艺术创新通过丰富和新颖的设计，可以提升人们的审美体验，满足人们对美的追求和欣赏。丝绸艺术以其独特的风格、丰富的色彩和精细的工艺，对提升人们的审美体验起着重要作用。通过丝绸艺术，人们能够得到丰富和多样的审美体验，从而提升人们的审美水平。

❶李颖. 中国古代织机改造与丝绸提花织物纹样的发展演变 [D]. 苏州：苏州大学，2006.

❷同❶。

（一）视觉审美

丝绸艺术作品通常具有精美的图案和艳丽的色彩，这种视觉效果能够吸引观众的注意力，引发人们的视觉共鸣。丝绸艺术作品（表5-22）的魅力在很大程度上来自其精美的图案和艳丽的色彩。这些元素共同创造出一种视觉的丰富性和深度，吸引观众去欣赏和深入理解。

表5-22　丝绸视觉审美

视觉审美	提升审美体验
精美的图案	丝绸艺术作品通常包含各种复杂、精细的图案，这些图案可能包括抽象的几何形状，也可能是动植物、人物、天体等具象图案。这些图案往往富有象征意义，体现了丰富的历史和文化信息
艳丽的色彩	丝绸艺术作品使用的色彩通常非常大胆和多元，色彩的强烈对比和丰富变化都能吸引观众的视线。色彩的选择和搭配不只是为了美观，也往往富含象征意义

在设计丝绸纹样时，色彩不仅影响了设计的视觉效果，也决定了人们对丝绸的初步反应和喜好。丝绸纹样配色时应考虑多种因素；首先，色彩需要根据纹样目标来设计，设计传统风格的纹样时，丝绸设计师会选择更传统或者保守的颜色；而一些前卫的丝绸设计可能会选择更明亮或者大胆的颜色。色彩的选择也需要考虑到丝绸的用途，用于礼服的丝绸会选择更高雅或者华丽的颜色，而用于日常服装的丝绸会选择更舒适或者低调的颜色。

（二）触觉审美

丝绸的质地滑爽，给人一种舒适和高贵的感觉，这种触感体验也是审美体验的重要组成部分（表5-23）。丝绸质地柔软，有光泽，给人带来一种独特的舒适感和奢华感，这是其他纺织品无法比拟的。

表5-23　丝绸触觉审美

丝绸触感	内容
滑爽	丝绸的表面非常光滑，接触皮肤没有摩擦感，令人感到舒适
轻薄	丝绸的质地轻薄，就像人类第二层肌肤，能够让人感到轻盈和自由
温度适宜	丝绸有很好的保温性，可以帮助调节皮肤温度，提供舒适的穿着体验
高贵	丝绸的光泽度高，颜色饱满，给人一种高贵和奢华的感觉

在新时代，丝绸提花织物表现形式如巴黎缎、织锦缎、古香缎等（表5-24），通过其独特的编织技术和纹理变化，赋予了触觉审美全新的维度。巴黎缎以其光滑细腻的表面和丰富的光泽感吸引人们的眼球；织锦缎则以复杂的图案和色彩纬编出历史与现代的交响；而古香缎则散发出一种怀旧与典雅的韵味。这些提花织物在触感上提供了层次分明的体验，让人们在轻抚之间，就能感受到织物的质地、温度乃至背后的文化故事，从而在日常生活中增添了一份对美的追求和感悟。

表5-24　丝绸提花织物艺术表现形式

提花织物	艺术表现形式
巴黎缎（玻璃缎、花软缎）	设计者朱维谷曾在法国学习后归国，因此该面料得名为“巴黎缎”；其缎面光亮如玻璃，故又称玻璃缎，后更名为花软缎[1]
织锦缎	织锦缎是一种由多梭箱织机和棒刀运用所创造的面料，采用双面双梭箱织制，经线由蚕丝制成，纬线使用三枚梭子进行织制
古香缎	古香缎可以理解为低成本的织锦缎，经纬线原料与织锦缎相同，但是缎面底纹的编织方式不同；古香缎的缎面底纹由两根长梭同时交织，与经线共同编织成八枚缎，属于纬二重织物[2]
花累缎	花累缎是由传统的库缎逐步发展而来的一种面料，库缎改用电机织造后改名为累缎，花累缎以其细密的织造和清晰的纹样而受到青睐[3]。它常用于制作高档的服装和家居纺织品，如旗袍、汉服、窗帘和桌布等
塔夫绸	塔夫绸（Taffetas）是一种原产于法国的高档丝绸面料，也是民国时期中国纺织业的代表性产品。1932年上海的“老介福绸缎店”成功试制出了用电力织机制作的塔夫绸[4]

新时代丝绸艺术中的提花织物是触觉审美的杰出代表，其精致复杂的纹理和图案不仅在视觉上赏心悦目，更在触感上提供了丰富的体验。这种织物将传统丝绸工艺与现代设计理念相融合，创造出了独特的立体感和层次感，让人们在触摸中感受到丝绸的温润与生活的细腻。新时代丝绸艺术不仅丰富了人们的感官世界，也提升了生活空间的艺术品位，反映了新时代对美学追求的深化和生活品质的提高。

（三）文化审美

新时代丝绸艺术的创新不仅体现在技术和材料的创新上，还体现在对传统文化审美的新时代诠释之中。设计师和艺术家们在尊重丝绸传统工艺的基础上，融入现代设计理念，创作出既有东方韵味又不失时代感的丝绸艺术作品。这些作品在颜色、纹样和使用功能上的创新，体现了对传统文化的深刻理解和对现代生活需求的精准把握，推动了文化审美的发展，使丝绸艺术不仅成为赏心悦目的视觉享受，更成为传承和创新中华文化的重要载体。

丝绸艺术作品蕴含着丰富的文化元素和历史信息。这些作品不仅传达了艺术家的技艺和创新，也反映了当时社会的风俗习惯、信仰观念、审美情趣等。中国古代的《文心雕龙》为我们理解和欣赏丝绸艺术作品提供了深入的理论基础，其对于艺术风格的全面总结，能够帮助我们更好地理解丝绸艺术作品的内在含义和美学价值。同时，丝绸艺术作品中的纹样往往富含深厚的寓意，如莲花纹就是一个很好的例子，莲花象征着清洁和高雅，这种寓意也被赋予到丝绸艺术作品中，使它们不仅具有视觉美感，也富含文化内涵[5]。

---

❶ 温润. 20 世纪中国丝绸纹样研究 [D]. 苏州：苏州大学，2011.

❷ 同❶。

❸ 同❶。

❹ 同❶。

❺ 岳兰兰. 宋代丝绸纹样艺术研究 [D]. 郑州：郑州大学，2014.

（四）创新审美

随着技术和设计理念的进步，丝绸艺术作品也在不断创新，这种创新性不仅体现在作品的形式和风格上，也体现在作品的主题和表现手法上（表5-25）。

表5-25　丝绸创新审美

丝绸创新	内容
形式和风格	传统的丝绸图案以精致的花鸟、山水或人物图案为主，但现代丝绸艺术作品则更加多元和前卫，包括抽象图案、几何图形和数字艺术等。此外，现代技术如数字印刷等，也使丝绸艺术作品拥有更复杂、细腻的色彩和图案
主题	除了传统的花鸟、山水、人物等主题，现代丝绸艺术作品可能会涉及更多的社会、文化、政治等主题，反映出更为丰富和深刻的思考
表现手法	现代技术也为丝绸艺术的表现手法带来了新的可能。例如，数字技术可以实现更精细的色彩梯度和更复杂的图案设计，3D打印技术则可以创造出前所未有的立体效果

随着技术和设计理念的进步，丝绸艺术作品的创新性正在不断提升，既承袭了丝绸艺术的传统，又开拓了新的艺术领域和可能性。以宋代缂丝为例，缂丝的制作技巧在唐代的“掼”“勾”“搭梭”等基础手法上进行了创新，增添了“结”“绕”的戗色技巧[❶]。宋代缂丝采用了两色或三色按退晕的色阶层次进行缂织，发展出了如“长短戗”“包心戗”和“子母经”等方法[❷]。由于缂丝织造过程精细入微，往往能够超越原作。流传至今的作品包括缂丝《群仙祝寿图轴》（图5-42）、王金山制缂丝《翠羽秋荷》和缂丝《莲塘乳鸭图》（图5-43）等[❸]。

▲图5-42　缂丝《群仙祝寿图轴》（李潇鹏摄于苏州博物馆西馆）

▲图5-43　缂丝《莲塘乳鸭图》（李潇鹏摄于苏州博物馆西馆）

❶ 岳兰兰.宋代丝绸纹样艺术研究[D].郑州：郑州大学，2014.

❷ 同❶。

❸ 同❶。

在新时代背景下，丝绸的创新显得尤为重要。随着科技的发展和消费者需求的日益多元化，传统的丝绸制品已无法满足现代社会的需要。丝绸与现代科技、艺术、设计等领域结合成为丝绸产业发展的关键，创造出既保持传统魅力又符合现代审美和实用性的新型丝绸产品。《化》（图5-44）是由中央美术学院博士生导师吕越教授为金鸡湖美术馆创作的装置作品，其灵感源自苏州的丝绸。作品由各种大小的绣花绷子和不同时间段的蚕茧、蚕丝交织而成，在这方寸之间，生命的变化得以完美诠释。

▲图5-44 《化》 作者：吕越（李潇鹏摄于苏州金鸡湖美术馆）

（五）情感审美

丝绸艺术作品以其独特的美和温馨的色彩，常常能引发观众强烈的情感共鸣。丝绸的情感审美趣味不只是思维的体现，也是艺术审美的体现。在不同时期，丝绸纹样会跟着大众审美变化，以此触发情感共鸣。宋元时期的文人画注重表达画家的情感和理想，因此形成了一种富有诗意和意境的艺术风格。在丝绸设计上，这种风格表现为“莲塘小景”“流水落花”等具有意境的图案形式。明清时期是中国传统丝绸工艺的鼎盛时期，丝绸工艺的发展达到了前所未有的高度。缠枝与折枝的形式图案设计、丰富的配色、对比色的运用和金线勾边都是为了使织物色彩更加丰富和美观[1]。

二、创新美学观念

丝绸艺术创新可以打破传统的美学观念，形成新的美学理念推动美学的发展。丝绸艺术的创新对美学观念的影响是很深远的，作为一种重要的艺术形式，丝绸艺术的创新不仅在技术和表达方式上进行了探索，也推动了美学观念的发展和变革。

（一）强调个性化

丝绸艺术的创新打破了传统的审美规则和制约，使艺术家和设计师有了更大的自由度去创造独特的丝绸艺术作品。

随着丝绸艺术的创新，西方早期的哲学家和心理学家深入研究人类的美感和吸引力。他们认为

❶ 王言升，张蓓蓓. 中国传统丝绸图案设计思维研究——基于传统文化的分析 [J]. 丝绸，2016，53(10)：45-51.

丝绸服装对许多男性具有特殊吸引力，因为丝绸的柔软、光滑和闪亮质地自古以来象征着奢华和优雅。尽管柏拉图、亚里士多德等哲学家没有直接探讨这些服饰的吸引力，但他们对美的理论讨论为后来的研究提供了深厚的理论基础，认为美是通过比例、和谐和完美的表现来实现的，这些特质恰好体现在丝质衣物与人类身材的完美融合中。

（二）跨文化交融

新时代丝绸艺术的创新也体现在跨文化的交流上，丝绸艺术家和设计师可以汲取不同文化的元素，这些新的美学元素对丝绸艺术产生了重要的影响。它们推动了艺术的发展，丰富了人们的审美体验，提升了人们的艺术素养。

新时代的丝绸纹样设计，很多都是文化交融的结果，例如许多传统花卉纹样已经融入了新时代服装中。自1949年以来，丝绸纹样设计中借物寓意的纹样十分常见；随着国际交流的增多，世界各地的设计元素和理念也被融入丝绸纹样设计中[1]。这种跨文化的融合使丝绸纹样设计更加丰富多元，也使中国的丝绸艺术能够更好地与世界接轨。新时代的丝绸纹样设计体现了传统与现代、东方与西方的融合，以及对中国传统艺术的尊重和创新。这种独特的设计理念和手法，使新时代的丝绸服装不仅满足了现代审美需求，还保留了丝绸艺术的传统魅力。中国每个时期的服饰都反映了当时的社会和文化状况，并体现了中国人对和谐自然美的独特理解。

表5-26揭示了中国丝绸服装设计和跨文化理念交融的历史，也揭示了丝绸在中国传统服饰中的重要性。

表5-26　丝绸服装特点

朝代	服装特点
隋唐	隋唐对外来服装兼容并蓄，出现了许多新颖的服饰款式，强调体态美感；丝绸织品为外来服装的华丽融合提供了物质基础
宋	丝绸服装质地轻薄飘逸，追求清新、朴实、自然和雅致，反对过度华丽
元	丝绸服装保留了部分汉族特点，但更多地体现了少数民族的异域特色
明	丝绸服饰以团花为主要图案；其中女装款式窄瘦合身、华丽繁美，吉祥祝福的意境成为主流
清	清代丝绸服饰纹样取材广泛、色彩层次丰富、边缘和饰物精致，以华丽繁缛为主导风格。清代汉族女性的着装风格是上穿褂子，下搭配裙子。图5-45中的女装的特点是右隐式领口，领口四周装饰有云肩；袖口、下摆及开衩都有彩色刺绣花边装饰，蓝色素色的刺绣基底上运用平绣技巧，呈现了以戏曲人物故事为主题的十个徽章花纹。其马面裙的设计则采用红色腰带，裙料选择大红色的暗花绸缎；两片裙片重合形成中间的长方形“马面”，周围以及裙边装饰有如意云头、白底彩绣人物小景宽边和花卉图案的绦带；裙身采用蓝色绸缎镶贴几道类似栏杆的条纹，制作工艺精细

[1] 耿榕泽.新中国丝绸纹样的设计社会学特征研究[D].南京：南京艺术学院，2022.

▲图5-45　蓝地彩绣戏出十团女褂和大红暗花缎地绣人物小景纹马面裙（李潇鹏摄于中国丝绸博物馆）

三、引领审美趋势

新时代丝绸艺术创新可以引领和塑造新的审美趋势，影响人们的审美观念和审美习惯。丝绸在色彩、图案、材质、工艺和文化中影响着人们的审美趋势和选择（表5-27）。以宋朝丝绸为例，受宋代社会风气影响，当时的丝绸纹样的配色具有素淡清雅的特点[1]。

表5-27　丝绸服饰审美类型

审美类型	审美特点
色彩审美	丝绸艺术的色彩鲜艳，对比和搭配都能影响并引领流行色彩的趋势
图案审美	传统的花鸟图案和现代的抽象图案，丝绸艺术都能引领图案设计的审美趋势
材质审美	丝绸质地、光泽的舒适奢华影响了人们对其他材质的选择和喜好
工艺审美	丝绸艺术的提花、刺绣等工艺影响了人们对工艺美的理解和欣赏
文化审美	丝绸艺术作品融入了丰富的文化元素，引领了文化审美的趋势

[1] 岳兰兰. 宋代丝绸纹样艺术研究 [D]. 郑州：郑州大学，2014.

▲图5-46　苏绣旗袍（李潇鹏摄于南京江南丝绸博物馆）

尽管20世纪20年代末的世界经济危机和20世纪60年代化纤织物的兴起，给传统丝绸行业带来了两次重大的打击；相对于化纤织物，丝绸由于成本高昂、颜色品种单一等原因，被纺织市场所冷落[1]。

新时代的苏绣艺术家们凭借其匠心独运的创造力和对传统技艺的深刻理解，成功地将中国丝绸艺术带入复兴之路。苏绣旗袍（图5-46）设计师通过创新设计扩展了颜色与图案的多样性，并在生产过程中融入新技术，降低成本，提高了丝绸产品的竞争力。新时代丝绸艺术不仅在国内外市场上重新焕发光彩，更成为中国传统文化与现代生活完美结合的象征。

在欧洲，丝绸艺术引领了审美趋势。在贝尔顿庄园，布朗洛夫夫人的惊艳肖像画中的高级定制服装融合了欧洲中世纪的审美观，这位贵族穿着一袭白色丝绸长裙[2]。以18世纪法国蓬巴杜夫人和玛丽・安托瓦内特（Marie Antoinette）为例，当时庞大的贵族女性丝绸礼服不仅引领了社会风尚和审美趋势，蓬巴杜夫人引领了路易十五时期的洛可可风格。蓬巴杜夫人的着装风格对当时的法国社会产生了深远影响，她的丝绸长袍与宽阔的箍裙是当时的时尚象征；玛丽・安托瓦内特作为法国的最后一位王后，她极尽奢华和繁华的打扮反映了路易十六时期法国宫廷的奢侈生活，她的高空糖果发型、缠绕玫瑰的羊毛、纱布脚手架、绸缎带子和珠宝的装饰，都成为18世纪末法国时尚的代表。历史学家开始对18世纪时尚的历史产生兴趣，并认识到丝绸时尚文化本身与性别、消费文化、权力和现代自我等重要问题密切相关[3]。

19世纪，著名设计师沃斯设计的丝绸宫廷服饰引领了整个欧洲的时尚潮流，提升了宫廷服饰和上层社会时尚圈的标准。1860年，宝琳・冯・梅特涅（Pauline Von Metternich）公主穿着一件由沃斯设计的白色薄纱晚礼服，点缀着银线和雏菊的粉红色心形装饰吸引了尤金妮（Eugénie de Montijo）皇后的目光[4]。弗朗兹・克萨韦尔・温特哈尔特（Franz Xaver Winterhalter）是19世纪的著名德国画家，

[1] 徐娅丹. 莨纱绸在室内与家具设计中的应用研究 [J]. 家具与室内装饰，2021(4)：34-37.

[2] SQUIRE. Cheltenham art gallery and museums[M]. Cheltenham：Cheltenham Art Gallery and Museums，1996：13 - 24.

[3] JONES J M. Gender and eighteenth-century fashion[J]. The Handbook of Fashion Studies，2013：121-136.

[4] GECZY A，KARAMINAS V. Fashion's double: representations of fashion in painting，photography and film[M]. London：Bloomsbury Publishing Plc，2015：4.

他的作品以精细的技艺和对贵族生活的深入描绘而受到广泛赞誉。例如，他的著名作品《尤金妮皇后的肖像》（图5-47）描绘了尤金妮皇后身着一件华丽的丝绸长裙，裙子上精细的金色刺绣和丰富的褶皱都被画得栩栩如生。

▲图5-47 《尤金妮皇后的肖像》

四、提升生活品质

丝绸艺术的创新产品可以提升人们的生活品质，使美学价值转化为生活价值。丝绸设计师将优美的丝绸艺术形象融入实用物品，让人们在使用的过程中也能享受到艺术的魅力。

第一，丝绸通过服饰设计提升生活品质。丝绸服饰既是人们日常生活中的衣物，也是体现艺术创新和审美追求的载体。通过新的设计理念、技术和材料，设计师可以在丝绸服饰上创造出新颖、独特的艺术形象，使人们在穿着的过程中也能感受到艺术的魅力。

第二，丝绸通过丝绸家居设计提升了生活品质，如丝绸床单、窗帘等，它们既是人们日常生活中的实用物品，也是体现艺术创新和审美追求的载体。精美的丝绸图案和色彩，可以使家居环境更加美观和舒适，提升人们的生活品质。

在国内，以花鸟纹双面绣花包（图5-48）为例，其利用精湛的苏绣技艺制作而成，它们不仅是实用的日用品，更是艺术品的体现。这种绣花包以细腻的针法、鲜明的色彩和生动的图案展现了中国传统文化的魅力。花鸟图案富含自然美和生机，能够为家居环境带来一抹优雅和宁静，不仅能美化空间，还能让人们在日常生活中感受到手工艺术的独特韵味，从而提升居住的舒适度和整体生活品质。

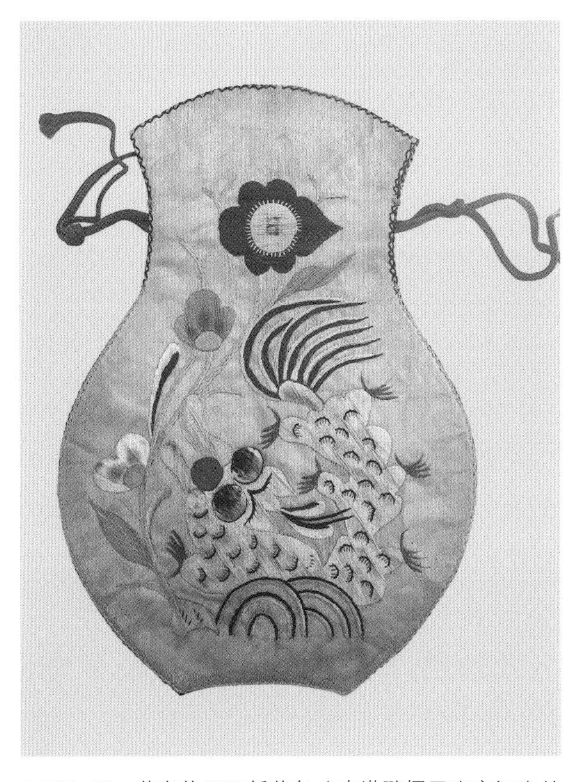

▲图5-48 花鸟纹双面绣花包（李潇鹏摄于南京江南丝绸博物馆）

▲图5-49　英国旅行小包（李潇鹏摄于德国柏林装饰艺术博物馆）

在国外，以图5-49中的1840年的英国旅行包为例，其由棕色皮革、条纹丝绸和金属制成。随着铁路网的稳定发展，人们需要更易于管理的行李，配有可锁定金属手柄的宽敞丝绸包袋开始流行，其提升了人们居住的舒适度和整体的生活品质。

第三，丝绸复合材料是指利用丝绸和其他材料制成的新型复合材料。这些复合材料保持了丝绸的优雅和艳丽，也融入了其他材料的特性，如耐久性、强度、轻量等。在可持续丝绸设计中，这些复合材料的应用是多样化的。丝绸设计师可以将丝绸和废旧塑料或者废旧纺织品结合起来，创造出新的、环保的丝绸产品。这种方法不仅降低了丝绸产品的生产成本，也有助于减少废弃物的产生，实现资源的有效利用。以Worn Again Technologies为例，他们收集了废弃的丝绸纺织品，并将其纳入他们的回收系统中。通过其创新技术，旧的丝绸纺织品和非可再生塑料可以被转化为新的纺织原料，或者由丝绸边角嵌入聚氨酯的手提包，从而创造出可持续丝绸复合面料[1]。

五、塑造美的环境

丝绸艺术创新可以通过创作美的丝绸艺术品塑造美的环境，提升人们的生活环境。丝绸艺术以其独特的美感和丰富的文化内涵，为人们创造了一个充满美的环境，使人们能够在艺术欣赏、日常生活和文化学习中，都能有美的体验。

（一）艺术欣赏环境

丝绸艺术作品（挂毯、壁画）可以丰富和美化环境，为人们提供艺术欣赏的机会，给人以美的享受，激发人们的艺术欣赏和创作灵感。丝绸艺术也可以应用于日常生活中，如丝绸服装、丝绸家居用品等都可以提高生活质量，为日常生活增添美感。丝绸服装和床上用品，可以让人感受到丝绸的舒适质感和艳丽色彩，享受美的生活。

以曼图亚（长袍与衬裙）服装为例，丝绸曼图亚通常用于展示女性的地位和财富。维多利亚和艾尔伯特博物馆（V&A）中藏有一件曼图亚服装，由奶油色丝绸制成的长袍和衬裙组成，饰有彩色

[1] BLACKBURN R S, et al. Sustainable textiles: Life cycle and environmental impact[M]. Amsterdam: Elsevier Science & Technology, 2009:25.

丝线和银质金属线绣花，呈现出花朵般的洛可可风格。

（二）文化环境

丝绸艺术作品往往富含文化元素和历史信息，人们能够通过欣赏丝绸艺术作品，了解不同文化和历史。在博物馆或艺术展览中，丝绸艺术作品可以帮助人们了解历史，感受文化，提升文化素养。

东西方丝绸艺术富含大量的文化元素和历史信息。东方丝绸艺术中蕴含着“天人合一”的思想，其动物纹饰也更加注重意象，更加平面化；西方丝绸艺术纹样则更注重情境性的表达，同时更加偏重明暗和透视的写实风格[1]。丝绸艺术富含丰富的文化元素，如春秋时期人们对鬼神的崇拜、秦汉时期人们对长生的追求、魏晋时期人们对佛教的信仰等，这些文化都在丝绸艺术中具有一定的体现。

[1] 耿榕泽. 新中国丝绸纹样的设计社会学特征研究 [D]. 南京：南京艺术学院，2022.

第六章

新时代江苏丝绸艺术创新新对策

新时代丝绸艺术创新研究

在习近平新时代中国特色社会主义思想发展的历史背景下，江苏省紧跟“一带一路”倡议，以弘扬传统文化为己任，着力解决实践困点，全面推动江苏丝绸艺术传承与创新发展。基于理论与实践的双重研究方法，对江苏丝绸艺术传承、产业布局、创新发展等特征进行全面探究。从艺术学学科角度提出新时代江苏丝绸艺术创新对策，并以此引发各界人士对江苏丝绸艺术传承与创新发展的再思考，为该研究领域提供多样化的理论与实践空间。

作为中国丝绸产业的发源地之一，江苏地处丝绸之路经济带与海上丝绸之路交汇点，是中国重要的丝绸中心与桑蚕基地。从考古文献看，自新石器时代以来，江苏便已出现原始冶丝织造等生产技术，在历经古代丝绸产业跌宕起伏的更替后，已凝练出众多具有极高艺术审美价值的瑰宝。纵观近代江苏丝绸产业的发展脉络，虽颇为曲折，但而后出现的现代丝绸工业却为江苏丝绸产业与社会经济发展作出了重要贡献。近年来，江苏省主动参与“一带一路”经济建设，自觉发挥江苏作为“丝绸强省”的优势，不断为浇灌“丝路之花”而努力。其中，江苏丝绸艺术产业在传统丝绸手工技艺、丝织人才培养、丝绸艺术产品研发等方面都有着极大优势，尤以苏南地区为首的多个城市造就了江苏丝绸艺术产业的繁荣，不仅承载了华夏文明的历史脉络，更是中国传统文化的智慧象征。

目前，我国有关江苏丝绸艺术创新与实践的成果较少，产业制度尚未完善且缺乏一定的规范性。因此，丝绸艺术创新拓展也受到了一定限制。本章通过对江苏丝绸艺术现存的问题进行解读，以期引领江苏丝绸艺术产业升级，为江苏丝绸艺术创新发展提供理论依据与实践指导。

丝绸艺术是中国传统文化的筋脉，是江苏地区特色文化典型性代表之一，自诞生起，就与中国文化有着密不可分的联系。由于江苏丝绸地位较高，历来为人所瞩目，研究成果极为丰硕。例如，著名的中国经济史学家彭泽益对明清江苏官民营丝织业的系统研究、章楷对明清江苏蚕桑业的研究，都为江苏丝绸艺术的研究奠定了坚实基础。以更高站位对江苏丝绸艺术进行研究，有助于整合区域特色文化，推动江苏特色丝绸艺术产业的发展。因此，江苏地区应正确认识自身优势，利用深厚的历史文化底蕴，充分发挥江苏丝绸文化艺术的优势，紧紧抓住百年未有的机遇，通过中华传统文化的弘扬与输出，主动掌握世界丝绸文化品牌的话语权。在传承的基础上进行创新发展，形成具有世界高站位、大格局的丝绸概念[1]。

多年以来，丝绸产业一直被认为是江苏地区经济发展的主体。自中华人民共和国成立以来，江苏丝绸产业对本省的经济、社会、文化等诸多方面作出了巨大贡

[1] 王小萌，李正. 新时代江苏丝绸艺术传承与创新发展路径探析 [J]. 丝绸，2020，57(12)：126–131.

献，其历史地位与作用不可低估，未来也将是江苏传统产业中一道靓丽的风景线。特别是中华人民共和国成立后的江苏丝绸地位更加显赫，出口贸易量一直排名前列。目前，江苏拟通过文化传承与艺术科技创新等方式与新兴产业进行良性互动，引导南北分工格局，扶持苏中、苏北丝绸艺术产业的错位发展，从而形成江苏丝绸艺术产业新兴棋盘[1]。

第一节　江苏丝绸艺术创新发展中存在的问题

当下的江苏丝绸艺术在创新发展的过程中面临着诸多问题和挑战，这些问题不仅限制了其创新和进步，也在一定程度上影响了市场竞争力。例如，核心技术缺乏创新、研究发展能力不足、人才短缺、丝绸传承后继乏力，以及织造工艺复杂、消费受限、产业链协同发展问题等都是亟待解决的难题。为了推动江苏丝绸艺术的可持续发展，需要从多个方面进行改进和提升，包括加强核心技术研发，强化品牌建设，注重环保和可持续发展，加快传承、培养和引进高素质丝绸艺术人才，以及优化产业链协同发展等。

一、缺乏创新思维，研究发展能力不足

创新思维是一种开拓性的思维方式，它强调打破常规、超越传统，寻求新的可能性。江苏丝绸艺术领域中的创新思维是指通过创新的方式、方法和视角，推动江苏丝绸艺术的不断发展。它体现在多个方面，包括设计理念、技术手段、市场策略和产业链协同等。

首先，设计理念的创新是江苏丝绸艺术创新思维的核心。在现代社会，消费者对时尚和个性化的追求越来越强烈，设计理念需要不断更新和升级，以满足消费者的需求。从创新思维的角度来看，江苏丝绸艺术在设计和创意方面相对保守，缺乏突破传统框架的创新尝试。传统的设计理念和审美标准在很大程度上限制了艺术家的创作空间，导致作品在风格和主题上呈现单一化的趋势。对现代审美趋势和消费者需求的敏感度不足，也使江苏丝绸艺术在市场上的竞争力受到一定程度的削弱。

[1] 王小萌，李正．新时代江苏丝绸艺术传承与创新发展路径探析 [J]．丝绸，2020，57(12)：126-131.

设计理念的创新主要体现在对传统元素的重新诠释、融合不同文化元素、探索新的图案和色彩等方面。例如，设计师往往过分依赖历史元素和传统图案，许多传统丝绸艺术品仍以传统的龙凤、花卉等图案为主，这些图案虽然具有深厚的文化内涵，但已经不能满足现代消费者对于多样化和个性化的需求。或是在色彩搭配上过于保守，常常局限于固定的几种颜色组合，缺乏灵活的创意思维。另外，江苏丝绸艺术在与其他文化元素的结合上也显得相对欠缺。虽然江苏丝绸艺术具有悠久的历史和深厚的文化底蕴，但在当今全球化的时代背景下，它需要与全国乃至世界各地的艺术文化元素进行交流与融合，拓展其创作空间和市场。为了推动江苏丝绸艺术的不断发展，设计师需要突破传统思维的束缚，积极探索新的设计理念，满足现代消费者的多样化和个性化需求。

其次，技术手段创新与市场策略创新也是拓展江苏丝绸艺术创新思维的重要方面。随着科技的不断发展，新的技术和工艺不断涌现，为江苏丝绸艺术的创新带来了更多可能性。例如，许多传统丝绸艺术品常采用手工绘制或刺绣的方式，这种方式虽然能够获得精致的图案和质感，但效率低下且成本较高。传统丝绸制作过程中使用的染料和材料也相对单一，缺乏对新型环保、可持续性材料的探索和应用。目前，许多其他行业都已经开始应用数字艺术、虚拟现实、增强现实等技术来提升产品设计和展示效果。但是在江苏丝绸艺术创新中，这些技术的应用仍然较少，尚不够普及，许多设计师仍然采用传统的纸面设计和展示方式，不仅效率较低，而且难以实现复杂和精细的设计。

再次，江苏丝绸艺术在跨界合作和品牌塑造方面也显得不够积极，与时尚、科技和其他创意产业合作的跨界经典案例并不多见。同时，江苏丝绸艺术品牌在国内外市场上的知名度和影响力也有待提升，需要加强品牌战略规划和市场推广工作。在激烈的丝绸艺术市场竞争中，如何将江苏丝绸艺术产品更好地推向市场，获得更多消费者的认可和喜爱是市场策略创新的关键。不仅需要对市场趋势有着敏锐的洞察力，而且要善于发现消费者需求的变化，并采取相应的市场策略来满足这些需求。例如，当下的江苏丝绸艺术产品缺乏对目标市场的精准定位和营销策略的创新，丝绸艺术品牌形象过于传统和单一，缺乏与现代消费者的有效沟通和互动。

最后，在传统模式下，丝绸艺术产业链各个环节之间的衔接不够紧密，信息沟通不畅，导致资源无法得到有效整合和利用。通过丝绸艺术产业链协同创新，可以加强各个环节之间的合作与交流，提高整个丝绸艺术产业链的运行效率，促进资源的有效利用。

二、缺少专业人才，丝绸传承后继乏力

江苏丝绸艺术作为中国传统文化的瑰宝，其发展与创新离不开专业人才的支持，他们是江苏丝绸艺术保护与传承的中坚力量，肩负了保护与传承、创新与发展、品质保障、推动产业升级和文化交流与传播等方面的重要时代任务。随着现代化进程的加速，许多传统工艺面临失传的风险。而专业人才通过深入研究江苏丝绸艺术的传统工艺和技术，能够为保护和传承这一艺术文化遗产提供有力支持。丝绸艺术专业人才不足主要体现在以下五个方面:

一是丝绸艺术传承方面。随着社会的发展和科技的进步，当下年轻一代更愿意从事新兴行业，导致传统丝绸艺术的传承人才不足，许多传统的丝绸生产技艺已经逐渐被现代化的机器所替代。这些传统丝绸技艺蕴含着丰富的艺术文化和历史价值，一旦失传，将无法复制。例如，传统的蚕丝养殖技术和手工缫丝技术都需要耗费大量的时间和精力，而且利润相对较低，因此很少有年轻人愿意学习和传承。此外，由于缺乏有效的传承机制，许多有潜力的年轻人无法获得系统的培训和指导，导致技艺水平难以提升。还有全球化进程的加速、市场竞争的加剧，使许多江苏丝绸企业为了追求短期的经济效益而忽视了传统丝绸艺术的传承和发展。一些企业为了降低成本，采用现代化的机器替代传统的手工技艺，导致传统丝织技艺在生产过程中逐渐消失。

二是丝绸艺术人才培养方面。江苏丝绸艺术行业需要对更多专业人才进行教育和培训。目前江苏丝绸艺术行业的教育和培训体系还不够完善，缺乏专业的师资力量和教学资源。这导致从业人员的技能水平参差不齐，影响了整个行业的发展和传承。许多丝绸艺术的培养仍采用传统的师徒传承方式。这种方式虽然有其优点，如技能传承的纯正和深入，但它限制了人才培养的规模，并且很难适应现代社会的需求。例如，一些家族作坊式的丝绸技艺传承方式，虽然技艺精湛，但由于其封闭性和局限性，很难将技艺推广到更大的范围。

三是在当前的丝绸艺术人才培养中，理论知识和实践操作存在脱节现象。学员往往只学到一些基础的理论知识，而缺乏实际操作的机会，导致技能水平不高。一些学员在学校的理论考试中表现出色，但在实际工作中却无法熟练操作丝绸织机，或者无法理解丝绸工艺中的细节要求。这主要是由于教学与市场需求的不匹配，许多教师长期在学校内从事教学工作，与丝绸行业的实际发展存在一定的脱节。这导致教师的教学内容与行业实际情况不一致，学员难以学到真正有用的知识和技能。

四是在传统丝绸技艺传承的过程中，往往过于注重对既有技艺的模仿和复制，

而忽视了创新和创意的重要性。这样培养出来的学员往往缺乏独立思考和创新的能力，难以创造出有特色的丝绸艺术品。例如，江苏丝绸中的某些传统艺术图案已经沿用多年，而学员很少有机会对这些传统图案进行创新和改进。

五是由于受到经济发展状况、待遇水平和其他外部因素的影响，一部分优秀的江苏丝绸艺术人才选择离开江苏，前往其他地区发展。这不仅导致了江苏丝绸艺术人才的流失，同时也对江苏丝绸产业的发展产生了一定的影响。一些丝绸艺术专业的优秀毕业生，因待遇或地域原因，选择在上海、杭州等地工作，这无疑给江苏丝绸艺术行业的发展带来了一定的挑战。

三、织造工艺复杂、成本较高、消费受限

在江苏丝绸艺术中，由于织造工艺复杂和成本较高，消费群体受到了一定的限制。这种情况也引发了一系列问题。传统的江苏丝绸织造工艺需要经过多道工序，而且大部分工序都需要手工完成。这不仅增加了生产时间，还导致了生产效率的降低。同时，复杂的工艺也增加了品质控制的难度，容易产生品质不稳定的问题。这些问题主要体现在以下三个方面:

第一，蚕丝的挑选和处理。江苏丝绸所用的蚕丝需要经过多道工序，包括清洗、干燥、筛选等，以确保其质量和纯净度。蚕丝的长度、细度、韧性等物理性能也需要进行精细的检测和控制，以满足不同织品的要求。例如，蚕丝的来源和质量是影响其品质的关键因素。江苏地区虽然有着丰富的蚕丝资源，但不同地区和不同品种的蚕丝质量存在着明显差异。有些蚕丝可能存在有杂质、色泽不均、质地不纯等问题，这会对后续的织造工艺产生不良影响。质地不纯的蚕丝可能会影响丝织品的纹理和光泽度，而色泽不均则会导致色差和色斑的出现。清洗不彻底可能导致残留物和尘埃附着在蚕丝表面，干燥不当则可能导致蚕丝变形或产生褶皱，筛选不准确则可能将劣质蚕丝混入优质蚕丝中。

第二，染色和印花工艺多样化。江苏丝绸的染色和印花技术丰富多样，不同的颜色、图案和纹理需要不同的染料和工艺。染料的选择和配制不仅要注重色彩的丰富性，还要考虑染料的耐久性和环保性。印花技术则要求精细度和创新性，以创造出独特的图案和纹理。例如，染色工艺中经常遇到颜色不均和褪色问题。染料与丝绸纤维的结合力不够强，导致颜色容易脱落。传统染色工艺中使用的化学染料易对环境造成一定的污染，这与当前绿色、环保的理念相悖。在丝巾、围巾等印花图案中，经常出现颜色模糊、线条断裂等问题。这主要是由于印花机械的精度不够高，以及印花过程中对细节处理不到位。

第三，织纹设计的复杂性和创新性。江苏丝绸的织纹设计复杂多样，不同的织纹会产生不同的质地和视觉效果。例如，对于复杂织纹的设计，由于传统的手工编织方法效率低下，而且对工人的技艺要求极高，因此很难满足大规模生产的需要。手工编织的方法也限制了复杂织纹的设计种类和变化，使设计缺乏多样性。在创新性方面，尽管江苏丝绸艺术有着悠久的历史和丰富的传统，但现代消费者对丝绸织纹的需求已经不仅仅满足于传统的样式，他们更希望看到能够反映时代特色、具有创新元素的设计。如何在保持传统的同时进行创新，这是一个需要面对的新挑战。

复杂的织造工艺和高成本的原材料使江苏丝绸艺术产品的价格越来越高，并限制了消费群体的规模。高成本也使江苏丝绸企业在丝绸艺术市场竞争中处于不利地位，难以与低成本、低价格的对手竞争。这种现象主要归结于以下三个方面。首先，是生产成本较高问题。江苏丝绸艺术的生产过程烦琐，需要经过多个工序和精细的工艺处理。这些复杂的生产流程导致了高昂的生产成本。此外，随着原材料、人力和运营成本的增加，丝绸产品的价格也相应上涨。其次，是高昂的价格限制了消费群体的规模。对于普通消费者来说，丝绸艺术产品可能不是他们日常穿着的首选，尤其是在经济不景气或消费者购买力有限的情况下。这导致丝绸艺术消费市场逐渐缩小，更多的丝绸艺术产品可能流向高端市场或有着特定需求的消费者群体。最后，是消费群体的小众化也给江苏丝绸艺术的发展带来了挑战。小众市场往往难以支撑大规模的生产和营销活动，丝绸艺术产业的发展受到限制。同时，这也意味着消费者需求更加多样化，需要更加精细化的产品和服务来满足他们的需求。

第二节　江苏丝绸艺术现代性转化与创新策略

江苏丝绸艺术现代性转化与创新策略的重要性和迫切性不言而喻。面对市场的挑战和机遇，江苏丝绸艺术必须加快现代性转化的步伐，积极实施创新策略，以适应市场的需求和推动产业的发展。同时，学术界应该加大对这一领域的研究力度，为江苏丝绸艺术的现代性转化与创新提供理论支持和实践指导。通过政府、学术界和企业的共同努力，相信江苏丝绸艺术一定能够焕发出新的光彩，拥有更加广阔的发展前景。

现代性转化是江苏丝绸艺术发展的必然趋势。传统江苏丝绸艺术在织造工艺、图案设计、色彩搭配等方面有着独特的特点和优势，但随着消费者需求的不断变化和市场竞争的加剧，传统工艺已经难以满足现代市场的需求。因此，将传统工艺与现代技术、设计理念相结合，实现江苏丝绸艺术的现代性转化，是推动其持续发展的必然选择。创新策略是江苏丝绸艺术应对市场挑战的关键。当前，江苏丝绸艺术市场面临着激烈的竞争，不仅有来自国内其他地区的竞争，还有来自国外的竞争。要想在竞争中脱颖而出，必须依靠创新。创新不仅包括产品设计的创新，还包括生产工艺、市场营销等方面的创新。只有不断创新，才能在市场竞争中立于不败之地。现代性转化与创新策略也是推动江苏丝绸艺术产业升级的重要途径。传统的江苏丝绸艺术产业存在着生产效率低下、品质不稳定等问题，这些问题严重制约了产业的发展。通过现代性转化和创新策略的实施，可以推动产业升级和技术进步，提高生产效率和产品质量，增强产业的竞争力。

从学术角度来看，现代性转化与创新策略的研究具有重要的理论和实践价值。第一，通过对江苏丝绸艺术的现代性转化研究，可以深入探讨传统艺术在现代社会中的价值和意义，为传统艺术的保护和传承提供理论支持。第二，创新策略的研究可以为江苏丝绸艺术产业的发展提供新的思路和方法，为产业的转型升级提供理论指导。第三，现代性转化与创新策略的研究还有助于提高人们对江苏丝绸艺术的认知和理解。通过研究和推广江苏丝绸艺术的现代性转化成果和创新实践，可以让更多的人了解和欣赏江苏丝绸艺术的独特魅力和价值，增强人们对传统文化的认同感和自豪感。

一、积极创新，推进产业交叉发展

江苏丝绸艺术要实现积极创新，需要从设计理念、工艺技术、跨界合作、市场营销等多个方面入手。通过全方位的创新策略实施，江苏丝绸艺术将迎来更加广阔的发展空间和机遇。

一是设计理念的创新。设计是丝绸艺术的核心，创新的设计理念是推动江苏丝绸艺术发展的关键。设计师应关注当下社会的审美趋势和消费者的需求变化，打破传统的设计框架，尝试将现代元素与传统元素相结合，创造出既具有古典韵味又具有现代感的丝绸产品。对传统丝绸艺术进行深入的研究，挖掘其独特的文化内涵和技艺特点。在此基础上，结合现代审美观念和市场需求，探索丝绸艺术的新形式、新用途和新表达方式。例如，在传统的云锦面料上添加几何图形或抽象图案，打破传统与现代的界限，赋予丝绸新的视觉冲击力。在材料选择上，也可以尝试与新型纤维相结合，如纳米材料、生物降解材料等，提升产品的科技含量和环保性能。通过跨界合作，与其他艺术领域，如绘画、雕塑、建筑等展开交流，汲取更多灵感，丰富江苏丝绸艺术的表现形式。在用途和市场定位方面，开发江苏丝绸艺术在时尚、家居、礼品等领域的新用途，满足不同消费群体的需求。针对年轻一代的消费者，可以通过推出定制化、个性化服务，打造具有亲和力和个性化的江苏丝绸艺术品牌。通过线上线下的互动体验，让消费者更加了解江苏经典丝绸品类的制作过程和艺术价值，同时借助大数据分析消费者行为和市场趋势，为设计提供更为精准的指导。江苏丝绸艺术在设计理念上的创新是一个系统工程，涉及文化传承、审美观念、科技应用、市场定位等多个方面。只有持续不断地推陈出新，才能在现代社会中焕发出新的生机与活力。

二是工艺技术的创新。传统丝绸制作工艺复杂且耗时，在一定程度上限制了丝绸艺术的发展。因此，探索新的制作工艺和技术成为创新的重要方向。江苏丝绸艺术在工艺技术上的创新，是其持续发展和传承的关键。随着科技的进步和消费者需求的多样化，传统的丝绸工艺已面临挑战。因此，创新是必不可少的重要环节。第一，与现代科技结合。引入现代科技，如人工智能、交互体验等，对丝绸的生产过程进行优化。例如，可以使用这些技术改进染料的选择与配比，以达到更丰富的色彩效果；或研发新的织造机器，提高丝绸的产量与质量。通过科技的力量，不仅可以提高生产效率，还可以为丝绸带来更多的可能性。第二，创新织造技术。传统的丝绸织造技术有其局限性，而现代消费者对产品的要求更为多样。因此，探索新的织造技术是必要的。例如，开发新型的丝绸纹理、质地或图案，以满足消费者对于个性化、时尚化的需求。第三，重视环保与可持续发展。随着全球对于环保意识的提高，使用更为环保的材料和生产方式成为新的趋势。江苏丝绸可以探索选择更为环保的染料、生产方式等，以减轻对环境的负担。同时，还可以研发可降解或可回收的丝绸制品，以适应可持续发展的需求。第四，传承与教育。虽然创新是必须攀登的高山，但传统的丝绸工艺是其核心价值所在。因此，重视传统工艺的传承与教育是必不可少的。可以通过设立培训课程、工作坊等方式，培养新一代的江苏丝绸艺术工匠，使他们能够继承和发扬传统的江苏丝绸工艺。第五，加强与国际的交流与合作。与国际上的丝绸工艺研究机构、企业等进行交流与合作，引入国外的先进技术与理念，推动江苏丝绸艺术的创新与发展。将江苏丝绸艺术推向国际市场，提升其国际影响力。第六，鼓励创新思维。为创新者提供支持与平台，鼓励他们敢于尝试、勇于创新，可以通过设立奖项、资助等方式，为那些富有创新思维和勇于实践的人提供支持。总之，江苏丝绸艺术在工艺技术上的创新是多方面的，既需要结合现代科技、探索新的织造技术，又需要重视环保与可持续发展、传承与教育、加强国际交流与合作以及鼓励创新思维。通过这些努力，江苏丝绸艺术能够在保持传统魅力的同时，焕发出新的活力与生机。

三是跨界合作与创新。在跨界合作上的创新主要体现在与不同领域、行业的

合作，这种合作不仅能带来新的创意和表现形式，还能扩大江苏丝绸的影响力和市场份额。第一，跨界合作可以帮助江苏丝绸艺术拓展应用领域。传统的丝绸主要用于服饰、家居装饰和礼品，但在现代社会，人们对于丝绸的应用有了更广阔的想象空间。例如，可以与时尚品牌合作，推出丝绸主题的时装系列；与家居品牌合作，将丝绸元素融入家居设计中；与科技企业合作，开发丝绸材质的智能穿戴设备等。这些跨界合作能够使丝绸艺术在更多领域得到应用，提升其市场价值和影响力。第二，跨界合作可以推动江苏丝绸艺术的传承与创新。传统的丝绸工艺需要耗费大量的时间和人力，而且很多技艺面临失传的风险。通过与现代科技、设计和艺术的跨界合作，可以将传统的丝绸工艺与现代技术相结合，提高生产效率，同时为传统工艺注入新的生命力。此外，跨界合作还可以为江苏丝绸艺术带来更多的设计灵感和创意元素，使其更加符合现代审美和市场需求。第三，跨界合作有助于提升江苏丝绸艺术的品牌形象。通过与其他知名品牌或领域的合作，可以提升江苏丝绸艺术的品牌知名度和美誉度。例如，与国际时尚品牌合作，可以借助其全球渠道和影响力，将江苏丝绸艺术推向国际市场；与文化机构合作，可以举办展览、论坛等活动，提高江苏丝绸艺术的文化内涵和价值。第四，跨界合作需要注重品牌的核心价值和长远发展。在跨界合作的过程中，要保持江苏丝绸艺术的文化根基和独特魅力，避免盲目跟风和过度商业化的倾向。同时，要注重对传统工艺的保护和传承，确保跨界合作不会对传统丝绸造成损害。总之，跨界合作是一种创新的方式，可以为江苏丝绸艺术带来新的发展机遇和挑战。通过拓展应用领域、推动传承与创新、提升品牌形象等多方面的努力，可以促进江苏丝绸艺术的持续发展和繁荣。江苏丝绸艺术在跨界合作上的创新是其在当代社会中保持活力和竞争力的重要手段。通过与其他领域、行业的合作，江苏丝绸艺术能够不断创新、进步，展现出更加璀璨的魅力。

四是市场营销的创新。在市场竞争激烈的今天，市场营销的创新对江苏丝绸艺术的发展至关重要。随着消费者对个性化体验的需求增加，可以设立丝绸艺术体验馆，让消费者亲身体验丝绸的织造过程，感受其独特的魅力。这种沉浸式的体验不仅能增强消费者的购买意愿，还能通过口碑传播，吸引更多的潜在客户。利用现代技术，如AR、VR等，为消费者创造一个虚拟的丝绸艺术世界。通过这些技术，消费者可以在家中就能欣赏到江苏丝绸的精湛工艺，甚至可以“试穿”丝绸制品，感受其质感。这种创新的营销方式能吸引年轻消费者，增加与消费者的互动。每个优质的丝绸产品背后都有一个动人的故事，通过挖掘和传播这些故事，不仅能增加产品的文化内涵，还能使消费者与品牌之间产生情感连接。例如，可以拍摄关于丝绸制作过程的微电影或纪录片，展示工匠们的精湛技艺和辛勤付出。与其他领域的知名品牌或IP进行合作，共同推出联名产品。这种合作不仅能提升江苏丝绸的知名度，还能吸引原本不是目标受众的人群。例如，与时尚品牌合作推出丝绸服饰系列，或与知名艺术家合作推出丝绸艺术衍生品。利用社交媒体和线上社区的力量，聚集对江苏丝绸艺术感兴趣的人。通过这些平台，发布关于丝绸的知识、动态和活动信息，加强与消费者的互动，形成良好的品牌口碑。除了线上营销，也不能忽视线下实体店的重要性。在实体店中，可以设置一些特色区域，如丝绸文化展示区、DIY工作坊等，使消费者能亲身体验到江苏丝绸的魅力。引入会员制度，为会员提供专享优惠、定制服务、优先体验等权益。这不仅能增加消费者的忠诚度，还能通过会员的口碑传播，吸引更多的新客户。市场营销的创新是多元化的，关键是要深入了解目标受众的需求和喜好，结合江苏丝绸艺术的特点和优势，进行有针对性的策略制定。

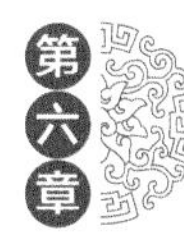

二、加快传承，提升人才培养机制

扎根江苏，坚持发挥好地域文化优势是丝绸设计教育发展的源头动力。首先，教育的发展必须有适合其生长的环境和土壤，任何地域的文化教育和发展也都要建立在自身的历史土壤之上。江苏历史与丝绸文化“你中有我，我中有你”，融合共生。江苏丝织业在几千年的发展历程中积累了独特的技艺、大量的人才、悠久的丝绸文化和完备成熟的丝绸设计产业链条等资源，具备先天的区位优势。同时，文化认知是设计创新发展的推动力。丝绸作为江苏特色的文化代表之一，在品类、手工技艺等方面也都有着极大的优势，如目前已有南京云锦、苏州宋锦、苏绣、缂丝织造技艺等国家级的非物质文化遗产。其次，文化自信是一个国家、一个民族发展中更基本、更深沉、更持久的力量。江苏丝绸设计的问题其实也是如何讲好江苏丝绸文化故事的问题，围绕本土文化之根从而掌握丝绸设计的话语权。根据“以丝绸之路文化精神彰显中华民族文化自信”的重要战略指示，立足本省特色文化优势，运用江苏丝绸艺术文化优势资源，讲好江苏丝绸文化艺术故事，从而推动丝绸设计教育及其相关产业的巩固与创新发展。江苏丝绸教育的历史可以追溯到1911年，郑辟疆和费达生两位蚕丝专家率先在苏州蚕桑专科学校内推行蚕种实验和产业推广，并培养了大量的高级丝绸人才。时至今日，江苏省内仍保留有从事丝绸教学和丝绸科研的专门机构，如南京云锦研究所、苏州丝绸博物馆、苏州大学、苏州职业大学丝绸应用技术研究所和苏州工艺美术职业技术学院等，都为江苏丝绸科研与人才培养提供了支撑力量。在丝绸设计人才培养和教育实践方面，既要保留传统技艺的精髓，又要创新设计的教学目标和方法，把江苏丝绸艺术独有的艺术特点和文化特色与现代设计手法相结合。要善于运用数字化、智能化的平台，在锻炼学生实践能力、核验教学成果的同时，传播江苏丝绸艺术文化。因此，只有立足江苏历史文化和地域特色，才能精准把握本土教育优势，抓好新时代江苏丝绸设计教育[1]。

术学并重，增强江苏丝绸设计教育的实用价值和市场经济价值。中国的设计发端于“工艺美术”，以工艺美术的思维和训练方法完成了中国设计教育的构建，并以此为形态存在了很长时间。但此处的“术”并非“工艺美术”的“术”，而是指丝绸艺术在设计、纺织及工艺制作中采用的技术手段，即丝绸设计从书本教育走向实践的必备元素之一；“学”指在丝绸设计教育中的文化底蕴和思想创意。设计是艺术、科学和技术的综合体，也是以艺术与工科两种优势结合起来的学科教育。丝绸设计艺术品既是感性的艺术品，又是理性的工艺品，既是物质的又是非物质的，既是商品又是藏品。因此，江苏丝绸设计教育不可等同于美术学院的纯艺术教育，仅关注作品的艺术性，完全根据艺术家的个人喜好随心所欲地进行艺术创作，脱离群众的生产生活，忽视设计产品的科学技术因素和市场因素。

丝绸设计艺术人才从事的工作性质决定了其设计作品必须要考虑市场因素，即其设计作品的实用性和经济性。比如以北京人民大会堂设计为例，优先考虑的要素是大会堂的实用性及设计作品使用后的安全性，而非艺术性。比如包括使用材料、结构、技术、标准等，以及设计作品的实际使用最佳性能、空间的最佳利用度、音声光的室内最佳可调配效果等。然后，才考虑各部位与环境的艺术表现，即设计艺术师要遵循的设计原则必须是实用、经济、美观的，即设计的第一原则是功能性，第二原则是经济要素，第三原则是设计作品的艺术表现性。正因如此，设计的作品在艺术表现方面要受制于作品的功能性，需要将其功能性与实用性作为首要考虑的因素，而不可像纯艺术那样过度夸大艺术性。此外，技术在初始的意义上属于技艺，是一种技能和技巧的结合，也是需要脑和手配合的综合能力，属于教育的实践领域，而教育实践的发展离不开技术。因此，技术以外在的方式通过促进教育实践者的完善而更有助于实现教育实践的终极追求[2]。

扩大教育对外开放，是推进江苏丝绸设计教育与世界交流共享的重要保障。人类文化发展史表明，封闭和保守不是保持文化身份和特性的正确途径，先进文化总是基于开放理念进行意义建构[3]。当今世界是由各国共同组成的命运共同体，教育也应顺应此大势，既在对外开放中发展壮大，又在对外开放中融入世界。通过“一带

[1] 李正，张婕．新时代江苏丝绸艺术设计人才培养的路径探究［J］．苏州工艺美术职业技术学院学报，2021(3)：39-41.

[2] 余清臣．教育实践的技术化必然与限度——兼论技术在教育基本理论中的逻辑定位［J］．教育研究，2020(6)：14-26.

[3] 毋小勇．意义建构视野中的大学文化创新与知识探究［J］．苏州大学学报(教育科学版)，2017(5)：62-68.

一路”和教育对外开放的政策，加强我国丝绸设计人才与国外艺术设计人才的互动交流，激发创新灵感，以更高的站位、更宽的视域、更长远的眼光拓展工作思路，以更积极主动的姿态担当起新时代的新使命，促进设计教育的发展[1]。

第一，在坚持江苏丝绸艺术特色的基础上，推进国内国际设计教育的交流学习，积极与其他国家分享丝绸艺术文化。在当今开放共享的互联网时代，时间、空间已无法阻止学习的脚步，教育资源开展跨越时空的学习，共享了优质课程资源[2]。新时代江苏丝绸设计教育要坚持“走出去”和“引进来”，通过丝绸设计教育、丝绸设计优秀作品宣传江苏丝绸文化，扩大江苏丝绸设计艺术文化的影响力，并与其他地域的艺术文化尝试融合，以国际化的站位推动江苏丝绸设计创新和加快江苏丝绸产业创新。第二，抓住江苏丝绸设计艺术人才培养重点，提升教育自主方面的创新推动力。创新能力在知识积累的基础上可以被训练出来。所以说“教”的能力会影响到学生的创新能力，“学”的能力也能直接影响到创新的能力。[3]因此，要通过鼓励、扶持人才，挖掘具有发展潜力的丝绸设计艺术、工艺传承人才，进一步研发适应丝绸艺术市场需求的新产品，推动整个产业的革新与进步。第三，江苏丝绸设计教育对外开放的核心任务和目标实现，始终离不开国内设计教育质量的提升。江苏丝绸设计教育既要坚持对外开放，发展文化事业和文化产业，又要保证教育质量与实效，提高国家文化软实力。因此，教育对外开放的关键在于提高教育质量，而非盲目扩大规模，导致模仿同质化。通过打造具有本土特色、高水平、开放包容的教育课程，拓宽“一带一路”合作伙伴与江苏丝绸设计艺术教育相关联的专业建设与发展。第四，要将设计融合到社会活动中，并有效地与商业发生“接触”，通过校企合作推动“产、学、研”相结合的教学模式，纠正“轻实践技能，重理论艺术”的教育偏见倾向，在参与“一带一路”教育项目和人才培训过程中，使中国的设计教育进入新的设计阶段[4]。

三、关注保护，塑造品牌社会形象

保护江苏丝绸艺术是塑造江苏丝绸艺术品牌形象的基础。江苏丝绸艺术作为中国文化的瑰宝，具有独特的历史、文化和艺术价值。如果这一艺术形式得不到足够

---

[1] 教育部课题组．深入学习习近平关于教育的重要论述 [M]．北京：人民出版社，2019.

[2] 贾义敏．开放教育资源视域下的创新人才培养 [J]．苏州大学学报（教育科学版），2017(5)：44–51.

[3] 杨满福，王良辉．信息技术促进创新人才培养：动因、环境与路径 [J]．苏州大学学报（教育科学版），2017(5)：37–43.

[4] 李正，张婕．新时代江苏丝绸艺术设计人才培养的路径探究 [J]．苏州工艺美术职业技术学院学报，2021(3)：39–41.

的保护，其价值将逐渐消失，这将对江苏丝绸艺术品牌形象造成巨大的负面影响。因此，只有通过对江苏丝绸艺术的保护，维护其独特的工艺和深厚的文化内涵，才能确保江苏丝绸艺术品牌形象的独特性和价值。

塑造江苏丝绸艺术品牌形象是保护江苏传统丝绸艺术的重要手段。通过塑造积极、独特的品牌形象，可以将江苏丝绸艺术的文化内涵和价值传递给更广泛的人群，引起社会的关注和重视。一个具有鲜明个性和积极形象的江苏丝绸艺术品牌，能够增强消费者对品牌的认同感和忠诚度，从而为保护江苏丝绸艺术提供更广阔的市场和发展空间。保护与塑造丝绸艺术品牌的社会形象之间有着一定的内在联系，它体现在两者相互促进、共同发展的过程中。通过加强对江苏丝绸艺术的保护，可以促进其传承和创新，为江苏丝绸艺术品牌注入新的活力和价值。通过塑造鲜明的江苏丝绸艺术品牌形象，可以提升品牌的知名度和美誉度，为保护江苏丝绸艺术提供更多的资金和社会支持。这种互动关系可以使保护与塑造江苏丝绸艺术品牌的社会形象工作相互促进、共同发展。

在具体实践中，政府、企业和相关机构应该加强合作，共同推进保护与塑造江苏丝绸艺术品牌社会形象的工作。政府可以出台相关政策和措施，提供资金和资源支持；企业可以积极参与江苏丝绸艺术品牌形象的塑造和传播，提高知名度和美誉度；相关机构可以加强对江苏丝绸艺术的宣传和教育，提高公众对江苏丝绸艺术的认识和重视。

在关注保护方面，一是可以运用资料整理与归档的方法进行保护，对现有的江苏丝绸艺术资料进行整理和数字化归档，确保其长久保存。这包括对传统工艺、设计图样、历史文献等进行系统性的整理和保存。二是对传统江苏丝绸工艺进行传承与保护，鼓励和资助江苏传统丝绸工艺师傅带徒，确保这些珍贵的技艺得以传承。还可以在学校和社区开设相关课程，让更多年轻人了解和掌握这些技艺。三是运用知识产权进行保护，为江苏丝绸艺术作品和设计申请专利，保护原创成果，防止侵权行为。四是在研究与发展过程中进行保护，投入资源对江苏丝绸艺术进行深度研究，探索新的工艺、材料和技术，使江苏传统技艺与现代科技相结合。

在塑造江苏丝绸艺术品牌社会形象方面，第一是明确品牌定位，确定江苏丝绸艺术品牌的核心价值和定位，如高端、时尚、传统等，以便在市场上形成独特的品牌形象。第二是品牌故事传播，通过各种渠道讲述品牌背后的故事，如历史背景、工艺传承、设计师理念等，增强消费者对品牌的认同感和情感连接。第三是参与文化活动和展览，定期参加国内外的大型文化活动和展览，提高品牌的知名度和影响力。第四是提供优质的产品和服务，确保消费者对品牌的满意度和忠诚度。第五是跨界合作与联名，与其他产业如时尚、影视、艺术等进行跨界合作，通过联名等方式扩大品牌的影响力。第六是社会责任与可持续发展，强调品牌的社会责任和环保理念，如采用可持续的原材料、推行绿色生产等，提升品牌的社会形象。第七是市场调查与目标市场细分，定期进行市场调查，了解消费者的需求和喜好，针对不同的目标市场推出相应的产品和服务，以满足不同消费者的需求。同时，根据目标市场的特点制定相应的营销策略，提升品牌的知名度和影响力。最后是营销推广与创新，运用现代营销手段，如社交媒体营销、内容营销等，创新营销方式，提高品牌的曝光度和认知度。同时，不断推出创新的产品和服务，满足消费者的需求和期望，提升品牌的竞争力。

四、与时俱进，监督管理产品质量

在江苏丝绸艺术创新中，与时俱进和监督管理丝绸艺术产品质量是确保品牌持续发展的重要因素。其中与时俱进的关键点在于要对科技应用、持续学习与教育、开放创新等方面有着较为深刻的认知。在科技应用方面，利用现代科技手段，如人工智能、大数据等，对丝绸艺术进行创新。例如，通过数据分析了解消费者需求，利用AI进行设计优化等。在持续学习与教育方面，鼓励员工持续学习，掌握新的知识和技能，可以定期组织培训、研讨会，或与高校和研究机构合作，为员工提供进修机会。在开放创新方面，鼓励内部创新，同时也与研究机构等外部合作伙伴进行合作，共同推动丝绸艺术的创新。在跟随潮流与时尚方面，关注时尚潮流，对丝绸艺术的设计和用途定位进行适时调整，以满足不断变化的市场需求。

另外，监督管理丝绸艺术产品质量的核心点在于八个方面。一是严格质量控制，设立专门的质量检测部门，对产品的每一道工序进行严格的质量检查，确保最终产品的质量符合标准。二是标准化生产流程，制定和执行严格的生产标准，确保每一件产品都按照统一的标准进行生产。三是持续改进，收集消费者反馈，定期对产品进行评估和改进，不断提升产品质量。四是建立追溯体系，对产品进行全程追溯，从原材料的采购到生产、销售等各个环节都有详细的记录，以便对质量问题进行追踪和处理。五是强化员工培训，定期对员工进行质量意识和技能培训，让其明白质量的重要性，并使其掌握如何确保产品质量的技能。六是引入第三方认证，寻求第三方认证机构的帮助，对产品质量进行客观、公正的评价和监督。七是激励机制，建立质量相关的激励机制，对在质量改进方面有突出贡献的员工给予奖励。八是强化供应链管理，与供应商建立长期、稳定的合作关系，确保原材料质量稳定。同时，对供应商进行定期的评估和审计，确保其质量管理体系的有效性。

第七章

新时代丝绸艺术创新路径

丝绸艺术作为中国古老文化的璀璨明珠，其创新发展不仅对于弘扬中华文化、推动文化产业升级具有重要意义，更是顺应时代潮流，满足人们日益增长的美好生活需要的必然要求。在全球社会快速发展的背景下，新时代丝绸艺术创新也面临着许多现实困境，如后继乏人、生存环境恶化、传承方式落后等，如何有效应对并探寻一条可行之路成为当务之急。

第一节　新时代丝绸艺术创新的现实困境

随着全球化和市场化的深入，丝绸艺术作为中国古老艺术文化的代表，正面临着一系列创新发展的挑战。新时代丝绸艺术创新的现实困境主要体现在四个方面，分别是主体困境、客体困境、方式困境与保障困境。

一、主体困境

在新时代丝绸艺术创新的过程中，传统丝绸艺术传承是非常重要的一环。然而，由于现代化进程加快和市场经济发展，一些传统的丝织技艺和与丝绸艺术相关的民俗活动逐渐失去了赖以生存的土壤和环境，这些现象成为当前亟待解决的问题之一[1]。新时代丝绸艺术创新的主体困境主要体现在以下多个方面：首先是创新主体的不明确。传统的丝绸技艺主要掌握在老一辈的手艺人手中，但他们对现代市场和技术了解有限；而年轻的从业者虽然对市场有所了解，但技艺传承不足。这种创新主体的不明确导致创新实践的分散和低效。其次是创新资源的匮乏。由于资金、技术和人才等多方面的限制，丝绸艺术创新主体在获取创新资源上存在困难。例如，一些创新的想法因为缺乏资金支持而无法实现；一些传统的丝绸制作工艺因为缺乏现代化的技术手段而难以提升品质。再次是传统与现代的冲突。丝绸艺术作为传统艺术文化的重要组成部分，其创新必然面临着如何在保持传统特色和工艺的同时，融入现代审美和市场需求的问题。这要求创新主体在维护传统的同时，敢于突破和尝试，但现实中往往存在对传统的过度保护和现代元素的融入不足的问题。在传统的丝绸制作过程中，人们往往依赖手工和传统的染织技术，这导致生产效率低下且品质不稳定。而现代化的技术，如数字化设计、智能化制造等，虽然可以提高效率

[1] 王霞. 非物质文化遗产保护与传承中的现实困境与路径优化 [J]. 新楚文化,2023(5)：12-15.

和品质，但在实际应用中却面临着传统工艺的限制和文化价值的考量。这种传统与现代的冲突导致丝绸艺术在创新发展的过程中难以取得实质性的突破。最后是文化认同的挑战。在全球化的背景下，丝绸艺术需要面对来自世界各地的竞争。这种竞争不仅仅是技术和市场的竞争，更是文化认同的竞争。如何让丝绸艺术更好地被国际市场接受，如何在全球化背景下保持其独特的文化价值，是创新主体面临的重大挑战。

二、客体困境

传统的丝绸艺术产品以华丽的图案和繁复的设计为主，但现代消费者可能更倾向于简约、时尚的风格。这就产生了传统与现代审美观念的冲突，使丝绸艺术在创新过程中难以满足市场的多样化需求。国际市场上丝绸产品的同质化竞争也加剧了创新的难度，要求创新客体不仅要注重产品的独特性和差异化，还要考虑如何在全球化背景下突显出中国丝绸的文化特色和价值。

第一是市场需求的不明确。消费者对于丝绸艺术的需求日益多样化，但市场上的丝绸产品同质化严重，缺乏满足不同消费者群体的个性化、差异化产品。这导致丝绸艺术创新在满足市场需求方面存在困境。第二是消费者审美变迁。随着时代的变迁，消费者的审美观念也在发生变化。传统的丝绸艺术风格可能难以满足现代消费者的审美需求，而如何捕捉并适应这种变化，是丝绸艺术创新所面临的挑战。第三是国际市场竞争加剧。在全球化的背景下，丝绸艺术面临着来自世界各地的竞争。如何在国际市场上脱颖而出，打造具有国际影响力的丝绸品牌，是创新客体所面临的困境。第四是环保和可持续发展要求。随着社会对环保和可持续发展的日益重视，丝绸艺术创新需要考虑如何降低环境污染，实现资源的可持续利用。这要求创新客体在追求经济效益的同时，兼顾环境和社会责任。

三、方式困境

在丝绸艺术保护、传承、创新的过程中，主要采取了以下几种方式：一是政府主导下的“自上而下”模式。这种模式以各级政府为主导力量，通过制定相关政策、规划等来推动传统丝绸艺术保护和传承工作；二是社会参与下的“自下而上”模式，这种模式是指由民众自发组织，自主开展对新时代丝绸艺术的搜集、整理、研究和宣传活动；三是学校教育下的“内外结合”模式。这种模式是将丝绸艺术融入学校的课程教学之中，同时也积极引导学生参加各类民俗节庆、艺术文化旅游等活动，从而增强青少年群体对新时代丝绸艺术的认知度和认同感。然而在实践中发现，以上三种方式各有优劣，也都存在一定程度的局限性。例如，政府主导下的“自上而下”模式虽然能够有效整合各方资源，合力推进丝绸艺术保护和传承工作，但却容易出现政出多门、责任不明确等问题；社会参与的“自下而上”模式则具有广泛的群众基础和灵活性优势，但往往缺乏专业指导和规范化管理；最后，学校教育下的“内外结合”模式可以较好地解决非物质文化遗产进校园的难题，但也可能会面临师资不足、教材匮乏等实际困难。因此，为更加全面系统地做好丝绸艺术保护、传承、创新工作，需要针对不同的对象和场域，综合运用多种方式，实现多元主体协同共治[1]。

四、保障困境

保障困境之一是政策支持不足。政府对丝绸艺术产业的支持政策不够完善，缺乏对创新项目的专项扶持和奖励机制，导致创新动力不足。同时，政策执行力度不够，难以保障创新主体的权益。保障困境之二是资金投入有限。由于丝绸艺术产业的投资回报周期长，风险较大，社会资本的投入有限。创新主体难以获得足够的资金支持，限制了其创新能力和发展空间。保障困境之三是人才培养滞后。当前丝绸艺术领域的人才培养体系未能跟上时代发展，缺乏具备创新意识和能力的专业人才。这导致创新主体在人才储备上存在短板，制约了其创新能力的提升。保障困境之四是市场机制不完善。丝绸艺术市场机制不健全，缺乏有效的市场反馈机制和价格形成机制。这导致创新主体难以准确把握市场需求，同时也影响了创新成果的市场转化和价值实现。例如，当某丝绸企业计划开发一款新型丝绸面料，但由于缺乏政策支持，无法获得政府的研发补贴或税收优惠。这增加了企业的研发成本，降低了其创新动力。同时，由于市场上存在大量仿冒产品，侵犯了企业的知识产权，但维权成本高昂且效果不佳，进一步削弱了企业的创新意愿。此外，由于缺乏与高校、研究机构的合作，企业难以引进先进的研发技术和人才，进一步制约了其创新能力的发展。这些保障困境的存在阻碍了丝绸艺术创新的进程，需要政府、企业和社会各方共同努力解决。虽然现在有不少志愿者组织和公益机构积极参与到丝绸艺术创新工作中去，但从整体来看，社会力量的参与度仍然较低，且缺乏相应的法律法规引导和政策扶持。随着经济发展水平不断提高及人民生活质量日益提高，公众对“非遗”文化的需求越来越大，这就需要更多的经费用于“非遗”保护工作[2]。

[1] 王霞. 非物质文化遗产保护与传承中的现实困境与路径优化 [J]. 新楚文化，2023(5)：12-15.

[2] 同[1]。

第二节　新时代丝绸艺术创新的解决路径

解决新时代丝绸艺术创新发展的困境至关重要，它不仅关乎产业的可持续发展，更关乎传统文化的传承与创新。通过加强政策支持、资金投入、人才培养和市场机制的完善，可以有效激发创新活力，推动丝绸艺术与现代科技的融合，提升产业的整体竞争力。解决路径的实施有助于保护和发扬丝绸艺术的文化价值，满足消费者日益多样化的需求，同时促进经济的繁荣和发展。这不仅是产业自身的发展需求，更是对文化传承与创新的社会责任。只有全面突破创新发展的困境，丝绸艺术才能在新时代焕发新的生机与活力。

一、完善政策法规

随着非物质文化遗产保护和传承工作在我国受到的重视程度不断提高，相关政策也亟待进一步的完善和优化。第一，通过立法保护传统丝绸艺术的知识产权。为了鼓励创新，必须确保丝绸艺术创作者拥有其作品的合法权益。这包括对原创作品、设计、商标等进行知识产权注册，以及制定相关法律来防止盗版、侵权等行为。例如，可以设立丝绸艺术专利制度，为独特的工艺、设计等提供专利保护。第二，制定丝绸艺术行业标准和规范。政府应出台相关规定，对丝绸艺术的生产、销售、出口等各个环节进行规范。这不仅有助于提升产品质量，还能防止行业内部的恶性竞争。例如，可以制定丝绸制品的质量检测标准，要求所有销售的丝绸制品都必须符合这些标准。第三，强化对丝绸艺术创新的政策引导。通过制定长远的发展规划、发布指导意见等方式，引导企业和个人将资源投入到丝绸艺术创新中。同时，可以定期对法规进行评估和调整，以适应不断发展变化的行业环境。第四，强化政策执行力度。建立健全政策执行监督机制，确保各项政策措施落到实处，同时加强政策宣传和培训，提高政策知晓率和执行力。政府部门还可以采取一些经济手段进行引导，如设立专项资金等方式，鼓励企业或个人积极投入新时代丝绸艺术创新事业当中去。各级地方政府之间加强沟通交流，形成合力，共同推动新时代丝绸艺术创新事业向前发展[1]。

[1] 王霞．非物质文化遗产保护与传承中的现实困境与路径优化［J］．新楚文化，2023(5)：12-15.

二、强化宣传教育

为了更好地进行新时代丝绸艺术创新工作，我们需要从思想上给予足够的重视，并加大宣传教育力度，以满足现代社会人们对于精神层面的追求[1]。一是利用数字媒体平台。在信息时代，数字媒体平台已经成为信息传播的重要渠道。我们可以利用微博、微信、抖音等社交媒体平台，发布关于丝绸艺术创新的资讯、动态和作品展示，让更多人了解和关注。同时，通过与知名博主或意见领袖的合作，可以扩大宣传的覆盖面和影响力。二是开展线上线下活动。举办关于丝绸艺术创新的展览、研讨会、工作坊等活动，邀请业内专家、艺术家和爱好者参与，促进交流与合作。通过这些活动，不仅可以推广丝绸艺术创新的知识和理念，还能吸引更多人对这一领域产生兴趣。三是跨界合作与品牌合作。与其他领域，如时尚、设计、影视等进行跨界合作，共同推广丝绸艺术创新。同时，与知名品牌合作，将丝绸艺术元素融入产品中，提升品牌附加值和市场影响力。这种合作模式可以带来更多的曝光机会和商业机会，推动丝绸艺术创新的可持续发展。四是建设教育基地。与地方政府、学校和企业合作，建立丝绸艺术创新教育基地。通过提供培训课程、实践机会和奖学金等形式，吸引更多的年轻人参与学习。同时，定期举办培训活动和讲座，提高公众对丝绸艺术创新的认识和理解。五是国际交流与传播。加强与国际丝绸艺术界的交流与合作，参加国际展览、研讨会等活动，提升中国丝绸艺术创新的国际地位和影响力。通过国际交流，可以吸收国外先进理念和技术，推动中国丝绸艺术创新走向世界舞台。六是创新传播方式。除了传统的宣传方式，我们还可以利用创新的方式进行传播。例如，制作关于丝绸艺术创新的纪录片或短片，通过故事化的叙述方式吸引观众；开发互动式展览或体验项目，让参观者亲身体验丝绸艺术的魅力；利用虚拟现实（VR）技术，创建沉浸式的宣传场景，给观众带来更加震撼的视觉体验。

三、推动人才培育

第一，建立完善的教育体系。在高等教育中设立丝绸艺术相关专业，并制定适应新时代要求的教学计划和课程设置。同时，加强中等职业教育和短期培训，以满足不同层次的人才需求。第二，加强实践教学。学校可与企业、工作室等合作，建立实践教学基地，为学生提供实地学习和实践的机会，增强其动手能力和创新思

[1] 王霞．非物质文化遗产保护与传承中的现实困境与路径优化[J]．新楚文化，2023(5)：12-15.

维。第三，举办竞赛和展览。通过举办丝绸艺术相关的竞赛和展览，激发学生的创作热情和创新精神，同时为优秀作品提供展示平台。推动产学研一体化，鼓励学校与企业、研究机构等进行合作，共同开展丝绸艺术的研发和创新项目，提高人才的实践能力。第四，加强师资队伍建设。培养具有国际视野和跨界融合能力的教师队伍，使其能够为学生提供更高水平的教学指导。第五，建立人才数据库，对丝绸艺术领域的人才进行登记和管理，掌握人才流动和需求情况，为行业提供更好的人才服务。第六，建立评价机制。制定科学合理的评价标准和方法，对人才的综合素质和创新成果进行评价，以激励其不断进步。

四、增强资金保障

在新时代丝绸艺术创新工作中，需要充分的人力、物力和财力支持。为此，政府应当加大对这一事业的财政投入，确保必要的经费保障。同时，还应积极通过社会募捐和企业赞助等方式筹集资金，确保各项工作的顺利进行。引导和鼓励民间资本进入非物质文化遗产保护和传承领域，促进相关产业发展，增加就业机会，提高民众参与度，从而进一步深化新时代丝绸艺术创新工作[1]。在政府资金支持方面，政府可以通过设立专项基金、提供财政补贴或税收优惠等方式，直接为丝绸艺术的创新提供资金支持。此外，政府还可以通过与其他国家或国际组织合作，共同投入资金，支持丝绸艺术的创新发展。在企业投资方面，丝绸企业或相关企业可以设立艺术创新基金，为设计师、艺术家等提供资金支持，鼓励他们进行丝绸艺术创新。同时，企业还可以通过与高校、研究机构等合作，共同研发新的丝绸产品和技术，推动丝绸艺术的创新发展。在社会捐赠方面，社会组织和个人可以通过捐赠方式，为丝绸艺术的创新提供资金支持。例如，设立丝绸艺术创新基金，捐赠给相关的非营利组织等。在金融支持方面，金融机构可以为丝绸艺术的创新提供贷款、担保等金融服务，帮助企业和个人解决资金问题，推动丝绸艺术的创新发展。此外，金融机构还可以通过投资、理财等方式，为丝绸艺术创新提供更多的资金来源。在市场化运作方面，通过市场化运作，将丝绸艺术与商业相结合，以市场化手段推动丝绸艺术的创新发展。例如，开设丝绸艺术展览、销售原创丝绸产品、组织丝绸文化活动等，吸引更多人关注和参与丝绸艺术创新。在国际交流与合作方面，引入国际先进的丝绸艺术创新理念和资源，共同推动丝绸艺术的创新发展。可以通过参加国际艺术展览、举办国际丝绸论坛等方式，与其他国家和地区的艺术家、设计师等进行交

[1] 王霞．非物质文化遗产保护与传承中的现实困境与路径优化 [J]．新楚文化，2023(5)：12-15.

流与合作。在人才培养与引进方面，吸引更多的优秀人才参与丝绸艺术的创新。可以通过设立奖学金、举办培训课程等方式，培养本土的丝绸艺术人才；同时也可以引进国际上的优秀人才，为丝绸艺术的创新注入新的活力。

五、拓宽国际合作

在全球化的背景下，各国在经济、政治和文化等方面的交流愈发频繁。我国应当积极参与全球的非物质文化遗产保护工作，学习并借鉴其他国家的先进经验和做法，提升我国在这一领域的水平和能力。同时，我们必须警惕西方不良思潮的渗透和影响，保持清醒的头脑，增强民族自尊心和自信心。此外，我们还可以通过与其他国家签订相关协议或建立友好关系，促进双方在非物质文化遗产保护与传承上的合作[1]。

首先，通过参加国际艺术展览，展示中国丝绸艺术的文化底蕴和创新能力，与国际艺术家、策展人等交流，了解国际艺术市场的需求和趋势。同时，通过展览还可以吸引国际观众对中国丝绸艺术的关注，提升中国丝绸艺术的国际知名度和影响力。定期举办国际丝绸论坛和研讨会，邀请国际丝绸产业界、学术界和艺术界的专家学者，共同探讨丝绸艺术的创新发展。通过交流与合作，分享各自的经验和成果，推动国际丝绸艺术的共同进步。其次，与国际丝绸企业和研究机构建立合作项目，共同研发新的丝绸产品和技术，推动丝绸艺术的创新发展。通过合作项目，可以共享国际先进的技术和资源，提高中国丝绸艺术在国际市场的竞争力。加强与国际知名艺术院校、设计学院等的交流与合作，共同开设丝绸艺术课程，互派教师和学生交流学习。通过教育交流与合作，可以培养具有国际视野的丝绸艺术人才，提高中国丝绸艺术在国际舞台上的话语权。最后，通过跨国文化交流活动，如艺术节、文化周等，展示中国丝绸艺术的文化魅力，吸引国际观众关注和参与。同时，通过文化交流活动可以促进不同国家和地区之间的文化理解和认同，推动丝绸艺术的跨文化传播和发展。利用现代信息技术，如互联网、社交媒体等，加强与国际丝绸艺术界的交流与合作。可以通过网络展览、在线教育等方式，将中国丝绸艺术推向更广阔的国际舞台。

[1] 王霞. 非物质文化遗产保护与传承中的现实困境与路径优化 [J]. 新楚文化，2023(5)：12–15.

参考文献 REFERENCES

[1] MASLOW A H. A theory of human motivation[J]. Classics in Management Thought-Edward Elgar Publishing, 2000(1): 450.

[2] RAMBOURG E. The bling dynasty: why the reign of Chinese luxury shoppers has only just begun[M]. New York: John Wiley & Sons, 2014.

[3] WORLD B. Overview of poverty[EB/OL]. [2023-10-30]. https://www.worldbank.org/en/topic/poverty/overview#:~:text=The number of people in, steepest costs of the pandemic.

[4] 徐辉,区秋明,李茂松,等. 对钱山漾出土丝织品的验证 [J]. 丝绸,1981(2):43-45.

[5] 高汉玉,张松林. 河南青台村遗址出土的丝麻织品与古代氏族社会纺织业的发展 [J]. 古今丝绸,1995(1):9-19.

[6] 赵丰. 中国丝绸博物馆藏品精选 [M]. 杭州:浙江大学出版社,2022.

[7] 王伊千,李正,于舒凡,等. 服装学概论 [M].3 版. 北京:中国纺织出版社,2018.

[8] 赵丰. 桑林与扶桑 [J]. 浙江丝绸工学院学报,1993(3):21-25.

[9] 赵丰. 中国丝绸通史 [M]. 苏州:苏州大学出版社,2005.

[10] 耿榕泽. 新中国丝绸纹样的设计社会学特征研究 [D]. 南京:南京艺术学院,2022.

[11] 杜佑. 通典・第四十一卷・礼序 [M]. 北京:中华书局,1988:1120.

[12] 汤勤福. 集权礼制的变迁阶段及其特点 [J]. 华东师范大学学报(哲学社会科学版),2020,52(1):30-46,196-197.

[13] 侯良. 丝织文物保护的楷模 [J]. 丝绸,1995(3):51-52.

[14] 姚培建. 千年丝绸见唐风——唐代丝绸评述 [J]. 丝绸,1997(4):40-43,5.

[15] 董文明. 法门寺蹙金绣服饰——唐代丝绸工艺之精华 [J]. 文化创新比较研究,2020,4(15):71-72.

[16] 刘薇. 从法门寺地宫物帐碑看唐代佛教供养 [D]. 北京:北京服装学院,2022.
[17] 蒋文光. 中国历代名画鉴赏(上册)[M]. 北京:金盾出版社,2004:1138.
[18] 陈娟娟. 明代的丝绸艺术 [J]. 故宫博物院院刊,1992(1):56–76,100–101.
[19] 周娅婷. 明中后期江南地区女性服饰时尚消费原因探微 [J]. 南京艺术学院学报(美术与设计),2020(3):41–45,209–210.
[20] GARRETT V. Chinese dress: from the qing dynasty to the present day[M]. Tuttle Publishing, 2008.
[21] 李洋. 二十世纪三十年代上海女性形象与审美文化 [D]. 上海:上海戏剧学院,2010.
[22] 卞向阳,贾晶晶,陈宝菊. 论上海民国时期的旗袍配伍 [J]. 东华大学学报(自然科学版),2008,34(6):713–718.
[23] 冯远,卢禹舜,牛克诚,等. 新时代中国画的传承与发展研究报告 [M]. 南宁:广西美术出版社,2022:14.
[24] 孙玉琳. 浅谈周秦丝绸 [J]. 文博,1993(6):43–46.
[25] 李启正. 丝绸文化承载中外文明交流互鉴 [J]. 人民日报,2023–08–27(07).
[26] WHITE S, WHITE G. Stylin' African–American expressive culture, from its beginnings to the zoot suit[M]. Ethaca: Cornell University Press, 2018.
[27] DE Y J. 1630–1639, 17th century[EB/OL]. (2020–08–18). https://fashionhistory.fitnyc.edu/1630–1639/.
[28] CUNNINGTON C W. English women' s clothing in the nineteenth century[M]. London: Faber and Faber, 1956.
[29] CUMMING V, CUNNINGTON C W, CUNNINGTON P E. The dictionary of fashion history[M]. London: Bloomsbury Academic, 2010.
[30] STOREY N. History of men's fashion: what the well–dressed man is wearing[M]. Barnsley: Casemate Publishers, 2008.
[31] How to put together cute outfits with skirts [EB/OL]. classroom.synonym.com. 2020–08–16. [2023–11–7] https://classroom.synonym.com/how–to–put–together–cute–outfits–with–skirts/.
[32] SARKAR N. Choli ke peeche. The Hindu.[EB/OL]2010–6–26. [2023–11–7] https://www.thehindu.com/todays–paper/tp–features/tp–metroplus/article485880.ece
[33] TAKEDA S S, SPILKER K D, CHRISMAN–C K, et al. Fashioning fashion: European dress in detail, 1700–1915; in conjunction with the Exhibition[M]. New York: DelMonico Books, Prestel, 2010.

[34] FRUCHT R C. Eastern Europe: an introduction to the people, lands, and culture (Vol. 2). [M]. London: Bloomsbury Academic, 2004.

[35] LE B H. The art of tying the cravat; demonstrated in sixteen lessons[M]. Glasgow: Good Press, 2019.

[36] GRANTLAND B, ROBAK M. Hatatorium: an Essential Guide for Hat Collectors[M]. 2nd edition. Mill Valley: Brenda Grantland: 2012

[37] MCCONNEL L E. The rise and fall of the paisley shawl through the nineteenth century [J]. The Journal of Dress History, 2020, 4(1): 30 - 53.

[38] DONGUL. Fashion in the Flanaess – The Western Aerdi [EB/OL]. (2005-11-11)[2023-11-8] http://canonfire.com/cf/modules.php?name=News&file=article&sid=744.

[39] VILLAROSA R, ANGELI G, MARCARINI F, et al. The elegant man: how to construct the ideal wardrobe[J]. Random House, 1990: 148

[40] YARWOOD, D. Illustrated History of World Costume [M]. Mineola, New York: Dover Publications, Inc., 1978.

[41] CLARK T, MONTI M. Interview with Tony Clark[J/OL]. University Digital Conservancy, 2015-07-16[2023-01-08]. http://hdl.handle.net/11299/181918.

[42] BROOKS A. Clothing poverty: The hidden world of fast fashion and second-hand clothes[M]. London: Bloomsbury Publishing, 2019.

[43] 王林清，束霞平. 苏州丝绸博物馆的衍生品开发路径 [J]. 丝绸，2015，52(1)：76-80.

[44] 徐天琦. 苏绣走出炫技传承 [J]. 纺织科学研究，2012(11)：135-136.

[45] 李龙，余美莲. 传统手工刺绣在现代丝绸服饰品中的设计应用 [J]. 山东纺织经济，2019(4)：52-53，47.

[46] 赵丰. 中国丝绸艺术史 [M]. 北京：文物出版社，2005.

[47] 温润. 二十世纪中国丝绸纹样研究 [D]. 苏州：苏州大学，2011.

[48] 徐娅丹. 莨纱绸在室内与家具设计中的应用研究 [J]. 家具与室内装饰，2021.

[49] Handbook of natural fibres: volume 1: types, properties and factors affecting breeding and cultivation[M]. Sawston: Woodhead Publishing, 2020

[50] 高强. 中式礼服设计中丝绸材质的时尚再造处理 [J]. 纺织导报，2015(5)：67-69.

[51] 袁宣萍，张萌萌. 16~19 世纪中国外销丝绸及其装饰艺术 [J]. 艺术设计研究，2021(1)：30-35.

[52] The Times of India. “GI tag: TN trails Karnataka with 18 products” [N/OL].

(2010-08-29)[2023-11-17]. https://web.archive.org/web/20121103144531/http://articles.timesofindia.indiatimes.com/2010-08-29/chennai/28312502_1_gi-tag-gi-registry-gi-protection

[53] DATTA R K, NANAVATY M. Global silk industry: a complete source book[M]. Irrine: Universal-Publishers, 2005.

[54] SHARMA S K, SHARMA U. Discovery of north-east India[M]. Chandigarch: Mittal Publications, 2015.

[55] DEKA P. The great Indian corridor in the east[M]. Chandigarch: Mittal Publications, 2007.

[56] Museu Nactional Machado. Textiles [EB/OL]. http://www. museuma chadocastro. pt/ en/ GB/ 4%20coleccoes/ textiles/ ContentList. aspx (accessed 2012-03-22)

[57] MUTHU S S. Sustainable innovations in textile fibres[M]. Singapore: Springer Singapore, 2018.

[58] DEACON D A, CALVIN P E. War imagery in women's textiles: an international study of weaving, knitting, sewing, quilting, rug making and other fabric arts[M]. Jefferson: McFarland, 2014.

[59] OWEN-CROCKER G R, SYLVESTER L M, CHAMBERS M C. Medieval dress and textiles in Britain: a multilingual sourcebook [M]. Woodbridge: Boydell & Brewer Ltd, 2014.

[60] JONES J M. Gender and eighteenth-century fashion[J]. The Handbook of Fashion Studies, 2013: 121-36.

[61] TORTORA P G, MERKEL R S. Fairchild's dictionary of textiles [M]. New York: Fairchild Publications, 1996.

[62] AGBADUDU A B, OGUNRIN F O. Aso-oke: a Nigerian classic style and fashion fabric[J]. Journal of Fashion Marketing and Management: An International Journal, 2006, 10(1): 97-113.

[63] HOUTSMA M T. First encyclopaedia of Islam: 1913-1936[M]. Leiden: Brill, 1993.

[64] STILLMAN Y. Arab Dress. A short history: from the dawn of Islam to modern times[M]. Leiden: Brill, 2003.

[65] FONER E. Reconstruction: America's unfinished revolution[M]. New York: Harper Perennial Modern Classics 1988: 79.

[66] 周密. 齐东野语・卷六 [M]. 北京:中华书局,1983.

[67] 孙中山. 实业计画・中山全书(二)[M]. 上海:上海中山书局,1927.

[68] 袁宣萍,陈百超. 中国传统包装中的丝绸织物 [J]. 丝绸,2010(12):40–44.

[69] HALLETT C, JOHNSTON A. Fabric for fashion, the complete guide: natural and man–made fibres[M]. London: Laurence King, 2014.

[70] SLATER K. Environmental impact of textiles: production, processes and protection[M]. Amsterdam: Elsevier, 2003.

[71] Handbook of natural fibres: volume 1: types, properties and factors affecting breeding and cultivation[M]. Sawston: Woodhead Publishing, 2020.

[72] 杨贤. 中国古代服饰制作工艺研究 [D]. 武汉:武汉理工大学,2006.

[73] 俞磊. 浅析唐代丝绸纹样的艺术特色 [J]. 江苏丝绸,2002(4):35–39.

[74] 舒静,等. 博物馆文创产品频频"出圈"的背后 [N]. 光明日报,2022–08–24.

[75] HALLETT C, JOHNSTON A. Fabric for fashion, the complete guide: natural and man–made fibres[M]. London: Laurence King, 2014.

[76] PAGÁN E A, SALVATELLA M M G, PITARCH M D, et al. From silk to digital technologies: a gateway to new opportunities for creative industries, traditional crafts and designers. The SILKNOW case[J]. Sustainability, 2020, 12(19): 8279.

[77] Crafting textiles in the digital age[M]. London: Bloomsbury Publishing, 2016.

[78] NORTH J. Mid–nineteenth century scientists [M]. London: Pergamon Press, 1969.

[79] PIKE A, et al. U–series dating of palaeolithic art in 11 caves in spain[J]. Science, 2012, 336(6087):1409–13.

[80] MEHTA R. Occupational hazards caused in textile printing operations [EB/OL]. Available from: http://www.fiber2fashion.com. [Accessed 14 April 2013].

[81] CARDEN S. Digital textile printing[M]. London: Bloomsbury Publishing, 2016.

[82] 刘新,张军,钟芳. 可持续设计 [M]. 北京:清华大学出版社,2022.6.

[83] IMPERATIVES S. Report of the world commission on environment and development: our common future[J]. Accessed Feb, 1987(10): 1–300.

[84] SHIROLE V. An introduction to sustainable textile production[J]. BTRA Scan, 2017, 47(3).

[85] MUTHU S S. Circular economy in textiles and apparel: processing, manufacturing, and design[M]. Amsterdam: Elsevier Science & Technology, 2018.

[86] BABU K M. Silk: processing, properties and applications[M]. Sawston: Woodhead Publishing, 2018.

[87] 全面客观评价丝绸产品生命周期倡议书 [J]. 丝绸,2021,58(8):2.

[88] LIN S H, MAMMEL K. Dye for two tones: the story of sustainable mud-coated silk[J]. Fashion Practice, 2012, 4(1): 95–112.

[89] 李潇鹏,冯妍,李正. 可持续服装设计现状研究 [J]. 服装设计师,2023,(6):118–122.

[90] ALDEN W. Eco–fashion's animal rights delusion[J/OL].Fall 2021. (2021). [2022–9–14]. https://craftsmanship.net/eco–fashions–animal–rights–delusion/.

[91] PRABU M J. Organic farming in mulberry for sustainable silk production.[J/OL].(2016–3–30).[2022.10.15]. https://www.thehindu.com/sci–tech/organic–farming–in–mulberry–for–sustainable–silk–production/article7057867.ece

[92] TRACEY G. Bombyx discusses silk sales in China and CSR efforts – the sustainable fiber firm' s president talks about its initiatives in CSR and sustainability.[J/OL].(2019–8–8)[2022–11–1] https://www.bombyxsilk.com/bombyx–discusses–silk–sales–in–china–and–csr–efforts–the–sustainable–fiber–firms–president–talks–about–its–initiatives–in–csr–and–sustainability/

[93] 周卫阳.《江苏省蚕种管理办法》解读 [J]. 中国蚕业,2021,42(3):69–72.

[94] REDDY N, ARAMWIT P. Sustainable uses of byproducts from silk processing[M]. New York: John Wiley & Sons, 2021.

[95] WANG M, LIU Y, WU J, et al. Eco–friendly utilization of land in the Three Gorges reservoir area's subsidence zone – an example of planting mulberry trees[J]. Sericulture Science,2017,43(05):861–865.DOI:10.13441/j.cnki.cykx.2017.05.022.

[96] 蚕蛹是畜禽的好饲料 [J]. 饲料研究,1992(2):30.

[97] 张道平,苏小建,何星基,等. 采用酶解法提取蚕蛹油脂的工艺条件优化 [J]. 蚕业科学,2013,39(4):828–831

[98] YANG X, CAO Z, LAO J, et al. Screening for an oil-removing microorganism and oil removal from waste silk by pure culture fermentation[J]. Engineering in Life Sciences, 2009, 9(4): 331–335.

[99] TASDEMIR M, KOCAK D, USTA I, et al. Properties of polypropylene composite produced with silk and cotton fiber waste as reinforcement[J].

International Journal of Polymeric Materials, 2007, 56(12): 1155–1165.
[100] LI X, ZHAO J, CAI Z, et al. Free–standing carbon electrode materials with three–dimensional hierarchically porous structure derived from waste dyed silk fabrics[J]. Materials Research Bulletin, 2018(107): 355–360.
[101] TOPRAK T, ANIS P, AKGUN M. Effects of environmentally friendly degumming methods on some surface properties, physical performances and dyeing behaviour of silk fabrics[J]. Hybrid materials based on ZnO and SiO, 2020(58): 380–387.
[102] VERMA V K, SUBBIAH S, KOTA S H. Sericin–coated polyester based air–filter for removal of particulate matter and volatile organic compounds (BTEX) from indoor air[J]. Chemosphere, 2019(237): 124462.
[103] LIN S H, MAMMEL K. Dye for two tones: the story of sustainable mud–coated silk[J]. Fashion Practice, 2012, 4(1): 95–112.
[104] SANGAMITHIRAI K. Assessing the effect of natural dye for printing on silk[J]. Man–Made Textiles in India, 2020, 48(8): 270–272.
[105] SANGAPPA S, DANDIN S B, TRIVEDY K, et al. Coloured cocoons to coloured silk[J]. Indian Silk, 2007: 22–24.
[106] ZHAO Y, LI M, XU A, et al. SSR based linkage and mapping analysis of C, a yellow cocoon gene in the silkworm, Bombyx mori[J]. Insect Science, 2008, 15(5): 399–404.
[107] NISAL A, TRIVEDY K, MOHAMMAD H, et al. Uptake of azo dyes into silk glands for production of colored silk cocoons using a green feeding approach[J]. ACS Sustainable Chemistry & Engineering, 2014, 2(2): 312–317.
[108] TANSIL N C, LI Y, KOH L D, et al. The use of molecular fluorescent markers to monitor absorption and distribution of xenobiotics in a silkworm model[J]. Biomaterials, 2011, 32(36): 9576–9583.
[109] 孙颖,甘应进.谈中国丝绸的品牌推进战略[J].丝绸,2007(6):1–3.
[110] MUTHU S S, GARDETTI M A. Sustainability in the textile and apparel industries[M]. Cham: Springer, 2020.
[111] 王小萌,李正.新时代江苏丝绸艺术传承与创新发展路径探析[J].丝绸,2020,57(12):126–131.
[112] RAY S, NAYAK L. Marketing sustainable fashion: trends and future directions[J]. Sustainability, 2023, 15(7): 6202.

[113] BABU K M. Silk: processing, properties and applications[M]. Sawston: Woodhead Publishing, 2018.

[114] 李敏，唐晓中. 服装品牌定位及多元化品牌策略 [J]. 纺织导报，2003(2)：49–52.

[115] HONG L, ZAMPERINI P. Making fashion work interview with Sophie Hong Taipei, Sophie Hong Studio[J]. Positions: East Asia Cultures Critique, 2003, 11(2): 511–520.

[116] LIN S H, MAMMEL K. Dye for two tones: the story of sustainable mud-coated silk[J]. Fashion Practice, 2012, 4(1): 95–112.

[117] CAVACO-PAULO A, NIERSTRASZ V A, WANG Q. Advances in textile biotechnology[M]. Sawston: Woodhead Publishing, 2019.

[118] 吴利军. 基于法律角度分析畜牧业饲料管理——评《中华人民共和国畜牧法》[J]. 中国饲料，2020(9)：149–150.

[119] Resham sutra-weaving narratives of sustainable empowerment[J/OL]. Energy Future. (2020-1)[2022-10-11].

[120] SOM A, BLANCKAERT C. The road to luxury: the evolution, markets, and strategies of luxury brand management[M]. New York: John Wiley & Sons, 2015.

[121] KENNEDY A, STOEHRER E B, CALDERIN J. Fashion design, referenced: a visual guide to the history, language, and practice of fashion[M]. Bererly: Rockport Publishers, 2013.

[122] 徐宾，温润. 民国丝绸旗袍纹样装饰艺术探微 [J]. 丝绸，2020，57(1)：62–66.

[123] POLAN B, TREDRE R. The great fashion designers: from Chanel to McQueen, the names that made fashion history[M]. London: Bloomsbury Publishing, 2020.

[124] BREWARD C. Worth Charles Frederick. Oxford Dictionary of National Biography. Vol. 60. [M]. Oxford: Oxford University Press. 2000：351 - 352.

[125] 王言升，张蓓蓓. 中国传统丝绸图案设计思维研究——基于传统文化的分析 [J]. 丝绸，2016，53(10)：45–51.

[126] 刘远洋. 明代丝绸纹样中的文字装饰研究——以北京艺术博物馆藏明代大藏经丝绸裱封为中心 [J]. 博物院，2022(5)：79–86.

[127] 俞磊. 浅析唐代丝绸纹样的艺术特色 [J]. 江苏丝绸，2002(4)：35–39.

[128] PRAIN L. Strange material: storytelling through textiles[M]. Vancouver: Arsenal Pulp Press, 2014.

[129] LAI G. Colors and color symbolism in early Chinese ritual art[J]. Color in Ancient and Medieval East Asia, 1991: 85.

[130] CLAIR K S. The golden thread: How fabric changed history[M]. New York: Liveright Publishing, 2019.

[131] GABRIEL M, GARDETTI M A, COTE-MANIÉRE I. Coyoyo silk: a potential sustainable luxury fiber[J]. Sustainability in the Textile and Apparel Industries: Sourcing Natural Raw Materials, 2020: 49–86.

[132] 袁宣萍，陈百超. 中国传统包装中的丝绸织物 [J]. 丝绸，2010(12)：40–44.

[133] 刘远洋. 明代丝绸纹样中的文字装饰研究——以北京艺术博物馆藏明代大藏经丝绸裱封为中心 [J]. 博物院，2022(5)：79–86.

[134] PADOVANI C, WHITTAKER P. Sustainability and the social fabric: Europe' s new textile industries[M]. London: Bloomsbury Publishing, 2017.

[135] FELTHAM H. Lions, silks and silver: the influence of Sasanian Persia[J]. Sino-Platonic Papers, 2010(206): 1–51.

[136] VOLBACH W F. Early decorative textiles[M]. London: Poul Hamlyn, 1966.

[137] GECZY A. Fashion and orientalism: dress, textiles and culture from the 17th to the 21st Century [M]. London: Bloomsbury Publishing, 2013.

[138] 范金民. 16 至 19 世纪前期中日贸易商品结构的变化——以生丝、丝绸贸易为中心 [J]. 安徽史学，2012(1)：5–14.

[139] Fibre2Fashion. Revival of Italian Silk Industry. [EB/OL]. [2015.9].(2023.12.12) https://www.fibre2fashion.com/industry-article/7618/revival-of-italian-silk-industry.

[140] DEACON D A, CALVIN P E. War imagery in women's textiles: An international study of weaving, knitting, sewing, quilting, rug making and other fabric arts[M]. Jefferson: McFarland, 2014.

[141] WINTER T. Geocultural power: China's quest to revive the Silk Roads for the Twenty-First Century[M]. Chicago: University of Chicago Press, 2019.

[142] PAGÁN E A, SALVATELLA M M G, PITARCH M D, et al. From silk to digital technologies: a gateway to new opportunities for creative industries, traditional crafts and designers. The SILKNOW case[J]. Sustainability, 2020, 12(19): 8279.

[143] ASTUDILLO M F, THALWITZ G, VOLLRATH F. Life cycle assessment of Indian silk[J]. Journal of Cleaner Production, 2014(81): 158–167.

[144] TACITUS. The annals [M]. Church A J, Brodribb W J, Trans. In: the great Books of the Western World, vol. 14. Chicago: Encyclopaedia Britannica, 2007: 150.
[145] 苏淼，赵丰. 瑞典馆藏俄国军旗所用中国丝绸的技术与艺术特征研究 [J]. 艺术设计研究，2018(3)：30–35.
[146] XINRU L. Silks and religions in Eurasia, CAD 600–1200[J]. Journal of World History, 1995: 25–48.
[147] FRANKOPAN P. The silk roads: a new history of the world[M]. London: Vintage, 2017.
[148] WALKER A. Aurel stein - pioneer of the silk road[J]. Asian Affairs, 1996, 27(2): 143–149.
[149] KÜHNEL E. Abbasid silks of the ninth century[J]. Ars Orientalis, 1957(2): 367–371.
[150] CLAIR K S. The golden thread: how fabric changed history[M]. New York: Liveright Publishing, 2019
[151] YU Y. Trade and expansion in Han China: a study in the structure of Sino–Barbarian economic relations[M]. California: University of California Press, 2021.
[152] 李颖. 中国古代织机改造与丝绸提花织物纹样的发展演变 [D]. 苏州：苏州大学，2006.
[153] 岳兰兰. 宋代丝绸纹样艺术研究 [D]. 郑州：郑州大学，2014.
[154] 袁宣平，赵丰. 中国丝绸文化史 [M]. 济南：山东美术出版社，2009：147.
[155] GARRETT V. Chinese dress : from the qing dynasty to the present day[M]. Vermont: Tuttle Publishing, 2008.
[156] 王言升，张蓓蓓. 中国传统丝绸图案设计思维研究——基于传统文化的分析 [J]. 丝绸，2016，53(10)：45–51.
[157] 袁宣萍，陈百超. 中国传统包装中的丝绸织物 [J]. 丝绸，2010(12)：40–44.
[158] 崔粲. 苏州丝绸博物馆精品文物系列推介 [J]. 江苏丝绸，2020(Z1)：15–16.
[159] 徐娅丹. 莨纱绸在室内与家具设计中的应用研究 [J]. 家具与室内装饰，2021.
[160] Museu Nactional Machado. Textiles [EB/OL]. http://www. museumachadocastro. pt/ en/ GB/ 4%20coleccoes/ textiles/ ContentList. aspx (accessed 2012–03–22)
[161] 徐宾，温润. 民国丝绸旗袍纹样装饰艺术探微 [J]. 丝绸，2020，57(1)：62–66.

[162] MEZ A. The Renaissance of Islam[M]. BAKHSH S K, MARGOLIOUTH D S, Trans. Patna: Gubilee Printing and Publishing House, 1937: 63.

[163] EASTWOOD G. A medieval face-veil from Egypt[J]. Costume, 1983, 17(1): 33–38.

[164] SHERIDAN J. Fashion, media, promotion: the new black magic[M]. New York: John Wiley & Sons, 2013

[165] BROOKS A. Clothing poverty: The hidden world of fast fashion and second-hand clothes[M]. London: Bloomsbury Publishing, 2019.

[166] MUTHESIUS A. Studies in Byzantine and islamic Silk weaving[J]. London: The Pindar Press, 1995.

[167] PALMER A. Looking at fashion: the material object as subject[J]. The Handbook of Fashion Studies, 2013: 268–300.

[168] ARNOLD J. Patterns of fashion 1: Englishwomen's dresses and their construction c.1660 - 1860[M]. London: Wace, 1964.

[169] DIDEROT D, D'ALEMBERT J. L'Encyclopédie, ou dictionnaire raisonn é des sciences, des arts des m é tiers[M]. New York: Dover, 1959.

[170] The places and spaces of fashion, 1800–2007[M]. New York: Routledge, 2013.

[171] BLASZCZYK R L. The hidden spaces of fashion production[J]. The Handbook of Fashion Studies, 2013: 181–196.

[172] ALTMANN K. Fabric of Life–Textile Arts in Bhutan: Culture, Tradition and Transformation[M]. Berlin: Walter de Gruyter GmbH & Co KG, 2015: 25.

[173] FRANKOPAN P. The silk roads: A new history of the world[M]. London: Vintage, 2017.

[174] CLAIR K S. The golden thread: How fabric changed history[M]. New York: Liveright Publishing, 2019: 89.

[175] GECZY A. Fashion and orientalism: dress, textiles and culture from the 17th to the 21st Century [M]. London: Bloomsbury Publishing, 2013.

[176] VAINKER S J. Chinese silk: a cultural history[M]. New Brunswick: Rutgers university press, 2004.

[177] WINTER T. Geocultural power: China's quest to revive the Silk Roads for the Twenty–First Century[M]. Chicago: University of Chicago Press, 2019.

[178] ARIS, M. The Raven Crown: The Origins of Buddhist Monarchy in Bhutan[M].

London: Serindia Publications, 2005.

[179] BARNARD M. Fashion theory: a reader[M]. New York: Routledge, 2020.

[180] CARNEGY V. The 1980s[M]//ELGIN K. 2nd edition. Infobase Learning, 2006.

[181] SQUIRE. Cheltenham art gallery and Museums[M]. Cheltenham: Cheltenham Art Gallery and Museums, 1996: 13–24.

[182] JONES J M. Gender and eighteenth–century fashion[J]. The Handbook of Fashion Studies, 2013: 121–36.

[183] GECZY A, KARAMINAS V. Fashion's double: Representations of fashion in painting, photography and film[M]. London: Bloomsbury Publishing, 2015.

[184] Wrapping and unwrapping material culture: archaeological and anthropological perspectives[M]. New York: Routledge, 2016.

后记 POSTSCRIPT

2023年岁尾年末，当我在键盘上敲下最后一个句号，这部《新时代丝绸艺术创新研究》专著的撰写工作终于告一段落。回首过去，从最初的文献收集、资料整理，再到后来的观点提炼、文字修改，每一个阶段都充满了挑战与收获。作为李正教授的学生，我有幸参与这部专著的撰写研究工作，这既是一次宝贵的学习经历，也是一次深刻的学术探索。

记得2020年初，导师带领我们申报这一课题。虽然面临着诸多困难，但导师的坚定信念和热情感染着团队的每一个人。我们通过线下交流、网络会议，反复讨论、打磨申报书的内容，力求做到最好。每一次的讨论都是思维的碰撞，每一次的修改都是对知识的深化。立项成功后，我们便开始了紧张而有序的研究工作。在研究过程中，我深刻体会到了学术研究的艰辛与不易。为了找到有价值的文献资料，查阅了大量的书籍、期刊和网络资源；为了提炼出准确、精炼的观点，反复推敲、修改；为了确保文字的流畅和准确，不断地与导师进行交流和讨论。这些过程虽然辛苦，但每一次的进步和收获都让我感到无比的喜悦和满足。在撰写专著的过程中，导师与我们并肩作战，共同努力，确保每一章、每一节的内容都准确无误。虽然时常熬夜奋战，讨论问题，修改书稿，但是这种默契和团队精神让我深感温暖和力量。当然，回顾整个研究过程，我也意识到自己还存在许多不足和需要改进的地方。这次研究，不仅加深了我对新时代丝绸艺术创新研究领域的理解，也让我学到了许多宝贵的学术方法和技巧。我明白了学术研究需要严谨的态度、扎实的功底和不懈的努力，也深刻地感受到了团队合作的力量。在此，感谢王巧博士、卞泽天学弟、张婕博士、岳满博士、徐倩蓝博士、徐崔春老师、胡晓老师等人对本项目的鼎力支持。感谢程钰学妹、杨敏学妹、王财富学弟在前期项目申报阶段所付出的辛勤努力。

这部专著的完成，离不开导师的辛勤付出和学术积累，也离不开团队成员们的共同努力。我要感谢导师李正教授对我的学术引领与帮助！感谢潇鹏博士对本书所付出的辛勤汗水！感谢被本书征引和参考的有关资料的作者们！感谢中国纺织出版社有限公司的支持和编辑们的辛勤工作！展望未来，我将继续深入学习新时代丝绸艺术创新研究领域的相关知识，不断提升自己的学术水平和研究能力。砥砺奋进，不断前行！

王小萌

2024年1月于苏州

作者简介

李正（李海明），苏州大学艺术学院教授，博士生导师，苏州大学艺术研究院副院长，时尚艺术研究中心主任；主要研究方向：服装设计与服饰文化研究、设计美学研究、艺术设计思维研究、形态设计艺术研究等。

全国设计专业学位研究生教指委委员，全国艺术专业学位研究生教指委美术设计分委员会委员，江苏省艺术学类研究生教指委设计分委会副主任，中国服装设计师协会学术委员会主任委员及常务理事，中国纺织服装教育学会理事，国家社科基金艺术学项目评审专家库专家，教育部院校评估专家库专家，教育部研究生论文抽检评审专家，江苏紫金文创研究院研究员，中国知网CNKI评审专家库专家，中国纺织出版社有限公司编委会委员，上海出版中心学术专家委员，《服装学报》设计栏目主编，《丝绸》编委，《现代纺织技术》编委，《服装设计师》编委，深圳市服装设计专业高级职称评审委员会专家委员，苏州市职称评审专家，苏州非物质文化遗产专家库专家，海得艺术创始人。

主持国家哲学社会科学基金艺术学项目1项，主持国家哲学社会科学基金艺术学重大项目子课题1项，主持江苏省高校哲学社会科学研究重大项目1项，主持市厅级科研项目6项。在《文艺研究》《装饰》《艺术设计研究》《艺术百家》等专业刊物发表学术研究论文100余篇，出版各类著作及教材40余本，获得各类专利成果20余项。

王小萌，苏州城市学院教师，主要研究方向为丝绸服饰艺术创新设计研究。主持、参与多项国家级、省级科研项目，发表论文多篇，出版教材4部。设计作品曾参展于国内外专业博物馆并多次在国家级、省级专业比赛中获奖。

李潇鹏，清华大学美术学院博士生在读，硕士研究生毕业于伦敦艺术大学，“繁华姑苏杯”文创精英挑战赛执委会成员，苏州恒水艺术公司设计部设计师。曾出版多部“十四五”部委级规划教材及专著，发表多篇核心期刊论文和作品，其作品多次在国内外专业比赛及展览中获奖，并拥有多项专利。